秦岭鸟类原色图鉴

An Illustrated Guide to Birds in Qinling Mountains

© 朱鹮-赵文斌 摄

国家基础科学人才培养基金（J0730640，J1103511）
陕西出版资金　　　　　　　　　　　　　　资助
国家自然科学基金（31172103，31572282）

秦岭鸟类原色图鉴

An Illustrated Guide to Birds in Qinling Mountains

于晓平　　李金钢　编著

西北农林科技大学出版社

图书在版编目（CIP）数据

秦岭鸟类原色图鉴 / 于晓平 , 李金钢编著 . — 杨凌：西北农林科技大学出版社 , 2016.12
ISBN 978-7-5683-0233-3

Ⅰ . ①秦… Ⅱ . ①于… ②李… Ⅲ . ①秦岭 – 鸟类 – 图谱 Ⅳ . ① Q959.708-64

中国版本图书馆 CIP 数据核字（2016）第 323984 号

秦岭鸟类原色图鉴

于晓平　李金钢　**编著**

出版发行	西北农林科技大学出版社
地　　址	陕西杨凌杨武路 3 号　　　　　**邮　编**：712100
电　　话	总编室：029-87093105　　　　**发行部**：87093302
电子邮箱	press0809@163.com
印　　刷	中煤地西安地图制印有限公司
版　　次	2016 年 12 月第 1 版
印　　次	2017 年 12 月第 1 次
开　　本	787mm×1092mm　　　1/16
印　　张	48.5
字　　数	1366 千字

ISBN 978-7-5683-0233-3

定价：598.00 元

*P*reface 序 言

秦岭是横贯我国中部地区的一条东西走向的山脉。由于其南北坡的地形、气候、植被均呈现差异性变化，因而成为我国地理上最重要的分界线。秦岭地形复杂，生境多样，物种资源丰富，属于我国生物多样性保护的关键区域，也是我国珍稀濒危物种和特有物种集中分布的中心区域之一，在我国鸟类学研究中具有重要的地位。早在1862年，法国传教士大卫（A. David）神父就在该地区考察和采集标本。我国现代鸟类学主要奠基人之一的郑作新教授也曾对秦岭地区的鸟类区系进行了深入的研究，并于1973年出版了《秦岭鸟类志》。近三十年来，秦岭朱鹮野生种群从1981年的7只发展为目前的1 500多只，成为我国野生动物保护的成功典范。

早在30多年前，当我还在上大学的时候，就开始认识了秦岭，知道秦岭是我国两大动物地理区东洋界和古北界的天然分界线，知道郑光美先生曾在那里发现了大熊猫。1995年8月，我第一次到秦岭考察，自平坦如砥的关中平原来到秦岭腹地山峰耸立的佛坪自然保护区，见到了生活在那里的画眉、鹪鹩、勺鸡、白顶溪鸲、红腹锦鸡、斑姬啄木鸟等鸟类，感觉非常兴奋。后来我又多次到秦岭，考察那里的自然保护区或指导研究生做毕业论文，期间也目击到很多秦岭富有特色的鸟类，包括朱鹮、蓝鹇、赤腹鹰、红腹角雉、白冠长尾雉等珍稀鸟种。秦岭的秀美山川、茂密植被以及丰富的鸟类资源给我留下了深刻的印象。

自《秦岭鸟类志》出版以来，我国学者对秦岭鸟类开展了一系列调查和研究，每年都有新的成果发表，但尚无一部专著对这些新的成果进行全面的汇总。近年来，随着观鸟活动在我国的普及和发展，到秦岭山地观鸟的人数越来越多，也需要一本有关秦岭鸟类的图鉴作为指导。《秦岭鸟类原色图鉴》的出版很好地填补了这个空白。

由中国动物学会鸟类学分会理事、陕西师范大学于晓平教授和李金钢教授编著的《秦岭鸟类原色图鉴》，是一部全面反映秦岭地区鸟类种类和资源现状的专著。该书收录了分布于秦岭地区的鸟类 19 目 73 科 591 种，通过 1 200 余张精美的鸟类照片，介绍了各个鸟种（亚种）的鉴别特征、生态习性和分布状况。该著作内容丰富，图文并茂，兼具科学性和艺术性，不仅可为广大爱好者以及社会各界到秦岭观鸟提供一本工具书，而且可为野生动物主管部门、自然保护区以及从事鸟类学研究的专业人员提供重要的基础资料。

我对于晓平教授的新著《秦岭鸟类原色图鉴》出版表示衷心祝贺！希望 2017 年在西安召开的第十四届中国鸟类学大会上能够看到更多有关秦岭鸟类的高水平成果问世！

北京师范大学教授
中国动物学会副理事长
2016 年 1 月 22 日于北京

F *oreword* 前 言

人 鸟相际，共处自然，相感教化，蔚为人文。鸟类以其靓丽之羽色、玲珑之体态和婉转之鸣唱诱发了人类的艺术灵感，通过音乐、诗歌、绘画等形式对人类的文化积淀做出贡献。"两个黄鹂鸣翠柳，一行白鹭上青天"的绝句已被世人千年传唱。时光荏苒，岁月如梭，人类文明高度发达。当各种环境威胁肆虐人类家园的时候，造物者的杰作已经被赋予了艺术形式之外的内涵。它们不仅仅是大自然的重要组成部分，作为环境质量的指示类群，鸟类已经成为世界自然保护的象征之一。环境保护教育是每一位自然保护主义者义不容辞的责任和义务。《秦岭鸟类原色图鉴》旨在使更多的读者认识这些可爱的生灵，唤起人们爱护鸟类、保护环境的社会意识。

自 1862 年法国神父大卫（A. David）和 1870 年俄国探险家普列洛夫斯基（Berezovskii H.M）进入秦岭考察以来，其中的野生动植物资源一直受到外界的关注。尤其是中华人民共和国成立后，我国鸟类学家对秦岭地区的鸟类资源进行了长期而深入的研究。《秦岭鸟类志》（1973）、《甘肃脊椎动物志》（1991）、《青藏高原鸟类分类与分布》（2013）等著作就是经典的例证。然而迄今为止仍然缺乏以彩色图片形式为主的全面反映秦岭地区鸟类种类和资源现状的图志书籍，这也是作者编著《秦岭鸟类原色图鉴》的另一主要目的。

巍峨险峻、气势磅礴的秦岭山脉横亘于我国中部。秦岭东起伏牛山，西接岷山，东西长 1 600 km。主体位于陕西境内，平均海拔近 2 000 m，主峰太白山海拔 3 767 m，是我国大陆东部最高峰。秦岭山脉不仅是我国南北地质、气候、生物、水系、土壤等五大自然地理要素的天然分界线，也是我国生物多样性保护的关键区域，生态群落类群多样，种质资源极为丰富，因而成为诸多古老、珍稀和特有物种集中分布的"残遗中心"和"特有化中心"。在中国动物地理区划中，秦岭是东洋界和古北界两大动物地理区的天然分界线，独特的自然地理条件孕育了秦岭地区包括鸟类在内的丰富的野生动物资源。在作者多年的积累的基础上尽量收集最新发表的秦岭地区的新物种，如四川短翅莺 *Locustella chengi*、新纪录，如彩鹮 *Plegadis falcinellus*、大红鹳 *Phoenicopterus roseus*、棉凫 *Nettapus coromandelianus*、长尾鸭 *Clangula hyemalis*、水雉 *Hydrophasianus chirurgus*、褐翅鸦鹃 *Centropus sinensis*、小太平鸟 *Bombycilla japonica*、白斑尾柳莺 *Phylloscopus davisoni*、淡脚柳莺 *P. tenellipes*、四川旋木雀 *Certhia tianquanensis* 等；删除了秦岭地区值得商榷的分布记录，如褐耳鹰 *Accipiter badius*、小盘尾 *Dicrurus remifer*、古铜色卷尾 *D. aeneus* 等。此外，因时间原因，秦岭地区最新发现的某些鸟类新纪录如八声杜鹃 *Cacomantis merulinus*、乌鹃 *Surniculus lugubris* 未列入本图鉴。《秦岭鸟类原色图鉴》涵盖了分布于秦岭地区的鸟类 19 目 73 科 591 种。在概括秦岭自然概况、中国鸟类物种多样性和特有性的基础上，简要介绍了涉及鸟种（亚种）的鉴别特征、生态习性和分布状况。同时收集了精美的鸟类照片 1 200 余张，力求全面反映每个物种不同性别、年龄和季节的形态差异以及栖息地特征。资源现状采用 IUCN 受胁物种红色名录（IUCN Red List, IRL）、《中国濒危动物红皮书》（China Red Data Book of Endangered Animals—Aves, CRDB）、《中国物种红色名录》（China Species Red List, CSRL）、《濒危野生动植物种国际贸易公约》（Convention on International Trade in Endangered Species of Wild Fauna and Flora, CITES）和《国家重点保护野生动物名录》（PWL）中的受胁等级和保护级别。本图鉴不仅可为野生动物主管部门、自然保护区以及在秦岭地区开展鸟类研究的专业人员提供重要的基础资料，而且可为观鸟爱好者以及社会各界爱好自然的大、中、小学生提供图文参考。

在本书的编著过程中陕西省林业厅和秦岭地区各自然保护区给予我们大力支持，在此深表谢意。感谢中国鸟类学会、陕西省动物学会有关同仁的宝贵建议；特别感谢国内鸟类同仁和观鸟爱好者慷慨提供精美的鸟类图片。本书出版由陕西出版资金、国家基础科学人才培养基金和国家自然科学基金资助出版。

虽殚精竭虑，力求完善，但水平有限，纰缪之处难免。诚冀各界读者提出改进意见，以便精益求精，至臻完善。希望本图鉴能为感兴趣之读者提供帮助。

编　者
2016 年 2 月 6 日于西安

Foreword

The terrestrial area of China covers 9.6 million km^2, which is approximately equivalent to one fourth of that of Asia. The highest Qomolangma (8,844 m) in the world lies within territory of Tibet and the Aiding Lake at an altitude of -154 m in Xinjiang is the lowest land of the world. From mountainous regions and plateaus in the west to the immense plains in the east, and from deserts, grasslands and cold-temperate coniferous forests in the north to tropical rainforests in the south, and also from more than 18,000 km long coastline to many islands, all locations not only represent different natural landscape, but also provide birds with a variety of inhabiting sites. So China stands a world-leading position in biodiversity of birds which ranks the fourth in species number(1,371) only inferior to Brazil (2,000), Peru (1,678) and Columbia (1,567).

Qingling Mountains as the boundary or watershed of geological, climatic, biological, hydrographic and edaphic factors in China, was situated crossly the central China ranged from southeastern Gansu, south Shaanxi to southwestern Henan with diversified landscapes and a complicated physical environment. Taibai Mountain at an elevation of 3,767 m in Shaanxi was the highest peak in eastern mainland of China.

The unique natural conditions of Qinling Mountains have gestated many colorful and different birds. China is divided into 7 geographic regions of birds that consist of 19 subregions, of which 10 subregions belong to the Palaearctic Realm and the other 9 are subject to the Oriental Realm. Both the two Realms' components of birds co-occurs in Qinling Mountains, partitioned between the southern and northern slopes. The field guide includes all the birds recorded in the last fifty years, which consist of 591 species from 248 genera, 73 families and 19 orders. Of these species, there are 253 passerines and 338 nonpasserines including 106 species endemic to China. The morphological character, ecological habits and brief distribution of more than 500 species were summarized respectively together with approximately 1,200 excellent photos.

The colorful birds in Qinling Mountains have attracted much attention from specialists and photographers for a long time. The field guide provides the basic data collected over the last fifty years based on our own observations and a large number of other references. It not only provides information for understanding and researching the bird species in the region, but also serves as a useful handbook for students, teachers and researchers from universities and institutes, as well as for administrative staffs from protection agencies and nature reserves.

The Editors
Shaanxi Normal University
February 6, 2016, Xi'an

Contents 目录

一

秦岭地区的

自然概况

Natural conditions in Qinling Mountains

广义的秦岭是横亘于我国中部的一条东西走向的巨大山脉,它西起昆仑,中经陇南、陕南,东至鄂豫皖交界处的大别山以及蚌埠附近的张八岭。其范围包括岷山以北、陇南和陕南,蜿蜒于洮河与渭河以南、汉江与嘉陵江支流——白龙江以北的地区,东到豫西的伏牛山、熊耳山,在方城、南阳一带山脉断陷,形成南襄隘道,在豫、鄂交界处为桐柏山,在豫、鄂、皖交界处为大别山,走向变为西北—东南,到皖南霍山、嘉山一带为丘陵,走向为东北—西南。

狭义的秦岭地区,仅限于陕西省南部、渭河与汉江之间的山地,东以灞河与丹江河谷为界,西止于嘉陵江,是渭河中、下游和汉江上游的分水岭。

太白山是秦岭的主峰,海拔3 767 m,是渭河水系和汉江水系分水岭的最高地段,该区域面积虽小,但在水平方向上可看出从暖温带向北亚热带的过渡特征,在垂直方向上有明显的植被垂直分布变化,从北坡的渭河谷地和南坡的汉江谷地到太白山顶峰拔仙台,呈现平原(丘陵)、低山、中山和高山等一系列地貌类型,界线分明。

秦岭不仅是我国南北两大水系——长江、黄河的分水岭,在地形上成为我国南北之间的屏障,在气候上也有十分显著的影响,它使潮湿的海洋气团不易深入西北;同时也阻挡了北方的寒潮不致长驱南下,减弱寒潮猛烈的侵袭,成为我国亚热带和暖温带的分界线。秦岭以北属暖温带气候,秦岭以南属亚热带气候,而且这种气候特征非常明显,是中国地质、气候、生物、水系和土壤五大要素的天然分界线,在中国大陆的形成、演化和气候变迁中占有重要而突出的地位。秦岭也是中国重要的矿产资源基地和控制影响中国灾害与环境变化的重要地带。

　　受秦岭北麓山前断裂的控制，秦岭南北坡在地形上差异迥然。北坡陡峭，从高山、中山直接过渡到关中平原（渭河谷地），渭河支流直而短小，河床比降大，多湍流瀑布，从山脊线到渭河谷地最宽不超过40 km。而南坡宽度可达100 km以上，山势缓和绵延，由高至低依次为高山、中山、低山、丘陵和江汉平原。河床比降小，曲折迂回，源远流长。

　　秦岭为我国南北气候的自然分界线。秦岭以南，太阳辐射较少，气温较高，降水较多，气候湿润；秦岭以北则相反。秦岭山地，相对高差大，气候垂直分异明显。秦岭南坡无霜期210天左右。海拔高度800～2 000 m为谷地平坝和低、中山区，年平均气温9～13℃，年降水量850～900 mm，气候比较湿润，适于林木和果树生长。2 000 m以上的中、高山地带，年均温在9℃以下，年降水量900～950 mm，气候湿润寒冷，其中2 500 m以上，5月仍可降雪，表现出冷湿的气候特点。秦岭北坡1 300 m以下为暖温带气候，年均温8.7～12.7℃，年降水量650～800 mm；1 300～2 600 m为温带气候，年均温1.7～8.7℃，年降水量900～1 000 mm；2 600～3 350 m为寒温带气候，年均温-2.1～1.8℃，年降水量800～900 mm；3 350～3 767 m为亚寒带气候，年均温-4.4～-2.1℃，年降水量750～800 mm。

　　秦岭地区是我国气候的重要分界线，反映在植被分布上，秦岭以北属暖温带落叶林带，秦岭以南植被则属于北亚热带类型，有较多的常绿阔叶树种分布，由于地势高

耸,森林植被的垂直分布非常明显。以陕西境内秦岭中段为例,秦岭南坡植被可划分为如下垂直带谱:

(1)北亚热带常绿、落叶阔叶林(低于800 m);

(2)暖温带落叶阔叶林(800~1 800 m);

(3)中山针叶阔叶混交林(1 800~2 600 m);

(4)亚高山针叶林(2 600~3 200 m);

(5)高山灌丛草甸(3 200 m以上)。

秦岭北坡植被可划分为如下垂直带谱:

(1)落叶阔叶林(780~2 300 m);

(2)针叶阔叶混交林(2 300~2 800 m);

(3)亚高山针叶林(2 800~3 400 m);

(4)高山灌丛草甸(3 400 m以上)。

秦岭的植被具有其自身特征,例如,红桦(*Betula albo-sinensis*)林可构成独立的林带,栎类种属比较复杂,山地垂直带谱比较完整。除此之外,秦岭植被成分的过渡性也较显著。例如华北区系的油松(*Pinus tabuliformis*)、辽东栎(*Quercus liaotungensis*)、槲栎(*Quercus aliena*)分布较多,但亚热带的若干常绿阔叶树种以及马尾松(*Pinus massoniana*)、杉木(*Cunninghamia lanceolata*)、油桐(*Vernicia fordii*)、乌桕(*Sapium sebiferum*)等的分布也很普遍。另外,西南高山地区的植被成分也有出现。秦岭山地植被垂直分布在南北坡有不少相似之处,但受气候条件的影响,各带跨幅南坡低于北坡100~150 m。低山基底带则受水平地带性控制,岭北500~600 m为耐旱的落叶阔叶林及侧柏林带,岭南则为含有常绿阔叶林的落叶阔叶林带。

中国鸟类

物种多样性

Avian species diversity in China

（一）概况

中国幅员辽阔，国土面积 960 万平方千米，约占整个亚洲面积的四分之一。世界屋脊喜马拉雅山横亘于中国西南边界，珠穆朗玛峰（8 844 m）为世界最高峰；世界洼地之一的艾丁湖位于新疆维吾尔自治区吐鲁番市东南 30 km，为吐鲁番盆地最低洼处，海拔 -154 m。从西部的山脉、高原到东部的平川，从北部戈壁、荒漠、草原、泰加林到南部的热带雨林，加上漫长的海岸线和广阔的海域为鸟类提供了极其多样的栖息环境，孕育了中国极其丰富的鸟类多样性。世界现有鸟类种类 9 755 种（郑光美，2002），中国鸟类的种类数的记录不够统一，分别为 1 253 种（郑作新，1994）、1 329 种（马敬能等，2000）、1 331 种（郑光美，2006）和 1 371 种（郑光美，2011），占世界鸟类总种数的 12.8% ～ 14.1%。仅次于南美洲的巴西（2 000 种）、秘鲁（1 678 种）和哥伦比亚（1 567 种），居世界第四位。

（二）中国动物地理区划和鸟类的生态地理类群

丰富的鸟类物种多样性取决于复杂多样的生态地理环境，不同的地理区域特征性的鸟类区系反映了其自然历史过程和现代生态因素对鸟类分布的影响，表现出鸟类对其环境的进化适应性。张荣祖（1999）依据我国动物（包括鸟类）区系组成特点和地理分布特征将中国划分为两界、四亚界、七个大区和十九个亚区，其中十个亚区归属于动物地理学上的古北界，九个亚区归属于东洋界（表 1）。

表 1　中国动物地理区划

界	亚界（自然地理区）	区	亚区	鸟类生态类群
古北界	荒漠草原亚界 （西北干旱区）	蒙新区	东部草原亚区 西部荒漠亚区 天山山地亚区	温带草原鸟类 温带荒漠、半荒漠鸟类 山地森林草原、荒漠鸟类
	中亚亚界 （青藏高寒区）	青藏区	羌塘高原亚区 青海藏南亚区	高原寒漠鸟类 高原草甸、草原鸟类
	东亚亚界 （东部季风区北部）	东北区	大兴安岭亚区 长白山地亚区 松辽平原亚区	寒温带针叶林鸟类 中温带森林、草原鸟类 中温带草原、农田鸟类
		华北区	黄淮平原亚区 黄土高原亚区	暖温带森林草原、农田鸟类 温带森林草原、农田鸟类
东洋界	中印亚界 （东部季风区南部）	西南区	西南山地亚区 喜马拉雅亚区	亚高山森林草原草甸鸟类 亚热带山地森林鸟类
		华中区	东部丘陵平原亚区 西部山地高原亚区	亚热带森林、林灌、农田鸟类 亚热带森林、草地、农田鸟类
		华南区	闽广沿海亚区 滇南山地亚区 海南岛亚区 台湾亚区 南海诸岛亚区	热带森林、林灌、 草地、农田鸟类

中国的自然地理区和适应其环境的鸟类区系组成构建了鸟类地理区划的框架。生物作用下的气候、植被等环境因素的协同作用对鸟类具有直接的、显著的影响。不同的气候区、植被带形成了如下复杂多样的鸟类生态类群。

1. 寒温带针叶林鸟类

寒温带针叶林分布于大兴安岭北部和小兴安岭大部、西伯利亚寒温带针叶林南缘以及新疆北部的阿尔泰山地，这些地区冬季时间长，气候异常寒冷。区内针叶林成分简单，优势群落明显，林间空地、林缘阔叶林、草甸等景观镶嵌分布，生境较为多样，有部分寒温带鸟类在此繁殖。以古北型和东北型鸟类为主，代表种有松鸡（*Tetrao urogallus*）、黑嘴松鸡（*T. parvirostris*）、黑琴鸡（*Lyrurus tetrix*）、柳雷鸟（*Lagopus lagopus*）、花尾榛鸡（*Bonasa bonasia*）、灰林鸮（*Strix aluco*）、北噪鸦（*Perisoreus infaustus*）、松雀（*Pinicola enucleator*）、白翅交嘴雀（*Loxia leucoptera*）和雪鹀（*Plectrophenax nivalis*）等。

2. 温带针叶阔叶混交林鸟类

温带针叶阔叶混交林广泛分布于中国东北部山区，包括小兴安岭主峰以南至长白山山地，属中温带气候，夏季明显，景观丰富，植被成分多样，北方型鸟类居多，如黑琴鸡、花尾榛鸡、三趾啄木鸟（*Picoides tridactylus*）、长尾林鸮（*Strix uralensis*）、黑头蜡嘴雀（*Eophona personata*）等。渗透分布至此的南方型鸟类有松雀鹰（*Accipiter virgatus*）、棕腹杜鹃（*Cuculus nisicolor*）、鹰鸮（*Ninox scutulata*）、普通夜鹰（*Caprimulgus indicus*）、三宝鸟（*Eurystomus orientalis*）、黑枕黄鹂（*Oriolus chinensis*）和红胁绣眼鸟（*Zosterops erythropleurus*）等。

3. 温带落叶阔叶林鸟类

温带落叶阔叶林分布于东北平原、山东及华北平原的广大地区，夏季湿热，冬季干冷。天然植被以落叶阔叶林为主，森林零散分布，景观开阔，鸟类区系具有南北成分相互渗透和交汇分布的特点。代表鸟种有丹顶鹤（*Grus japonensis*）、褐马鸡（*Crossoptilon mantchuricum*）、勺鸡（*Pucrasia macrolopha*）、松鸦（*Garrulus glandarius*）、山噪鹛（*Garrulax davidi*）等。北方型的种类有普通䴓（*Sitta europaea*）、银喉长尾山雀（*Aegithalos caudatus*）以及多种迁徙或越冬的雁鸭类。南方型种类包括珠颈斑鸠（*Streptopelia chinensis*）、牛背鹭（*Bubulcus ibis*）、蓝翡翠（*Halcyon pileata*）、仙八色鸫（*Pitta nympha*）、白头鹎（*Pycnonotus sinensis*）、黑卷尾（*Dicrurus macrocercus*）和红嘴蓝鹊（*Urocissa erythrorhyncha*）等。

4. 亚热带常绿阔叶林鸟类

从秦岭、淮河一线一直向南抵华南南部，从沿海向西直到青藏高原南部属亚热带常绿阔叶林，其气候特征高温、多雨，植被以及鸟类分布具有明显的垂直分布变化，尤以秦岭主峰太白山（海拔3 767 m）南北坡为甚。亚热带常绿、落叶阔叶林分布范围极为广泛，约占全国面积的1/4，环境和植被组成成分复杂多样。作为东洋界和古北界的分布界限，本区鸟类呈现南北成分交汇分布和过渡性特征，秦岭以北以古北界成分的鸟类占优势，秦岭南侧以东洋界成分为主；西部地区海拔较高，以古北界鸟类为主并渗入高地型鸟类成分，如血雉（*Ithaginis cruentus*）、红腹角雉（*Tragopan temminckii*）、绿尾虹雉（*Lophophorus lhuysii*）、林岭雀（*Leucosticte nemoricola*）等。呈现本区鸟类组成的代表鸟种有斑头鸺鹠（*Glaucidium cuculoides*）、红翅绿鸠（*Treron sieboldii*）、棕背伯劳（*Lanius schach*）、丝光椋鸟（*Sturnus sericeus*），还有竹鸡属（*Bambusicola* spp.）、咬鹃属（*Harpactes* spp.）、八色鸫属（*Pitta* spp.）、鹎属（*Pycnonotus* spp.）、短脚鹎属（*Hemixos* spp.）、黄鹂属（*Oriolus* spp.）、卷尾属（*Dicrurus* spp.）、山雀属（*Parus* spp.）、啄花鸟属（*Dicaeus* spp.）和太阳鸟属（*Aethopyga* spp.）的多数种类，还包括画眉科（Timaliidae）、鹟科（Muscicapidae）、莺科（Sylviidae）的多数种类。

5. 热带季雨林和热带雨林鸟类

热带季雨林和热带雨林分布于云南、广东、广西最南部以及西藏东南部、台湾南部、南海诸岛，高温、湿热、植被繁茂且优势群落不明显，是生物多样性最为丰富的景观和生态系统。鸟类以南方型和热带型种类为主，代表种类有鹰雕（*Spizaetus nipalensis*）、蓝胸鹑（*Coturnix chinensis*）、鹧鸪（*Francolinus pintadeanus*）、原鸡（*Gallus gallus*）、黑长尾雉（*Syrmaticus mikado*）、蓝鹇（*Lophura swinhoii*）、绿孔雀（*Pavo muticus*）、孔雀雉（*Polyplectron bicalcaratum*），还包括绿鸠属（*Treron* spp.）、鹦鹉属（*Psittacula* spp.）、鸦鹃属（*Centropus* spp.）、蜂虎属（*Merops* spp.）以及犀鸟科（Bucerotidae）、阔嘴鸟科（Eurylaimidae）、山椒鸟科（Campephagidae）、鹎科（Pycnonotidae）、椋鸟科（Sturnidae）、和平鸟科（Irenidae）、卷尾科（Dicruridae）、花蜜鸟科（Nectariniidae）和啄花鸟科（Dicaeidae）的所有或多数种类等。

6. 草原鸟类

从中国东北地区的西部向西南延伸，经过内蒙古高原、黄土高原一直到青藏高原中部。受降雨量和湿度变化的影响，从东北向西南呈现湿草原、干草原和高原草原的变化。西北部形成了大面积的荒漠和沙漠。湿草原包括东北平原和内蒙古东部草原，代表鸟类有草原雕（*Aquila nipalensis*）、大鵟（*Buteo hemilasius*）、大鸨（*Otis tarda*）、毛腿沙鸡（*Syrrhaptes paradoxus*）、岩鸽（*Columba rupestris*）、蒙古百灵（*Melanocorypha mongolica*）、云雀（*Alauda arvensis*）等。干草原位于东北平原西南至黄土高原的北部，为湿草原与荒漠区的过渡地带，大部分湿草原的鸟类可扩展至此，此外尚可见到毛脚鵟（*Buteo lagopus*）、田鹨（*Anthus richardi*）、领岩鹨（*Prunella collaris*）、石雀（*Petronia petronia*）等。荒漠草原位于内蒙古西部至甘肃、新疆一带的内陆地区，鸟类种类相对较少，如原鸽（*Columba livia*）、沙鵖（*Oenanthe isabellina*）、漠鵖（*O. deserti*）、黑尾地鸦（*Podoces hendersoni*）、巨嘴沙雀（*Rhodospiza obsoleta*）、漠林莺（*Sylvia nana*）、黑顶麻雀（*Passer ammodendri*）等。

7. 高原鸟类

青藏高原号称"世界屋脊"，包括青海、西藏和川西地区，东达横断山脉的北部，海拔3 000 m以上。由于地理条件的特殊性和气候的严酷性，该区分布着我国很多特有鸟种。代表种类有高山兀鹫（*Gyps himalayensis*）、胡兀鹫（*Gypaetus barbatus*）、暗腹雪鸡（*Tetraogallus himalayensis*）、藏雪鸡（*T. tibetanus*）、红喉雉鹑（*Tetraophasis obscurus*）、棕尾虹雉（*Lophophorus impejanus*）、白尾梢虹雉（*L. sclateri*）、雪鸽（*Columba leuconota*）、黄嘴山鸦（*Pyrrhocorax graculus*）、鸲岩鹨（*Prunella rubeculoides*）、白斑翅雪雀（*Montifringilla nivalis*）、藏黄雀（*Carduelis thibetana*）、藏鹀（*Emberiza koslowi*）等。

8. 湿地鸟类

中国湿地面积 3 620 万公顷，100 hm² 以上的湖泊 2 350 个，10 000 hm² 以上的湖泊 130 个，主要分布在青藏高原和长江中下游地区。其间分布着大量的湿地鸟类，代表种类有雁属（*Anser* spp.）、鸭属（*Anas* spp.）、麻鸭属（*Tadorna* spp.）、潜鸭属（*Aythya* spp.）、秋沙鸭属（*Mergus* spp.）、天鹅属（*Cygnus* spp.）；鹭科（Ardeidae）、鹤科（Gruidae）、鹳科（Ciconiidae）以及白琵鹭（*Platalea leucorodia*）、普通秧鸡（*Rallus aquaticus*）、黑水鸡（*Gallinula chloropus*）、黑嘴鸥（*Larus saundersi*）、白额燕鸥（*Sterna albifrons*）、黑眉苇莺（*Acrocephalus bistrigiceps*）和黄胸鹀（*Emberiza aureola*）等。

秦岭地区的鸟类生态类群以落叶阔叶林鸟类、针叶阔叶混交林鸟类和亚热带常绿阔叶林鸟类为主，同时有部分高原鸟类成分自西向东延伸分布，草原、荒漠鸟类成分自北向南渗透分布，秦岭北坡的渭河谷地和南坡的汉江盆地分布有诸多的湿地鸟类。

（三）中国特有鸟类区域和特有鸟种

当一个物种在全球分布的范围面积小于 50 000 km² 时被视为狭窄分布。特有种是指分布上仅限于这些狭窄区域而罕见于其他地区的物种。国际鸟类联合会（Bird Life International）1998 年建立了世界特有鸟类区域（Endemic Bird Areas，EBA）。每个 EBA 最少由两个或以上分布狭窄的鸟类分布区叠加形成，世界 218 个特有鸟区（EBA）覆盖中国的有 13 个，分别是：

◆ 塔克拉玛干沙漠（D01，3 种）

中亚夜鹰 *Caprimulgus centralasicus* —— 新疆西南部昆仑山塔克拉玛干沙漠边缘特有留鸟。

白尾地鸦 *Podoces biddulphi* —— 塔克拉玛干沙漠东部至罗布泊的胡杨林及荒漠草地（900 ～ 1 300 m）。

褐头岭雀 *Leucosticte sillemi* —— 新疆西南部喀喇昆仑山（5 000 m）。

◆ **西藏东部**（D06, 2 种）

棕草鹛 *Babax koslowi* —— 西藏东部山地矮灌丛特有罕见留鸟（3 350 ～ 4 500 m）。

藏鹀 *Emberiza koslowi* —— 西藏东部、青海东南部高山灌丛、草甸特有留鸟（3 600 ～ 4 600 m）。

◆ **西藏南部**（D07, 2 种）

藏马鸡 *Crossoptilon harmani* —— 雅鲁藏布江河谷沿岸的高山灌丛（3 000 ～ 5 000 m）。

大草鹛 *Babax waddelli* —— 西藏东南部、南部干旱灌丛（2 700 ～ 4 570 m）。

◆ **东喜马拉雅山区**（D08, 18 种）

白尾梢虹雉 *Lophophorus sclateri* —— 西藏东南（墨脱）、云南西北（高黎贡山）4 000 m 以上灌丛。

灰腹角雉 *Tragopan blythii* —— 西藏东南、云南西北部亚高山针叶林和杜鹃灌丛（1 800 ～ 4 000 m）。

红胸山鹧鸪 *Arborophila mandellii* —— 西藏东南部丹巴曲和伯舒拉岭罕见留鸟（1 500 ～ 4 000 m）。

红腹咬鹃 *Harpactes wardi* —— 西藏东南部、云南西北部的常绿林中（1 600 ～ 3 000 m）。

锈腹短翅鸫 *Brachypteryx hyperythra* —— 西藏东南部、云南西北部林下灌丛（1 100 ～ 3 000 m）。

纹头斑翅鹛 *Actinodura nipalensis* —— 西藏南部（波密）栎林、杜鹃灌丛（1 800 ～ 2 300 m）。

纹胸斑翅鹛 *A. waldeni* —— 西藏东南部、云南西北部的栎林和杜鹃灌丛（1 500 ～ 2 800 m）。

黄喉雀鹛 *Alicippe cinerea* —— 西藏东南部、云南西北部竹林、常绿林（1 500 ～ 2 000 m）。

路德雀鹛 *A. ludlowi* —— 西藏东南部竹林、杜鹃灌丛（2 100 ～ 3 600 m）。

蓝冠噪鹛 *Garrulax courtoisi* —— 云南南部（思茅）和江西东北部（婺源）（800 ～ 1 200 m）。

灰奇鹛 *Heterophasia gracilis* —— 云南怒江以西的山地常绿林带（900 ～ 2 300 m）。

丽色奇鹛 *H. pulchella* —— 西藏东南部和云南西北部的苔藓森林（1 600 ～ 2 800 m）。

斑胸鸦雀 *Paradoxornis flavirostris* —— 西藏东南部低海拔灌丛、竹林（低于 1 800 m）。

锈喉鹩鹛 *Spelaeornis badeigularis* —— 狭窄分布于西藏东南部丹巴曲至伯舒拉岭的常绿阔叶林（1 500～2 800 m）。

短尾鹩鹛 *S. caudatus* —— 西藏东南部喜马拉雅山东段常绿阔叶林（1 700～2 500 m）。

楔头鹩鹛 *S. humei* —— 西藏东南部的阔叶林（1 500～2 400 m）。

黄胸柳莺 *Phylloscopus cantator* —— 喜马拉雅山东段常绿林和竹林（1 700～2 500 m）。

宽嘴鹟莺 *Tickellia hodgsoni* —— 西藏东南部山地森林灌丛（1 100～2 700 m）。

◆ 青海山地（D11，4 种）

大石鸡 *Alectoris magna* —— 青海东部至甘肃祁连山地（1 800～3 500 m）。

贺兰山红尾鸲 *Phoenicurus alaschanicus* —— 青海、甘肃、宁夏山地针叶林（夏候鸟）；陕西、河北、山西（冬候鸟）。

甘肃柳莺 *Phylloscopus kansuensis* —— 甘肃、青海西宁至兰州的针叶阔叶混交林（低于 2 900 m）。

藏雀 *Kozlowia roborouwskii* —— 西藏东北、青海西南高山荒漠（4 500～5 400 m）。

◆ 川中山地（D12，9 种）

黑喉歌鸲 *Luscinia obscura* —— 罕见于甘肃东南部、陕西南部秦岭的亚高山针叶林（3 000～3 400 m）。

棕头歌鸲 *L. ruficeps* —— 陕西秦岭、四川、甘肃岷山亚高山针叶林（2 000～3 000 m）。

灰头斑翅鹛 *Actinodura souliei* —— 四川南部、云南西北部（1 100～3 300 m）。

黑额山噪鹛 *Garrulax sukatschewi* —— 甘肃南部至四川北部灌丛（2 000～3 500 m）。

斑背噪鹛 *G. lunulatus* —— 陕西秦岭、甘肃南部、四川中北部混交林、灌丛、竹林（1 000～2 600 m）。

三趾鸦雀 *Paradoxornis paradoxus* —— 陕西南部、甘肃南部、四川西北部针叶阔叶混交林、灌丛、竹林（1 500～3 500 m）。

灰冠鸦雀 *P. przewalskii* —— 青海东部、甘肃南部、四川西北部和陕西南部巴山地区的落叶松林及灌丛（2 400～3 000 m）。

红腹山雀 *Parus davidi* —— 陕西南部、甘肃南部、四川北部的针叶阔叶混交林及针叶林（2 400～3 400 m）。

蓝鹀 *Latoucheornis siemsseni* —— 繁殖于陕西南部、甘肃南部山地次生林，冬季南迁。

◆ 川西山地（D13，3 种）

绿尾虹雉 *Lophophorus lhuysii* —— 四川西部及邻近的青海、甘肃、西藏的高山针叶林、灌丛、草甸（3 000～4 000 m）。

四川林鸮 *Strix davidi* —— 青海东南部、四川中部针叶阔叶混交林（2 500～4 000 m）。

黑头噪鸦 *Perisoreus internigrans* —— 青海东南部、甘肃西部、四川北部及西藏东部的针叶林（3 000 ～ 4 300 m）。

◆ **中国亚热带森林**（D14, 4 种）

金额雀鹛 *Alcippe variegaticeps* —— 四川南部、广西瑶山低海拔林地（700 ～ 1 900 m）。

丽色噪鹛 *Garrulax formosus* —— 罕见于四川中西部、云南北部和广西的常绿林、次生林、竹林（900 ～ 3 000 m）。

灰胸薮鹛 *Liocichla omeiensis* —— 四川南部、云南东北部落叶林（1 000 ～ 2 400 m）。

鹊色鹂 *Oriolus mellianus* —— 繁殖于四川南部、广西、广东东北部，冬季南迁。

◆ **云南山地**（D14, 4 种）

灰头斑翅鹛——（见川中山地）。

白点噪鹛 *Garrulax bieti* —— 四川西南部、云南西北部针叶林（3 000 m 以上）。

褐翅鸦雀 *Paradoxornis brunneus* —— 云南西南、西北及四川西南部山地竹林、灌草丛（1 800 ～ 2 800 m）。

滇䴓 *Sitta yunnanensis* —— 云南、四川南部、贵州西部、西藏东南部针叶林（2 000 ～ 3 350 m）。

◆ **海南岛**（D20, 5 种）

海南鸦 *Gorsachius magnificus* —— 海南和广西局部林中溪流、沼泽密草丛。

海南山鹧鸪 *Arborophila ardens* —— 海南山地常绿林（900 ～ 1 200 m）。

海南孔雀雉 *Polyplectron katsumatae* —— 海南西南部常绿阔叶林（1 800 m 以下）。

海南柳莺 *Phylloscopus hainanus* —— 海南岛西部次生林、灌丛（600 m 以上）。

淡紫䴓 *Sitta solangiae* —— 海南山区林地。

◆ **山西山地**（D23, 2 种）

褐马鸡 *Crossoptilon mantchuricum* —— 山西吕梁山、陕西黄龙山、河北小五台和北京门头沟落叶阔叶林（1 200 ～ 1 600 m）。

褐头鸫 *Turdus feae* —— 河北、山西混交林、针叶林（1 000 m 以上）。

◆ **华东南山地**（D24, 5 种）

白眉山鹧鸪 *Arborophila gingica* —— 浙江、福建、广东、广西山地阔叶林（800 ～ 1 800 m）。

黄腹角雉 *Tragopan caboti* —— 浙江、福建、江西、广东、广西及湖南的常绿阔叶林和针叶阔叶混交林（800 ～ 1 400 m）。

白颈长尾雉 *Syrmaticus ellioti* ——江西、安徽、浙江、福建、湖南、贵州、广东阔叶林、混交林、灌丛（1 600 m 以下）。

蓝冠噪鹛 ——（见东喜马拉雅山区）。

白喉林鹟 *Rhinomyias brunneata* ——中国东南部林缘、竹林（1 100 m 以下）。

◆台湾岛（D25，15 种）

台湾山鹧鸪 *Arborophila crudigularis* ——台湾中部山地阔叶林（700 ～ 2 500 m）。

蓝鹇 *Lophura swinhoii* ——台湾山地阔叶林、混交林（800 ～ 2 200 m）。

黑长尾雉 *Syrmaticus mikado* ——混交林、针叶林（1 800 ～ 3 000 m）。

红顶绿鸠 *Treron formosae* ——台湾南部、兰屿岛的热带常绿林（2 000 m 以上）。

台湾鹎 *Pycnonotus taivanus* ——台湾东南部低山阔叶林（600 m 以下）。

台湾紫啸鸫 *Myophonus insularis* ——森林溪流（600 ～ 1 500 m）。

台湾林鸲 *Tarsiger johnstoniae* ——林下及林缘（2 000 ～ 2 800 m）。

玉山噪鹛 *Garrulax morrisonianus* ——台湾中部山地林内灌丛（1 800 ～ 3 500 m）。

黄痣薮鹛 *Liocichla steerii* ——中、低山阔叶林（900 ～ 2 500 m）。

台湾斑翅鹛 *Actinodura morrisoniana* ——台湾中部山地落叶林（1 200 ～ 3 000 m）。

白耳奇鹛 *Heterophasia auricularis* ——松栎林（1 200 ～ 3 000 m）。

褐头凤鹛 *Yuhina brunneiceps* ——阔叶林、混交林（1 000 ～ 3 000 m）。

台湾戴菊 *Regulus goodfellowi* ——高山针叶林（2 000 ～ 3 000 m）。

台湾黄山雀 *Parus holsti* ——阔叶林、混交林（800 ～ 3 000 m）。

台湾蓝鹊 *Urocissa caerulea* ——阔叶林（300 ～ 1 200 m）。

（四）秦岭地区的中国鸟类特有种

根据雷富民等（2002）对中国鸟类特有种名录的核定和雷富民等（2006）的进一步确认，中国拥有鸟类特有种 105 种；Alström et al.（2015）在中国中部最新发现了首个以中国人命名的鸟类新物种 —— 四川短翅莺（*Locustella chengi* sp. nov.），中国鸟类特有种数应为 106 种（表 2）。

中国鸟类特有种丰富度分布中心集中于横断山区，川北、秦岭和陇南山地，台湾岛（雷富民等，2002）。表现在 64 种鸡形目鸟类中的 22 种（34.3%）为中国特有种，121 种画眉科鸟类中的 31 种（25.6%）为中国特有种。作为特有种分布中心之一的秦岭地区拥有中国鸟类特有种 52 种，占秦岭地区鸟类总数（591 种）的 8.80%，占中国特有鸟类总数（106 种）的 49.1%。包括非雀形目种类 12 种，分别是鹮科中分布于陕西秦岭南坡的朱鹮（*Nipponia nippon*），雉科中的灰胸竹鸡（*Bambusicola thoracicus*)、大石鸡(*Alectoris magna*)、白冠长尾雉(*Syrmaticus reevesii*)、红腹锦鸡(*Chrysolophus pictus*)、血雉、斑尾榛鸡(*Tetrastes sewerzowi*)、红喉雉鹑、绿尾虹雉和蓝马鸡(*Crossoptilon auritum*),鹤科中秦岭山地西段边缘分布的高原种类黑颈鹤(*Grus nigricollis*),鸱鸮科中的四川林鸮(*Strix davidi*);雀形目种类 40 种,分别是百灵科的长嘴百灵(*Melanocorypha maxima*),鹎科的领雀嘴鹎(*Spizixos semitorques*),鸦科的黑头噪鸦(*Perisoreus internigrans*),鸫科的棕头歌鸲(*Luscinia ruficeps*)、金胸歌鸲(*L. pectardens*)、贺兰山红尾鸲(*Phoenicurus alaschanicus*)、棕背黑头鸫(*Turdus kessleri*)和宝兴歌鸫(*T. mupinensis*),鹟科的棕腹大仙鹟(*Niltava davidi*),画眉科的宝兴鹛雀(*Moupinia poecilotis*)、山噪鹛、黑额山噪鹛(*Garrulax sukatschewi*)、斑背噪鹛(*G. lunulatus*)、大噪鹛(*G. maximus*)、画眉(*G. canorus*)、橙翅噪鹛(*G. elliotii*)、中华雀鹛(*Alcippe striaticollis*)、棕头雀鹛(*A. ruficapilla*)和白领凤鹛(*Yuhina diademata*),鸦雀科的三趾鸦雀(*Paradoxornis paradoxus*)、白眶鸦雀(*P. conspicillatus*)和灰冠鸦雀(*P. przemalskii*),扇尾莺科的山鹛(*Rhopophilus pekinensis*),莺科的四川短翅莺、细纹苇莺(*Acrocephalus sorghophilus*)、四川柳莺(*Phylloscopus forresti*)、峨眉柳莺(*P. emeiensis*)、峨眉鹟莺(*Seicercus omeiensis*)、凤头雀莺(*Lophobasileus elegans*),长尾山雀科的银脸长尾山雀(*Aegithalos fuliginosus*),山雀科的黄腹山雀(*Parus venustulus*)、白眉山雀(*P. superciliosus*)、红腹山雀(*P. davidi*)和地山雀(*Pseudopodoces humilis*),鸭科的黑头鸭(*Sitta villosa*),雀科的白腰雪雀(*Montifringilla taczanowskii*)和棕颈雪雀(*M. ruficollis*),燕雀科的酒红朱雀(*Carpodacus vinaceus*)和斑翅朱雀(*C. trifasciatus*),以及鹀科的蓝鹀(*Latoucheornis siemsseni*)。

表 2 中国(包括秦岭地区)鸟类特有种名录

序号	物种	学名	分布状况	区系	居留型	备注 [*2]
1	海南鸦	*Gorsachius magnificus*	E	O	R/M	
2	朱鹮	*Nipponia nippon*	E[*1]	P	R	▲
3	中华秋沙鸭	*Mergus squamatus*	W	P	R/M	▲
4	斑尾榛鸡	*Bonasa sewerzowi*	E	P	R	▲
5	红喉雉鹑	*Tetraophasis obscurus*	E	P	R	▲
6	黄喉雉鹑	*T. szechenyii*	E	P	R	
7	大石鸡	*Alectoris magna*	E	P	R	▲
8	四川山鹧鸪	*Arborophila rufipectus*	E	O	R	
9	白眉山鹧鸪	*A. gingica*	E	O	R	

续表

序号	物种	学名	分布状况	区系	居留型	备注 *2
10	海南山鹧鸪	*A. ardens*	E	O	R	
11	台湾山鹧鸪	*A. crudigularis*	E	O	R	
12	灰胸竹鸡	*Bambusicola thoracicus*	E	O	R	▲
13	血雉	*Ithaginis cruentus*	W	C	R	▲
14	黄腹角雉	*Tragopan caboti*	E	O	R	
15	白尾梢虹雉	*Lophophorus scalteri*	W	O	R	
16	绿尾虹雉	*L. lhuysii*	E	O	R	
17	白马鸡	*Crossoptilon crossoptilon*	E	C	R	
18	藏马鸡	*C. harmani*	E	C	R	
19	蓝马鸡	*C. auritum*	E	P	R	▲
20	褐马鸡	*C. mantchuricum*	E	P	R	
21	蓝鹇	*Lophura swinhoii*	E	O	R	
22	白冠长尾雉	*Syrmaticus reevesii*	E	O	R	▲
23	白颈长尾雉	*S. elloiti*	E	O	R	
24	黑长尾雉	*S. mikado*	E	O	R	
25	白腹锦鸡	*Chrysolophus amherstiae*	W	O	R	
26	红腹锦鸡	*C. pictus*	E	C	R	▲
27	黑颈鹤	*Grus nigricollis*	W	P	R/M	▲
28	中华凤头燕鸥	*Thalasseus zimmmermanni*	W	P	R/M	
29	大紫胸鹦鹉	*Psittacula derbiana*	E	P	R	
30	四川林鸮	*Strix davidi*	E	C	R	▲
31	长嘴百灵	*Melanocorypha maxima*	W	P	R	▲
32	领雀嘴鹎	*Spizixos semitorques*	W	O	R	▲
33	台湾鹎	*Pycnonotus taivanus*	E	O	R	
34	栗背短脚鹎	*Hypsipetes castanonotus*	W	O	R	
35	黑头噪鸦	*Perisoreus internigrans*	E	C	R	▲
36	台湾蓝鹊	*Urocissa caerulea*	E	O	R	
37	黑尾地鸦	*Podoces hendersoni*	W	P	R	
38	白尾地鸦	*P. biddulphi*	E	P	R	
39	棕头歌鸲	*Luscinia ruficeps*	E	P	R	▲
40	金胸歌鸲	*L. pectardens*	W	C	R	▲
41	台湾林鸲	*Tarsiger johnstoniae*	E	O	R	
42	贺兰山红尾鸲	*Phoenicurus alaschanicus*	E	P	R/M	▲
43	台湾紫啸鸫	*Myiophoneus insularis*	E	O	R	
44	棕背黑头鸫	*Turdus kessleri*	E	C	R	▲
45	褐头鸫	*T. feae*	W	P	R/M	

续表

序号	物种	学名	分布状况	区系	居留型	备注 *2
46	宝兴歌鸫	*T. mupinensis*	E	C	R	▲
47	宝兴鹛雀	*Moupinia poecilotis*	E	O	R	
48	大草鹛	*Babax waddelli*	E	C	R	
49	棕草鹛	*B. koslowi*	E	C	R	
50	黑额山噪鹛	*Garrulax sukatschewi*	E	P	R	▲
51	褐胸噪鹛	*G. maesi*	W	O	R	
52	斑背噪鹛	*G. lunulatus*	E	C	R	▲
53	白点噪鹛	*G. bieti*	E	O	R	
54	大噪鹛	*G. maximus*	E	O	R	▲
55	棕噪鹛	*G. poecilorhynchus*	E	O	R	
56	画眉	*G. canorus*	W	O	R	▲
57	橙翅噪鹛	*G. elliotii*	E	C	R	▲
58	灰腹噪鹛	*G. henrici*	E	O	R	
59	玉山噪鹛	*G. morrisonianus*	E	O	R	
60	灰胸薮鹛	*Loicichla omeiensis*	E	O	R	
61	黄痣薮鹛	*L. steerii*	E	O	R	
62	灰头斑翅鹛	*Actinodura souliei*	E	O	R	
63	台湾斑翅鹛	*A. morrisoniana*	E	O	R	
64	金额雀鹛	*Alcippe variegaticeps*	E	O	R	
65	高山雀鹛	*A. striaticollis*	E	C	R	▲
66	棕头雀鹛	*A. ruficapilla*	W	C	R	▲
67	白耳奇鹛	*Heterophasia auricularis*	E	O	R	
68	白领凤鹛	*Yuhina diademata*	W	O	R	▲
69	褐头凤鹛	*Y. brunneiceps*	E	O	R	
70	三趾鸦雀	*Paradoxornis paradoxus*	E	C	R	▲
71	白眶鸦雀	*P. conspicillatus*	E	C	R	▲
72	褐翅缘鸦雀	*P. brunneus*	W	O	R	
73	暗色鸦雀	*P. zappeyi*	E	O	R	
74	灰冠鸦雀	*P. przemalskii*	E	P	R	▲
75	震旦鸦雀	*P. heudei*	W	C	R/M	
76	山鹛	*Rhopophilus pekinensis*	E	P	R	▲
77	四川短翅莺	*Locustella chengi sp. nov.*	E	O	R	▲
78	台湾短翅莺	*L. alishannensis*	E	O	R	
79	细纹苇莺	*Acrocephalus sorghophilus*	W	P	R/M	▲
80	四川柳莺	*Phylloscopus forresti*	E	O	R/M	▲
81	峨眉柳莺	*P. emeiensis*	E	O	R	▲

续表

序号	物种	学名	分布状况	区系	居留型	备注 *²
82	海南柳莺	*P. hainanus*	E	O	R	
83	台湾戴菊	*Regulus goodfellowi*	E	O	R	
84	峨眉鹟莺	*Seicercus omeiensis*	E	C	R	▲
85	凤头雀莺	*Leptopoecile elegans*	E	C	R	▲
86	棕腹大仙鹟	*Niltava davidi*	W	O	R/M	▲
87	海南蓝仙鹟	*N. hainana*	E	O	R/M	
88	台湾黄山雀	*Parus holsti*	E	O	R	
89	黄腹山雀	*P. venustulus*	E	C	R/M	▲
90	白眉山雀	*P. superciloisus*	E	C	R	▲
91	红腹山雀	*P. davidi*	E	C	R	
92	银脸长尾山雀	*Aegithalos fuliginosus*	E	C	R	▲
93	地山雀	*Pseudopodoces humilis*	E	C	R	▲
94	黑头鸸	*Sitta villosa*	E	P	R	▲
95	滇鸸	*S. yunnanensis*	E	O	R	
96	白腰雪雀	*Montifringilla taczanowskii*	W	P	R	▲
97	棕颈雪雀	*M. ruficollis*	W	P	R	▲
98	褐头岭雀	*Leucosticte sillemi*	W	P	R	
99	酒红朱雀	*Carpodacus vinaceus*	E	O	R	▲
100	曙红朱雀	*C. eos*	E	C	R/M	
101	斑翅朱雀	*C. trifasciatus*	E	O	R/M	▲
102	藏雀	*Kozlowia roborowskii*	E	P	R	
103	朱鸸	*Rrocynchramus pylzowi*	E	P	R	
104	栗斑腹鸸	*Emberiza jankowskii*	W	P	R	
105	藏鸸	*E. koslowi*	E	P	R	
106	蓝鸸	*Latoucheornis siemsseni*	E	O	R	▲

注：*1 历史上朱鹮并非中国特有种，目前仅中国洋县具野生种群。*2 ▲秦岭地区有分布。分布状况：E 仅分布于中国；W 主要分布于中国且边缘性分布于周边其他国家。区系：P 古北界物种；O 东洋界物种；C 同时繁殖于东洋界和古北界物种。居留型：R 留鸟；M 部分迁徙。

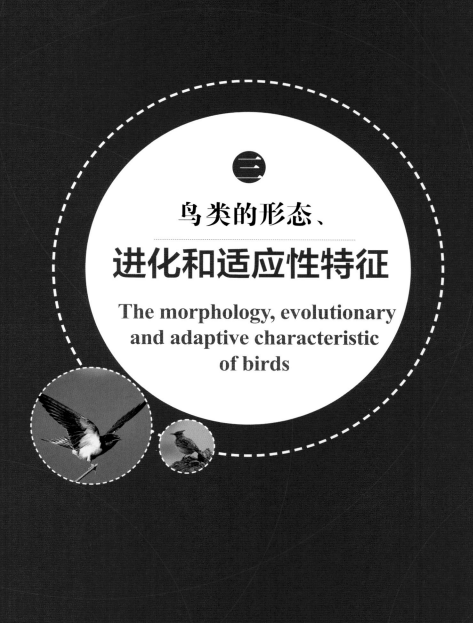

三

鸟类的形态、
进化和适应性特征

The morphology, evolutionary
and adaptive characteristic
of birds

（一）鸟类的外部形态

鸟类身体呈流线型（纺锤形），外被羽毛。分为头、颈、躯干、尾和四肢五部分。眼大而圆，具活动的上下眼睑及瞬膜。具角质喙。前肢特化为翼，后肢具四趾，趾端具爪（图1和图2）。

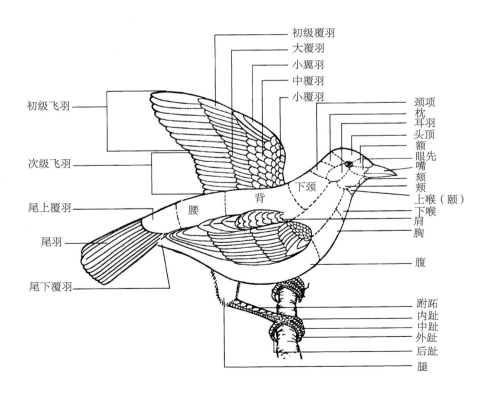

图1　家鸽外形各部位名称

（引自郑作新，2002）

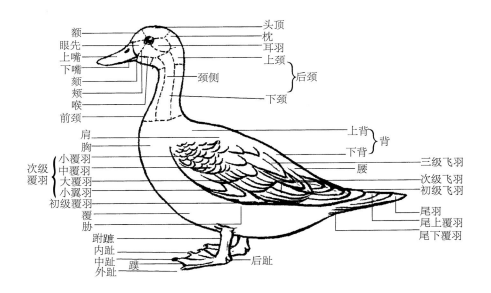

额
眼先
上嘴
下嘴
颏
颊
喉
前颈
头顶
枕
耳羽
上颈
后颈
颈侧
下颈
后颈
肩
胸
上背
背
下背
腰
次级覆羽
小覆羽
中覆羽
大覆羽
小翼羽
初级覆羽
覆
胁
跗蹠
内趾
中趾
外趾
蹼
后趾
三级飞羽
次级飞羽
初级飞羽
尾羽
尾上覆羽
尾下覆羽

图2 家鸭外形各部位名称

（引自郑作新，2002）

（二）鸟类的进化特征

（1）具高而恒定的体温，减少了对环境的依赖性。

（2）心脏分为完整的二心房和二心室，血液循环为完全的双循环。

（3）具有发达的神经系统、感觉器官以及与此相关联的各种复杂行为，能更好地协调体内外环境的统一。

（4）具有营巢、孵卵和育雏等完善的生殖行为，提高了后代的成活率。

（三）鸟类适应飞翔生活的特征

（1）鸟类是适应飞翔生活的高度特化的恒温脊椎动物，身体被羽。

（2）前肢特化为翼，骨骼愈合并着生飞羽，是飞行的动力来源（图3和图4）。尾椎愈合为尾综骨，着生扇形尾羽，其形状与飞行的方式和速度有关（图5）。

（3）牙齿退化，以喙取食，喙的形状与食性和觅食方式密切相关（图6）。

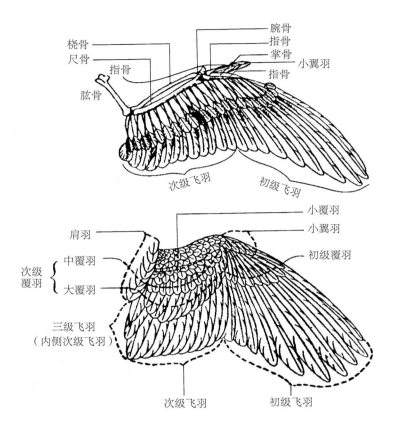

图3　鸟翼骨骼及其羽毛名称和分布

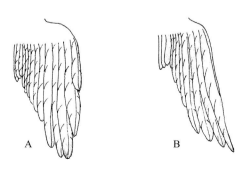

图4　鸟翼的三种基本类型
（A.圆翼；B.尖翼；C.方翼）

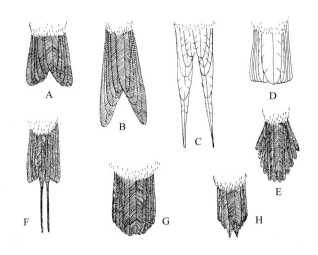

图5 鸟尾类型

（A.凹尾；B.叉尾；C.铗尾；D.平尾；E.凸尾；F.尖尾；G.圆尾；H.楔尾）

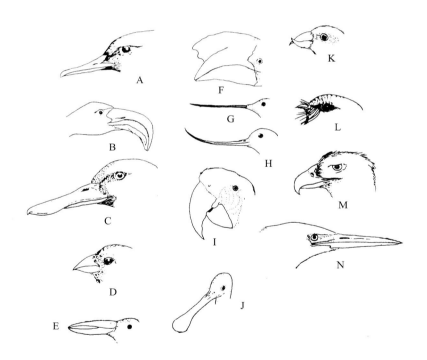

图6 鸟类的喙型

（A. 钩状—鸬鹚、秋沙鸭—潜水捕鱼；B. 槽状—大红鹳—滤食藻类；C. 扁状—绿头鸭—滤食植物；D. 圆锥状—麻雀—啄食种子；E. 剪状—剪嘴鸥—下喙捕鱼；F. 盔状—犀鸟—抛食果实；G. 长锥状—沙锥—底泥觅食；H. 镰刀状—反嘴鹬—扫动觅食；I. 鹦嘴状—鹦鹉—啄食坚果；J. 琵琶状—琵鹭—摆动觅食；K. 交叉状—交嘴雀—啄食松子；L. 扁锥状—家燕—飞行捕食昆虫；M. 鹰嘴状—金雕—捕食鸟类、哺乳类；N. 直锥状—苍鹭—啄食鱼类）

（4）后肢发生变形，支撑体重，适于弹跳和握枝，趾的形状及变化与其生活方式相关联（图7和图8）。

（5）呼吸系统具复杂的气囊系统与肺脏连通，为双重呼吸模式。

（6）骨骼肌趋于躯体中心，保持飞行的重心和稳定。

（7）心脏占身体比重大，心率极快，血流迅速。

（8）感官和神经系统高度发达，协调飞行运动。

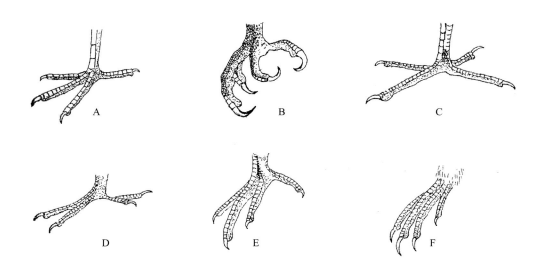

图7　鸟趾的几种类型

（A、B 常态型；　C.对趾型；　D.异趾型；　E.并趾型；　F.前趾型）

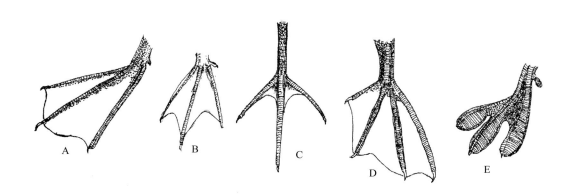

图8　鸟蹼的几种类型

（A.蹼足；　B.凹蹼足；　C.半蹼足；　D.全蹼足；　E.瓣蹼足）

（四）鸟类分类鉴定的量度

在鸟类分类学和形态学的研究中需要对鸟类身体的各个部位进行测量，一般包括体长、嘴峰长、翼长、尾长和跗跖长度（图9）。此外还可测量中趾和中爪的长度。在鸟类生长发育过程中可测量标准体长（嘴峰前端至尾基的长度）。

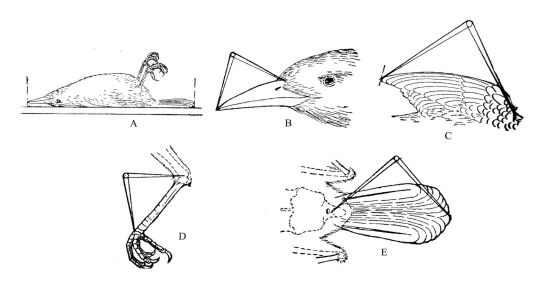

图9 鸟体的测量方法
（A.体长；B.嘴峰长；C.翅长；D.跗跖长；E.尾长）

四

秦岭地区

鸟类组成

Avian components in Qinling
Mountains

（一）秦岭地区鸟类物种组成

为了便于表述，我们将秦岭地区划分为三个地理单元——西秦岭、中秦岭和东秦岭。西秦岭包括甘南高原和陇南山地两大部分。其中甘南高原位于兰州以南的临夏回族自治州和甘南藏族自治州（甘肃玛曲以东），西与青海东南部接壤；陇南山地南部与岷山山脉接壤，白水江自然保护区以北至天水、武山一线渭河流域，东部与陕西宝鸡、汉中略阳接壤（嘉陵江以西）。中秦岭东起宝鸡陈仓区、凤县，汉中留坝、略阳、宁强一线（嘉陵江以东），经陕西中部（秦岭主峰太白山位于太白、眉县、周至三县交界处）至陕西东部华阴、商南一线（华山、丹江以西），秦岭山脉横亘于南坡汉江盆地和北坡渭河谷地之间。东秦岭大部位于河南境内三门峡库区及其下游的黄河湿地以南，包括三门峡市、信阳市和南阳市的大部分县（市），其中主要山脉包括豫西的伏牛山、熊耳山，方城、南阳一带豫、鄂交界处的桐柏山以及豫、鄂、皖交界处的大别山。

如附录 I 所示，秦岭地区共计鸟类19目73科247属591种，其中非雀形目18目37科134属253种，雀形目36科113属338种（表3）。西秦岭、中秦岭和东秦岭共有鸟类253种，占秦岭鸟类总数的42.8%；西秦岭分布鸟类442种，占秦岭鸟类总数的74.8%，其中特有（或新纪录）种类54种，占本区鸟类总数的12.2%。这些特有种类首先源于西秦岭地处青藏高原的边缘地带（甘南高原），因此秦岭西部的鸟类组成渲染着浓厚的青藏高原色彩。如斑尾榛鸡（*Tetrastes sewerzowi*）、雪鹑（*Lerwa lerwa*）、红喉雉鹑（*Tetraophasis obscurus*）、高原山鹑（*Perdix hodgsoniae*）、蓝马鸡（*Crossoptilon auritum*）、黑颈鹤

（*Grus nigricollis*）、鬼鸮（*Aegolius funereus*）、雪鸽（*Columba leuconota*）、黑啄木鸟（*Dryocopus martius*）、黄嘴山鸦（*Pyrrhocorax graculus*）、渡鸦（*Corvus corax*）、河乌（*Cinclus cinclus*）、鸲岩鹨（*prunella rubeculoides*）、蓝大翅鸲（*Grandala coelicolor*）、白颈鸫（*Turdus albocinctus*）、花彩雀莺（*Leptopoecile sophiae*）、凤头雀莺（*Lophobasileus elegans*）、地山雀（*Pseudopodoces humilis*）、石雀（*Petronia petronia*）、褐翅雪雀（*Montifringilla adamsi*）、棕颈雪雀（*M. ruficollis*）、白腰雪雀（*M. taczanowskii*）、黄嘴朱顶雀（*Carduelis flavirostris*）、藏黄雀（*C. thibetana*）、高山岭雀（*Leucosticte brandti*）、拟大朱雀（*Carpodacus rubicilloides*）、暗色朱雀（*C. nipalensisi*）、棕朱雀（*C. edwardsii*）、沙色朱雀（*C. synoicus*）、红胸朱雀（*C. puniceus*）、赤朱雀（*C. rubescens*）、黄颈拟蜡嘴雀（*Mycerobas affinis*）均为高原鸟类或中国西部种类。其次陇南山地南部与西南部的岷山山脉毗邻，中国西南部成分渗透分布至此，如绿尾虹雉（*Lophophorus lhuysii*）、三趾啄木鸟（*Picoides tridactylus*）、黑头噪鸦（*Perisoreus internigrans*）、白眉林鸲（*Tarsiger indicus*）、棕背黑头鸫（*Turdus kessleri*）、锈胸蓝姬鹟（*Ficedula hodgsonii*）、白眉蓝姬鹟（*F. superciliaris*）、大鳞胸鹪鹛（*Pnoepyga albiventer*）、宝兴鹛雀（*Moupinia poecilotis*）、黑额山噪鹛（*Garrulax sukatschewi*）、黑顶噪鹛（*G. affinis*）、红翅鵙鹛（*Pteruthius flaviscapis*）、栗头雀鹛（*Alcippe castaneceps*）、灰冠鸦雀（*Paradoxornis przemalskii*）、灰腹绣眼鸟（*Zosterops palpebrosa*）、黄腹啄花鸟（*Dicaeum melanozanthum*）等。其中的黑头噪鸦和灰冠鸦雀是中国中西北部狭窄分布的特有鸟类，还有少量中国西部荒漠种类如大石鸡（*Alectoris magna*）和沙䳭（*Oenanthe isabellina*）分布至此。

中秦岭分布鸟类494种，占秦岭鸟类总数的83.6%。其中特有（或新纪录）种类52种，占本区鸟类总数的10.5%。秦岭主峰太白山位于中部秦岭，是我国东部第一高峰（海拔3 767 m）。中国鸟类特有种丰富度分布中心之一即以太白山为中心向南（川北）、向西（陇南山地）辐射。其中分布的特有种类朱鹮仅分布于秦岭南坡洋县及毗邻地区；体现秦岭中段鸟类固有性特征的鸟类以鹟科的绿背姬鹟（*Ficedula elisae*）、玉头姬鹟（*F. sapphira*）、棕胸蓝姬鹟（*F. hypeythra*）、棕腹大仙鹟（*Niltava davidi*）、铜蓝鹟（*Eumyias thalassinus*），画眉科的红头穗鹛（*Stachyris ruficeps*）、纹喉凤鹛（*Yuhina gularis*）、栗耳凤鹛（*Y. castaniceps*）、黑颏凤鹛（*Y. nigrimenta*），鸦雀科的金色鸦雀（*Paradoxornis verreauxi*）、黄额鸦雀（*P. fulvifrons*）、点胸鸦雀（*P. fulvifrons*），莺科的中华短翅莺（*Locustella tacsanowskius*）、四川短翅莺、白斑尾柳莺（*Phylloscopus davisoni*）、峨眉柳莺（*P. emeiensis*）、双斑绿柳莺（*P. plumbeitarsus*）、灰冠鹟莺（*Seicercus tephrocephalus*）、峨眉鹟莺（*S. omeiensis*）等为代表，其中四川短翅莺是新发现的中国鸟类特有种，在秦岭地区仅记录于太白山北坡。此外，陕西秦岭北坡渭河流域及其支流位于中国中部鸟类迁徙路线的西侧，有大量水禽迁徙途经此地或在此越冬，如近年来发现的东方白鹳（*Ciconia boyciana*）、大红鹳（*Phoenicopterus roseus*）、疣鼻天鹅（*Cygnus olor*）、中华秋沙鸭（*Mergus squamatus*）、流苏鹬（*Philomachus pugnax*）以及常见或偶见的反嘴鹬（*Recurvirostra avosetta*）、东方鸻（*Charadrius veredus*）、中杓鹬（*Numenius phaeopus*）、翘嘴鹬（*Xenus cinereus*）、红颈滨鹬（*Calidris ruficollis*）、红腹滨鹬（*C. canutus*）、三趾滨鹬（*C. alba*）等，还有黑翅鸢（*Elanus caeruleus*）也是2015年年底至2016年年初在西安渭河发现的陕西鸟类新纪录。

表3　秦岭地区鸟类目科属种的组成

| 目（Order） | 科（Family） | | | 属（Genus） | | | 种数 |
	名　称	数量	比例	名　称	数量	比例	
I. 鸊鷉目 PODICIPEDIFORMES	1. 鸊鷉科 Podicipedidae	1	1/73	*Tachybaptus* *Podiceps*	2	2/247	1 2 （3）
II. 鹈形目 PELECANIFORMES	2. 鹈鹕科 Pelecanidae 3. 鸬鹚科 Phalacrocoracidae	2	2/73	*Pelecanus* *Phalacrocorax*	2	2/247	2 1 （3）
III. 鹳形目 CICONIIFORMES	4. 鹭科 Ardeidae 5. 鹳科 Ciconiidae 6. 鹮科 Threskiornithidae	3	3/73	*Ardea* *Butorides* *Ardeola* *Bubulcus* *Egretta* *Nycticorax* *Ixobrychus* *Dupetor* *Botaurus* *Ciconia* *Nipponia* *Threskiornis* *Plegadis* *Platalea*	14	14/247	3 1 1 1 3 1 3 1 1 2 1 1 1 1 （21）
IV. 红鹳目 PHOENICOPTERIFORMES	7. 红鹳科 Phoenicopterus	1	1/73	*Phoenicopterus*	1	1/247	1 （1）

目（Order）	科（Family）			属（Genus）			种数
	名 称	数量	比例	名 称	数量	比例	
V. 雁形目 ANSERIFORMES	8. 鸭科 Anatidae	1	1/73	Anser	13	13/247	6
				Cygnus			3
				Tadorna			2
				Nettapus			1
				Anas			10
				Clangula			1
				Netta			1
				Aythya			5
				Aix			1
				Histrionicus			1
				Bucephala			1
				Mergellus			1
				Mergus			3
							（36）
VI. 隼形目 FALCONIFORMES	9. 鹗科 Pandionidae	3	3/73	Pandion	17	17/247	1
	10. 鹰科 Accipitridae			Milvus			1
				Elanus			1
				Pernis			1
				Aviceda			1
				Accipiter			6
				Buteo			4
				Butastur			1
				Aquila			4
				Spilornis			1
				Spizaetus			1
				Circaetus			1
				Aegypius			1
				Gyps			1
				Haliaeetus			2
				Circus			4
	11. 隼科 Falconidae			Falco			7
							（38）
VII. 鸡形目 GALLIFORMES	12. 松鸡科 Tetraonidae	2	2/73	Tetrastes	15	15/247	1
	13. 雉科 Phasianidae			Lerwa			1
				Tetraophasis			1
				Perdix			1
				Lophophorus			1
				Crossoptilon			1
				Alectoris			2
				Coturnix			1
				Bambusicola			1
				Ithaginis			1
				Tragopan			1
				Pucrasia			1
				Phasianus			1
				Syrmaticus			1
				Chrysolophus			1
							（16）

续表

目（Order）	科（Family）			属（Genus）			种数
	名 称	数量	比例	名 称	数量	比例	
VIII. 鹤形目 GRUIFORMES	14. 三趾鹑科 Turnicidae	4	4/73	*Turnix*	12	12/247	1
	15. 鹤科 Gruidae			*Grus*			5
				Anthropoides			1
	16. 秧鸡科 Rallidae			*Rallus*			1
				Rallina			1
				Gallirallus			1
				Porzana			3
				Amaurornis			2
				Gallicrex			1
				Gallinula			1
				Fulica			1
	17. 鸨科 Otididae			*Otis*			1
							（19）
IX. 鸻形目 CHARADRIIFORMES	18. 水雉科 Jacanidae	9	9/73	*Hydrophasianus*	23	23/247	1
	19. 彩鹬科 Rostratulidae			*Rostratula*			1
	20. 鹮嘴鹬科 Ibidorhynchidae			*Ibidorhyncha*			1
	21. 反嘴鹬科 Recurvirostridae			*Himantopus*			1
				Recurvirostra			1
	22. 燕鸻科 Glareolidae			*Glareola*			1
	23. 鸻科 Charadriidae			*Vanellus*			2
				Pluvialis			2
				Charadrius			6
	24. 鹬科 Scolopacidae			*Numenius*			3
				Xenus			1
				Tringa			7
				Heteroscelus			1
				Arenaria			1
				Gallinago			4
				Calidris			7
				Scolopax			1
				Limosa			1
				Philomachus			1
				Phalaropus			1
	25. 鸥科 Laridae			*Larus*			6
	26. 燕鸥科 Sternidae			*Chlidonias*			2
				Sterna			2
							（54）
X. 沙鸡目 PTEROCLIFORMES	27. 沙鸡科 Pteroclidae	1	1/73	*Syrrhaptes*	1	1/247	1
							（1）

续表

目（Order）	科（Family）			属（Genus）			种数
	名称	数量	比例	名称	数量	比例	
XI. 鸽形目 COLUMBIFORMES	28. 鸠鸽科 Columbidae	1	1/73	*Treron* *Columba* *Streptopelia* *Macropygia*	4	4/247	1 4 4 1 （10）
XII. 鹃形目 CUCULIFORMES	29. 杜鹃科 Cuculidae	1	1/73	*Clamator* *Cuculus* *Eudynamys* *Centropus*	4	4/247	1 6 1 2 （10）
XIII. 鸮形目 STRIGIFORMES	30. 鸱鸮科 Strigidae	1	1/73	*Otus* *Bubo* *Ketupa* *Glaucidium* *Ninox* *Athene* *Strix* *Asio* *Aegolius*	9	9/247	2 2 1 2 1 1 2 2 1 （14）
XIX. 夜鹰目 CAPRIMULGIFORMES	31. 夜鹰科 Caprimulgidae	1	1/73	*Caprimulgus*	1	1/247	1 （1）
XV. 雨燕目 APODIFORMES	32. 雨燕科 Apodidae	1	1/73	*Hirundapus* *Apus* *Aerodramus*	3	3/247	1 3 1 （5）
XVI. 佛法僧目 CORACIIFORMES	33. 翠鸟科 Alcedinidae 34. 佛法僧科 Coraciidae 35. 蜂虎科 Meropidae	3	3/73	*Megaceryle* *Ceryle* *Alcedo* *Halcyon* *Eurystomus* *Merops*	6	6/247	1 1 1 3 1 1 （8）
XVII. 戴胜目 UPUPIFORMES	36. 戴胜科 Upupidae	1	1/73	*Upupa*	1	1/247	1 （1）

目（Order）	科（Family）			属（Genus）			种数
	名称	数量	比例	名称	数量	比例	
XVIII. 䴕形目 PICIFORMES	37. 啄木鸟科 Picidae	1	1/73	*Jynx*	6	6/247	1
				Picumnus			1
				Picus			1
				Dryocopus			1
				Dendrocopos			7
				Picoides			1
							（12）
XIX. 雀形目 PASSERIFORMES	38. 八色鸫科 Pittidae	36	36/73	*Pitta*	113	113/247	1
	39. 百灵科 Alaudidae			*Melanocorypha*			2
				Calandrella			2
				Eremophila			1
				Galerida			1
				Alauda			2
	40. 燕科 Hirundinidae			*Ptyonoprogne*			1
				Hirundo			1
				Cecropis			1
				Riparia			1
				Delichon			2
	41. 鹡鸰科 Motacillidae			*Dendronanthus*			1
				Motacilla			4
				Anthus			9
	42. 山椒鸟科 Campephagidae			*Coracina*			1
				Pericrocotus			4
	43. 鹎科 Pycnonotidae			*Pycnonotus*			3
				Spizixos			1
				Hypsipetes			2
	44. 太平鸟科 Bombycillidae			*Bombycilla*			2
	45. 伯劳科 Laniidae			*Lanius*			7
	46. 黄鹂科 Oriolidae			*Oriolus*			1
	47. 卷尾科 Dicruridae			*Dicrurus*			3
	48. 椋鸟科 Sturnidae			*Sturnia*			4
				Acridotheres			1
	49. 鸦科 Corvidae			*Perisoreus*			1
				Garrulus			1
				Urocissa			1
				Cyanopica			1
				Pica			1
				Nucifraga			1
				Pyrrhocorax			2
				Corvus			6

续表

目（Order）	科（Family）			属（Genus）			种数
	名称	数量	比例	名称	数量	比例	
	50. 河乌科 Cinclidae			*Cinclus*			2
	51. 鹪鹩科 Troglodytidae			*Troglodytes*			1
	52. 岩鹨科 Prunellidae			*Prunella*			7
	53. 鸫科 Turdidae			*Brachypteryx*			1
				Luscinia			8
				Tarsiger			3
				Phoenicurus			7
				Chaimarrornis			1
				Rhyacornis			1
				Hodgsonius			1
				Cinclidium			1
				Grandala			1
				Copsychus			1
				Enicurus			2
				Saxicola			3
				Oenanthe			3
				Monticola			4
				Myophonus			1
				Zoothera			4
				Turdus			14
	54. 鹟科 Muscicapidae			*Ficedula*			10
XIX. 雀形目 PASSERIFORMES		36	36/73	*Niltava*	113	113/247	3
				Cyornis			1
				Muscicapa			5
				Eumyias			1
				Culicicapa			1
	55. 王鹟科 Monarchinae			*Terpsiphone*			1
	56. 画眉科 Timaliidae			*Pomatorhinus*			2
				Spelaeornis			1
				Pnoepyga			2
				Stachyris			1
				Moupinia			1
				Babax			1
				Garrulax			13
				Leiothrix			1
				Pteruthius			2
				Yuhina			4
				Alcippe			7
	57. 鸦雀科 Paradoxornithidae			*Conostoma*			1
				Paradoxornis			7
	58. 扇尾莺科 Cisticolidae			*Cisticola*			1
				Prinia			2
				Rhopophilus			1

目（Order）	科（Family）			属（Genus）			种数
	名称	数量	比例	名称	数量	比例	
XIX. 雀形目 PASSERIFORMES	59. 莺科 Sylviidae			Cettia			6
				Locustella			5
				Acrocephalus			5
				Sylvia			1
				Phylloscopus			22
				Abroscopus			1
				Seicercus			5
				Leptopoecile			1
				Lophobasileus			1
	60. 戴菊科 Regulidae			Regulus			1
	61. 绣眼鸟科 Zosteropidae			Zosterops			3
	62. 攀雀科 Remizidae			Cephalopyrus			1
				Rmiz			1
	63. 长尾山雀科 Aegithalidae			Aegithalos			4
	64. 山雀科 Paridae			Parus			11
	65. 鸸科 Sittidae			Sitta			4
	66. 旋壁雀科 Tichidromidae			Tichodroma			1
	67. 旋木雀科 Certhiidae	36	36/73	Certhia	113	113/247	3
	68. 啄花鸟科 Dicaeidae			Dicaeum			2
	69. 花蜜鸟科 Nectariniidae			Aethopyga			2
	70. 雀科 Passeridae			Passer			3
				Petronia			1
				Montifringilla			3
	71. 梅花雀科 Estrildidae			Lonchura			1
	72. 燕雀科 Fringillidae			Fringilla			1
				Carduelis			4
				Leucosticte			2
				Carpodacus			12
				Loxia			1
				Uragus			1
				Pyrrhula			1
				Eophona			2
				Coccothraustes			1
				Mycerobas			2
	73. 鹀科 Emberizidae			Emberiza			14
				Melophus			1
				Latoucheornis			1
							（338）
							591

东秦岭分布鸟类 341 种，占秦岭鸟类总数的 57.7%。秦岭延伸至河南境内，海拔高度大为降低，出现了很多不同走向的分支，至淮河流域完全失去地理屏障作用，鸟类分布呈南北交汇融合趋势。秦岭东段鸟类种类较少的原因首先归结于地理环境的异质性降低和人为活动增加，其次该地区鸟类区系调查工作相对薄弱，能够引用的文献相对较少。东秦岭特有（或新纪录）种类 31 种，占本区鸟类总数的 9.1%。秦岭屏障作用的丧失使得中国南方种类渗透分布，如白喉斑秧鸡（*Rallina eurizonoides*）、灰胸秧鸡（*Gallirallus striatus*）、红脚苦恶鸟（*Amaurornis akool*）、斑胁田鸡（*Porzana paykullii*）、斑尾鹃鸠（*Macropygia unchall*）、褐翅鸦鹃（*Centropus sinensis*）、小鸦鹃（*C. bengalensis*）、斑鱼狗（*Ceryle rudis*）、赤翡翠（*Halcyon coromanda*）、白胸翡翠（*H. smyrnensis*）、蓝喉蜂虎（*Merops viridis*）、仙八色鸫（*Pitta nympha*）、叉尾太阳鸟（*Aethopyga christinae*）等。此外在中国东北繁殖的鸟类沿东部海岸迁徙的种类可能出现于该地区，如黑头白鹮（*Threskiornis melanocephalus*）、彩鹮（*Plegadis falcinellus*）、红胸秋沙鸭（*Mergus serrator*）、白枕鹤（*Grus vipio*）、白头鹤（*G. monacha*）、丹顶鹤（*G. japonensis*）等。

（二）秦岭地区鸟类的区系成分

如上文所述，秦岭地区共计鸟类 19 目 73 科 591 种（附表 I）。从鸟类的居留型看，留鸟 238 种、夏候鸟 156 种、旅鸟 130 种、冬候鸟 59 种、迷鸟 8 种，分别占秦岭鸟类总数的 40.3%、26.4%、22.0%、10.0% 和 1.4%。其中繁殖鸟类（留鸟和夏候鸟）种类（394 种）占总数的 66.7%，固有物种的高比例充分证明了秦岭地区是中国三大物种丰富度分布中心之一的观点。秦岭地区旅鸟种类所占比较大的原因是东部黄河中游湿地（陕西的三河湿地保护区和河南三门峡库区）地处我国候鸟迁徙的中部路线上，大批候鸟途经此地或在黄河最大支流渭河流域短暂停留，少部分种类在此越冬。

喜马拉雅山脉、横断山脉、岷山山脉和秦岭山脉共同构成了古北界和东洋界在中国大陆的分界线。众多研究表明，秦岭山脉对鸟类的阻限作用显而易见。在秦岭地区分布的 394 种繁殖鸟类（留鸟 238 种、夏候鸟 156 种）中，古北界种类 173 种，东洋界种类 175 种，广布种 46 种，分别占秦岭地区繁殖鸟类总数的 43.9%、44.4% 和 11.7%。古北种和东洋种几乎相同的比例说明了本区的确是两界种类交汇分布的地区。秦岭山脉东西绵延约 1 500 km，由西向东地形、地貌、气候、水文、动物、植被等自然地理条件发生着巨大变化，西部最高山峰迭山主峰 4 811 m，中部太白山海拔 3 767 m，东部伏牛山最高海拔 2 200 m。这种变化同样导致了鸟类分布种类的差异性，除了前文所述各个区域特有鸟类的差异之外，在区系组成上也表现出较大的不同。如图 10，随着海拔高度的降低和其他自然条件的变化，东洋界种类的数量由西向东呈现明显增加的趋势，说明秦岭山脉对东洋界鸟类的阻隔作用随着海拔的降低逐渐减弱。气候变化——主要是全球气候变暖是否弱化了秦岭山脉对物种的阻隔作用尚需进一步探讨。总而言之，东洋界种类尤其是雀形目种类在秦岭中段具有显著向北扩散的趋势。

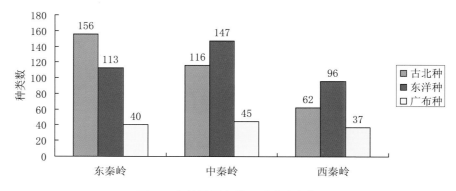

图10　秦岭地区鸟类区系成分变化

五

观鸟

基本知识

General knowledge on bird-watching

（一）鸟类的野外识别

在无法大量采集鸟类标本的情况下，鸟类的野外识别在鸟类研究，尤其在鸟类群落的研究中显得尤为重要。鸟类种类的识别要综合观察季节、外部形态、鸣叫、生态习性和小生境等多种特征，从而获得较为准确的个体识别信息。

1. 观察季节

在某一地区全年都可观察到的鸟类为当地留鸟；春夏季节还可观察到夏候鸟，此时的鸟类大都已换上鲜艳的繁殖羽；秋季和冬季则能观察到留鸟、冬候鸟、迁徙过境鸟。故可以根据观察季节与鸟类的居留类型是否相符来排除不符合的种类，从而缩小疑似种的范围。

2. 外部形态

鸟类的体型大小、羽色、翼型、喙型、脚型以及特殊结构是识别鸟类的最主要依据。

判断鸟类体型时，可以选择常见鸟作为体型大小的参照标准。麻雀类（*Passer* spp.）体长约 12 cm，与之相近的有雀科（Passeridae）≈ 鹡鸰科（Motacillidae）≤ 鹟科 ≤ 鸭科等小型鸟类；家鸽体长约 30 cm，与之相近的有鹬科（Scolopacidae）≤ 鸠鸽科（Columbidae）≤ 隼科（Falconidae）≤ 鸦科（Corvidae）等中型鸟类；家鸡体长约 60 cm，与之相近的有雉科（Phasianidae）≤ 鸭科（Anatidae）≤ 鹰科（Accipitridae）等大型鸟类。

观察羽色时应先考虑身体大部颜色，再考虑细部羽色差别。如大体黑色的鸟类有乌鸫（*Turdus merula*）、乌鸦（*Corvus* spp.）、山鸦（*Pyrrhocorax* spp.）、八哥（*Acridotheres* spp.）、黑水鸡、骨顶鸡（*Fulica atra*）、鸬鹚（*Phalacrocorax* spp.）等，大体白色的有白鹭（*Egretta* spp.）、天鹅（*Cygnus* spp.）、鸥类（*Larus* spp.）等，黑白两色相间的有白鹡鸰（*Motacilla alba*）、鹊鸲（*Copsychus saularis*）、喜鹊（*Pica pica*）、反嘴鹬（*Recurvirostra avosetta*）、凤头潜鸭（*Aythya fuligula*）等，大体灰色的有岩鸽、苍鹭（*Ardea cinerea*）、杜鹃（*Cuculus* spp.）、赤腹鹰（*Accipiter soloensis*）等，大体绿色的有领雀嘴鹎、绣眼鸟（*Zosterops* spp.）、柳莺（*Phylloscopus* spp.）等。

　　猛禽飞行时翼展开的形状是重要的辨识特征，隼类（*Falco* spp.）的翼形尖而狭长，鹰类（*Accipiter* spp.）的翼形较短圆，雕类（*Aquila* spp.）的翼形极长而宽且翼指明显。

鹭科鸟类的喙极长而尖，鹮科（Threskiornithidae）种类的喙长而弯曲，鹰隼类（Falconiformes）的喙短而形如钩，雀科种类的喙短而呈圆锥状。很多鸟类如雁鸭类、鸬鹚类等具有显著的翼镜和翼斑（图11）。

　　鹳（*Ciconia* spp.）、鹭（*Ardea & Egretta* spp.）、鹤（*Grus* spp.）的脚极细长，䴙䴘（*Podiceps* spp.）、潜鸟（*Gavia* spp.）的脚生于躯体近末端，秧鸡（*Rallus* spp.）和水雉（*Hydrophasianus chirurgus*）的脚和脚趾都极细长，鸡形目（Galliformes）雄鸟的脚有距，雁形目（Anseriformes）鸟类脚具蹼。

图11　鸟翼的野外识别特征

（A.翼斑—八哥；B.翼带—反嘴鹬；C.翼镜—绿头鸭）

　　很多鸟类的特定部位生有形态奇特的羽毛，有些鸟类则生有特化结构。例如，戴胜（*Upupa epops*）的长羽冠可以如扇子般收展，白鹭繁殖期会在枕后垂生两根线状长羽，寿带（*Terpsiphone* spp.）雄鸟繁殖期两枚中央尾羽长如飘带，多数雉科种类雄鸟生有羽冠和长尾羽。鸬鹚和鹈鹕（*Pelecanus* spp.）生有大型喉囊；雄性角雉（*Tragopan* spp.）头部有肉质角，喉部有肉裙；距翅麦鸡（*Vanellus duvaucelii*）的翼角有角质尖距。

3. 鸣叫

鸣叫是识别很多鸟类的重要依据，尤其是雀形目鸟类。如珠颈斑鸠繁殖期的叫声如"谷咕谷—谷"（*ter-kuk-kurr*），喜鹊的特征性叫声"嘎—嘎—嘎"（*ga-ga-ga*），灰胸竹鸡的特征性叫声听似"地主婆—地主婆"（*people-pray, people-pray*），斑胸钩嘴鹛（*Pomatorhinus erythrocnemis*）的特征是其两两应和叫声"吮喝—回—吮喝—回"（*queue-pee*），大杜鹃（*Cuculus canorus*）因其叫声"布谷—布谷"（*kuk-oo*）而得名布谷鸟，四声杜鹃（*Cuculus micropterus*）的叫声则听似四音节的"光棍好苦"（*one-more-bottle*），强脚树莺（*Cettia fortipes*）更是百闻难得一见的鸟类，其叫声听如"喂—干嘛去—干嘛"（*weee-chiviyou-chivi*）。但是以鸟类叫声识别种类取决于长期的经验积累和对某一地区的熟悉程度。

4. 生态习性

鸟类的很多行为是具有特征性的，可作为快速识别各大类群的依据。例如鹬鹬类、鹭科、鹤科种类常在水滨涉水觅食，䴙䴘科（Podicipedidae）、鸬鹚科（Phalacrocoracidae）种类能长时间潜水，鹡鸰科种类的飞行轨迹为波浪形曲线，鹀科种类常站在树顶鸣唱，䴓科（Sittidae）种类可以头朝下在树干上爬行，雉科种类常用脚扒刨地面落叶，隼形目猛禽停栖时常选择悬崖和枯树。

5. 小生境

由于鸟类的适应性极强，栖居同一生境的众多鸟类为了充分利用资源，往往选择不同的生境作为活动区域，这些小生境的选择往往具有鸟种特征性。歌鸲（*Erithacus* spp.）、林鸲（*Tarsiger* spp.）、鹛类（*Garrulax* spp.）等常在林地的地被层和灌丛活动，啄木鸟（Picidae）、䴓（*Sitta* spp.）、旋木雀（*Certhia* spp.）、山雀（*Parus* spp.）等常在树干活动，绣眼鸟（*Zosterops* spp.）、啄花鸟（*Dicaeum* spp.）、太阳鸟（*Aethopyga* spp.）等则常在花枝取食，很多柳莺常啄食叶片背面的蚜虫，在树顶停歇的有鹎类（*Pycnocotus, Spizixos & Hypsipetes* spp.）、黄鹂（*Oriolus* spp.）、卷尾（*Dicrurus* spp.）等，城市绿地常有鸫类（*Turdus* spp.）、蜡嘴雀（*Eophona* spp.）、斑鸠（*Streptopelia* spp.）活动。

6. 野外记录

在观察地点及时准确记录鸟类的种类、数量、行为，对于有效数据的收集必不可少。此外，记录还应包括观察地点、时间、天气、生境、观察设备以及调查人姓名等信息。对于未能识别的疑难鸟类的记录还要包括体貌特征、生境、行为，或绘制尽可能详尽体现其特征的形态示意图，并描述其鸣叫。

棕背伯劳　　白头鹎　　黑鹎　　八哥　　发冠卷尾　　三宝鸟　　红嘴蓝鹊　寿带

珠颈斑鸠　　　蓝翡翠　　　　远东山雀　　松鸦　　棕颈钩嘴鹛　白眉姬鹟

图12　某些鸟类的停歇姿态

草鹬

鹤

沙锥

鹭

苦恶鸟

杓鹬

河乌

草鹬

菁鸻

金眶鸻

沙锥

图13　游禽类的飞翔和游泳姿态

图14　涉禽类的飞翔和停歇姿态

（二）观鸟拍鸟设备

1. 望远镜　8～10 倍的双筒望远镜适合中近距离观察所有的小型鸟类，机动性强；20 倍以上的单筒望远镜适合远距离观察警觉性较高的大型鸟类，如鹤类、鹳类和鹰隼类。

2. 照相机和镜头　最为流行的当属各种型号的单反相机，爱好者可根据自身情况自由选择。拍摄小型鸟类或远距离拍摄时要选择 300～800 mm 的中长焦镜头。

3. 录音设备　在野外观鸟或拍摄时可携带野外录音设备记录鸟鸣，然后再与特定网站的鸟鸣录音比对，这也是鸟类识别的方法之一。

4. 拍摄掩体　在野外拍摄时可利用固定或移动的掩体如帐篷，尽量避免干扰鸟类的正常活动。

（三）拍鸟禁忌

近年来拍鸟观鸟人群数量不断增加，鸟友们对鸟类美轮美奂的飞翔瞬间表现出异乎寻常的热情。为了追求更高质量的鸟类照片，一旦确认某地出现某种稀有鸟种或特殊鸟情，鸟友们趋之若鹜，蜂拥而至。其间有意无意的一些行为对鸟类的正常活动造成严重干扰，甚至导致鸟类繁殖失败。观鸟、拍鸟本身是环保、健康的户外活动，鸟友们的联络、交流和照片的发布是鸟类保护宣传的良好方式之一。但是为了获得精彩照片而不择手段，再好的照片也就失去了其本身的意义和价值。现将部分鸟友典型的拙劣表现罗列如下：

（1）为追求唯美画面肆意修剪鸟类栖息地的杂草和树枝。

（2）为拍摄巢中幼鸟，随意剪掉鸟巢上部遮阳树叶，致使巢及幼鸟暴露，增加了它们被捕食的风险。

（3）为得到理想的拍摄背景，将巢树整体或部分移至别处；或肆意晃动巢树抓拍飞翔瞬间。

（4）无限接近拍摄对象，超出鸟类的警戒距离。

（5）为拍摄悬停飞版照片堵住鸟巢洞口，致使亲鸟焦急徘徊无法回巢抚育后代，更有甚者拍摄完毕扬长而去，导致整窝雏鸟惨死巢中。

（6）在野外频繁播放鸟类的鸣叫录音，干扰鸟类正常活动。

（7）将雏鸟从巢里取出，放至理想拍摄背景枝头诱惑亲鸟喂食；或者用胶水粘住雏鸟以获得亲鸟喂食图片。

（8）在事先选定的拍摄点以大头针等尖利物夹带面包虫或面包屑招引野鸟，致使鸟类受伤。

（9）手持野鸟或鸟卵与其合影。

（10）为拍摄飞版照片追逐、恐吓正常活动的鸟类。

秦岭地区

鸟类各论

Descriptions on avian species
in Qinling Mountains

䴙 䴘 目
PODICIPEDIFORMES

世界性分布，温、热带居多；中等游禽，善潜水；趾具分离的瓣蹼；羽毛松软；营水面浮巢。世界拥有 1 科 22 种，中国拥有 1 科 5 种，秦岭地区有 1 科 3 种。

（一）䴙䴘科 Podicipedidae

䴙䴘科特征同目，秦岭地区 3 种。

1. 小䴙䴘 Little Grebe（*Tachybaptus ruficollis*）

◎ 小䴙䴘（繁殖羽）–廖小青　摄

鉴别特征：小型（27 cm）深色䴙䴘。繁殖期喉及前颈偏红，头顶深褐色，上体褐，下体灰，具明显黄色嘴斑；非繁殖期羽色变淡，上体灰褐，下体近白。虹膜黄，嘴黑，脚蓝灰。

生态习性：栖息于有芦苇、水草的水域，常呈松散小群，善潜水；以鱼虾、水生昆虫、部分杂草籽为食；繁殖期 5 ～ 7 月，窝卵数 2 ～ 7 枚。

地理分布：国内有 3 个亚种，均为留鸟。新疆亚种（*T. r. capensis*）留鸟分布于新疆东部、西藏南部和云南西部；台湾亚种（*T. r. philippensis*）留鸟分布于台湾；而普通亚种（*T. r. poggei*）留鸟分布于除台湾外的各省，该亚种在秦岭地区分布于甘肃陇南地区各县（留鸟）；陕西秦岭南北坡汉江盆地、渭河谷地各县（留鸟）；河南三门峡、信阳、南阳各县（留鸟）。

◎ 小䴙䴘（非繁殖羽）–于晓平　摄

种群数量：较为常见。

保护措施：无危 / CSRL；未列入 / IRL，PWL，CITES，CRDB。

小䴙䴘（家族群）–于晓平　摄

2. 凤头䴙䴘 Great Crested Grebe （*Podiceps cristatus*）

鉴别特征： 中型游禽（45 ～ 58 cm）。体形似鸭，但嘴侧扁且直而细尖，头具显著黑棕色羽冠，颈部羽毛延长成栗色翎羽，尾短。虹膜近红，嘴黄色，下颚基部带红色，嘴峰近黑，脚近黑。

生态习性： 栖息于低山和平原地带的水域，极善潜水；以鱼类、水生昆虫、水生植物为食；通常营巢于芦苇、蒲草丛，巢漂浮在水面；繁殖期 5 ～ 7 月，窝卵数 4 ～ 5 枚。

地理分布： 国内仅指名亚种（*P. c. cristatus*）除海南外见于各省。 在中国北方为夏候鸟，中部为旅鸟或夏候鸟，南部为冬候鸟。秦岭地区见于甘南碌曲（尕海）、玛曲（夏候鸟）和兰州（旅鸟）；陕西秦岭南北坡汉江、渭河及其支流。多为旅鸟，2013 年在渭河支流灞河发现越冬个体，2015 年之后发现西安浐灞国家湿地公园及附近渭河有个体繁殖；河南三门峡库区（冬候鸟或旅鸟）、信阳（旅鸟）。

种群数量： 季节性常见。

保护措施： 无危 / CSRL；未列入 / IRL，PWL，CITES，CRDB。

◎ 凤头䴙䴘–廖小青　摄

◎ 凤头䴙䴘（家族群）–于晓平　摄

◎ 黑颈䴙䴘（冬羽）－张海华　摄

3. 黑颈䴙䴘 Black-necked Grebe（*Podiceps nigricollis*）

鉴别特征：中型游禽（30 cm）。外形似小䴙䴘，但头具显著黑棕色羽冠；颈部羽毛延长成栗色翎羽，上体黑褐，下体丝光白色，体侧棕色。虹膜红色，嘴黑色，脚灰黑。

生态习性：栖息于溪流、湖泊、沼泽和苇塘等水域；以水生植物、水生昆虫为食，也吃蜘蛛等昆虫；繁殖期 5 ～ 8 月，窝卵数 4 ～ 6 枚。

地理分布：国内仅指名亚种（*P. n. nigricollis*）繁殖于中国极东北部和天山西部，冬季南迁见于除西藏、海南外各省。秦岭地区迁徙季节偶见于甘肃兰州、卓尼；陕西南郑、西安（浐灞生态区）；河南黄河湿地。

◎ 黑颈䴙䴘（繁殖羽）－张岩　摄

种群数量：偶见。

保护措施：无危 / CSRL；未列入 / IRL，PWL，CITES，CRDB。

鹈形目
PELECANIFORMES

大型游禽。翅长而尖；喙长而末端具钩，具发达喉囊，适于捕鱼；4 趾具全蹼。世界拥有 6 科 68 种，中国拥有 5 科 17 种，秦岭地区有 2 科 3 种。

（二）鹈鹕科 Pelecanidae

　　大型游禽。喙长，上喙末端下弯呈钩状；下喙下缘具巨型喉囊；体羽白、灰或褐色；尾短圆；广布于各大陆温带水域。秦岭地区 2 种。

4. 卷羽鹈鹕 Dalmation Pelican （*Pelecanus crispus*）

　　鉴别特征：大型（175 cm）游禽。体羽灰白，眼浅黄，喉囊橘黄，翼下白色，飞羽端部黑色，颈背具卷曲冠羽。虹膜浅黄，眼周裸出部粉红，上嘴灰、下嘴粉红，脚灰色。

　　生态习性：栖息于湖泊、江河、沿海水域；喜群居，善游泳但不潜水；以鱼类、甲壳类、软体动物、两栖动物等为食；繁殖期 4 ～ 6 月，窝卵数 3 ～ 4 枚。

　　地理分布：无亚种分化。见于中国北方，冬季南迁，少量个体定期在香港越冬。秦岭地区记录于陕西汉江安康段、北坡西安草滩渭河段以及秦岭东部河南境内的黄河湿地。

　　种群数量：数量稀少并有区域性，中国已无繁殖种群，越冬种群数量少于 140 只。2015 年 1 月在渭河流域西安段发现 4 只个体短暂停留。

　　保护措施：易危 / CSRL，IRL；Ⅱ / PWL；未列入 / CITES，CRDB。

◎ 卷羽鹈鹕–张海华　摄

◎ 卷羽鹈鹕–杜靖华　摄

◎ 卷羽鹈鹕–廖小凤　摄

5. 白鹈鹕 Great White Pelican（*Pelecanus onocrotalus*）

鉴别特征：体型甚大（160 cm）的白色鹈鹕。体羽粉白，仅初级飞羽及次级飞羽褐黑，头后具短羽冠，胸部具黄色羽簇；体形较卷羽鹈鹕小，嘴长且粗直但呈铅蓝色，嘴下具黄色喉囊，黑色的眼睛在粉黄色的脸上极为醒目。虹膜红色，嘴铅蓝，脚粉红。

生态习性：栖息于湖泊、江河、沿海和沼泽地带；常成群生活，善飞行、游泳；主要以鱼类为食；繁殖期 4 ～ 6 月，窝卵数 2 ～ 3 枚。

地理分布：单型种。少量个体越冬（也可能繁殖）于新疆西北部天山地区的湖泊、黄河上游及青海湖。迷鸟在福建和秦岭地区的河南南部。

种群数量：罕见。

保护措施：无危 / IRL；Ⅱ / PWL；未列入 / CSRL，CITES，CRDB。

◎ 白鹈鹕–孔德茂　摄

（三）鸬鹚科 Phalacrocoracidae

喙呈圆柱状，末端具钩；喉囊不显著；羽色多黑；广布于温热带内陆及沿海。秦岭地区1种。

6. 普通鸬鹚 Great Cormorant（*Phalacrocorax carbo*）

鉴别特征： 大型游禽（90 cm）。体羽黑色具紫色光泽，头颈部有白色丝状羽，繁殖期脸部有红色斑，喉部色白，喉囊黄色具伸缩性，上嘴弯曲呈钩状。虹膜蓝色，嘴黑色，脚黑色。

生态习性： 栖息于宽阔的水域，性喜群栖，善游泳和潜水，嗜食鱼类；夏季营巢于近水的岩崖、树间或芦苇丛；繁殖期4～6月，窝卵数3～5枚。

地理分布： 国内仅中国亚种（*P. c. sinensis*）见于各省。夏候鸟于中国北部大部分地区，在云南、广东、广西、海南、台湾越冬。秦岭地区见于甘南的莲花山、碌曲（尕海）、玛曲（黄河湿地）（夏候鸟、旅鸟）；陕西汉江干流及支流（月河）、渭河干流及支流（灞河）（冬候鸟）；河南桐柏（旅鸟）、信阳（鸡公山）（冬候鸟）、罗山（董寨保护区）（冬候鸟）。

◎ 普通鸬鹚–廖小青　摄

种群数量： 季节性常见。陕西汉江流域可见30～50只的越冬群体，陕西渭河流域冬季可见80～100只的越冬群体，西安浐灞国家湿地公园的夜宿群体的数量可达3 500～4 000只。

保护措施： 无危 / CSRL；未列入 / IRL，PWL，CITES，CRDB。

◎ 普通鸬鹚（越冬群体）–廖小青　摄

鹳形目
CICONIIFORMES

大中型涉禽。栖于水边，涉水生活；嘴、颈和腿均长；胫部裸露；趾细长，4 趾位于同一平面；雏鸟晚成。世界拥有 5 科 115 种，中国拥有 3 科 37 种，秦岭地区有 3 科 21 种。

（四）鹭科 Ardeidae

中趾爪内侧具栉状突；具蓑羽，部分种类具冠羽；飞行时颈部收缩呈"S"形，腿向后伸直；广泛分布于温带和热带地区。秦岭地区 15 种。

7. 苍鹭 Grey Heron（*Ardea cinerea*）

鉴别特征：体型纤瘦的大型水鸟（约 93 cm）。嘴直、尖且长，黄绿色；颈长，似"Z"字形；上体淡灰色，下体白，前颈下部具黑色纵纹，飞行时颈缩呈"S"形，停歇时颈也多缩曲。虹膜黄色，嘴黄绿色，脚偏黑。

生态习性：栖息于草滩、江畔河岸、沼泽草丛、湖泊及水库的浅水处；主要以鱼类为食，也吃水草、水生昆虫、两栖类、鼠类；繁殖期 3 ～ 6 月，窝卵数 3 ～ 6 枚。

◎ 苍鹭–于晓平　摄

地理分布：国内有 2 个亚种。指名亚种（*A. c. cinerea*）留鸟分布于新疆；普通亚种（*A. c. jouyi*）除新疆外见于各省。秦岭地区见于甘肃天水、文县、夏河、碌曲、玛曲、卓尼、迭部、舟曲（部分夏候鸟、部分留鸟）；陕西秦岭南北坡汉江盆地和渭河流域各县（夏候鸟、部分留鸟）；河南南阳、桐柏、信阳（鸡公山、南湾）、罗山、嵩县、栾川、三门峡（留鸟、部分夏候鸟）。

种群数量：常见。

保护措施：无危 / CSRL；未列入 / IRL，PWL，CITES，CRDB。

◎ 苍鹭–廖小青　摄

◎ 草鹭–王中强　摄

8. 草鹭 Purple Heron（*Ardea purpurea*）

鉴别特征: 体大(约80 cm)的灰、栗及黑色鹭。顶冠黑色并具两道饰羽，颈棕色且颈侧具黑色纵纹，背及覆羽灰色，飞羽黑，其余体羽红褐色。虹膜黄色，嘴褐色，脚红褐色。

生态习性: 喜稻田、芦苇地、湖泊及溪流；性孤僻，常单独活动；多以水生动物、昆虫为食；常 30 ～ 40 对结群繁殖或与苍鹭及其他鸟混群，繁殖期 4 ～ 5 月，窝卵数 3 ～ 6 枚。

地理分布: 国内仅普通亚种(*A. p. manilensis*)见于除新疆、西藏、青海外的其他各省。秦岭地区见于甘肃兰州（旅鸟）；陕西洋县、渭河流域（夏候鸟，部分旅鸟）；河南桐柏、三门峡库区（夏候鸟）。

种群数量: 不常见。

保护措施: 无危 / CSRL；未列入 / IRL，PWL，CITES，CRDB。

◎ 草鹭（亚成体）–廖小青　摄

9. 大白鹭 Great Egret（*Ardea alba*）

鉴别特征：体型较大（约 95 cm）的白色鹭。嘴厚重，颈部具特别的纽结；繁殖期背披蓑羽，嘴黑绿色；非繁殖期背无蓑羽，嘴黄色。脚、腿黑色，虹膜黄色。

生态习性：栖息于河川、江湖边草滩地、苇丛、沼泽、池塘浅水区及水田，成群迁徙、越冬；主要以鱼、蛙、软体动物、甲壳动物、水生昆虫等为食；多集群营巢，繁殖期 4～7 月，窝卵数 3～6 枚。

地理分布：国内有 2 个亚种。普通亚种（*A. a. modesta*）夏候鸟见于中国东北部地区、河北、福建及云南东南部，越冬于海南和台湾。指名亚种（*A. a. alba*）繁殖于黑龙江及新疆西北部，迁徙经中国北部至西藏南部越冬。该亚种见于甘肃碌曲（尕海）、玛曲、卓尼、迭部、舟曲、陇南各县（旅鸟、夏候鸟）；陕西汉江盆地、渭河谷地各县（夏候鸟，部分留鸟）；河南信阳（鸡公山）、桐柏、南阳、三门峡库区（冬候鸟、旅鸟）。

种群数量：常见。

保护措施：无危 / CSRL；未列入 / IRL，PWL，CITES，CRDB。

◎ 大白鹭–廖小青　摄

◎ 大白鹭–于晓平　摄

◎ 大白鹭（越冬群）–于晓平　摄

◎ 绿鹭–廖小凤　摄

10. 绿鹭 Striated Heron（*Butorides striata*）

鉴别特征：体小（43 cm）的深灰色鹭。成鸟顶冠及松软的长冠羽闪绿黑色光泽，一道黑色线从嘴基部过眼下及脸颊延至枕后；两翼及尾青蓝色并具绿色光泽，羽缘皮黄色；腹部粉灰，颏白。虹膜黄色，嘴黑色，脚偏绿。

生态习性：栖息于山区沟谷、河流、湖泊、水库林缘与灌丛中；性孤僻羞怯，结小群营巢；主要以鱼为食，也吃蛙、蟹、虾、水生昆虫和软体动物；繁殖期 4～6 月，窝卵数多为 5 枚。

地理分布：国内有 3 个亚种。黑龙江亚种（*B. s. amurensis*）繁殖于中国东北，冬季迁徙至南方沿海地区；海南亚种（*B. s. javanicus*）甚常见于台湾及海南岛；华南（瑶山）亚种（*B. s. actophilus*）在华南及华中甚常见。秦岭地区见于甘肃兰州、文县、康县（夏候鸟）；陕西汉阴、石泉、洋县（华阳、八里关）、佛坪、周至、宝鸡（夏候鸟）。

种群数量：不常见。

保护措施：无危 / CSRL；未列入/IRL，PWL，CITES，CRDB。

◎ 绿鹭（亚成体）–张岩　摄

11. 池鹭 Chinese Pond Heron（*Ardeola bacchus*）

鉴别特征：体型略小（47 cm 左右）的鹭。嘴粗直而尖，黄色，尖端黑色；脚橙黄色；头部、枕部冠羽和颈均栗红色，冠羽甚长一直延伸至背部；下颈和上胸羽毛呈长矛状；上背和肩羽铅灰褐色、呈蓑衣状，其余体羽白色。虹膜褐色，嘴黄色尖端黑色，腿及脚绿灰色。

生态习性：栖息于沼泽、稻田、湖泊、水库、蒲塘等水域；性好群居；营巢于树冠部，巢较简陋；主要以小鱼、蟹、虾、蛙、小蛇等为食，兼吃少量植物性食物；繁殖期 3 ～ 7 月，窝卵数 2 ～ 5 枚。

地理分布：单型种。国内除黑龙江、宁夏外见于各省；秦岭地区见于甘肃文县、徽县、兰州、碌曲（夏候鸟）；陕西秦岭南坡汉江盆地、北坡渭河谷地各县（夏候鸟）；河南信阳（鸡公山）、桐柏、罗山（董寨自然保护区）、嵩县、栾川、三门峡库区（夏候鸟、留鸟）。

种群数量：较为常见。

保护措施：无危 / CSRL；未列入 / IRL，PWL，CITES，CRDB。

◎ 池鹭（非繁殖羽）–于晓平　摄

◎ 池鹭–廖小青　摄

◎ 池鹭–廖小凤　摄

◎ 牛背鹭（繁殖羽）–廖小青　摄

12. 牛背鹭 Cattle Egret（*Bubulcus ibis*）

鉴别特征：体型略小（50 cm 左右）的白色鹭。非繁殖期羽白色；繁殖期头颈部橙黄色，余部白色，喙黄色，脚黑色。与其他白鹭的区别在于颈短、头圆、嘴短厚。虹膜黄色，嘴黄色，脚暗黄至近黑。

生态习性：栖息于湖泊、水库、低山水田、沼泽地，常成对或 3～5 只的小群活动，是目前世界上唯一不以食鱼为主而以昆虫为主食的鹭类；繁殖期 4～7 月，窝卵数 4～9 枚。

地理分布：国内仅普通亚种（*B. i. coromandus*）广布于中国南半部（包括台湾、海南），

◎ 牛背鹭（非繁殖羽）–于晓平　摄

◎ 牛背鹭（春羽）-李秀平　摄

属典型的南方种类。秦岭地区广布于中部秦岭南坡汉江盆地（勉县、南郑、汉台区、城固、洋县、西乡、石泉、汉阴、汉滨区等）和北坡渭河谷地各县（太白、眉县、周至、户县、长安、蓝田、临潼、华县、华阴、潼关等）（夏候鸟）；东秦岭见于河南罗山（董寨自然保护区）、嵩县、栾川、三门峡（黄河湿地）、信阳（鸡公山、南湾水库）、桐柏等地（夏候鸟）。该种有向北扩散的趋势，渭南市三河湿地合阳县已经发现牛背鹭分布。

种群数量：较为常见。

保护措施：无危 / CSRL；未列入 / IRL，PWL，CITES，CRDB。

◎ 牛背鹭（夏羽）-于晓平　摄

13. 白鹭 Little Egret（*Egretta garzetta*）

鉴别特征：中等偏小（60 cm）的白色鹭。体羽白色，喙、脚黑色，脸部裸皮、脚趾黄色，虹膜黄色。繁殖期头部生出两枚细长冠羽，胸部垂细长蓑羽，脸部裸皮变为粉红。

生态习性：栖于各类湿地，喜稻田、河岸、沙滩及沿海小溪流等水域；性群栖，常与大白鹭、白琵鹭混群捕食鱼类；与苍鹭、夜鹭等混群繁殖，繁殖期 3～9 月，窝卵数 4～5 枚。

地理分布：国内仅有指名亚种（*E. g. garzatta*）广布于除新疆、西藏之外的大部分地区。秦岭地区见于甘肃兰州、天水（夏候鸟）；陕西秦岭南坡汉江盆地各县和北坡渭河谷地各县（夏候鸟、部分留鸟）；河南信阳（南湾水库）、嵩县、栾川、桐柏、三门峡库区等地（夏候鸟）。

种群数量：极为常见。

保护措施：无危 / CSRL；未列入 / IRL，PWL，CITES，CRDB。

◎ 白鹭（繁殖羽）–于晓平　摄

◎ 白鹭–于晓平　摄

◎ 白鹭–廖小青　摄

14. 中白鹭 Intermediate Egret（*Egretta intermedia*）

鉴别特征：体大（69 cm 左右）的白色鹭。体型大小介于白鹭与大白鹭之间，嘴相对短；外形与大白鹭相当，但其嘴裂不过眼。虹膜黄色，嘴黄色端部略黑，腿、脚黑色。

生态习性：喜稻田、湖畔、沼泽地；集小群活动，警惕性强，飞行时颈常缩成"S"形；主要以小鱼、虾、蛙类及昆虫等为食；与其他水鸟混群营巢，繁殖期 4～6 月，窝卵数 2～4 枚。

地理分布：国内仅指名亚种（*E. i. intermediate*）常见于中国南方长江流域、东南、海南以及台湾。秦岭地区分布于甘肃兰州（夏候鸟）；陕西秦岭南坡汉江沿岸的南郑、汉台、安康和北坡宝鸡渭河流域（夏候鸟）；河南三门峡库区、信阳（南湾水库）、桐柏、罗山（董寨自然保护区）（夏候鸟）。

种群数量：不常见。

保护措施：无危 / CSRL；未列入 / IRL，PWL，CITES，CRDB。

◎ 中白鹭–李飏　摄

◎ 黄嘴白鹭–张岩　摄

15. 黄嘴白鹭 Chinese Egret（*Egretta eulophotes*）

鉴别特征：中等体型（68 cm）的白色鹭。腿偏绿色，嘴黑而下颚基部黄色。与白鹭的区别在体型略大，腿色不同；与岩鹭的浅色型的区别在腿较长，嘴较暗。繁殖期嘴黄色，腿黑色，脸部裸露皮肤蓝色。

生态习性：栖息于海岸峭壁树丛、潮间带、盐田以及内陆的树林等；以鱼、虾和蛙等为食；有结群营巢、修建旧巢和与池鹭、夜鹭、牛背鹭混群共域繁殖的习性；繁殖期 5 ～ 7 月，窝卵数 2 ～ 5 枚。

地理分布：无亚种分化。过去分布广泛，现已稀少。繁殖于辽东半岛、山东及江苏的沿海岛屿，有记录迷鸟见于东部沿海远及河北和辽宁。秦岭地区仅记录河南三门峡库区（旅鸟）。

种群数量：全球性濒危，种群数量 2 600 ～ 3 400 只，中国大陆约 1 000 只，秦岭地区罕见。

保护措施：近危 / CSRL；易危 / IRL；濒危 / CRDB；Ⅱ / PWL；未列入 / CITES。

16. 夜鹭 Black-crowned Night Heron （*Nycticorax nycticorax*）

鉴别特征：中等体型（61 cm）。头颈、喙粗壮的鹭，头顶、背黑色而有蓝绿色金属光色，余部灰白色，繁殖期枕后有两枚细长白色冠羽。虹膜红色，嘴黑，脚污黄色。

生态习性：栖息和活动于平原和低山丘陵地区的溪流、水塘、江河、沼泽和水田地；夜行性，单独或结小群栖于各类湿地；主要以鱼、蛙、虾、水生昆虫等为食；与白鹭、苍鹭混群繁殖，繁殖期4～7月，窝卵数3～5枚。

◎ 夜鹭－廖小青　摄

◎ 夜鹭（起飞瞬间）－于晓平　摄

地理分布：国内仅指名亚种（ *N. n. nycticorax* ）见于东北至横断山一线以东大部地区。秦岭地区于甘肃兰州、武山、天水以南各县（夏候鸟）；陕西秦岭南坡汉江盆地各县及北坡渭河谷地各县（夏候鸟、部分留鸟）；河南三门峡库区、信阳（南湾水库、鸡公山）、罗山（董寨保护区）、桐柏等地（夏候鸟）。

种群数量：较为常见。

保护措施：无危 / CSRL；未列入 / IRL，PWL，CITES，CRDB。

◎ 夜鹭（当年幼鸟）- 于晓平　摄

17. 黄斑苇鳽 Yellow Bittern（*Ixobrychus sinensis*）

鉴别特征： 体小（32 cm）的皮黄色及黑色苇鳽。顶冠黑色，上体淡黄褐色，下体皮黄。与栗苇鳽雄鸟不同，其喉部无黑色中线，顶冠黑色，肩羽黑色。虹膜黄色，眼周裸露皮肤黄绿色，嘴绿褐色，脚黄绿色。

◎ 黄斑苇鳽（亚成体）-李飏 摄

生态习性： 栖息于平原、低山丘陵地带富有水边植物的开阔水域中；性甚机警；以小鱼、虾、蛙、水生昆虫等为食；繁殖期 5 ～ 7 月，窝卵数 4 ～ 6 枚。

地理分布： 无亚种分化。繁殖于中国东北至华中及西南、台湾和海南岛，越冬在热带地区。秦岭地区分布于甘肃兰州（夏候鸟）；陕西秦岭南北坡汉江和渭河流域（夏候鸟）；河南三门峡库区、信阳（鸡公山）（夏候鸟）。

种群数量： 不常见。

保护措施： 无危 / CSRL；未列入 / IRL，PWL，CITES，CRDB。

◎ 黄斑苇鳽-廖小青 摄

18. 紫背苇鳽 Schrenck's Bittern（*Ixobrychus eurhythmus*）

鉴别特征： 体小（33 cm）的深褐色苇鳽。雄鸟上体紫栗色无斑纹，胸有深色中央纵纹；雌鸟上体具点斑或鱼鳞斑，下体具纵纹。虹膜黄色，嘴绿黄色，脚绿色。

生态习性： 主要栖息于河流、干湿草地、水塘和沼泽地上，常单只活动，偶尔也见成对和成小群；主要以小鱼、虾、昆虫等为食；繁殖期 5 ～ 7 月，窝卵数 4 ～ 6 枚。

地理分布： 单型种。夏候鸟见于中国各省，但云南、广西、台湾为旅鸟，偶见于海南岛。秦岭地区仅记录于河南罗山（董寨保护区）、桐柏（夏候鸟）。

种群数量： 偶见。

保护措施： 无危 / CSRL；未列入 / IRL，PWL，CITES，CRDB。

◎ 紫背苇鳽–沈越　摄

19. 栗苇鳽 Cinnamon Bittern（*Ixobrychus cinnamomeus*）

鉴别特征： 体型略小（41 cm）的橙褐色苇鳽。成年雄鸟上体栗色，下体黄褐，具黑色喉线，顶冠栗色，无黑色肩羽；雌鸟色暗，褐色较浓。虹膜黄色，嘴基部裸露皮肤橘黄色，嘴黄色，脚绿色。

生态习性： 栖息于芦苇沼泽、水塘、溪流和水稻田中；主要以小鱼、黄鳝、蛙等为食；繁殖期 4 ～ 7 月，窝卵数 3 ～ 8 枚。

地理分布： 单型种。分布于辽宁至华中、华东、西南、海南岛及台湾的淡水沼泽和稻田。秦岭地区分布于甘肃兰州（夏候鸟）；陕西安康、周至、长安（浐河湿地）（夏候鸟）；河南信阳（南湾水库）、罗山（董寨保护区）、三门峡库区、桐柏（夏候鸟）。

种群数量： 偶见。

保护措施： 无危 / CSRL；未列入 / IRL，PWL，CITES，CRDB。

◎ 栗苇鳽–李飏　摄

20. 黑苇鳽 Black Bittern（*Dupetor flavicollis*）

鉴别特征： 中等体型（54 cm）的近黑色鳽。成年雄鸟通体青灰色（野外看似黑色），颈侧黄色，喉具黑色及黄色纵纹；雌鸟褐色较浓，下体白色较多。虹膜红色或褐色，嘴黄褐色，脚黑褐色且有变化。

生态习性： 栖息于溪边、湖泊、水塘、芦苇、沼泽、水稻田等水域；性羞怯，夜行性；以小鱼、泥鳅、虾和水生昆虫为食；繁殖期 5 ～ 7 月，窝卵数 4 ～ 6 枚。

地理分布： 国内仅指名亚种（*D. f. flavicollis*）见于长江中下游、东南部及华南沿海地区、西江流域、海南岛等地。秦岭地区见于甘肃兰州（夏候鸟）；陕西丹凤（夏候鸟）；河南罗山（董寨保护区）（夏候鸟）。

种群数量： 罕见。

保护措施： 无危 / CSRL；未列入 / IRL，PWL，CITES，CRDB。

◎ 黑苇鳽–李飏　摄

21. 大麻鳽 Eurasian Bittern（*Botaurus stellaris*）

鉴别特征：中等偏粗大体型（75 cm）的褐色鹭。体大部皮黄色而布满褐色杂斑，头顶、髭纹黑色。虹膜黄色，嘴黄色，脚黄绿色。

生态习性：栖息于河流、湖泊、池塘边的芦苇丛、草丛和灌丛；主要以鱼、虾、蛙、蟹、螺、水生昆虫等为食；繁殖期 5 ～ 7 月，窝卵数 4 ～ 6 枚。

地理分布：国内仅指名亚种（*B. s. stellaris*）见于中国东部，越冬时长江以南各地可见。秦岭地区分布于甘肃兰州、文县（夏候鸟）；陕西佛坪、西安（渭河段、浐灞生态区）、宝鸡（渭河段）（冬候鸟或旅鸟）；河南三门峡库区、桐柏（旅鸟）。

种群数量：较为常见。

保护措施：无危 / CSRL；未列入 / IRL，PWL，CITES，CRDB。

◎ 大麻鳽–廖小凤　摄

◎ 大麻鳽–于晓平　摄

（五）鹳科 Ciconiidae

大型涉禽。中趾爪内侧不具栉状突；飞行时颈部和腿都伸直。广布于温热带地区。秦岭地区 2 种。

22. 东方白鹳 Oriental White Stork （*Ciconia boyciana*）

鉴别特征：大型（105 cm）白色涉禽。两翼黑色，眼周裸出皮肤粉红，飞行时两翼黑色与白色体羽形成鲜明对比。虹膜稍白，嘴黑色，脚红色。

生态习性：栖息地一般远离居民点，觅食于开阔的河道、湖泊以及水稻田；常成对或成小群觅食，主要以鱼类为食；繁殖期 4 ～ 6 月，窝卵数 4 ～ 6 枚。

地理分布：单型种。繁殖于中国东北、内蒙古，越冬于长江中下游、西南和香港。秦岭地区仅记录于陕西秦岭以南汉江支流流域（平利）、秦岭以北岐山（渭河）、长安区（滈河湿地）和西安（灞河湿地）（旅鸟）；河南三门峡库区、罗山（董寨保护区）（旅鸟）。

种群数量：全球数量不足 2 500 只。秦岭地区极罕见，1988 年安康平利曾采到 2 只标本； 近年来在渭河干流及支流相继出现零星个体。2012 年冬季有 2 ～ 3 只在西安渭河支流灞河段短暂停留觅食；2015 年 1 月 24 日滈河湿地公园出现 1 只；2016 年 1 月 18 日在眉县渭河段发现 1 只。

保护措施：濒危 / CSRL，IRL，CRDB；Ⅰ / PWL；Ⅰ / CITES。

◎ 东方白鹳–于晓平　摄

◎ 东方白鹳–南春明　摄

◎ 东方白鹳–廖小青　摄

◎ 东方白鹳（滑翔瞬间）－于晓平　摄

23. 黑鹳 Black Stork（*Ciconia nigra*）

鉴别特征：大型（100 cm）黑色鹳。下胸、腹部和尾下白色，黑色体羽（亚成鸟黑褐色）闪烁绿紫色金属光泽。虹膜褐色，嘴及腿朱红。

生态习性：栖息于河流沿岸、沼泽山区溪流附近；营巢于悬崖上部的岩洞中，越冬季节成群活动于开阔的沼泽、鱼塘和近水农田；主要以鱼类（如鲫鱼和条鳅）等为食；繁殖期4～7月，窝卵数3～5枚。

地理分布：单型种，除西藏外见于各省。秦岭地区分布于甘肃天水、武都、兰州、碌曲、玛曲（夏候鸟）；陕西渭河干流及支流如宝鸡六川河、眉县霸王河、西安灞河等以及汉江干流及支流如洛南县洛河段（冬候鸟）；河南三门峡库区（冬候鸟）、伏牛山北坡（嵩县、栾川）（旅鸟）。

种群数量：秦岭地区为其越冬地，越冬季节黄河中游湿地合阳县洽川镇一带一般可见30～50只的群体，最大数量可达90余只。渭河干流岐山段曾见到5～18只的越冬群体；渭河支流西安的浐、灞河以及眉县的霸王河冬季可见3～5只的越冬个体。秦岭以北的铜川（耀州、宜君）、延安（黄龙、黄陵）以及榆林（靖边）的繁殖群体数量150～200只。

保护措施：濒危 / IRL，CRDB；Ⅰ / PWL；Ⅱ / CITES；未列入 / CSRL。

◎ 黑鹳（雏鸟）–于晓平　摄

◎ 黑鹳（当年幼鸟）–于晓平　摄

◎ 黑鹳（当年幼鸟和亚成体）–廖小青　摄

◎ 黑鹳–廖小青　摄

◎ 黑鹳（亚成体群）–廖小青　摄

◎ 黑鹳–廖小青　摄

（六）鹮科 Threskiornithidae

喙筒状而下弯（鹮类）或先端扁平如匙状（琵鹭）；头部近喙基处裸露；一般体羽纯色（或黑或白），少数个体羽色艳丽。广布于温热带地区。秦岭地区 4 种。

◎ 朱鹮(起飞瞬间) – 于晓平　摄

24. 朱鹮 Crested Ibis （*Nipponia nippon*）

鉴别特征： 中等体型（55 cm）白沾粉色涉禽。脸裸出部朱红色，嘴筒状，长而下弯，端部红色，冠羽延伸至颈后，夏羽头部、颈部、背部铅灰色，冬羽白色沾粉红，幼鸟体羽乌灰色，脸部橙黄色。虹膜黄色，嘴黑而端红，脚绯红。

生态习性： 觅食于稻田、浅水河流、水库边缘或附近的草地中；营巢于高大的栎树、松树或杨树；主要以鲫鱼、泥鳅、黄鳝等鱼类，蛙、蝌蚪、蝾螈、虾、蟹等为食；繁殖期 3 ～ 6 月，窝卵数 1 ～ 5 枚。

地理分布： 单型种。历史上秦岭西部甘肃天水、两当、徽县、武都、康县均有分布；中

◎ 朱鹮（当年幼鸟）– 李夏　摄

部秦岭陕西洋县及周边地区是朱鹮野生种群唯一的分布地，主要见于洋县、城固、西乡、南郑、佛坪、汉台区、石泉、汉阴、宁陕等。2014 年冬季至 2015 年春曾发现洋县出生的野生个体翻越秦岭在宝鸡市渭河北侧支流六川河活动 3 个多月，这是目前朱鹮野生个体扩散至秦岭以北的首次记录；2016 年 1 月 19 日在岐山县蔡家坡镇渭河段观察到 1 只个体，身份未能确定，可能是铜川释放种群或者宝鸡千阳释放种群或者洋县野生种群扩散的个体。此外在陕西秦岭东部宁陕县建立的再引入种群主要活动于陕西宁陕县城关镇寨沟村附近的针叶阔叶混交林以及稻田、河流等处，亦发现再引入种群的繁殖后代扩散至南部的石泉、汉阴觅食或栖息繁殖。东部秦岭董寨自然保护区曾于 2013 年 10 月和 2014 年 8 月分别释放 34、26 只朱鹮笼养个体，至今已有个体参加繁殖，分布于信阳市罗山县附近，还有个体向西南飞至湖北安陆市。

种群数量：洋县野生种群的数量已从 1981 年的 7 只增加到目前的 1 500 余只；2007 年 5 月至 2011 年 10 月先后在宁陕县城关镇寨沟村放飞笼养个体 56 只，截至 2014 年已经形成 25 个繁殖配对，成功繁殖幼鸟 77 只，附近可见 40 只左右的再引入种群；河南董寨自然保护区的释放种群野外数量不详。

保护措施：濒危 / IRL，CRDB；极危 / CSRL；Ⅰ / PWL； Ⅱ / CITES。

◎ 朱鹮–于晓平 摄

◎ 朱鹮（交尾）–于晓平 摄

◎ 朱鹮（育雏）–田宁朝 摄

◎ 朱鹮–廖小青 摄

◎ 黑头白鹮–聂延秋　摄

25. 黑头白鹮 Black-headed Ibis（*Threskiornis melanocephalus*）

鉴别特征：中等体型（75 cm）涉禽。头与颈部裸出，裸出部皮肤黑色，嘴长而下弯，腰与尾上覆羽具淡灰色丝状饰羽。虹膜红褐色，嘴和脚黑色。

生态习性：栖息于湖边、河岸、水稻田、沼泽等开阔地带；主要以鱼、蛙、蝌蚪、软体动物以及小型爬行动物等为食；喜结群活动；繁殖期 3 ～ 5 月，窝卵数 2 ～ 4 枚。

地理分布：无亚种分化。繁殖于中国东北地区，越冬于华东和华南地区；台湾为罕见的旅鸟或冬候鸟。秦岭地区仅记录于河南（旅鸟）。

种群数量：数量稀少，仅 2005 年 11 月在浙江海宁有一次记录。台湾西部滨海地区偶然见到。估计数量 200 余只。秦岭地区东部偶见。

保护措施：濒危 / CSRL；近危 / IRL；稀有 / CRDB；Ⅱ / PWL；未列入 / CITES。

◎ 黑头白鹮–聂延秋　摄

26. 彩鹮 Glossy Ibis（*Plegadis falcinellus*）

鉴别特征： 体型略小（60 cm）的深栗色沾金属光泽的鹮。看似大型的深色杓鹬，上体具绿色及紫色光泽。嘴细长而向下弯曲，头部被有羽毛。非繁殖期头部、喉部和颈部为黑褐色，并具有较密的白色斑点，眼周和脸部裸露的皮肤为紫黑色。虹膜褐色，嘴近黑，脚绿褐。

生态习性： 栖息于浅水湖泊、沼泽、河流、水塘、水淹平原、湿草地、水田等淡水水域；通常单独或成小群觅食，主要以水生昆虫、虾、甲壳类、软体动物等小型无脊椎动物为食；有时也吃蛙、蝌蚪、小鱼、小蛇等小型脊椎动物。繁殖期 3 ～ 6 月，窝卵数 2 ～ 6 枚。

地理分布： 无亚种分化。迁徙时偶见江苏、福建福州市、河南庞寨、海南和广东沿海岛屿等地。秦岭地区仅记录于河南省罗山县灵山镇（旅鸟或迷鸟）。

种群数量： 极罕见，2014 年河南罗山县灵山镇记录 1 只。

保护措施： 无危 / CSRL；Ⅱ / PWL；未列入 / IRL，CITES，CRDB。

◎ 彩鹮–李飏 摄

27. 白琵鹭 White Spoonbill（*Platalea leucorodia*）

鉴别特征： 大型（84 cm）白色涉禽。嘴长且呈琵琶状，头部裸出部黄色。虹膜红色或黄色，嘴灰而端黄，脚黑色。

生态习性： 栖息于河流、湖泊、水库岸边及其浅水处；主要以虾、蟹、水生昆虫、昆虫幼虫、蠕虫、甲壳类、软体动物、蛙、蝌蚪、蜥蜴、小鱼等小型脊椎动物和无脊椎动物为食；繁殖期5～7月，每窝产卵3～4枚。

地理分布： 国内仅有指名亚种（*P. l. leucorodia*）。夏季可能繁殖于新疆西北部天山至东北各省，冬季南迁经中国中部至云南、东南沿海省份、台湾及澎湖列岛。

◎ 白琵鹭-廖小青　摄

◎ 白琵鹭（越冬群）-于晓平　摄

秦岭地区分布于陕西秦岭南坡的汉台区、石泉、南郑（旅鸟）和北坡渭河谷地的岐山、眉县、周至、西安草滩渭河段、渭河支流灞河流域（冬候鸟）；河南三门峡库区（冬候鸟）。

种群数量：较常见，越冬群体的数量可达数十只至数百只。

保护措施：无危 / IRL；未列入 / CSRL；Ⅱ / CITES，PWL；易危 / CRDB。

◎ 白琵鹭–于晓平　摄

红 鹳 目
———————— PHOENICOPTERIFORMES ————————

喙侧扁而高，自中部起向下弯曲，喙边缘有滤食用的栉板；颈和腿极细长；分布于中南美洲、非洲、欧洲南部、西亚。全世界仅 1 科 6 种，中国 1 科 1 种，秦岭地区 1 科 1 种。

（七）红鹳科 Phoenicopteridae

红鹳科特征同目，秦岭地区 1 种。

28. 大红鹳 Greater Flamingo（*Phoenicopterus roseus*）

鉴别特征：嘴短而厚，上嘴中部突向下曲，下嘴较大成槽状；颈长而曲；脚极长而裸出，向前的 3 趾间有蹼，后趾短小不着地；翅大小适中；尾短；体羽白而带玫瑰红色，飞羽黑，覆羽深红；亚成体浅褐色，嘴灰色。虹膜近白色，嘴红而端黑，腿红色。

生态习性：栖息在盐水湖泊、沼泽及礁湖的浅水地带；性机警、温和，喜结群生活；以水中的藻类、原生动物、小蠕虫、昆虫幼虫等为食；繁殖期 4～6 月，窝卵数 1～2 枚。

◎ 大红鹳–于晓平　摄

地理分布：国内仅分布指名亚种（*P. r. roseus*）。最近在中国西北部有群鸟及单个鸟的记录，洞庭湖有一鸟记录，可能是阿富汗或哈萨克斯坦中部繁殖群中分离出来进入中国的。秦岭地区仅记录于西安渭河草滩段和宝鸡渭河段（估计为迷鸟）。

种群数量：偶见。2014 年 12 月至 2015 年 2 月在西安草滩渭河河道发现 4 只亚成体；2016 年 1 月 19 日岐山县蔡家坡镇渭河段出现 1 只；2016 年 1 月宝鸡陈仓区渭河发现 1 只成体。

保护措施：无危 / CRDB；Ⅱ / CITES；未列入 / IRL，PWL，CSRL。

◎ 大红鹳–廖小青　摄

◎ 大红鹳（起飞瞬间）-于晓平　摄

◎ 大红鹳（亚成体）-廖小青　摄

雁形目
ANSERIFORMES

大中型游禽。嘴扁而端部具加厚的嘴甲，边缘具梳状栉板；腿后移，前3趾具蹼；翼上有闪金属光泽的绿、紫或白色翼镜；尾脂腺发达；雄性具交配器官；早成鸟。世界拥有2科160种，中国拥有1科51种，秦岭地区有1科36种。

（八）鸭科 Anatidae

鸭科特征同目，秦岭地区 36 种。

29. 豆雁 Bean Goose（*Anser fabalis*）

鉴别特征： 大型（80 cm）雁类。头颈部色深近黑，臀及尾羽基部白色。虹膜暗棕，喙黑而有黄色次端条带，脚橘黄色。

生态习性： 栖于开阔的湿地；植食性为主，兼食少量动物性食物；繁殖季节的栖息生境因亚种不同而略有变化，5 月末至 6 月中旬产卵，窝卵数 3 ~ 8 枚。

地理分布： 国内有 4 个亚种。陕西亚种（*A. f. johanseni*）冬候鸟见于青海、新疆；新疆亚种（*A. f. rossicus*）分布于陕西南部、新疆西北部（旅鸟或冬候鸟）；中亚亚种（*A. f. middendorffii*）于东北、华北等地为旅鸟，于华中、华南、西南地区为冬候鸟；普通亚种（*A. f. serrirostris*）于东北、西北等地为旅鸟，于华中、华南等地为冬候鸟。秦岭地区有普通亚种分布于甘肃天水、兰州、康县、卓尼（冬候鸟、旅鸟）；陕西省有新疆亚种和中亚亚种旅鸟分布于汉江和渭河流域；普通亚种和中亚亚种见于河南三门峡库区、南阳（白河）、伏牛山北坡（冬候鸟或旅鸟）。

种群数量： 迁徙季节和冬季常见，可见数十只至数百只的群体。

保护措施： 无危 / CSRL；未列入 / IRL，PWL，CITES，CRDB。

◎ 豆雁－王中强　摄

◎ 豆雁－廖小凤　摄

◎ 豆雁－廖小青　摄

◎ 豆雁－于晓平　摄

◎ 灰雁（起飞瞬间）–于晓平　摄

30. 灰雁 Greylag Goose（*Anser anser*）

鉴别特征：大型（76 cm）雁类。上体体羽灰而羽缘白且具扇贝形图纹。胸浅烟褐色，尾上及尾下覆羽均白。喙扁平，边缘锯齿状。虹膜褐色，嘴红粉，脚粉红。

生态习性：栖息于不同生境的淡水水域中；植食性为主，兼食动物性食物；繁殖期4～6月，通常营巢于水边草丛或芦苇丛中，窝卵数4～8枚。

◎ 灰雁–于晓平　摄

地理分布：国内仅有东方亚种（*A. a. rubrirostris*）分布于东北地区（夏候鸟），华北和西北地区（夏候鸟或旅鸟），西南、华中、华南地区（冬候鸟）。秦岭地区见于甘肃碌曲、玛曲、卓尼（夏候鸟、旅鸟）；陕西汉江流域安康段（旅鸟）；河南三门峡库区（冬候鸟）。

种群数量：不常见。

保护措施：无危 / CSRL；未列入 / IRL，PWL，CITES，CRDB。

◎ 灰雁–于晓平　摄

31. 鸿雁 Swan Goose（*Anser cygnoides*）

鉴别特征：大型（88 cm）水禽。体色浅灰褐色，头顶到后颈暗棕褐色，前颈近白色。虹膜红褐色或金黄色，嘴黑色，跗跖橙黄色或肉红色。

生态习性：主要栖息于开阔平原、湖泊、水塘、河流、沼泽及其附近地区；植食性为主，兼食少量甲壳类等动物性食物；繁殖期 4 ～ 6 月，窝卵数 4 ～ 8 枚。

地理分布：无亚种分化。东北、西北部分地区为夏候鸟和旅鸟。秦岭地区偶见于陕西关中平原东部的三河湿地、秦岭南坡汉江和北坡渭河（旅鸟）；河南三门峡库区和桐柏山（冬候鸟）。

◎ 鸿雁-张岩　摄

种群数量：全球数量估计为 30 000 ～ 50 000 只。2001 年在鄱阳湖发现了罕见的越冬大群，数量高达 61 650 只（赵金生，2001）。秦岭地区最多能见到数十只的迁徙或越冬群体。

保护措施：易危 / CSRL；濒危 / IRL；未列入 / PWL，CITES，CRDB。

◎ 鸿雁（迁徙群）-廖小凤　摄

32. 斑头雁 Bar-headed Goose（*Anser indicus*）

鉴别特征： 中型（70 cm）雁类。通体灰褐色，头部白色沿颈侧延伸至颈基部，眼后、枕部各具一黑色横纹，羽端具棕色鳞状斑。虹膜暗棕色，嘴橙黄色，脚和趾橙黄色。

生态习性： 栖息于低地湖泊、河流和沼泽等地；植食性为主，兼食小型无脊椎动物；4 月中旬至 4 月末产卵，窝卵数 2 ～ 10 枚。

地理分布： 无亚种分化。繁殖于东北、新疆、西藏，迁徙时见于中国中部、西南部、长江中游地区。秦岭地区分布于甘肃卓尼、玛曲、碌曲、迭部（夏候鸟）；陕西汉江流域（如南郑、佛坪）和渭河流域（如宝鸡）（旅鸟）。

种群数量： 迁徙季节偶见。

保护措施：无危 / CSRL；未列入 / IRL，PWL，CITES，CRDB。

◎ 斑头雁-于晓平　摄

◎ 斑头雁-廖小凤　摄

◎ 斑头雁（家族群）-廖小青　摄

33. 白额雁 White-fronted Goose（*Anser albifrons*）

鉴别特征： 大型（70～85 cm）雁类。上体大多灰褐色，嘴基部至额有一宽阔白斑；下体白色，杂有黑色块斑。颈部较长，腿位于身体的中心支点，喙扁平、边缘锯齿状。虹膜深褐，嘴粉红，基部黄色，脚橘黄。

生态习性： 主要栖息于开阔的湖泊、水库、河湾、海岸及其附近开阔的平原、草地、沼泽等地；植食性为主；繁殖期 6～7 月，窝卵数 4～5 枚。

地理分布： 国内仅有太平洋亚种（*A. a. frontalis*）分布于北京、河北、山西、内蒙古、辽宁、吉林、黑龙江、上海、江苏、安徽、江西、台湾、山东、湖北、湖南、西藏、新疆等地。秦岭地区在陕西渭河流域（眉县）、河南三门峡库区和董寨自然保护区有记录（冬候鸟或旅鸟）。

种群数量： 偶见。

保护措施： 无危 / CSRL；未列入 / IRL，PWL，CITES，CRDB。

◎ 白额雁-张海华　摄

◎ 小白额雁－沈越　摄

34. 小白额雁 Lesser White-fronted Goose（*Anser erythropus*）

鉴别特征：中型（62 cm）雁类。体型较白额雁小，嘴、颈较短，嘴周围白色斑块延伸至额部，眼圈黄色，腹部具近黑色斑块，环嘴基有白斑。喙扁平，边缘锯齿状。虹膜深褐，嘴粉红，脚橘黄。

生态习性：栖息于开阔的湖泊、江河等以及开阔的草原和半干旱性草原等地；植食性，主要在陆地上觅食；繁殖期6～7月，窝卵数4～7枚。

地理分布：无亚种分化。分布于长江中下游、广东、福建和台湾等东南沿海地区；秦岭地区仅在河南三门峡库区和董寨自然保护区有记录（冬候鸟或旅鸟）。

种群数量：20世纪90年代末洞庭湖的越冬数量约13 000只，秦岭地区偶见。

保护措施：易危／CSRL，IRL；未列入／PWL，CITES，CRDB。

35. 大天鹅 Whooper Swan（*Cygnus cygnus*）

鉴别特征：大型（155 cm）白色游禽。嘴基黄色延至上喙侧缘成尖形；亚成体体羽污白色。虹膜褐色，嘴黑而基部黄色，脚黑色。

生态习性：栖息于开阔且食物丰富的水域；植食性为主，兼食少量动物性食物；繁殖期5～6月，窝卵数4～7枚。

地理分布：无亚种分化。中国极北部有繁殖群体，冬季南迁越冬。秦岭地区分布于甘肃天水、武都、碌曲、玛曲

◎ 大天鹅–于晓平　摄

（旅鸟）；陕西渭河谷地东部的三河湿地，零星个体偶见于渭河流域（宝鸡金渭湖、岐山、西安灞河、华阴）或汉江支流流域（旅鸟或冬候鸟）；河南三门峡库区和桐柏山（冬候鸟）。

种群数量：有文献记录中国境内的越冬数量10 000～15 000只（此估计偏低）。渭河流域（灞河、

◎ 大天鹅（越冬群体）–于晓平　摄

◎ 大天鹅（亚成体）－于晓平　摄

◎ 大天鹅（当年幼鸟）－廖小青　摄

渭河岐山段）冬季偶见 2 ～ 5 只的小群。关中东部三河湿地曾见 3 000 只左右的群体，由于黄河湿地破坏数量锐减。大量个体继续沿黄河至三门峡库区越冬，三门峡市政府和山西平陆三湾湿地保护区采取了保护招引措施，2012 年以来大天鹅的越冬数量稳定在 6 000 只左右。

　　保护措施：近危 / CSRL；Ⅱ / PWL；易危 / CRDB；未列入 / IRL，CITES。

36. 小天鹅 Tundra Swan（*Cygnus columbianus*）

鉴别特征： 大型（142 cm）白色游禽。嘴黑但基部黄色区域较大天鹅小，颈部和嘴比大天鹅略短，上喙侧缘黄色不成尖形。虹膜褐色，嘴黑色带黄色嘴基，脚黑色。

生态习性： 栖息于开阔的湖泊、沼泽、水流缓慢的河流、邻近的苔原低地和沼泽地；植食性为主，兼食小型水生动物；繁殖期 6～7 月，窝卵数 5 枚。

地理分布： 仅有乌苏里亚种（*C. c. jankowskii*）迁徙季节见于中国东

◎ 小天鹅（与大天鹅混群，右一成体，右二当年幼鸟）–于晓平　摄

北至长江流域。秦岭地区记录于陕西汉江流域和关中平原东部的三河湿地（冬候鸟或旅鸟）；河南三门峡库区（冬候鸟）。

种群数量： 文献记录中国的数量约 1 000 只；个体数量较大天鹅甚少。

保护措施： 近危 / CSRL；无危 / IRL；Ⅱ / PWL；易危 / CRDB；未列入 / CITES。

注： 有学者认为在中国越冬的亚种是 *C. c. bewickii*（郑光美，2011）。

◎ 小天鹅–张海华　摄

◎ 疣鼻天鹅－廖小青　摄

◎ 疣鼻天鹅（当年幼鸟）－廖小凤　摄

◎ 疣鼻天鹅（家族群）－廖小青　摄

37. 疣鼻天鹅 Mute Swan（*Cygnus olor*）

　　鉴别特征：体大（150 cm）而优雅的白色天鹅。雄鸟前额基部有一特征性黑色疣突；游水时颈部呈"S"形，两翼常高拱；幼鸟绒灰或污白，嘴灰紫。虹膜褐色，嘴橘黄，脚黑色。

　　生态习性：栖息于湖泊、江河或沼泽地带；以水生植物为主要食物，偶食软体动物、昆虫及小鱼。在芦苇丛中营巢，窝卵数 5～7 枚，孵化期 35～36 天。

　　地理分布：无亚种分化。主要繁殖在中国新疆中北部、青海柴达木盆地、甘肃西北部和内蒙古。越冬于长江中下游、东南沿海和台湾。迁徙时经过东北、华北和山东部分地区。2015 年 12 月底在陕西省岐山县蔡家坡镇渭河段发现一只亚成体（陕西省鸟类新纪录，申苗苗等，2016）；2017 年 4 月下旬在陕西眉县渭河段发现 1 只成体。

　　种群数量：罕见。

　　保护措施：近危 / CSRL；易危 / CRDB；Ⅱ / PWL；未列入 / IRL，CITES。

38. 赤麻鸭 Ruddy Shelduck（*Tadorna ferruginea*）

◎ 赤麻鸭（当年幼鸟）–廖小青　摄

鉴别特征：体型较大（63 cm）的游禽。全身赤黄褐色，具白色翅斑及铜绿色翼镜。雄鸟有黑色颈环，头顶棕白色，颏、喉、前颈和颈侧淡棕黄色；雌鸟色稍淡，颈基无领环。虹膜褐色，嘴黑色，脚黑色。

生态习性：栖息于开阔草原、湖泊、农田等环境中；以各种谷物、昆虫、甲壳动物、蛙、虾、水生植物为食；繁殖期 4 ～ 5 月，窝卵数 6 ～ 15 枚。

地理分布：无亚种分化。国内除海南外见于各省。秦岭地区分布于甘肃兰州及以南的临夏回族自治州、甘南藏族自治州各县及天水以南的陇南各县（冬候鸟、部分繁殖）；陕西秦岭南北坡汉江盆地及渭河谷地各县（冬候鸟）；河南三门峡库区、南阳、信阳各县（冬候鸟）。

种群数量：冬季常见。

保护措施：无危 / CSRL；未列入 / IRL，PWL，CITES，CRDB。

◎ 赤麻鸭（家族群）–于晓平　摄

◎ 赤麻鸭－于晓平　摄

◎ 赤麻鸭－于晓平　摄

39. 翘鼻麻鸭 Common Shelduck（*Tadorna tadorna*）

鉴别特征：大型（60 cm）鸭类。体羽大都白色，头和上颈黑色，具绿色光泽；背至胸有一条宽的栗色环带；肩羽和尾羽末端黑色，腹中央有一条宽的黑色纵带。虹膜浅褐色，嘴红色，脚红色。

生态习性：栖息于江河、湖泊及其附近的沼泽、沙滩等地；小型动物性食物为主，兼食植物性食物；繁殖期 5 ～ 7 月，窝卵数 7 ～ 12 枚。

地理分布：无亚种分化。分布广泛，国内除海南外见于各省。秦岭地区分布于甘肃碌曲、舟曲、玛曲、天水、文县（冬候鸟）；陕西汉江流域各县、渭河谷地各县（冬候鸟）；河南南阳、信阳、三门峡市各县（冬候鸟）。

种群数量：冬季常见。陕西省渭河流域冬季可见数十只至数百只的越冬群体，年间变化较大。西安市灞河段一般越冬群体数量 500 ～ 1 000 只，偶见 2 500 ～ 3 000 只的越冬群体。

保护措施：无危 / CSRL；未列入 / IRL，PWL，CITES，CRDB。

◎ 翘鼻麻鸭（越冬群）–于晓平　摄

◎ 翘鼻麻鸭–于晓平　摄

◎ 翘鼻麻鸭（当年幼鸟）–廖小青　摄

◎ 翘鼻麻鸭–王中强　摄

◎ 棉凫（雄）–张波　摄

40. 棉凫 Cotton Pygmy Goose（*Nettapus coromandelianus*）

鉴别特征：小型（30 cm）鸭类。雄鸟头顶、颈带、背、两翼及尾皆黑而带绿色，体羽余部近白；雌鸟具暗褐色过眼纹。虹膜雌红棕色、雄浅朱红色，嘴近灰，脚灰色。

生态习性：栖息于河川、湖泊、池塘和沼泽地；在树洞中筑巢；植食性尤其以睡莲科植物为主，也吃昆虫、甲壳类等；繁殖期 5 ～ 8 月，窝卵数 8 ～ 14 枚。

地理分布：国内仅有指名亚种（*N. c. coromandelianus*）分布于长江及西江流域、华南及东南沿海、海南及云南西南部；台湾及河北北部有迷鸟记录。秦岭地区分布于西部甘肃兰州（旅鸟）；中部陕西秦岭北坡西安浐灞生态区（迷鸟）；东部见于河南三门峡库区、信阳（旅鸟；夏候鸟？）。

种群数量：1990 年国内记录约 120 只，罕见。2011 年 5 月在西安浐灞生态区雁鸣湖记录到 1 只，为陕西省鸟类新纪录。

保护措施：濒危 / CSRL；低危 / IRL；稀有 / CRDB；未列入 / PWL，CITES。

41. 针尾鸭 Northern Pintail （*Anas acuta*）

鉴别特征：中型（55 cm）游禽。雄鸟背部具褐白相间的波状横斑，头暗褐色，翼镜铜绿色，正中一对尾羽特别延长；雌鸟体型较小，上体黑褐色具黄白色斑纹，尾较雄鸟短。虹膜褐色，嘴蓝灰，脚灰色。

生态习性：越冬期栖息于各种类型的水域生境中；植食性为主，繁殖期则多以水生无脊椎动物为主；繁殖期 4～7 月，窝卵数 6～11 枚。

地理分布：仅有指名亚种（*A. a. acutaw*）分布于新北界和古北界的大部分地区。新疆西北部及西藏南部有繁殖记录。秦岭地区分布于西部甘肃兰州、碌曲、玛曲（旅鸟）；中部秦岭南北坡汉江（洋县、汉台）及支流（洛南县洛河）、北坡渭河流域（太白、眉县、周至、西安）（旅鸟）；东部三门峡库区、罗山、信阳（冬候鸟）。

◎ 针尾鸭-王中强　摄

种群数量：偶见。

保护措施：无危 / CSRL；未列入 / IRL，PWL，CITES，CRDB。

◎ 针尾鸭（越冬群）-廖小青　摄

42. 绿翅鸭 Green-winged Teal（*Anas crecca*）

鉴别特征：小型（37 cm）鸭类。雌雄两翅均具有金属翠绿色翼镜，跗跖鳞盾片状；雄鸟头部深栗色，头顶两侧在眼后具绿色带斑，尾下覆羽黑色。虹膜褐色，嘴、脚均为灰色。

生态习性：栖息于开阔的大型湖泊、江河、河口、沼泽等地；植食性为主，兼食小型无脊椎动物；繁殖期 5 ～ 7 月，窝卵数 8 ～ 11 枚。

地理分布：仅有指名亚种（*A. c. crecca*）见于各省。秦岭地区分布于西部甘肃兰州、天水、武山、文县、卓尼、碌曲、玛曲、迭部（旅鸟）；中部陕西秦岭南北坡的汉江和渭河流域各县（冬候鸟或旅鸟）；东部河南三门峡库区、嵩县、栾川、信阳、罗山、桐柏（冬候鸟）。

种群数量：冬季常见。汉江、渭河主河段冬季可见数百只甚至上千只的越冬群体。

保护措施：无危 / CSRL；未列入 / IRL，PWL，CITES，CRDB。

◎ 绿翅鸭–于晓平　摄

◎ 绿翅鸭–于晓平　摄

◎ 绿翅鸭（群飞）–廖小青　摄

43. 花脸鸭 Baikal Teal（*Anas formosa*）

鉴别特征：小型（37 cm）鸭类。雄鸭羽色艳丽，头颈均黑褐色，两眼下面及颈基部各贯以黑纹。虹膜棕色或棕褐色，嘴黑色，脚石板灰色。

生态习性：主要栖息在沼泽、河口、水库、湖泊和水塘中；植食性为主，也吃小型水生无脊椎动物；繁殖期 6 ～ 7 月，窝卵数 6 ～ 10 枚。

地理分布：无亚种分化。国内除甘肃、新疆、西藏外见于各省。秦岭地区分布于中部陕西秦岭南坡汉江流域（汉台、安康、山阳、丹凤）、秦岭北坡渭河流域（宝鸡、户县、西安、汉阴）（旅鸟）；东部河南的黄河湿地、信阳、罗山（董寨自然保护区）（冬候鸟）。

种群数量：20 世纪 90 年代中国的最大估计数量约 10 000 只。秦岭地区季节性偶见。

保护措施：易危 / CSRL，IRL；Ⅱ / CITES；未列入 / CRDB，PWL。

◎ 花脸鸭（雄）–聂延秋　摄

◎ 花脸鸭（雌）–聂延秋　摄

44. 罗纹鸭 Falcated Duck （*Anas falcata*）

鉴别特征：中型（50 cm）鸭类。雌雄异型。雄鸟头顶栗色，冠羽绿色延垂至颈，喉及嘴基部白色；雌鸟暗褐色，两胁具扇贝形纹，具铜棕色翼镜。虹膜褐色，嘴黑色，脚暗灰。

生态习性：主要栖息于江河、湖泊、河湾、河口及其沼泽地带；植食性为主，也吃小型水生无脊椎动物；繁殖期 5 ～ 7月，窝卵数 6 ～ 10 枚。

地理分布：无亚种分化。国内见于各省。秦岭地区分布于中部陕西秦岭南坡汉江流域（汉台、洋县）、北坡渭河流域（太白、宝鸡、岐山、眉县、西安、渭南）（旅鸟或冬候鸟）；东部秦岭见于河南三门峡库区、信阳、罗山、桐柏（冬候鸟）。

种群数量：不甚常见，种群数量不详。

保护措施：近危 / CSRL；无危 / IRL；未列入 / CRDB，CITES，PWL。

◎ 罗纹鸭（雄）–王中强　摄

◎ 罗纹鸭–廖小青　摄

◎ 绿头鸭–于晓平　摄

45. 绿头鸭 Mallard （*Anas platyrhynchos*）

　　鉴别特征：中型（58 cm）游禽。雄鸟头及颈深绿色带光泽，具白色颈环；雌鸟褐色，有深色贯眼纹。虹膜褐色，嘴黄色，脚橘黄。

　　生态习性：主要栖息于湖泊、河流、沼泽等水域；植食性为主，兼食小型水生无脊椎动物；繁殖期 4 ～ 6 月，窝卵数 7 ～ 10 枚。

　　地理分布：仅有指名亚种（*A. p. platyrhynchos*）见于各省。秦岭地区分布于西部甘肃兰州、天水、武山、文县、卓尼、碌曲、玛曲、夏河（旅鸟、夏候鸟）；中部陕西秦岭南北坡汉江流域、渭河流域各县（冬候鸟）；东部河南三门峡库区、罗山（董寨自然保护区）、伏牛山北坡（嵩县、栾川）、桐柏、信阳（鸡公山）、南阳（白河游览区）（冬候鸟）。

　　种群数量：冬季常见。

　　保护措施：无危 / CSRL；未列入 / IRL，PWL，CITES，CRDB。

◎ 绿头鸭–廖小青　摄

46. 斑嘴鸭 Spot-billed Duck （*Anas poecilorhyncha*）

鉴别特征：大型（60 cm）鸭类。雌雄羽色相似，雌鸟较暗淡。脸至上颈侧、眼先、眉纹、颏和喉均为淡黄白色；繁殖期黄色嘴端顶尖有一黑点。虹膜褐色，嘴黑色而端黄，脚珊瑚红。

生态习性：主要栖息在内陆各类大小湖泊、水库、江河、水塘、河口、沙洲和沼泽地带。植食性为主，兼食动物性食物；繁殖期 5 ～ 7 月，窝卵数 8 ～ 14 枚。

地理分布：国内有 2 个亚种。云南亚种（*A. p. haringtoni*）于云南南部、西南部及广东。普通亚种（*A. p. zonorhyncha*）除新疆外见于各省。秦岭地区分布于西部甘肃渭河流域各县（冬候鸟），陇南各县（冬候鸟），甘南碌曲、玛曲、舟曲（夏候鸟）；中部陕西秦岭南北坡汉江沿岸各县、渭河沿岸各县（冬候鸟、部分留鸟）；东部河南三门峡库区、信阳（鸡公山）、罗山（董寨自然保护区）（留鸟、部分冬候鸟）。

种群数量：常见。

保护措施：无危 / CSRL；未列入 / IRL，PWL，CITES，CRDB。

◎ 斑嘴鸭-于晓平　摄

◎ 斑嘴鸭（家族群）-廖小青　摄

◎ 赤膀鸭（雌）–廖小青　摄

◎ 赤膀鸭（卵）–王中强　摄

◎ 赤膀鸭（左雄右雌）–于晓平　摄

47. 赤膀鸭 Gadwall（*Anas strepera*）

鉴别特征： 中型（50 cm）鸭类。雄鸟嘴黑，头棕，尾黑，次级飞羽具白斑及腿橘黄色；雌鸟嘴侧橘黄，腹部及次级飞羽白色。虹膜褐色；嘴繁殖期雄鸟灰色，其他季节橘黄但中部灰色；脚橘黄。

生态习性： 栖息于江河、湖泊、沼泽等内陆水域中，偶尔也出现在海边沼泽地带；主要以水生植物为食；繁殖期 5～7 月，窝卵数 8～12 枚。

地理分布： 仅有指名亚种（*A. s. strepera*）除青海外见于各省。秦岭地区分布于西部甘肃渭河流域、陇南、甘南（卓尼）（旅鸟）；中部陕西渭河流域（太白、西安、渭南、潼关）（旅鸟或冬候鸟）；东部河南黄河湿地、伏牛山北坡（嵩县、栾川）（冬候鸟）。

种群数量： 常见。

保护措施： 无危 / CSRL；未列入 / IRL，PWL，CITES，CRDB。

48. 赤颈鸭 Eurasian Wigeon（*Anas penelope*）

鉴别特征：中型（47 cm）鸭类。雄鸟头栗色，冠羽皮黄色，体羽余部多灰色，腹白，尾下覆羽黑色，翼镜绿色；雌鸟通体棕褐或灰褐色，腹白。虹膜棕色，嘴蓝绿色，脚灰色。

生态习性：栖息于江河、湖泊、水塘、河口、海湾、沼泽等各类水域中；植食性为主，兼食少量动物性食物；繁殖期5～7月，窝卵数7～11枚。

地理分布：无亚种分化。除青海外见于各省。秦岭地区分布于兰州、天水、武山、文县、碌曲、玛曲（旅鸟）；中部秦岭汉江、渭河流域（冬候鸟、旅鸟）；东部河南黄河湿地、罗山（董寨自然保护区）（冬候鸟或旅鸟）。

种群数量：不常见。

保护措施：无危 / CSRL；未列入 / IRL，PWL，CITES，CRDB。

◎ 赤颈鸭（雌）–许明　摄

◎ 赤颈鸭（雄）–许明　摄

◎ 白眉鸭（左雄右雌）–张明　摄

49. 白眉鸭 Garganey （*Anas querquedula*）

鉴别特征： 小型（40 cm）鸭类。雄鸟头深棕色，眉纹白色，胸、背棕而腹白，翼镜绿色带白边；雌鸟头部具褐色图纹，翼镜暗橄榄色带白色羽缘。虹膜榛栗色，嘴黑色，脚蓝灰。

生态习性： 栖息于开阔的湖泊、沼泽及山区河流和海滩等地；主要以水生植物的叶、茎、种子为食；繁殖期 5 ～ 7 月，窝卵数 8 ～ 12 枚。

地理分布： 无亚种分化。除青海外见于各省。秦岭地区见于西部甘肃兰州、卓尼（旅鸟）；中部秦岭南坡汉江（汉台区、城固）

◎ 白眉鸭（雌）–李飏　摄

以及北坡渭河流域（冬候鸟、旅鸟）；东部河南三门峡库区、罗山（董寨自然保护区）、桐柏（冬候鸟）。

种群数量： 冬季偶见。

保护措施： 无危 / CSRL；未列入 / IRL，PWL，CITES，CRDB。

◎ 琵嘴鸭－于晓平　摄

50. 琵嘴鸭 Northern Shoveler（*Anas clypeata*）

鉴别特征： 中型（50 cm）鸭类。嘴先端铲状，雄黑、雌黄褐色。雄鸭腹部栗色，胸白，头深绿色而具光泽；雌鸭褐色斑驳，尾近白色，贯眼纹深色。虹膜褐色，脚橘黄。

生态习性： 栖息于江河、湖泊、沿海滩涂等水域；以螺、鱼等动物性食物为主，兼食植物性食物；4 月中旬至 4 月末开始繁殖，窝卵数 7 ～ 13 枚。

地理分布： 无亚种分化，国内见于各省。秦岭地区分布于西部甘肃兰州、武山、文县、碌曲、玛曲（旅鸟）；陕西省秦岭南坡汉江流域（汉台、宁强）、

◎ 琵嘴鸭－王中强　摄

秦岭北坡渭河流域（西安、渭南、潼关等地）（旅鸟或冬候鸟）；东部河南三门峡库区、罗山（董寨自然保护区）（旅鸟或冬候鸟）。

种群数量： 不常见。

保护措施： 无危 / CSRL；未列入 / IRL，PWL，CITES，CRDB。

51. 长尾鸭 Long-tailed Duck（*Clangula hyemalis*）

鉴别特征： 中型（58 cm）鸭类。中央尾羽特形延长，胸黑，颈侧有大块黑斑。虹膜暗黄，嘴灰，雄鸟近嘴尖有粉红色带，脚灰色。

生态习性： 夏季栖息于草地和矮桦树林，冬季栖息于沿海浅水区；主要以软体动物和鱼类为食，兼食少量植物性食物；繁殖期 6 ～ 8 月，窝卵数 5 ～ 9 枚。

地理分布： 无亚种分化。旅鸟途经中国东北，越冬于华北、西北、长江中下游地区。秦岭地区仅见于渭河谷地渭河支流灞河（旅鸟）和河南黄河湿地（旅鸟）。

种群数量： 罕见。2016 年冬季在西安渭河桥车游湿地见到 1 只雌鸟，为陕西鸟类新纪录。

保护措施： 易危 / IRL；未列入 / CSRL，PWL，CITES，CRDB。

◎ 长尾鸭（雌）– 于晓平　摄

◎ 长尾鸭（左雌右雄）– 张明　摄

◎ 长尾鸭（雄）– 张明　摄

52. 赤嘴潜鸭 Red-crested Pochard（*Netta rufina*）

鉴别特征：大型（55 cm）鸭类。雄鸟头浓栗色，羽冠淡棕黄色，上体暗褐色，下体黑色，两胁白色，翼镜白色；雌鸟褐色，喉及颈侧白色；额、顶盖及枕部深褐色。虹膜红褐色；雄鸟嘴橘红，雌鸟嘴黑而带黄色嘴尖；雄鸟脚粉红，雌鸟脚灰色。

生态习性：栖息于开阔的淡水湖泊、水流较缓的江河等地区。植食性为主。繁殖期4～6月，窝卵数6～12枚。

地理分布：无亚种分化。繁殖于中国西北，越冬于华中、东南和西南部。秦岭地区分布于西部甘肃兰州、碌曲（旅鸟）；中部陕西汉中汉台区、渭南、潼关（旅鸟）；东部河南黄河湿地（旅鸟）。

种群数量：常见。

保护措施：无危 / CSRL；未列入 / IRL，PWL，CITES，CRDB。

◎ 赤嘴潜鸭-王中强　摄

◎ 赤嘴潜鸭（越冬群）-于晓平　摄

◎ 白眼潜鸭–于晓平　摄

53. 白眼潜鸭 Ferruginous Duck （*Aythya nyroca*）

鉴别特征： 中型（41 cm）潜鸭。头、颈、胸暗栗色，颈基部具黑褐色领环。上体暗褐色，上腹和尾下覆羽白色，翼镜白色，两胁红褐色。虹膜雄鸟白色，雌鸟褐色；嘴蓝灰，脚灰色。

生态习性： 主要栖息于湖泊、水流缓慢的江河、河口等水域；杂食性，以植物性食物为主；繁殖期 4 ～ 6 月，窝卵数 7 ～ 11 枚。

地理分布： 无亚种分化。国内繁殖于新疆、内蒙古，越冬于长江中游、云南。迁徙时见于中部多数省份。秦岭地区见于西部兰州、文县、玛曲、卓尼（旅鸟）；中部陕西渭河、汉江流域（旅鸟）；东部河南伏牛山北坡（嵩县、栾川）、黄河湿地（冬候鸟或旅鸟）。

种群数量： 冬季较常见，灞河流域可见 500 只的迁徙群体。

保护措施： 无危 / CSRL；未列入 / IRL，PWL，CITES，CRDB。

◎ 白眼潜鸭–杜靖华　摄

54. 凤头潜鸭 Tufted Duck（*Aythya fuligula*）

鉴别特征：中型（42 cm）潜鸭。头具特长羽冠，雄鸟亮黑色，腹部及体侧白；雌鸟深褐，具浅色脸颊斑，两胁褐而羽冠短。虹膜黄色，嘴及脚灰色。

生态习性：主要栖息于湖泊、河流、水库、池塘、沼泽、河口等开阔水面；杂食性，以水生植物和鱼虾贝壳类为主；繁殖期5～7月，窝卵数6～13枚。

地理分布：无亚种分化，除海南外见于各省。秦岭地区见于西部渭河流域、陇南各县及甘南的碌曲（尕海）、玛曲（旅鸟）；中部陕西汉江流域（南郑）、渭河流域（旅鸟）；东部河南黄河湿地、信阳、罗山（董寨自然保护区）（旅鸟或冬候鸟）。

种群数量：不甚常见。

保护措施：无危 / CSRL；未列入 / IRL，PWL，CITES，CRDB。

◎ 凤头潜鸭–李飏　摄

◎ 凤头潜鸭–于晓平　摄

55. 红头潜鸭 Common Pochard（*Aythya ferina*）

鉴别特征: 中型（46 cm）鸭类。雄鸟头部栗红色，胸部黑色，背及两胁灰色；雌鸟淡棕色，翼灰色，腹部灰白。虹膜雄鸟红而雌鸟褐，嘴灰而端黑，脚灰色。

生态习性: 栖息于湖泊、水塘、河湾等各类水域；杂食性，以水藻等水生植物为主；繁殖期4～6月，窝卵数6～9枚。

地理分布: 无亚种分化，除海南外见于各省。秦岭地区见于西部甘肃兰州、文县、卓尼、玛曲、碌曲（旅鸟）；中部陕西汉江流域、渭河流域（冬候鸟）；东部河南三门峡库区、罗山（董寨自然保护区）（冬候鸟）。

◎ 红头潜鸭–于晓平　摄

种群数量: 冬季常见，渭河支流灞河段冬季曾见2 500只的越冬群体，但年间波动较大。

保护措施: 无危 / CSRL；未列入 / IRL，PWL，CITES，CRDB。

◎ 红头潜鸭–廖小青　摄

56. 青头潜鸭 Baer's Pochard（*Aythya baeri*）

鉴别特征：中型（45 cm）潜鸭。胸深褐，腹部及两胁白色。雄鸟头颈黑色，具绿色光泽；雌鸟头颈黑褐，头侧、颈侧棕褐。虹膜雄鸟白色，雌鸟褐色，嘴蓝灰，脚灰色。

生态习性：繁殖期主要栖息于富有水生植物的小型湖泊；冬季多栖息在大型湖泊及沿海沼泽等地；杂食性，主要以水生植物和鱼虾贝壳类为食；繁殖期5～7月，窝卵数6～9枚。

地理分布：无亚种分化。繁殖于西伯利亚和中国东北，迁徙时见于除新疆、海南外各省。秦岭地区见于西部甘肃兰州（旅鸟）；中部陕西汉江流域（南郑）和渭河流域（岐山）（旅鸟）；东部三门峡库区、罗山（自然保护区）（旅鸟）。

种群数量：曾经统计的全球10 000～20 000只（汪松和解炎，2009），国内部分地区为常见种，但20世纪数量急剧下降，目前数量不足500只。秦岭地区罕见，2017年春在西安渭河桥车游湿地发现2只，为陕西省首次记录。

保护措施：易危 / CSRL；极危 / IRL；未列入 / PWL，CITES，CRDB。

◎ 青头潜鸭（雄）–廖小凤　摄

◎ 斑背潜鸭（雄）–于晓平　摄

57. 斑背潜鸭 Greater Scaup（*Aythya marila*）

鉴别特征：中型（42 ～ 47 cm）潜鸭。雄鸟头颈黑色具绿色光泽，胸黑、腹和两胁白色；雌鸟头、颈、胸和上背褐色，翼镜白色，腹灰白。虹膜亮黄，嘴蓝灰，脚黑色。

生态习性：主要栖息于海湾、河口、内陆湖泊、水库和沼泽地带；主要捕食水生动物，也食水藻等；繁殖期 5 ～ 7 月，窝卵数 7 ～ 10 枚。

地理分布：仅亚种 *A. m. nearctica* 迁徙时见于中国东部至东南沿海。秦岭地区仅记录于东部河南三门峡库区（冬候鸟）。

◎ 斑背潜鸭（雌）–于晓平　摄

种群数量：罕见冬候鸟。

保护措施：低危 / IRL；未列入 / CSRL，PWL，CITES，CRDB。

58. 鸳鸯 Mandarin Duck（*Aix galericulata*）

◎ 鸳鸯（左雄右雌）–廖小青　摄

鉴别特征：小型（40 cm）而色彩艳丽的鸭类。雄性具醒目的白色眉纹和直立独特的棕黄色帆状饰羽；雌性体羽亮灰，眼圈白色。虹膜褐色，嘴雄鸟红色，雌鸟灰色，脚黄色。

生态习性：主要栖息于河流、湖泊、沼泽等地；杂食性；繁殖期 4 ～ 7 月，窝卵数 7 ～ 12 枚。

地理分布：无亚种分化。除青海、新疆、西藏外见于各省。秦岭地区见于陕西汉江支流（洋县、宁陕、佛坪、石泉、汉阴）、渭河流域（宝鸡六川河、太白、眉县、西安、华县、华阴、潼关）（冬候鸟，2017 年夏季在眉县出现繁殖个体）；东部于河南桐柏、信阳、伏牛山（嵩县、栾川）、罗山（董寨自然保护区）（冬候鸟或旅鸟）。

种群数量：种群数量不详，秦岭地区可见 6 ～ 20 只的越冬群体。

保护措施：近危 / CSRL；易危 / CRDB；无危 / IRL；Ⅱ / PWL；未列入 / CITES。

◎ 鸳鸯（雄）–廖小青　摄

◎ 鸳鸯（家族群）－于晓平　摄

◎ 鸳鸯（越冬群体）－于晓平　摄

59. 丑鸭 Harlequin Duck （*Histrionicus histrionicus*）

鉴别特征： 小型（42 cm）而结实的深色海鸭。脸及耳羽具白色点斑，头高而嘴小；繁殖期雄鸟灰色，两胁栗色，颈背、上胸、下胸及翅羽具白色条纹，黑白色肩羽甚长。非繁殖期雄鸟深褐，但肩羽及下胸的白色条纹仍可见。雌鸟似雄鸟，但无白色肩羽和胸部条纹。虹膜深褐，嘴灰色，脚灰色。

生态习性： 繁殖季主要栖息于山区水流湍急的江河中，冬季栖息于沿海水域。以动物性食物为主；繁殖期 6 ～ 8 月，窝卵数 4 ～ 8 枚。

地理分布： 无亚种分化。迁徙季节偶见黑龙江、辽宁南部、河北东部、山东东部沿海。秦岭地区陕西汉江流域（南郑、汉台）有旅鸟记录，需进一步确认。

种群数量： 少见。

保护措施： 低危 / IRL；未列入 / CSRL，PWL，CITES，CRDB。

◎ 丑鸭（雄）- 张明　摄

◎ 鹊鸭-廖小青　摄

◎ 鹊鸭（越冬群）-于晓平　摄

60. 鹊鸭 Common Goldeneye（*Bucephala clangula*）

鉴别特征：中等体型（48 cm）的深色潜鸭。头大而高耸；繁殖期雄鸟胸腹白色，嘴基部具大的白色圆形点斑，头余部黑色闪绿光。雌鸟烟灰色，具近白色扇贝形纹；头褐色，无白色点或紫色光泽；通常具狭窄白色前颈环。非繁殖期雄鸟似雌鸟，但近嘴基处点斑仍为浅色。虹膜黄色，嘴近黑，脚黄色。

生态习性：繁殖期栖息于平原森林地带中的溪流、水塘等地；非繁殖期栖息于江河、湖泊、河口及沿海水域等地。动物性食物为主；繁殖期 5 ～ 7 月，窝卵数 8 ～ 12 枚。

地理分布：国内仅有指名亚种（*B. c. clangula*）除海南外见于各省。秦岭地区见于甘肃兰州、文县、迭部、舟曲（冬候鸟或旅鸟）；陕西省渭河和汉江沿岸各县（冬候鸟）；东部河南三门峡库区、南阳（白河库区）、伏牛山（嵩县、栾川）、罗山（董寨自然保护区）（冬候鸟）。

种群数量：冬季常见。

保护措施：无危 / CSRL；未列入 / IRL，PWL，CITES，CRDB。

61. 斑头秋沙鸭 Smew（*Mergellus albellus*）

鉴别特征: 小型（40 cm）鸭类。雄鸟体大部白色,头部具短而略耸的冠羽,眼罩、冠羽纹和背部黑色;雌鸟头顶棕色,耳下至颏、胸白色,体余部灰褐色。虹膜褐色,嘴黑,脚灰。

生态习性: 栖息于湖泊、河流、池塘等地;杂食性,以小型无脊椎动物为主,偶尔也吃少量植物性食物;在树洞中繁殖,繁殖期5～7月,窝卵数6～10枚。

地理分布: 无亚种分化。除海南外见于各省。秦岭地区分布于西部甘肃兰州、碌曲（旅鸟）;中部陕西省渭河、汉江沿岸各县（冬候鸟）;东部河南三门峡库区、罗山（董寨自然保护区）（冬候鸟）。

种群数量: 冬季常见。

保护措施: 无危 / CSRL;未列入 / IRL,PWL,CITES,CRDB。

◎ 斑头秋沙鸭-王中强　摄

62. 普通秋沙鸭 Common Merganser（*Mergus merganser*）

鉴别特征: 中等偏大型（68 cm）鸭类。雄鸟头部黑色沾绿色金属光泽,背部黑色,余部白色;雌鸟头部棕色,颏白色,胸腹部白色,背部染深灰色。虹膜褐色,嘴、脚红色。

生态习性: 栖息于大型内陆湖泊、江河、森林等地;以小鱼、软体动物等水生无脊椎动物为食,兼食少量植物性食物;繁殖期5～7月,窝卵数8～13枚。

地理分布: 国内有2个亚种。中亚亚种（*M. m. orientalis*）分布于青海东北部和南部、新疆南部、西藏南部、云南、四川北部;迁徙时

◎ 普通秋沙鸭（雄）-廖小青　摄

见于中国大部分地区，越冬于黄河以南；指名亚种（*M. m. merganser*）除青海、西藏、香港、海南外见于各省；指名亚种在秦岭地区见于兰州、莲花山（旅鸟、夏候鸟）；中部陕西省渭河、汉江沿岸各县（冬候鸟）；东部河南三门峡库区、信阳、罗山（董寨自然保护区）（冬候鸟）。

种群数量：冬季常见。

保护措施：无危 / CSRL；未列入 / IRL，PWL，CITES，CRDB。

◎ 普通秋沙鸭–廖小青　摄

◎ 普通秋沙鸭（雌性越冬群）–廖小青　摄

◎ 中华秋沙鸭–廖小青　摄

63. 中华秋沙鸭 Scaly–sided Merganser（*Mergus squamatus*）

鉴别特征：中等体型（58 cm）黑色具绿色光泽游禽。嘴长而窄，尖端具钩；两肋白色而具特征性鳞状纹。虹膜褐色，喙橘红色，脚橘红色。

生态习性：栖息于林区内的湍急河流，有时在开阔湖泊；主要以鱼类、石蚕科的蛾及甲虫等为食；4 月上旬到 5 月中旬产卵，窝卵数 8 ～ 14 枚。

地理分布：无亚种分化，繁殖于中国东北，越冬于华南和华中；秦岭地区曾记录秦岭山脉的佛坪（迷鸟）。2014 年冬季曾在秦岭南坡的洋县汉江段、洛南洛河县城段分别看到 5 只和 11 只的越冬群体。

种群数量：鸟类国际 2000 年和 2001 年的调查数量为 3 600 ～ 4 500 只。秦岭地区冬季罕见，2014 年之后在南洛河（洛南）和汉江（洋县）可见 2 ～ 10 只的越冬群体。

保护措施：易危 / CSRL；濒危 / IRL；稀有 / CRDB；Ⅰ / PWL；未列入 / CITES。

◎ 中华秋沙鸭（雄）–廖小青　摄

◎ 中华秋沙鸭（雌）–廖小青　摄

◎ 中华秋沙鸭（配对）–廖小青　摄

64. 红胸秋沙鸭 Red-breasted Merganser（*Mergus serrator*）

鉴别特征：体型中等（53 cm）。嘴细长而带钩，丝质冠羽长而尖，雄鸟黑白色，两侧多具蠕虫状细纹。与中华秋沙鸭的区别在于胸部棕色，条纹深色；与普通秋沙鸭的区别在于胸色深而冠羽更长。雌鸟及非繁殖期雄鸟色暗而褐，近红色的头部渐变成颈部的灰白色。虹膜红色，嘴红色，脚橘黄色。

生态习性：生活于河流、湖泊、苔原；常成家族群或小群；食物包括小型鱼类、水生昆虫、昆虫幼虫、甲壳类、软体动物等其他水生动物。窝卵数 8 ～ 12 枚。

地理分布：无亚种分化。黑龙江北部有繁殖，冬季经中国大部地区至中国东南沿海省份包括台湾越冬。秦岭地区曾记录于河南信阳（冬候鸟）。2016 年 10 月底至 11 月初，陕西西安市蓝田县灞河流域首次发现该物种（旅鸟或迷鸟），属陕西鸟类新纪录。

种群数量：冬季罕见。

保护措施：无危 / CRSL，IRL；未列入 / CRDB，PWL，CITES。

◎ 红胸秋沙鸭（雄）–张岩　摄

◎ 红胸秋沙鸭（雌）–张海华　摄

◎ 红胸秋沙鸭（配对）–张岩　摄

隼 形 目
—— FALCONIFORMES ——

体多大中型。嘴具利钩；脚强大而爪锐利；善疾飞或翱翔；视力敏锐；通常雌鸟体型略大；肉食性；雏鸟晚成。世界拥有 5 科 311 种，中国拥有 3 科 64 种，秦岭地区有 3 科 38 种。

（九）鹗科 Pandionidae

体型中等。外趾可向后反转，形成对趾，趾上布满刺状鳞，秦岭地区仅有 1 种。

◎ 鹗－张岩　摄

◎ 鹗－张海华　摄

65. 鹗 Osprey（*Pandion haliaetus*）

鉴别特征：中等体型（55 cm）的褐、黑、白色猛禽。上体暗褐色；头及下体白色，具黑色贯眼纹和可竖立的短羽冠。虹膜黄色，喙黑，蜡膜灰，脚灰色。

生态习性：栖息于河流、湖泊开阔地带，单独活动；营巢于高大乔木上或近水岩石下；主要以鱼类为食，兼食蛙、鼠类和其他水禽。繁殖期 4 ～ 6 月，窝卵数 2 ～ 4 枚。

地理分布：国内仅有指名亚种（*P. h. haliaetus*）广泛分布各省。秦岭地区见于西部甘肃兰州、碌曲、玛曲、文县（夏候鸟）；中部秦岭南北坡汉江、渭河及其支流（旅鸟或冬候鸟）；东部秦岭记录于河南黄河湿地（居留型不详）。

种群数量：分布虽广泛但数量极少。

保护措施：无危 / CSRL；稀有 / CRDB；Ⅱ / PWL，CITES；未列入 / IRL。

　　注：本种亚种分化有争议，郑作新（2000）、刘廼发等（2013）认为中国分布指名亚种，而郑光美（2011）则认为无亚种分化。

（十）鹰科 Accipitridae

体型大小不一。上喙先端两侧无齿状突；嘴基蜡膜或被羽须；翼短而圆；尾羽通常 12 枚；善飞翔；食中小型鸟类、啮齿类或鱼类。秦岭地区 30 种。

66. 黑鸢 Black Kite（*Milvus migrans*）

鉴别特征：体型略大（65 cm）的深褐色猛禽。尾略显分叉，飞行时初级飞羽基部具显著的浅色次端斑块。耳羽黑色，体型稍大，翼上斑块较白。虹膜棕色或黄色，嘴灰色，脚黄色。

生态习性：栖息于开阔平原、草地、荒原和低山丘陵地带；主要以鼠类、蛇、蛙、鱼、野兔、蜥蜴、小型鸟类和昆虫等动物为食，有时在旅游区的垃圾堆放处寻找食物。繁殖期 4 ～ 7 月，窝卵数 2 ～ 3 枚。

◎ 黑鸢（亚成体）–于晓平　摄

地理分布：国内 3 个亚种。云南亚种（*M. m. govinda*）留鸟于云南贡山、丽江、腾冲；海南亚种（*M. m. formosanus*）留鸟于海南，台湾；普通亚种（*M. m. lineatus*）留鸟于东北，西北，华中多省，冬季见于东部沿海。秦岭地区见于西部甘肃甘南莲花山、夏河、临潭、卓尼、合作、碌曲、舟曲、玛曲、迭部以及陇南（天水、武都）各县（留鸟、夏候鸟）；中部秦岭见于南北坡各县（留鸟）；东部秦岭见于河南信阳（鸡公山、光山、罗山董寨保护区、新县、潢川、固始、商城等）、南阳（桐柏山）、三门峡库区（留鸟）。

种群数量：分布广泛且较常见。

保护措施：无危 / CSRL；易危 / CRDB；Ⅱ / PWL，CITES；未列入 / IRL。

◎ 黑鸢–于晓平　摄

67. 黑翅鸢 Black-winged Kite（*Elanus caeruleus*）

鉴别特征：体小（30 cm）的白、灰及黑色鸢。特征为黑色的肩部斑块及形长的初级飞羽。成鸟头顶、背、翼覆羽及尾基部灰色，脸、颈及下体白色；亚成鸟似成鸟但沾褐色。虹膜红色，嘴黑色，蜡膜黄色，脚黄色。

生态习性：唯一一种振羽停于空中寻找猎物的白色鹰类。通常栖息于有树木和灌木的开阔原野、农田、疏林和草原地区，从平原到 4 000 m 的高山均有栖息；主要以田间的鼠类、昆虫、小鸟、野兔、昆虫和爬行动物等为食；繁殖期 3 ～ 4 月，每窝产卵 3 ～ 5 枚。

◎ 黑翅鸢–廖小青　摄

地理分布：无亚种分化。罕见留鸟见于云南、广西、广东及香港的开阔低地及山区，高可至海拔 2 000 m。近年来相继在我国北方地区出现，如天津、山东黄河三角洲和河南漯河市舞阳等地。秦岭地区仅记录于西安市未央区渭河滩（估计为迷鸟）。

种群数量：罕见。2016 年 1 月初在陕西省西安市灞桥区北侧渭河段观察到 1 只，秦岭地区的唯一记录，也是陕西省鸟类分布新纪录。

保护措施：无危 / CSRL；易危 / CRDB；低危 / IRL；Ⅱ / PWL，CITES。

◎ 黑翅鸢–王勇　摄

◎ 凤头蜂鹰—李利伟　摄

68. 凤头蜂鹰 Oriental Honey Buzzard（*Pernis ptilorhyncus*）

鉴别特征：中等体型（58 cm）的深色猛禽。具不显著的羽冠，上体由白至赤褐色，下体满布斑点和横纹，尾具不规则横纹，浅色喉斑缘黑色纵纹。虹膜橘黄，嘴灰色，脚黄色。

生态习性：栖息于针叶林、阔叶林，有时亦到开阔的乡村、城镇；多单只活动，喜食蜜蜂、胡蜂及其幼虫，因而也称为蜜鹰，也吃鼠、蛙、蜥蜴和蛇类等；繁殖期 5 ～ 6 月，窝卵数 2 ～ 3 枚。

地理分布：国内 2 个亚种，西南亚种（*P. p. ruficollis*）见于四川南部及云南，部分个体区域性迁徙。东方亚种（*P. p. orientalis*）繁殖于黑龙江至辽宁，冬季经华中及华东至台湾、东南各省及海南岛。秦岭地区记录于陕西秦岭南坡的洋县（旅鸟）；东部记录于河南西峡（繁殖鸟）。

种群数量：较少见。

保护措施：无危 / CSRL；易危 / CRDB；Ⅱ / PWL，CITES；未列入 / IRL。

69. 黑冠鹃隼 Black Baza（*Aviceda leuphotes*）

鉴别特征： 小型（32 cm）黑白色猛禽。头顶具有长而垂直竖立的蓝黑色冠羽，通体黑色，胸具白色宽带，腹部具深栗色横纹；翼具白斑，两翼短圆。虹膜红色，嘴角质色，脚深灰。

生态习性： 栖居于丘陵、山地或平原森林，有时也出现在疏林草坡、村庄和林缘田间；主要以昆虫为食，亦吃蝙蝠、鼠类和蛙等小型脊椎动物；栖息于高大树木的顶枝，以细树枝筑巢；繁殖期 4 ～ 7 月，窝卵数 2 ～ 3 枚。

地理分布： 国内 3 个亚种。指名亚种（*A. l. leuphotes*）分布于海南等地；四川亚种（*A. l. wolfei*）分布于四川等地；南

◎ 黑冠鹃隼（亚成体）– 于晓平　摄

方亚种（*A. l. syama*）分布于华南、西南，向北至河南、陕西南部。秦岭地区记录于中部陕西洋县、佛坪、宁陕（夏候鸟）；东部河南董寨自然保护区（夏候鸟）。

种群数量： 季节性偶见。

保护措施： 无危 / CSRL；稀有 / CRDB；Ⅱ / PWL，CITES；未列入 / IRL。

◎ 黑冠鹃隼–南春明　摄

70. 凤头鹰 Crested Goshawk（*Accipiter trivirgatus*）

鉴别特征：中等体型（42 cm）。具短羽冠，成年雄性上体灰褐，下体棕色，胸部具白色纵纹，两翼及尾具横斑，颈部白色而带黑色纵纹，腹部及腿白色具黑色粗横斑；雌鸟似雄鸟但下体纵纹和横斑褐色，上体褐色为淡。虹膜黄绿，嘴黑而蜡膜黄色，脚黄色。

生态习性：栖息于茂密的林区；繁殖期常于森林上空翱翔并高声鸣叫，繁殖期 4～7 月，窝卵数 2～3 枚。

地理分布：中国 2 个亚种。台湾亚种（*A. t. formosae*）留鸟见于台湾；普通亚种（*A. t. indicus*）见于中南、西南。向北分布至陕西秦岭南坡的佛坪、洋县（留鸟）；东部秦岭记录于河南董寨自然保护区（夏候鸟）。

种群数量：罕见。

保护措施：无危 / CSRL；稀有 / CRDB；Ⅱ / PWL，CITES；未列入 / IRL。

◎ 凤头鹰-田宁朝　摄

71. 赤腹鹰 Chinese Goshawk（*Accipiter soloensis*）

◎ 赤腹鹰–廖小青　摄

◎ 赤腹鹰–田宁朝　摄

鉴别特征： 中等体型（33 cm）。上体浅灰，下体白，胸及两胁染橙色，两胁具浅灰色横纹。飞行时，翼狭长而端甚尖，翼下全白而仅初级飞羽羽端黑色。虹膜红或褐色，嘴灰而端黑，蜡膜和脚橘黄。

生态习性： 栖息于山地森林和林缘地带，也见于低山丘陵、农田地缘和村庄附近；常单独或成小群活动，休息时多停息在树木顶端或电线杆上；主要以蛙、蜥蜴等动物为食；繁殖期5～6月，窝卵数2～5枚。

地理分布： 无亚种分化。分布于西南、华南、华北及海南岛、台湾等地。秦岭地区见于中部陕西秦岭南坡各县以及北坡的太白、宝鸡陈仓区、周至、西安、汉阴（留鸟或夏候鸟）；东部见于河南信阳、董寨自然保护区（罗山）（夏候鸟或留鸟）。

种群数量： 常见。

保护措施： 无危 / CSRL；稀有 / CRDB；Ⅱ / PWL，CITES；未列入 / IRL。

◎ 赤腹鹰–廖小凤　摄

◎ 雀鹰（雌）–李旸　摄

72. 雀鹰 Eurasian Sparrow Hawk（*Accipiter nisus*）

鉴别特征：中等体型（雄 32 cm，雌 38 cm）。雄鸟脸颊棕色，上体灰褐，白色下体多具棕色横斑，尾具横带；雌鸟体型较大，脸颊棕色微少，上体褐色，下体白色，胸、腹和腿部羽毛具灰褐色横斑。

生态习性：栖息于针叶林、混交林、阔叶林和林缘地带，常单独生活或飞翔于空中，或栖于树上；繁殖期 5 ～ 6 月，窝卵数 3 ～ 4 枚。

地理分布：国内 3 个亚种。北方亚种（*A. n. nisosimilis*）除西藏、青海外见于各省；南方亚种（*A. n. melaschistos*）见于西南到青海东部、西藏东南部；新疆亚种（*A. n. dementjevi*）见于新疆西部。秦岭地区见于西部甘肃陇南（天水、武都）各县（留鸟）、甘南莲花山、卓尼、碌曲、迭部（冬候鸟、旅鸟）；中部见于陕西秦岭南坡（洋县、佛坪、宁陕、石泉）、北坡（太白、周至、华阴）（留鸟）；东部见于河南伏牛山（栾川、嵩县）（夏候鸟）、信阳（冬候鸟）、桐柏山（旅鸟）。

种群数量：常见。

保护措施：无危 / CSRL；Ⅱ / PWL，CITES；未列入 / IRL，CRDB。

◎ 雀鹰–于晓平　摄

73. 苍鹰 Northern Goshawk（*Accipiter gentiles*）

鉴别特征： 体型较大（56 cm）。成鸟体灰，无冠羽或喉中线，具白色的宽眉纹，下体白色具灰褐色细横纹；幼鸟上体褐色，羽缘色浅成鳞状纹，下体具黑色短粗纵纹。飞行时翼比鹰属其他种更宽长，6 枚翼指，收拢的尾端圆或略呈楔形。虹膜红色（幼鸟黄色），喙灰色，脚黄色。

生态习性： 栖息于不同海拔的针叶林、混交林和阔叶林，也见于稀疏林；主要食物为鸽类，但也捕食其他鸟类及哺乳动物，如野兔；繁殖期 4 ～ 6 月，窝卵数 3 ～ 4 枚。

地理分布： 中国有 5 个亚种。普通亚种（*A. g. schvedowi*）繁殖于中国东北的大、小兴安岭及西北部的西天山，冬季南迁至长江以南越冬；西藏亚种（*A. g. khamensis*）于西藏东南部、云南西北部、四川西部及甘肃南部；黑龙江亚种（*A. g. albidus*）越冬于中国东北部；新疆亚种（*A. g. buteoides*）越冬于中国西北部的天山地区；台湾亚种（*A. g. fujiyamae*）越冬于台湾。秦岭地区西部见于甘肃天水、武山（*A. g. schvedowi*，留鸟）。莲花山、卓尼、碌曲、玛曲（*A. g. khamensis*，繁殖鸟）；中部见于陕西周至、佛坪、太白、南郑、宁陕（*A. g. schvedowi*，旅鸟、冬候鸟）。但作者于 2013 年 5 月在宁陕发现其捕食朱鹮巢中雏鸟，2015 年 5 月在相同地点发现营巢繁殖个体；*A. g. schvedowi* 在秦岭东部见于河南桐柏山（旅鸟）、董寨自然保护区（旅鸟）、伏牛山（栾川、嵩县，旅鸟）、信阳（冬候鸟）。

种群数量： 不常见。

保护措施： 无危 / CSRL；Ⅱ / PWL，CITES；未列入 / IRL，CRDB。

注： 郑光美（2011）认为本种在国内只存在 4 个亚种，将西藏亚种并入普通亚种。

◎ 苍鹰－凌子川　摄

74. 松雀鹰 Besra Sparrow Hawk（*Accipiter virgatus*）

鉴别特征：中等体型（33 cm）。雄鸟上体灰黑，有黑色髭纹，喉白而具黑色喉中线，下体白而两胁棕色并具褐色横斑，尾具粗横斑；雌鸟及幼鸟背褐色，亚成鸟胸部具纵纹，两胁棕色淡而少，尾褐而具深色横纹。飞行时，翼下深色条带明显而连贯，翼后缘圆凸明显，翼指 5 枚。虹膜黄色，喙黑色，脚黄色。

生态习性：多单独活动于山边林间，冬季也到平原活动。停留树冠顶部，有时做圈状翱翔，营巢于松树或榆树的顶部；主要以小型啮齿类和鸟类为食，亦食蝼蛄、蝗虫等昆虫；繁殖期 5 ～ 6 月，窝卵数 4 ～ 5 枚。

地理分布：中国 3 个亚种。普通亚种（*A. v. affinis*）见于中国中部、西南部和海南；台湾亚种（*A. v. fuscipectus*）见于台湾；东南亚种（*A. v. nisoides*）见于福建、广东等。秦岭地区分布于西部甘肃甘南山地的舟曲（繁殖鸟）；中部陕西周至、佛坪、太白（留鸟、夏候鸟）；东部见于河南董寨自然保护区（冬候鸟）、伏牛山（栾川、嵩县，旅鸟）、信阳（夏候鸟）。

种群数量：不常见。

保护措施：无危 / CSRL；Ⅱ / PWL，CITES；未列入 / IRL，CRDB。

注：郑作新（2000）认为国内有 4 个亚种，而目前普遍承认 3 个亚种（郑光美，2011），将原来的北方亚种（*A. v. gularis*）提升为种——日本松雀鹰（*Accipiter gularis*），将南方亚种（*A. v. affinis*）改称为普通亚种。

◎ 松雀鹰–沈越　摄

◎ 日本松雀鹰-田宁朝　摄

75. 日本松雀鹰 Japanese Sparrow Hawk（*Accipiter gularis*）

鉴别特征：体小（27 cm）。外形甚似赤腹鹰及松雀鹰，但喉部中央的黑纹较为细窄，不似松雀鹰宽而粗，体型明显较小且更显威猛，尾上横斑较窄，翼指 5 枚。成年雄鸟上体深灰，尾灰并具几条深色带，胸浅棕色，腹部具纤细羽干纹，无明显的髭纹。虹膜红色，嘴蓝灰、端黑，蜡膜和脚绿黄。

生态习性：主要栖息于针叶林和混交林中，也出现在林缘和疏林地带；主要以山雀、莺类等小型鸟类为食，也吃昆虫和蜥蜴；繁殖期 5～7 月，窝卵数 5～6 枚。

地理分布：国内仅指名亚种（*A. g. gularis*）繁殖于中国东北各省，可能在阿尔泰山也有繁殖；冬季南迁至长江以南及南部沿海越冬。秦岭地区记录于西部甘肃文县（留鸟）；东部河南董寨自然保护区（冬候鸟）。

种群数量：不常见。

保护措施：无危 / CSRL；Ⅱ / PWL，CITES；未列入 / IRL，CRDB。

注：郑作新（1987；1994）将该种作为松雀鹰的北方亚种（*A. v. gularis*）。由于与松雀鹰易混淆，所以陕西各地关于松雀鹰的部分记录有可能是日本松雀鹰，有待于进一步甄别。

76. 大鵟 Upland Buzzard（*Buteo hemilasius*）

鉴别特征： 大型（70 cm）猛禽。有几种色型：浅色型的头、颈白而沾黄，具褐色羽干纹，髭纹褐色，背、肩、翅上覆羽灰褐色，尾上偏白并常有横斑。飞行时翼角黑色，翼背面初级飞羽基部有白色斑块，腹部及腿形成一条深色横带，次级飞羽具清楚的深色条带。深色型几乎通体暗褐色，尾常为褐色。虹膜黄或偏白，喙蓝灰，跗跖被毛，脚黄色。

生态习性： 栖息于山脚平原、高山林缘、开阔的山地草原和荒漠地带；平时常单独或成小群活动。主要以蛙、野兔、蛇、黄鼠、鼠兔、旱獭、雉鸡等为食；繁殖期 5 ～ 7 月，窝卵数 2 ～ 4 枚。

地理分布： 无亚种分化。繁殖于中国北部和东北部、青藏高原东部及南部的部分地区。可能也在中国西北繁殖。冬季南迁至华中及华东。秦岭地区见于西部甘肃兰州、天水、文县、卓尼、碌曲、玛曲（繁殖鸟）；中部秦岭见于关中渭河流域的西安、周至、太白、华阴、汉江流域佛坪、洋县（冬候鸟）；东部秦岭见于河南信阳（大别山、桐柏山）、董寨自然保护区、伏牛山（嵩县、栾川）（冬候鸟或旅鸟）。

◎ 大鵟（深色型）–廖小青　摄

种群数量： 北方常见。

保护措施： 无危 / CSRL；Ⅱ / PWL，CITES；未列入 / IRL，CRDB。

◎ 大鵟–于晓平　摄

◎ 普通鵟（飞翔）–于晓平　摄

77. 普通鵟 Common Buzzard（*Buteo buteo*）

鉴别特征：体型中等偏大（55 cm）。体色变异大：浅色型的上体褐色，脸、颈侧、喉皮黄具红褐色细纹，眼后线褐色，髭纹栗色；下体偏白具棕色纵纹，两胁及大腿沾棕色。飞行时两翼宽而圆，翼角有深色斑，初级飞羽基部背面有白色块斑，胸腹面有呈"白—褐—白"的三条色带；深色型几乎通体红褐色，头褐色，髭纹黑色，尾近端处常具黑色横纹。虹膜黄色至褐色，喙灰色、端黑，蜡膜黄色，跗跖无被羽，脚黄色。

生态习性：常见在开阔平原、荒漠、旷野、开垦的耕作区、林缘草地和村庄上空盘旋翱翔；多单独活动；主要以各种鼠类为食，也吃蛙、蜥蜴、蛇、野兔、小鸟等动物；繁殖期5～7月，窝卵数2～3枚。

◎ 普通鵟–廖小青　摄

地理分布：国内有 2 个亚种。普通亚种（*B. b. japonicus*）繁殖于东北各省；冬季南迁至北纬 32° 以南包括西藏东南部、海南岛及台湾；新疆亚种（*B. b. vulpinus*）冬候鸟见于新疆西部、四川东北部。秦岭地区见于西部甘肃兰州、天水（留鸟）、碌曲、玛曲（旅鸟）；中部陕西秦岭南坡石泉、西乡、佛坪、洋县、宁强、山阳，秦岭北坡凤县、太白、西安、华阴（冬候鸟）；东部秦岭见于河南董寨自然保护区（留鸟）、信阳（大别山、桐柏山，旅鸟）。

种群数量：较常见。

保护措施：无危 / CSRL；Ⅱ / PWL，CITES；未列入 / IRL，CRDB。

◎ 普通鵟-李夏　摄

78. 毛脚鵟 Rough-legged Hawk（*Buteo lagopus*）

鉴别特征：中等体型（54 cm）。体色较白，头部褐色不明显。飞行时可见翼角黑斑明显，初级飞羽基部比普通鵟更白，尾白而有明显的次端黑色横带，胸白而腹部、大腿深色，跗跖骨被羽。虹膜黄褐，喙深灰，蜡膜黄色，脚黄色。

生态习性：栖息于稀疏的针叶阔叶混交林和原野、耕地等开阔地带，常和普通鵟一起活动；主要以小型啮齿类动物和小型鸟类为食；繁殖期 5 ～ 8 月，窝卵数 3 ～ 4 枚。

地理分布：国内 2 个亚种。指名亚种（*B. l. lagopus*）越冬于中国西北部的喀什及天山地区；勘察加亚种（*B. l. kamtschatkensis*）迁徙时经过（或越冬于）新疆西部、东北各省、山东、陕西及江苏，越冬于云南、福建等。秦岭地区见于西部甘肃莲花山（旅鸟）；中部陕西佛坪、关中渭河流域（冬候鸟）。

种群数量：罕见。

保护措施：无危 / CSRL；Ⅱ / PWL，CITES；未列入 / IRL，CRDB。

◎ 毛脚鵟–王振国　摄

◎ 棕尾鵟–于晓平　摄

◎ 棕尾鵟（雏鸟）–廖小青　摄

◎ 棕尾鵟（卵）–于长青　摄

79. 棕尾鵟 Long-legged Buzzard（*Buteo rufinus*）

鉴别特征： 大型（64 cm）棕色鵟。成鸟头、颈棕褐，眼先及眼上下淡色而具黑色羽须。上体余部近褐色，第 2 ～ 5 枚初级飞羽外翈有斑，但第二枚上斑小；下体棕白色，尾淡棕褐，覆腿羽近栗色，易与其他种鵟区别。虹膜黄褐色，喙黑色，脚黑色。

生态习性： 栖息于荒漠、半荒漠、草原和山地平原，常单独或成群活动在开阔、多石而又干燥的不毛之地；主要以野兔、鼠类、蛇、雉鸡和其他鸟类及鸟卵等为食；繁殖期 4 ～ 7 月，窝卵数 3 ～ 5 枚。

地理分布： 国内仅指名亚种（*B.r. rufinus*）繁殖于新疆喀什、乌鲁木齐及天山地区。迁徙或越冬至甘肃、云南、西藏南部及东南部。秦岭地区仅记录于西部甘肃文县、莲花山、碌曲、玛曲（繁殖鸟）。

种群数量： 罕见。

保护措施： 无危 / CSRL；稀有 / CRDB；Ⅱ / PWL，CITES；未列入 / IRL。

◎ 灰脸鵟鹰–沈越　摄

80. 灰脸鵟鹰 Grey-faced Buzzard（*Butastur indicus*）

鉴别特征：中等体型（45 cm）。颏及喉为明显白色，具黑色的顶纹及髭纹。头侧近黑。上体褐色，具近黑色的纵纹及横斑，胸褐色而具黑色细纹。虹膜黄色，嘴黑、嘴基橙黄色，脚黄色。

生态习性：栖息于阔叶林、针阔叶混交林以及针叶林等山林地带；以小型蛇类、蛙、鼠类、松鼠、野兔和小鸟等为食；繁殖期 4 ～ 7 月，窝卵数 3 ～ 5 枚。

地理分布：无亚种分化。主要繁殖于东北各省，迁徙时见于青海、长江以南及台湾。秦岭地区记录于南坡的安康、石泉、南郑和北坡户县（夏候鸟）；东部河南董寨自然保护区（夏候鸟）。

种群数量：罕见。

保护措施：无危 / CSRL；稀有 / CRDB；Ⅱ / PWL，CITES；未列入 / IRL。

81. 金雕 Golden Eagle（*Aquila chrysaetos*）

鉴别特征： 体型大（85 cm）。通体栗褐色，头颈羽毛尖锐，金色。飞行时翼极长，翼指显著，腰部白斑明显可见，尾长而圆；幼鸟白色翼斑和尾基部白色更显著。虹膜褐色，喙巨大，灰色，脚黄色。

生态习性： 栖息于高山草原、森林、湖泊的开阔原野中，喜停留在高山岩石峭壁或大树之上，多在高大的云杉、杨树或悬崖峭壁的石坎或岩洞中筑巢；主要捕食大型鸟类和中小型兽类；繁殖期 3～5 月，窝卵数 1～2 枚。

◎ 金雕（亚成体）–张岩　摄

地理分布： 国内有 2 个亚种。东北亚种（*A. c. kamtschatica*）分布于内蒙古、东北等地。华西亚种（*A. c. daphanea*）留鸟于除黑龙江、吉林、广西、海南、台湾外的其他各省。秦岭地区见于西部甘肃武都、文县、兰州、莲花山、临潭、卓尼、碌曲、玛曲、迭部、舟曲（留鸟）；中部见于陕西秦岭南坡洋县、佛坪、西乡、汉台、宁强、安康、宁陕，秦岭北坡宝鸡渭滨区、眉县、扶风、武功、周至、太白、西安（留鸟）；东部见于河南董寨自然保护区、伏牛山、大别山、桐柏山（留鸟或夏候鸟）。

◎ 金雕（当年幼鸟）–张玉柱　摄

种群数量： 偶见。

保护措施： 无危 / CSRL；未列入 / IRL；Ⅰ / PWL；Ⅱ / CITES；易危 / CRDB。

◎ 金雕–陶春荣　摄

82. 白肩雕 Imperial Eagle（*Aquila heliaca*）

鉴别特征：体型大（75 cm）。成鸟通体暗褐色，头顶、颈背皮黄色，肩羽有白斑，尾基部具黑、灰色横斑；幼鸟皮黄色，体羽及覆羽具深色纵纹，下背及腰具大片乳白色斑。飞行时身体及翼下黑色，翼甚宽长，7 枚翼指显著；幼鸟翼上有狭窄的白色后缘，尾、飞羽均色深，仅初级飞羽最内 3 枚形成浅色翼窗。虹膜浅褐，喙灰色，蜡膜黄色，脚黄色。

生态习性：栖息于山地阔叶林和混交林，草原和丘陵地区的开阔原野，冬季平原的小块丛林和林缘地带，有时见于荒漠、草原、沼泽及河谷地带；常单独翱翔于空中；主要以啮齿类、松鼠、旱獭以及鸽、雁、鸭等鸟类为食；繁殖期 4 ～ 5 月，窝卵数 1 ～ 2 枚。

地理分布：国内仅有指名亚种（*A. h. heliaca*）繁殖于新疆西北部的天山地区。迁徙时偶见于东北部沿海省份，越冬于青海湖的周围、云南西北部、甘肃、陕西等地。秦岭地区记录于西部甘肃兰州、莲花山、卓尼（冬候鸟或旅鸟）；中部陕西仅记录于西安、太白（冬候鸟）。

种群数量：全球估计数量 2 500 ～ 10 000 只。秦岭地区罕见，数量不详。

保护措施：易危 / CSRL，IRL，CRDB；Ⅰ / PWL，CITES。

◎ 白肩雕–沈越　摄

◎ 草原雕–廖小青　摄

83. 草原雕 Steppe Eagle（*Aquila rapax*）

鉴别特征： 大型（65 cm）深褐色雕。雄鸟上体褐色，头顶黑褐，飞羽暗褐色，外侧初级飞羽大部黑色，内翈基部呈褐与污白相间的横斑状，最长尾上覆羽淡棕白色，尾羽黑褐具不清晰的灰褐色横斑，下体暗土褐色。雌鸟与雄鸟相似。虹膜暗褐色，嘴灰而蜡膜纯黄，脚黄色。

◎ 草原雕–张岩　摄

生态习性： 多活动于低山和开阔的草原地带，栖息于地面或高树顶端；主要以啮齿动物为食，也食动物死尸和其他鸟类；繁殖期 4 ～ 6 月，窝卵数 2 ～ 3 枚。

地 理 分 布： 国内仅指名亚种（*A. r. rapax*）分布于中国大部分地区，在黑龙江、新疆、青海为夏候鸟，吉林、辽宁、北京、河北、山西、宁夏、甘肃为旅鸟，浙江、海南、贵州、四川为冬候鸟。秦岭地区记录于西部甘肃兰州、武山、天水、文县（旅鸟、冬候鸟）、卓尼、碌曲、玛曲（旅鸟或繁殖鸟）；东部河南董寨自然保护区（冬候鸟）。

种群数量： 罕见。

保护措施： 无危 / CSRL；未列入 / IRL；Ⅱ / PWL，CITES；易危 / CRDB。

84. 乌雕 Greater Spotted Eagle（*Aquila clanga*）

鉴别特征：大中型（75 cm）雕类。通体为暗褐色，背部略微缀有紫色光泽，颏部、喉部和胸部为黑褐色，其余下体稍淡。尾羽短而圆，基部有一个"V"字形白斑和白色的端斑。幼鸟翼上及背部具明显的白色点斑及横纹。所有色型的羽衣其尾上覆羽均具白色的"U"形斑，飞行时从上方可见。尾比金雕或白肩雕为短。虹膜褐色，嘴黑色、基部较浅淡，蜡膜黄色，脚黄色。

生态习性：栖息于低山丘陵和开阔平原地区的森林中，特别是河流、湖泊和沼泽地带的阔叶林和针叶林；主要以野兔、鼠类、野鸭、蛙、蜥蜴、鱼和鸟类等小型动物为食；繁殖期 5 ～ 7 月，窝卵数 1 ～ 3 枚。

地理分布：无亚种分化。繁殖于中国北方，越冬或迁徙经中国南方。秦岭地区仅记录于东部河南黄河湿地（旅鸟）。

种群数量：全球数量 2 500 ～ 10 000 只。秦岭地区罕见，数量不详。

保护措施：易危 / CSRL，IRL；稀有 / CRDB； Ⅱ / PWL，CITES。

◎ 乌雕-孔德茂　摄

◎ 蛇雕－沈越　摄

85. 蛇雕 Crested Serpent Eagle（*Spilornis cheela*）

鉴别特征：中等体型（50 cm）。成鸟头顶至枕部有短宽而蓬松的黑白相间的冠羽，上体深褐色，下体褐色，腹部、两胁及臀具白色细圆斑，眼及嘴间裸露部分黄色；亚成鸟似成鸟但褐色较浓，冠羽短，体羽多白色。飞行时两翼甚圆且宽，翼下黑白条带显著，尾短且有一白色横带。虹膜黄色，嘴灰褐色，脚黄色。

生态习性：栖息于山地森林及其林缘开阔地带，单独或成对活动；常在高空翱翔和盘旋，停飞时多栖息于较开阔地区的枯树顶端枝杈上；叫声凄凉；主要以各种蛇类为食，也吃蜥蜴、蛙、鼠类、鸟类和甲壳动物；繁殖期4～6月，窝卵数1枚。

地理分布：中国4个亚种。云南亚种（*S. c. burmanicus*）留鸟见于云南西部和西藏墨脱等地；东南亚种（*S. c. ricketti*）留鸟见于我国大部分地区；台湾亚种（*S. c. hoya*）见于台湾；海南亚种（*S. c. rutherfordi*）留鸟见于海南。东南亚种记录于秦岭地区中部陕西佛坪（旅鸟）；东部河南南部（留鸟）。

种群数量：不常见。

保护措施：无危 / CSRL；易危 / CRDB；Ⅱ / PWL，CITES；未列入 / IRL。

◎ 鹰雕-朱雷　摄

86. 鹰雕 Moutain Hawk-Eagle（*Spizaetus nipalensis*）

鉴别特征：体型大（74 cm）。枕部具短冠羽，颏、喉及胸白色，具黑色的喉中线及纵纹。上体灰褐或褐色，具黑白纵纹及杂斑；下腹部、大腿具白色横斑。飞行时翼甚宽短，翼下有黑色和白色窄条带，翼指不明显，尾长而圆。虹膜黄至褐色，嘴偏黑，蜡膜绿黄，腿被羽，脚黄色。

生态习性：多栖息于不同海拔高度的山地森林地带，常在阔叶林和混交林中活动，也出现在浓密的针叶林中；经常单独活动，有时在高空盘旋，常站立在密林中枯死的乔木上；主要以野兔、野鸡和鼠类等为食；繁殖期 1～6 月，窝卵数 1～2 枚。

地理分布：国内有 2 个亚种，均为留鸟。指名亚种（*S. n. nipalensis*）见于西南、东南、华南和海南；东方亚种（*S. n. orientalis*）见于内蒙古东北部。秦岭地区仅记录于陕西佛坪（旅鸟）。

种群数量：罕见。

保护措施：无危 / CSRL；未列入 / IRL；Ⅱ / PWL，CITES；易危 / CRDB。

87. 短趾雕 Short-toed Snake Eagle（*Circaetus gallicus*）

鉴别特征：体型大（65 cm）。上体灰褐，下体白而具深色纵纹，喉及胸单一褐色，腹部具不明显的横斑，尾具不明显的宽阔横斑。亚成鸟较成鸟色浅。飞行时覆羽及飞羽上长而宽的纵纹极具特色。虹膜黄色，嘴黑色，蜡膜灰色，脚偏绿。

生态习性：栖于森林边缘及次生灌丛，常停在空中振羽，似巨大的红隼；食物主要为蛇类，亦捕食小型鸟类和啮齿动物等，偶吃腐肉；繁殖期4～6月，窝卵数1～2枚。

地理分布：无亚种分化。繁殖于新疆西北部天山，中国中北部可能有繁殖区，分布状况不详。秦岭地区仅记录于陕西佛坪（夏候鸟）。

种群数量：罕见。

保护措施：无危 / CSRL；易危 / CRDB；Ⅱ / PWL，CITES；未列入 / IRL。

◎ 短趾雕-沈越　摄

88. 秃鹫 Cinereous Vulture（*Aegypius monachus*）

鉴别特征：特大型猛禽（100 cm）。成鸟头裸出，皮黄色，喉及眼下部分黑色。通体大都乌褐色，翎羽淡褐色近白。虹膜褐色，嘴角质色，蜡膜浅蓝色，脚黑色。

生态习性：栖息于高山，多单独活动，以大型动物和其他腐烂动物的尸体为食；有时数只结小群撕食动物尸体，多集中在少数民族的"天葬"场，营巢于高大乔木或悬崖；繁殖期 4 ～ 7 月，窝卵数 1 ～ 2 枚。

地理分布：无亚种分化。我国大部分地区的留鸟，部分迁徙或是在繁殖期后四处游荡。秦岭地区见于西部甘肃兰州、莲花山、临潭、卓尼、碌曲、玛曲（留鸟）；中部于陕西佛坪、洋县、户县、眉县、太白（留鸟）；东部河南黄河湿地、信阳（冬候鸟）。

种群数量：中国约 1 760 对（Ye et al， 1991）。秦岭地区少见，偶见单只活动，2015 年以后冬季常有约 15 只个体活动于眉县石头河水库上游地带。

保护措施：近危 / CSRL，IRL；易危 / CRDB；Ⅱ / PWL，CITES。

◎ 秃鹫（越冬群）–于晓平　摄

◎ 秃鹫–于晓平　摄

◎ 秃鹫–于晓平　摄

◎ 秃鹫–于晓平　摄

◎ 秃鹫–廖小青　摄

◎ 高山兀鹫–于晓平　摄

89. 高山兀鹫 Himalayan Griffon（*Gyps himalayensis*）

鉴别特征：体大（120 cm）的浅土黄色鹫。下体具白色纵纹，头及颈略被白色绒羽，具皮黄色的松软翎羽。初级飞羽黑色，嘴形高大而侧扁，先端弯曲。秃鹫和高山兀鹫的区别：秃鹫体羽棕黑色，高山兀鹫体羽土黄色，初级飞羽黑色，飞行时明显。虹膜橘黄，嘴灰色，脚灰色。

◎ 高山兀鹫–廖小青　摄

生态习性：栖息于高山苔原、高原草地、荒漠和岩石地带，或是在高空翱翔，或是成群栖息在地上或岩石上，有时也出现在雪线以上的空中；多筑巢在悬崖边缘，有沿用旧巢习性；繁殖期 1 ～ 4 月，窝卵数 1 枚。

地理分布：无亚种分化。国内主要见于内蒙古、四川、云南、西藏、甘肃、青海、宁夏、新疆等。秦岭地区边缘性分布，仅记录于西部甘肃文县、莲花山、舟曲、卓尼（留鸟）。

种群数量：分布区内较常见。

保护措施：无危/CSRL；稀有/CRDB；Ⅱ/PWL，CITES；未列入/IRL。

◎ 高山兀鹫–于晓平　摄

◎ 高山兀鹫–于晓平　摄

◎ 高山兀鹫（母子情深）–于晓平　摄

◎ 玉带海雕–沈越　摄

90. 玉带海雕 Pallas's Fish Eagle（*Haliaeetus leucoryphus*）

◎ 玉带海雕–于晓平　摄

鉴别特征: 体型大（80 cm）。头白色，耳覆羽、过眼线深褐，颈上矛状尖羽及胸浅棕白色。上体余部深褐色，下体灰褐色沾紫黑色金属光泽。亚成鸟棕褐色，腹面具白斑。飞行时翼型很宽，黑色的小覆羽与浅色中覆羽形成对比，楔形尾黑色，尾基部有白色横带。虹膜黄色，喙及蜡膜灰色，脚黄白或灰色。

生态习性: 栖息于高海拔的河谷、草原的开阔地带；常到荒漠、草原、高山湖泊及河流附近寻捕猎物，有时亦见在水域附近的渔村和农田上空飞翔；主要以鱼和水禽如大雁、天鹅幼雏和其他鸟类为食；繁殖期 3～5 月，窝卵数 2～3 枚。

地理分布: 无亚种分化。繁殖于中国东北、西北，迁徙时经过中国中部。秦岭地区见于西部兰州、天水、武山（冬候鸟）；中部陕西西安、周至（旅鸟）；东部河南黄河湿地（旅鸟）。

种群数量: 全球数量 2 500～10 000 只。秦岭地区罕见，数量不详。

保护措施: 易危 / CSRL，IRL，CRDB；Ⅰ / PWL；Ⅱ / CITES。

91. 白尾海雕 White-tailed Sea Eagle（*Haliaeetus albicilla*）

鉴别特征：体型大（85 cm）。成鸟头、颈、胸淡褐色，腹部褐色；幼鸟体羽褐色，体羽和尾随年龄不同具不规则白色点斑。飞行时翼宽而长，近黑的飞羽与深栗色的翼下成对比，尾短呈楔形，成鸟尾全白，幼鸟白尾镶棕色边。虹膜黄色，喙及蜡膜黄色，脚黄色。

生态习性：主要栖息于沿海、河口、江河附近的广大沼泽地区以及某些岛屿。主要以鱼类为食，也捕食各种鸟类以及中小型哺乳动物，有时也吃腐肉和动物尸体；在冬季食物缺乏时，偶尔也攻击家禽和家畜。营巢于树木顶端枝杈上或粗大的侧枝上，偶尔也选择悬崖岩石。繁殖期 4 ～ 6 月，窝卵数 1 ～ 3 枚。

地理分布：国内仅指名亚种（*H.a.albicilla*）见于华中、华东、华北，分布区资料不甚清楚。秦岭地区见于西部甘肃天水、武山、兰州、碌曲、玛曲（冬候鸟）；中部陕西西安、眉县、太白（旅鸟）；东部河南三门峡库区（旅鸟）。

种群数量：全球数量 5 000 ～ 7 000 对。秦岭地区罕见。

保护措施：近危 / CSRL，IRL；Ⅰ / PWL，CITES；未定 / CRDB。

◎ 白尾海雕–肖克坚　摄

◎ 白尾海雕–杜靖华　摄

92. 白尾鹞 Hen Harrier（*Circus cyaneus*）

鉴别特征：中等偏大体型（50 cm）。翼、尾窄长。雄鸟头、颈、上胸、尾浅灰至灰色，上胸和腹部白色，尾基部至腰白色，初级飞羽灰黑色；雌鸟褐色而斑驳，尾上覆羽白色，尾部有 3 ~ 5 条深褐色横带，飞行时可见翼下次级飞羽形成两条明显的深色条带。虹膜浅褐色，喙灰色，脚黄色。

生态习性：栖息于平原上的湖泊、沼泽、河谷、草原、荒野以及低山、林间沼泽和草地，农田等开阔地区；主要以小型鸟类、鼠类和大型昆虫等为食；繁殖期 4 ~ 7 月，窝卵数 4 ~ 5 枚。

地理分布：国内仅指名亚种（*C. c. cyaneus*）分布几乎遍及全国各地。秦岭地区见于西部甘肃武都、岷县、皋兰（旅鸟）；中部陕西西安、周至、眉县、岐山、汉中、安康（旅鸟、冬候鸟）；东部河南三门峡库区、伏牛山、桐柏山（旅鸟、冬候鸟）。

种群数量：较常见。

保护措施：无危 / CSRL；Ⅱ / PWL，CITES；未列入 / IRL，CRDB。

◎ 白尾鹞–于晓平　摄

◎ 白尾鹞–廖小青　摄

◎ 白腹鹞–李飏　摄

93. 白腹鹞 Eastern Marsh Harrier（*Circus spilonotus*）

鉴别特征： 中等体型（50 cm）。翼、尾窄长。雄鸟头部黑色或布满灰褐色短纵纹，喉及胸黑并满布白色纵纹，腹部白，尾上覆羽白色，尾灰色，初级飞羽末端黑色；雌鸟体羽深褐，头顶、颈背皮黄色具深褐色纵纹，初级飞羽基部色浅，末端具褐色横斑，尾具横带。虹膜黄色（雄）或浅褐色（雌、幼），喙灰色，脚黄色。

生态习性： 通常栖息于沼泽湿地的芦苇丛；喜成对活动，有时也3～4只集群活动；主要以蛙类、小鸟、蚱蜢、蝼蛄等为食，也盗食其他鸟类的卵和幼雏。繁殖期4～6月，窝卵数4～5枚。

地理分布： 无亚种分化。主要分布于北部的内蒙古、黑龙江，南部的长江下游地区以及四川、云南、广东、海南等省区。秦岭地区见于陕西西安（旅鸟）；河南信阳（旅鸟）。

种群数量： 不常见。

保护措施： 无危 / CSRL；Ⅱ / PWL，CITES；未列入 / IRL，CRDB。

94. 白头鹞 Marsh Harrier（*Circus aeruginosus*）

鉴别特征： 中等体型（52 cm）。雄鸟似雄性白腹鹞的亚成鸟，但头部多皮黄色而少深色纵纹，上体黑色，下体色淡，头颈部有黑褐色纵斑，翼背面的初级飞羽基部有灰色部分，展翼时初级飞羽先端的黑色羽十分鲜明；雌鸟及亚成鸟似白腹鹞，但背部更为深褐，尾无横斑，头顶少深色粗纵纹。虹膜雄鸟黄色、雌鸟及幼鸟淡褐色，嘴灰色，脚黄色。

◎ 白头鹞（雌）-张岩　摄

生态习性： 常见于沼泽中的芦苇丛；以水禽的幼鸟为食，此外还食少量小哺乳动物以及鱼、蛙、蜥蜴和比较大的昆虫；繁殖期 5 ～ 7 月，窝卵数 4 ～ 5 枚。

地理分布： 无亚种分化。分布于新疆、西藏、甘肃等地（旅鸟或夏候鸟）。秦岭地区仅记录于河南董寨自然保护区、伏牛山、黄河湿地（旅鸟）。

种群数量： 不常见。

保护措施： 无危 / CSRL；Ⅱ / PWL，CITES；未列入 / IRL，CRDB。

◎ 白头鹞（雄）-张岩　摄

◎ 鹊鹞（雄）—齐晓光　摄

95. 鹊鹞 Pied Harrier （*Circus melanoleucos*）

鉴别特征：中等偏小体型（42 cm）雄鸟体羽黑、白及灰色，头、喉及胸部黑色而无纵纹；雌鸟上体褐色沾灰并具纵纹，腰白，尾具横斑，下体皮黄具棕色纵纹；飞羽下面具近黑色横斑。亚成鸟上体深褐，尾上覆羽具苍白色横带，下体栗褐色并具黄褐色纵纹。

生态习性：栖息于平原、草地、旷野、河谷、沼泽、林缘灌丛和沼泽草地；主要以小鸟、鼠类等小型动物为食；繁殖期5～7月，窝卵数4～5枚。

地理分布：无亚种分化。分布几乎遍及全国各地。秦岭地区记录于陕西宁强、洋县、大荔、潼关、华阴（旅鸟）；河南三门峡库区、信阳（旅鸟）。

◎ 鹊鹞（雄性亚成体）—李飏　摄

种群数量：较常见。

保护措施：无危 / CSRL；Ⅱ / PWL，CITES；未列入 / IRL，CRDB。

（十一）隼科 Falconidae

中小体型。上喙先端钩曲，边缘具齿状突；翅尖长，飞翔迅速；能在空中悬停或追捕猎物，以昆虫、小型鸟类和啮齿类为食。秦岭地区 7 种。

96. 猎隼 Saker Falcon（*Falco cherrug*）

鉴别特征： 体大（50 cm）且胸部厚实的浅色隼。颈背偏白，头顶浅褐。头部对比色少，眼下方具不明显黑色线条，眉纹白。上体多褐色而略具横斑，与翼尖的深褐色成对比，尾具狭窄的白色羽端；下体偏白，狭窄翼尖深色，翼下大覆羽具黑色细纹，翼比游隼形钝而色浅。幼鸟上体褐色深沉，下体满布黑色纵纹。虹膜褐色，嘴灰色，蜡膜浅黄，脚浅黄。

生态习性： 栖息于山地、丘陵、河谷和山脚平原地区；多单个活动，主要以中小型鸟类和小型兽类为食；繁殖期 4 ～ 6 月，窝卵数 3 ～ 5 枚。

地理分布： 国内仅北方亚种（*F. c. milvipes*）繁殖于新疆阿尔泰山及喀什地区、西藏、青海、四川北部、甘肃、内蒙古等。秦岭地区见于甘肃兰州、碌曲、玛曲（夏候鸟）；陕西太白（冬候鸟）；河南董寨自然保护区（冬候鸟）。

种群数量： 不甚常见。

保护措施： 无危 / CSRL；易危 / CRDB；Ⅱ / PWL，CITES；未列入 / IRL。

◎ 猎隼—杨焕生　摄

97. 燕隼 Eurasian Hobby（*Falco subbuteo*）

鉴别特征：体小（30 cm）黑白色隼。上体为暗蓝灰色，具细长白色眉纹，颊部具垂直向下的黑色髭纹。翼长，腿及臀棕色，胸乳白而具黑色纵纹。虹膜褐色，嘴灰色，蜡膜黄色，脚黄色。

生态习性：栖息于开阔平原、旷野、耕地、海岸、疏林和林缘地带；主要以麻雀、山雀等雀形目小鸟为食，偶尔捕捉蝙蝠；繁殖期 5 ～ 7 月，窝卵数 2 ～ 4 枚。

地理分布：国内 2 个亚种。指名亚种（*F. s. subbuteo*）繁殖于中国北方及西藏，越冬于西藏南部；南方亚种（*F. s. streichi*）于长江南部流域向西到四川、云南等地为繁殖鸟或夏候鸟。秦岭地区见于西部甘肃榆中、武山、天水、莲花山、迭部（繁殖鸟）；中部陕西秦岭北坡太白、周至、眉县、西安、华阴，南坡洋县、南郑、佛坪、宁强（夏候鸟）；东部河南董寨自然保护区、桐柏山、黄河湿地（留鸟或夏候鸟）。

种群数量：常见。

保护措施：无危 / CSRL；Ⅱ / PWL，CITES；未列入 / IRL，CRDB。

◎ 燕隼－张国强　摄

◎ 燕隼－张国强　摄

98. 游隼 Peregrine Falcon（*Falco peregrinus*）

鉴别特征： 体大（45 cm）而强壮的深色隼。 成鸟头顶及脸颊近黑或具黑色条纹，上体深灰具黑色点斑及横纹；下体白，胸具黑色纵纹，腹部、腿及尾下多具黑色横斑。 虹膜黑色，嘴灰色，蜡膜黄色，脚黄色。

生态习性： 栖息于山地、丘陵、荒漠、半荒漠、旷野、草原、河流、沼泽与湖泊沿岸地带，也到开阔的农田、耕地和村屯附近活动；主要捕食野鸭、鸥、鸽类和鸡类等中小型鸟类；繁殖期 4 ～ 6 月，窝卵数 2 ～ 4 枚。

地理分布： 中国 4 个亚种。普通亚种（*F. p. calidus*）迁徙或越冬于中国东北、华北、往南至长江以南、广东和海南岛；新疆亚种（*F. p. babylonicus*）仅见于新疆，繁殖于天山，越冬于新疆西部喀什；南方亚种（*F. p. peregrinator*）见于江苏、福建、四川、青海、山东和台湾；东方亚种（*F. p. japonensis*）见于台湾和海南岛。南方亚种在秦岭地区见于甘肃天水、武山、莲花山、碌曲、舟曲、迭部（旅鸟）；普通亚种见于秦岭中部陕西西安、太白（旅鸟）；东部河南信阳（鸡公山）、黄河湿地（旅鸟或冬候鸟）。

种群数量： 不常见。

保护措施： 无危 / CSRL； Ⅱ / PWL，CITES；未列入 / IRL，CRDB。

◎ 游隼-张岩　摄

◎ 灰背隼–傅聪　摄

99. 灰背隼 Merlin（*Falco columbarius*）

鉴别特征：体小（30 cm）。雄鸟头顶及上体蓝灰，略带黑色纵纹；尾蓝灰，具黑色次端斑，端白；下体黄褐并多具黑色纵纹，颈背领圈棕色；无髭纹，眉纹白。虹膜褐色，嘴灰色，蜡膜黄色，脚黄色。

生态习性：栖息于开阔的低山丘陵、山脚平原、森林平原、海岸和森林苔原地带，特别是林缘、林中空地、山岩和有稀疏树木的开阔地带；主要以小型鸟类、鼠类和昆虫等为食，常追捕鸽子；繁殖期 5～7 月，窝卵数 3～4 枚。

地理分布：国内 4 个亚种。新疆亚种（*F. c. lymani*）在新疆和青海为繁殖鸟；太平洋亚种（*F. c. pacificus*）在黑龙江、内蒙古扎兰屯为旅鸟，偶见于河北秦皇岛；普通亚种（*F. c. insignis*）在黑龙江、吉林、甘肃、陕西为夏候鸟，辽宁、河北、北京、山西为旅鸟；西藏亚种（*F. c. pallidus*）仅见于西藏（冬候鸟）。普通亚种在秦岭地区见于甘肃兰州、天水、榆中、武山、临洮、文县（夏候鸟），临潭、碌曲、玛曲（旅鸟、冬候鸟）；中部秦岭陕西太白、佛坪（旅鸟）；东部秦岭河南桐柏山（冬候鸟）。

种群数量：不常见。

保护措施：无危 / CSRL；Ⅱ / PWL，CITES；未列入 / IRL，CRDB。

100. 红隼 Common Kestrel（*Falco tinnunculus*）

鉴别特征：体小（33 cm）的赤褐色隼。雄鸟头顶及颈背灰色，尾蓝灰无横斑，上体赤褐略具黑色横斑，下体皮黄而具黑色纵纹；雌鸟体型略大，上体全褐，比雄鸟少赤褐色而多粗横斑。

生态习性：栖息于山地森林、森林苔原、低山丘陵、草原、旷野、森林平原、农田和村庄附近等各类生境中，城市环境有增加的趋势；主要以蝗虫、螽斯、蟋蟀等昆虫为食；繁殖期为 5 ～ 7 月，每窝产卵 4 ～ 5 枚。

◎ 红隼–廖小凤　摄

地理分布：国内 2 个亚种。指名亚种（*F. t. tinnunculus*）在新疆为留鸟，在黑龙江和内蒙古东北部为留鸟或夏候鸟，在北京为冬候鸟或旅鸟，在福建、广东、海南和台湾等其他地区均为冬候鸟；普通亚种（*F. t. interstinctus*）见于除新疆外的大部分地区（留鸟）。普通亚种在秦岭地区见于甘肃文县、康县、徽县、武都、天水、兰州、莲花山、临潭、卓尼、碌曲、玛曲、迭部、舟曲（留鸟）；陕西秦岭南北坡各县（留鸟）；河南董寨自然保护区、桐柏山、伏牛山、三门峡库区、信阳（留鸟）。

种群数量：较常见。

保护措施：无危 / CSRL；Ⅱ / PWL，CITES；未列入 / IRL，CRDB。

◎ 红隼（求偶）–王警　摄

◎ 红隼–廖小青　摄

101. 红脚隼 Red-footed Falcon（*Falcon amurensis*）

鉴别特征： 体小（33 cm）的灰色隼。雌雄异型。雄鸟上体大部石板黑色，胸具细黑褐色羽干纹；雌鸟上体石板灰色，具黑褐色羽干纹，下背、肩具黑褐色横斑，下体淡黄白色或棕白色，胸部具黑褐色纵纹；幼鸟和雌鸟相似，但上体较褐，具宽的淡棕褐色端缘和显著的黑褐色横斑。

生态习性： 栖息于低山疏林、林缘、丘陵地区的沼泽、草地、山谷和农田等开阔地区；通常单独活动，主要以昆虫等为食，也吃小鸟、蛙和鼠类等；繁殖期 5～7 月，窝卵数 4～5 枚。

地理分布： 无亚种分化。分布于内蒙古、东北、河北、山东、江苏、向西至宁夏、甘肃、湖南、贵州、四川、云南、福建、河北等地。秦岭地区见于甘肃文县、康县、武山、兰州、临洮、卓尼、碌曲、玛曲（夏候鸟）；陕西眉县、西安、华阴、洋县、太白、佛坪（夏候鸟）；河南董寨、桐柏山、伏牛山、信阳（夏候鸟）。

种群数量： 较常见。

保护措施： 无危 / CSRL；Ⅱ / PWL，CITES；未列入 / IRL，CRDB。

注：依据郑光美等（2011），我国过去所称的"红脚隼"（*Falco vespertinus*）已分为两个种，其一是我国广泛分布的红脚隼（*F. amurensis*），有学者称其为阿穆尔隼（马敬能等，2000），其二是仅在新疆分布的西红脚隼（*F. vespertinus*）。而刘廼发等（2013）仍沿用原来的"红脚隼"（*F. vespertinus*），其普通亚种（*F. v. amurensis*）即为目前的红脚隼。

◎ 红脚隼（雄）–廖小青　摄

◎ 红脚隼（配对）–于晓平　摄　　　　　　　　　◎ 红脚隼（雌）–于晓平　摄

102. 黄爪隼 Lesser Kestrel（*Falcon naumanni*）

鉴别特征：体小（30 cm）的红褐色隼。雄鸟头灰色，上体赤褐而无斑纹，腰及尾蓝灰；下体淡棕色，颏及臀白，胸具稀疏黑点，尾近端处有黑色横带、端白。雌鸟红褐色较重，上体具横斑及点斑，下体具深色纵纹。虹膜褐色，嘴灰色、端黑，蜡膜黄色，脚黄色。

生态习性：栖息于开阔的荒山旷野、荒漠、草地、林缘、河谷，以及村庄附近和农田地边的丛林地带，喜欢在荒山岩石地带和有稀疏树木的荒原地区活动；多成对和成小群活动；主要以大型昆虫为食，也吃啮齿动物和小型鸟类等；繁殖期 5 ～ 7 月，窝卵数 4 ～ 5 枚。

地理分布：无亚种分化。分布于北京、河北、山西、内蒙古、辽宁、吉林、山东、河南、四川、云南、甘肃和新疆等地。秦岭地区仅见于河南黄河湿地（夏候鸟）。

种群数量：不常见。

保护措施：易危 / CSRL，IRL；Ⅱ / PWL，CITES；未列入 / CRDB。

◎ 黄爪隼（雄）–张岩　摄

鸡 形 目
GALLIFORMES

适于地面行走。腿脚强健，适于掘土采食；嘴强大而上嘴弓形；嗉囊发达；翼短圆不善飞翔；雌雄多异型，雄性羽色艳丽；有复杂的求偶行为；雏鸟晚成。全世界 7 科 285 种，中国 2 科 63 种，秦岭地区 2 科 16 种。

（十二）松鸡科 Tetraonidae

体结实，喙短而呈圆锥形；翼短圆，不善飞；脚强健，具锐爪，善于行走和掘地寻食；鼻孔和脚被羽，以适应严寒；雄性羽色鲜艳，具大型肉冠和华丽羽毛，跗跖后缘具距；早成鸟；除斑尾榛鸡外均栖息于极北方的泰加林带。秦岭地区仅 1 种。

103. 斑尾榛鸡 Chinese Grouse（*Bonasa sewerzowi*）

鉴别特征： 体小（33 cm）而满布褐色横斑的松鸡。具明显冠羽，黑色喉块外缘白色。上体多褐色横斑而带黑，眼后有一道白线，肩羽具近白色斑块，翼上覆羽端白；下体胸部棕色，及至臀部渐白，并密布黑色横斑。雌鸟色暗，喉部有白色细纹，下体多皮黄色。虹膜褐色，嘴黑色，脚灰色。

生态习性： 栖息于混交林、云杉林、亚高山灌丛，随季节不同出现垂直迁移现象；主要以柳、榛的鳞芽、叶和云杉种子以及其他植物叶、嫩枝为食；繁殖期 5 ～ 7 月，窝卵数 5 ～ 8 枚。

地理分布： 中国特有种。国内 2 个亚种，指名亚种（*B. s. sewerzowi*）分布在青海、甘肃中部祁连山脉至四川北部；四川亚种（*B. s. secunda*）分布在四川西部及西藏东部。指名亚种边缘性分布于秦岭地区西部甘肃卓尼、临潭、碌曲、舟曲、迭部（留鸟）。

◎ 斑尾榛鸡（雄）-张勇　摄

◎ 斑尾榛鸡（雌）-张勇　摄

种群数量： 总数量不超过 10 000 只，分布区常见。

保护措施： 近危 / CSRL，IRL；Ⅰ / PWL；濒危 / CRDB；未列入 / CITES。

（十三）雉科 Phasianidae

嘴短而强健，先端微曲；头侧常有裸区，头顶或具羽（肉）冠；颌下或具肉垂；翅稍短圆，尾型不一；跗跖裸露或局部被羽，雄性常具距或疣状突；趾裸出，后趾位置稍高；雌雄异型或同型，前者雄性羽色艳丽多姿。秦岭地区 15 种。

◎ 雪鹑–罗永川　摄

104. 雪鹑 Snow Partridge（*Lerwa lerwa*）

鉴别特征： 中等体型（35 cm）。通体灰色，上体、头、颈及尾具黑色及白色细条纹，背及两翼淡染棕褐色，胸白且具宽的矛状栗色特征性条纹。虹膜红褐，嘴绯红，脚橙红。

生态习性： 栖息于海拔 2 900 ～ 5 000 m 林线以上的高山草甸及碎石地带；主要以植物为食，也吃昆虫等；繁殖期 5 ～ 7 月，窝卵数 2 ～ 5 枚。

地理分布： 国内 3 个亚种。指名亚种（*L. l. lerwa*）分布于西藏南部；四川亚种（*L. l. major*）分布于四川西部；甘肃亚种（*L. l. callipygia*）分布于甘肃南部及四川北部。甘肃亚种边缘性分布于秦岭地区甘肃卓尼、迭部、玛曲（留鸟）。

种群数量： 稀少，缺乏种群数量资料。

保护措施： 易危 / CSRL；稀有 / CRDB；未列入 / PWL，IRL，CITES。

105. 红喉雉鹑 Chestnut-throated Partridge（*Tetraophasis obscurus*）

鉴别特征：体大（48 cm）的灰褐色鹑类。胸灰色具黑色细纹，与相似种类四川雉鹑不同处在于栗色喉块外缘近白。有猩红色眼周裸皮，雌、雄两性相似。上体大都褐色，翅具白色和淡棕色端斑，额至前颈及尾下覆羽红栗色；胸、腹褐灰，胸羽还具黑色纵纹，腹羽则杂以淡黄和棕色。虹膜褐色，嘴灰色，脚深红。

生态习性：结小群活动于近林线的高山草甸、碎石滩和杜鹃灌丛；主要以植物为食，食物随季节不同而变化；繁殖期为 5 ～ 6 月，窝卵数 3 ～ 7 枚。

地理分布：中国特有种，无亚种分化。分布于青藏高原东部、四川西部以及甘肃东南部。秦岭地区边缘性分布于甘肃文县、康县、莲花山、临潭、卓尼、碌曲、迭部、舟曲（留鸟）。

种群数量：数量稀少，种群数量资料较缺乏。

保护措施：易危 / CSRL；Ⅰ / PWL；稀有 / CRDB；无危 / IRL；未列入 / CITES。

◎ 红喉雉鹑-张勇　摄

◎ 红喉雉鹑（雄）-张勇　摄

106. 高原山鹑 Tibetan Partridge（*Perdix hodgsoniae*）

鉴别特征：体形略小（28 cm）的灰褐色鹑类。具醒目的白色眉纹和特有的栗色颈圈，眼下脸侧有黑色点斑。上体黑色横纹密布，外侧尾羽棕褐色；下体显黄白，胸部具很宽的黑色鳞状斑纹并至体侧。虹膜红褐，嘴角质绿，脚淡绿褐。

生态习性：栖息于高山裸岩、苔原、亚高山矮树丛和灌丛地，有季节性垂直迁徙现象；主要以高山植物和灌木的叶、芽、茎、种子等为食；繁殖期 4 ～ 7 月，窝卵数 8 ～ 12 枚。

地理分布：国内 3 个亚种。西藏亚种（*P. h. caraganae*）分布于西藏西部及南部；指名亚种（*P. h. hodgsoniae*）分布于西藏东南部；四川亚种（*P. h. sifanica*）分布于西藏东部、四川西北部、青海和甘肃南部。四川亚种在秦岭地区边缘性分布于甘肃碌曲、玛曲（留鸟）。

种群数量：分布区内常见。

保护措施：无危 / CSRL；未列入 / IRL，CITES，PWL，CRDB。

◎ 高原山鹑–于晓平　摄

◎ 高原山鹑–于晓平　摄

◎ 高原山鹑–张岩　摄

◎ 绿尾虹雉（雄）–罗永川　摄

107. 绿尾虹雉 Chinese Monal（*Lophophorus lhuysii*）

鉴别特征：大型（80 cm）鸡类。雄性成鸟通体以深蓝紫色为基调，头顶、面部、耳部为带金属光泽的绿色，冠羽稍长形成蓝紫色凤头，眼先天蓝色的皮肤裸露，颈侧、后颈、肩部的羽毛为带金属光泽的铜棕色，翼上覆羽和飞羽均为带金属光泽的蓝紫色。雌鸟形体与雄鸟相似，以褐色为基调，翅棕褐色，上、下背和尾上覆羽雪白色。虹膜褐色，嘴灰黑，嘴暗角质色（雄），淡角质色（雌）。

生态习性：栖息于海拔 3 000 ～ 5 000 m 的高山、亚高山针叶林上缘、灌丛、草甸和裸岩带，尤其喜欢多陡崖和岩石的高山灌丛和草甸，冬季常下到 3 000 m 左右的林缘灌丛地带活动；主要以植物的嫩叶、嫩枝、球茎、果实和种子等为食；繁殖期 4 ～ 6 月，窝卵数 3 ～ 5 枚。

地理分布：中国特有种，无亚种分化。分布于四川西部，并边缘性地见于中国云南西北部、西藏东部、青海东南部及甘肃南部。秦岭地区边缘性分布于甘肃文县、舟曲、迭部（留鸟）。

种群数量：全国估计数量约 10 000 只，分布区少见。

保护措施：易危 / CSRL，IRL；Ⅰ / PWL，CITES；稀有 / CRDB。

◎ 绿尾虹雉（雌）–白震　摄

108. 蓝马鸡 Blue Eared Pheasant（*Crossoptilon auritum*）

鉴别特征： 大型（90 cm）鸡类。体羽青灰色，具金属光泽，披散如毛发状。头顶和枕部密布黑色绒羽，两簇白色耳羽呈短角状，面部裸皮鲜红色。飞羽带褐色，具金属紫蓝色外缘。中央尾羽特长而上翘，羽枝披散下垂如马尾，两侧尾羽基部白色，其余为紫蓝色。虹膜橘黄，嘴粉红，脚红色。

生态习性： 栖息于海拔 2 000 ～ 4 000 m 的云杉林、针叶阔叶混交林、杜鹃灌丛和草甸，常集群活动于高山草甸及桧树、杜鹃灌丛间；主要吃植物性食物，也食昆虫；繁殖期 4 ～ 6 月，窝卵数 6 ～ 12 枚。

地理分布： 中国特有种。分布于青海东部及东北部、甘肃南部、宁夏、西藏东北部及四川北部。秦岭地区边缘性分布于甘肃天水、武都、莲花山、临潭、卓尼、碌曲、迭部、舟曲（留鸟）。

种群数量： 地方性常见。

保护措施： 无危 / 易危 / CSRL；Ⅱ / PWL；易危 / CRDB；无危 / IRL；未列入 / CITES。

◎ 蓝马鸡–张勇　摄

109. 石鸡 Chukar Partridge（*Alectoris chukar*）

鉴别特征：中型（37 cm）鸡类。上背紫棕褐色，下背至尾上覆羽灰橄榄色。喉皮黄白色或黄棕色，眼上白纹宽，耳羽褐色，围绕头侧和喉部有一宽的黑色项圈；胸灰色，腹棕黄色，两胁有 10 条黑色和栗色并列的横斑。虹膜褐色，嘴和脚红色。

◎ 石鸡（卵）–于晓平　摄

生态习性：栖息于丘陵地带的岩石坡和沙石坡上；主要以草本植物和灌木的嫩芽、嫩叶、种子、苔藓、地衣和昆虫为食；繁殖期 4 ～ 6 月，窝卵数 7 ～ 17 枚。

地理分布：国内 6 个亚种，均为留鸟。疆西亚种（*A. c. falki*）分布于新疆西部和中部；南疆亚种（*A. c. pallida*）分布于新疆阿尔金山、甘肃阿克塞当金山；疆边亚种（*A. c. pallescens*）分布于西藏札达、革吉，新疆昆仑山；贺兰山亚种（*A. c. potanini*）分布于甘肃天祝、冷龙岭、祁连山；华北亚种（*A.c.pubescens*）分布于甘肃、陕西、山西、河南等地。华北亚种在秦岭地区见于陕西周至、华阴、洋县、佛坪、山阳（留鸟）；东部河南桐柏山、伏牛山、三门峡库区、信阳（留鸟）。

种群数量：地方性常见。

保护措施：无危 / CSRL；未列入 / IRL，CITES，CRDB，PWL。

◎ 石鸡–于晓平　摄

◎ 石鸡–于晓平　摄

110. 大石鸡 Rusty Necklaced Partidge（*Alectoris magna*）

鉴别特征： 中等体型（38 cm）。极似石鸡但体型略大而多黄色。下脸部、颏及喉上的白色块外缘有一黑线如石鸡，但另有一特征性栗色线，尾下覆羽多沾黄，眼周裸皮绯红。虹膜黄褐色，嘴红色，脚红色。

生态习性： 栖息于山地裸岩地带，海拔 1 700 ～ 4 000 m；植食性；成小群活动；4 月开始繁殖，窝卵数 7 ～ 20 枚。

地理分布： 中国特有种，国内分化为 2 个亚种。指名亚种（*A. m. magna*）分布于青海中部；兰州亚种（*A. m. lanzhouensis*）分布于宁夏、甘肃、青海东部。兰州亚种在秦岭地区见于西部甘肃定西、兰州、天水、临夏（留鸟）。

种群数量： 地方性常见，种群数量不详。

保护措施： 易危 / CSRL；未列入 / IRL，CITES，CRDB，PWL。

◎ 大石鸡–薛洲　摄　　　　　　　　◎ 大石鸡（觅食群）–薛洲　摄

111. 日本鹌鹑 Japanese Quail（*Coturnix japonica*）

鉴别特征： 体小（20 cm）而滚圆的灰褐色鹌鹑。上体具褐色与黑色横斑及皮黄色矛状长条纹。下体皮黄色，胸及两胁具黑色条纹。头具条纹及近白色的长眉纹。夏季雄鸟脸、喉及上胸栗色。虹膜红褐，嘴灰，脚肉棕色。

生态习性： 栖息于平原、丘陵、沼泽、湖泊和溪流边草丛中，有时亦在灌木林活动，喜欢在水边草地上营巢；以植物种子、幼芽、嫩枝为食，有时也吃昆虫及无脊椎动物；窝卵数 7 ～ 14 枚。

◎ 日本鹌鹑–张岩　摄

地理分布： 无亚种分化。繁殖于东北各省，河北、山东及甘肃东部地区，并可能繁殖于中国西南部及南部。越冬见于中国中部、西南部、东部及东南部的大部地区，台湾及海南岛。秦岭地区见于陕西周至、洋县、丹凤（夏候鸟）；河南桐柏山、信阳、伏牛山、三门峡库区（冬候鸟、旅鸟）。

种群数量： 地方性常见。

保护措施： 无危 / CSRL；未列入 / IRL，CITES，CRDB，PWL。

注： 由鹌鹑（*Coturnix coturnix*）普通亚种（*C. c. japonica*）提升的种，刘廼发等（2013）仍沿用鹌鹑。

◎ 灰胸竹鸡-廖小青　摄

112. 灰胸竹鸡 Chinese Bamboo Partridge（*Bambusicola thoracia*）

鉴别特征：中等体型（33 cm）的红棕色鹑类。额、眉线及颈项蓝灰色，与脸、喉及上胸的棕色成对比，上背、胸侧及两胁有月牙形的大块褐斑。虹膜红褐，嘴褐色，脚绿灰色。

生态习性：栖息于山麓的灌丛、草地或丛林中；昼出夜伏，夜间宿于竹林或杉树上，喜隐伏，飞行力不强；以杂草种子、嫩芽、谷粒以及蝗虫等为食；繁殖期 3 ～ 5 月，窝卵数 7 ～ 12 枚。

地理分布：中国特有种，国内 2 个亚种。台湾亚种（*B. t. sonorivox*）分布于台湾；指名亚种（*B. t. thoracica*）分布于长江流域

◎ 灰胸竹鸡（亚成体）-于晓平　摄

以南、北达陕西南部、西至四川盆地西缘等地。指名亚种在秦岭地区见于甘肃文县（留鸟）；陕西秦岭南坡洋县、佛坪、城固、汉台区、南郑、宁强、石泉、汉阴（留鸟）；河南南阳、信阳（留鸟）。

种群数量：常见。

保护措施：无危 / CSRL；未列入 / IRL，CITES，CRDB，PWL。

113. 血雉 Blood Pheasant（*Ithaginis cruentus*）

鉴别特征：中等偏小体型（46 cm）。形态似鹑类，雄鸟具显著的矛状长羽，冠羽蓬松。头顶土灰色，羽轴灰白，颈项浅土灰色，有灰白色羽干纹，上体余部灰色，各羽均有白色羽干纹，腰、尾上覆羽沾绿，尾羽多红色。雌鸟羽冠较短，通体褐色或沾灰色、皮黄色；虹膜黄褐，喙黑色，蜡膜红色，脚红色。

生态习性：栖息在海拔 2 000 m 以上的高山针叶林、混交林和杜鹃灌丛间，最高可达 4 500 m 靠近雪线的地方；有较为明显的垂直迁移行为，冬季迁到较低的山地；以松（杉）叶、种子和苔藓为食，食物的种类随季节不同而有所变化；繁殖期 4 ～ 7 月，窝卵数 3 ～ 9 枚。

地理分布：中国特有种。国内有 12 个亚种，均为留鸟。指名亚种（*I. c. cruentus*）分布于西藏樟木、聂拉木；西藏亚种（*I. c. tibetanus*）分布于西藏察隅、吉公；增口亚种（*I. c. kuseri*）分布于云南德钦、西藏东南部； 滇西亚种（*I. c. marionae*）分布于云南高黎贡山；澜沧江亚种（*I. c. rocki*）分布于云南西北部；丽江亚种（*I. c. clarkei*）分布于云南西北部；四川亚种（*I. c. geoffroyi*）分布于四川西部；甘肃亚种（*I. c. berezowskii*）分布于甘肃南部、四川北部；西宁亚种（*I. c. beicki*）分布于青海东北部；祁连山亚种（*I. c. michaelis*）分布于甘肃北部；秦岭亚种（*I. c. sinensis*）分布于陕西南部、甘肃东南部；亚东亚种（*I. c. affinis*）分布于西藏南部。甘肃亚种在秦岭地区分布于甘肃莲花山、临潭、卓尼、碌曲（留鸟）；秦岭亚种分布于陕西太白、周至、洋县、宁陕、眉县（留鸟）。

种群数量：分布区内常见。

保护措施：无危 / CSRL；未列入 /IRL；Ⅱ / CITES，PWL；易危 / CRDB。

◎ 血雉（幼鸟）–田宁朝　摄

◎ 血雉–叶新平　摄

◎ 血雉–于晓平　摄

◎ 血雉–田宁朝　摄

◎ 血雉（家族群）–廖小凤　摄

114. 红腹角雉 Temminck's Tragopan（*Tragopan temminckii*）

鉴别特征： 大型（66 cm）雉类。雄鸟羽色非常艳丽，头顶上生长着乌黑发亮的羽冠，羽冠的两侧具一对钴蓝色的肉质角，脸颊裸出，皮肤天蓝色，周缘具一圈橘黄色的羽毛。头、颈的后部和上胸橙红色，尾羽棕黄色，而杂有黑色的虫蠹状斑，并具有黑色的横斑和端斑。其余体羽深栗红色，并布满灰色眼状斑。虹膜褐色，嘴黑而端粉红，脚粉色至红色。

生态习性： 栖息在有长流水的沟谷、山涧及较潮湿的悬崖下的常绿阔叶林、针阔叶混交林及针叶林，林下有浓密的竹类和蕨类等；主要以灌木、竹、草本植物和蕨类的嫩芽为食；繁殖期 3 ～ 5 月，窝卵数 3 ～ 5 枚。

地理分布： 无亚种分化。主要分布在中国湖北西部、西藏东部、甘肃东南部、湖南西部、广西东北部、四川、重庆、贵州、云南西北部和陕西南部一带。秦岭地区分布于甘肃天水、康县、文县、舟曲、迭部（留鸟）；陕西太白、周至、洋县、城固、南郑、宁强、石泉、安康（留鸟）。

种群数量： 分布区不常见。

保护措施： 近危 / CSRL；易危 / CRDB；无危 / IRL；Ⅱ / PWL；未列入 / CITES。

红腹角雉（雄）–廖小青　摄

◎ 红腹角雉–廖小凤　摄

◎ 红腹角雉（雌）–于晓平　摄

◎ 勺鸡（雄）–赵纳勋　摄

115. 勺鸡 Koklass Pheasant（*Pucrasia macrolopha*）

鉴别特征：体大（61 cm）而尾相对短的雉类，具明显飘逸耳羽束。雄鸟头顶及冠羽近灰，具宽阔的眼线，枕及耳羽束金属绿色，颈侧白，上背皮黄色，胸栗色，其他部位的体羽为长的白色羽毛上具黑色矛状纹。虹膜褐色，嘴近褐，脚紫灰。

生态习性：栖息于亚高山针叶林、针叶阔叶混交林，特别喜欢在高低不平而密生灌丛多岩坡地；平时成对活动，很少结群；以植物种子和果实等为食；繁殖期 4 ～ 7 月，窝卵数 5 ～ 7 枚。

◎ 勺鸡（雌）–赵纳勋　摄

地理分布：国内有 5 个亚种。东南亚种（*P. m. darwini*）分布于四川、湖北、浙江、福建、广东等地；安徽亚种（*P. m. joretiana*）分布于安徽西部；河北亚种（*P. m. xanthospila*）分布在河北北部、辽宁西部及山西北部；陕西亚种（*P. m. ruficollis*）分布在甘肃南部、陕西南部、宁夏、四川北部及西部；云南亚种（*P. m. meyeri*）分布于西藏东南部及云南西北部。陕西亚种在秦岭地区分布于甘肃天水、武都（留鸟）；陕西秦岭南坡太白、佛坪、洋县、城固、南郑、宁陕、石泉、安康（留鸟）；河南董寨、桐柏山、伏牛山、信阳（留鸟）。

◎ 勺鸡（雌和当年幼鸟）–向定乾　摄

种群数量：分布区内少见。

保护措施：近危 / CSRL；无危 /IRL；Ⅱ / PWL；未列入 / CITES，CRDB。

116. 环颈雉 Common Pheasant（*Phasianus colchicus*）

鉴别特征： 体大（85 cm）。雄鸟头部具黑色光泽，有显眼的耳羽簇，宽大的眼周裸皮鲜红色。某些亚种有白色颈圈。身体披金挂彩，满身点缀着发光羽毛，从墨绿色、铜色至金色；两翼灰色，尾长而尖，褐色并带黑色横纹。虹膜黄色，嘴角质色，脚灰色。

生态习性： 栖息于中、低山丘陵的灌丛或草丛中；善走而不能久飞，飞行快速而有力，冬季迁至山脚草原及田野间；喜食谷类、浆果、种子和昆虫；繁殖期4～7月，窝卵数6～15枚。

地理分布： 中国有19个亚种，广泛分布的留鸟。19个亚种体羽细部差别甚大。祁连山亚种（*P. c. satscheuensis*）分布于甘肃西北部；贺兰山亚种（*P. c. alaschanicus*）分布于宁夏西北部；阿拉善亚种（*P.*

◎ 环颈雉（当年幼鸟）–田宁朝　摄

◎ 环颈雉（雌）–张岩　摄

◎ 环颈雉（雄）–孙利勃 摄

c. sohokhotensis）分布于内蒙古西部、甘肃东部；弱水亚种（*P. c. edzinensis*）分布于甘肃西北部、内蒙古西部；甘肃亚种（*P. c. strauchi*）分布于陕西南部、甘肃西部、宁夏南部；青海亚种（*P. c. vlangalii*）分布于青海西北部；内蒙古亚种（*P. c. kiangsuensis*）分布于内蒙古中部、河北、山西、陕西北部；河北亚种（*P. c.karpowi*）分布于东北、河北东部、内蒙古东南部；东北亚种（*P. c. pallasi*）分布于黑龙江、内蒙古东北部；华东亚种（*P. c. torquatus*）分布于中国东部及东南部；贵州亚种（*P. c. decollatus*）分布于贵州、四川东部、湖北西部；滇南亚种（*P. c. rothschildi*）分布于云南东南部；云南亚种（*P. c. elegans*）分布于西南部；四川亚种（*P. c. suehschanensis*）分布于西藏东北部、四川北部、青海东南部；广西亚种（*P. c. takatsukasae*）分布于广西南部；莎车亚种（*P. c. shawii*）分布于新疆西南部；准噶尔亚种（*P. c. mongolicus*）分布于新疆西北部；塔里木亚种（*P. c. tarimensis*）分布于塔里木和吐鲁番盆地；台湾亚种（*P. c. formosanus*）分布于台湾。秦岭地区分布有 2 个亚种，其中甘肃亚种分布于甘肃武都、天水、定西、兰州、莲花山、夏河、临潭、卓尼、碌曲、玛曲、迭部、舟曲、合作以及陕西秦岭中西段北坡的眉县、太白、周至、西安，南坡的洋县、佛坪、城固、汉台、南郑、宁强等；华东亚种分布于陕西秦岭东段的山阳、丹凤、洛南、商南、华阴、潼关以及河南董寨自然保护区、信阳（鸡公山）、桐柏山、伏牛山、三门峡库区、南阳市。

种群数量：极为常见。

保护措施：无危 / CSRL；未列入 / IRL，CITES，CRDB，PWL。

117. 白冠长尾雉 Reeves's Pheasant （*Syrmaticus reevesii*）

鉴别特征： 体甚长（雄可达 180 cm）的华丽雉类。雄性头顶、颔部、颈及颈后均为洁白色；面部为一带状黑色区域，且延伸至脑后形成一道环绕头部的黑色环带；眼周一圈较窄的区域不被羽，裸露的皮肤呈鲜红色；20 枚尾羽极长，特长的一对中央尾羽呈银白色，具黑色和栗色并排的宽大横纹。虹膜褐色，嘴角质色，脚灰色。

生态习性： 栖息于常绿针叶阔叶混交林和落叶阔叶乔木林中，单独或集成小群活动；以植物性食物为主，亦食鳞翅目的幼虫、虫卵；繁殖期 3 ～ 5 月，窝卵数 6 ～ 10 枚。

地理分布： 中国特有种，无亚种分化。分布于中国中部及北部山地、河北北部与西部、山西、陕西南部、湖北、湖南、贵州北部、四川东部、河南及安徽的西部等地。秦岭地区见于甘肃康县（留鸟）；陕西秦岭中段南坡的佛坪、洋县、城固、太白、南郑（留鸟）；河南董寨自然保护区、鸡公山、桐柏山（留鸟）。

种群数量： 种群总数量 5 000 ～ 10 000 只，呈下降趋势，分布区稀有。

保护措施： 易危 / CSRL，IRL；濒危 / CRDB；Ⅱ / PWL；未列入 / CITES。

◎ 白冠长尾雉（雌）–刘好学　摄

◎ 白冠长尾雉（幼鸟）–田宁朝　摄

◎ 白冠长尾雉（雄）–廖小青

118. 红腹锦鸡 Golden Pheasant（*Chrysolophus pictus*）

鉴别特征： 体型显小（98 cm）但修长。雄鸟头顶及背有耀眼的金色丝状羽，枕部披风为金色并具黑色条纹，上背金属绿色，下体绯红。翼为金属蓝色，尾长而弯曲，中央尾羽近黑而具皮黄色点斑，其余部位黄褐色。虹膜黄色，嘴绿黄，脚角质黄色。

生态习性： 栖息于山地常绿阔叶林、针阔叶混交林和针叶林中，也栖息于林缘灌丛、草丛和矮竹林间，冬季到农田附近觅食，单独或成小群活动；主要取食蕨类植物、豆科植物、草籽，亦取食麦叶、大豆等作物；繁殖期 4～6 月，窝卵数 5～9 枚。

地理分布： 中国特有种，无亚种分化。分布在中国中部和西部的青海西南部地区、甘肃和陕西南部、四川、湖北、云南、贵州、湖南及广西等地。秦岭地区分布于甘肃天水、武都、舟曲、迭部（留鸟）；陕西秦岭北坡宝鸡陈仓区、岐山、眉县、陇县、周至、太白、户县、长安、华阴，南坡佛坪、洋县、城固、宁陕、南郑、留坝、凤县、石泉、汉阴、丹凤、洛南、商南（留鸟）；河南伏牛山（留鸟）。

种群数量： 分布区常见。

保护措施： 无危 / CSRL；易危 / CRDB；Ⅱ / PWL；未列入 / IRL，CITES。

◎ 红腹锦鸡（雪地起飞）–廖小凤　摄

◎ 红腹锦鸡（雄）–于晓平　摄

◎ 红腹锦鸡（求偶炫耀）–廖小凤　摄

◎ 红腹锦鸡（雄性亚成体）–廖小凤　摄

鹤形目
GRUIFORMES

多为涉禽。嘴、颈、腿细长；胫下部裸出，蹼不发达，适于涉水；后趾小，位置较高，不与其他三趾在一个平面上；无嗉囊，气管长而弯曲，鸣声高亢；早成鸟。全世界 11 科 203 种，中国 4 科 34 种，秦岭地区 4 科 19 种。

（十四）三趾鹑科 Turnicidae

体型和习性似鹌鹑，多数缺少后趾；一雌多雄制，雌鸟体型较大，羽色鲜艳，向雄鸟求偶；雄鸟孵卵。秦岭地区仅 1 种。

119. 黄脚三趾鹑 Yellow-legged Buttonquail（*Turnix tanki*）

◎ 黄脚三趾鹑–沈越　摄

鉴别特征： 小型（18 cm）。外形似鹌鹑，但较小。背、肩、腰和尾上覆羽灰褐色，具黑色和棕色细小斑纹；尾亦为灰褐色，中央尾羽不延长，尾甚短小。虹膜淡黄白色或灰褐色，嘴黄色，嘴端黑色，脚黄色。

生态习性： 栖息于低山丘陵的灌丛、草地，也出现于林缘灌丛、疏林、荒地和农田地带；以植物嫩芽、浆果、昆虫和其他小型无脊椎动物为食；繁殖期 5 ～ 8 月，窝卵数 3 ～ 4 枚。

地理分布： 中国仅有南方亚种（*T. t. blanfordii*）分布于内蒙古东北部呼伦贝尔盟、黑龙江、吉林、辽宁、河北、河南、山东、陕西、长江中下游。秦岭地区分布于甘肃合作、卓尼（夏候鸟）；陕西记录于周至、汉阴、安康（夏候鸟）；河南见于董寨自然保护区、伏牛山、信阳（夏候鸟）。

种群数量： 罕见。

保护措施： 无危 / CSRL；未列入 / IRL，CITES，CRDB，PWL。

注： 有学者将三趾鹑科归入三趾鹑目（Turniciformes）（马敬能等，2000；刘迺发等，2013）。

（十五）鹤科 Gruidae

大型涉禽。头顶裸出；四趾皆存在，后趾小，位置稍高；沼泽营巢，河流、湖泊觅食；早成鸟。秦岭地区 6 种。

120. 灰鹤 Common Crane（*Grus grus*）

鉴别特征：中等偏大体型（125 cm）。顶冠前部黑色，中心红色，头、颈黑色，自眼后有一道宽的白色条纹伸至颈背；体羽余部灰色，背部及长而密的三级飞羽略沾褐色。虹膜褐色，喙污绿色，嘴端偏黄，脚黑色。

生态习性：栖息于开阔平原、草地、沼泽、河滩、湖泊以及农田，尤喜富有水生植物的开阔湖泊和沼泽地带；主要以植物叶、茎、嫩芽、鱼类等食物为食；繁殖期 4 ～ 7 月，窝卵数 2 ～ 3 枚。

地理分布：国内仅有普通亚种（*G. g. lilfordi*）繁殖于新疆的巴音布鲁克、乌鲁木齐河沼泽地、内蒙古的呼伦贝尔、黑龙江林甸、青海湖、甘肃尕海等；迁徙经过河北、内蒙古、辽宁、山东、河南、陕西等地。秦岭地区记录于甘肃武都（冬候鸟）、玛曲、碌曲（夏候鸟）；陕西渭河流域的宝鸡、西安、渭南（华阴）以及汉江流域的汉台区（冬候鸟或旅鸟）；河南三门峡库区（冬候鸟）。

种群数量：罕见。

保护措施：无危 / CSRL；未列入 / IRL，CRDB；Ⅱ / CITES，PWL。

◎ 灰鹤-廖小青　摄

◎ 灰鹤（亚成体）-廖小青　摄

◎ 灰鹤（越冬群体）-于晓平　摄

◎ 灰鹤（起飞瞬间）—于晓平　摄

121. 丹顶鹤 Red-crowned Crane（*Grus japonensis*）

鉴别特征：体型高大（150 cm）而优雅的白色鹤。裸出的头顶红色，眼先、脸颊、喉及颈侧黑色。自耳羽有宽白色带延伸至颈背，体羽余部白色，仅次级飞羽及长而下悬的三级飞羽黑色。虹膜褐色，嘴绿灰色，脚黑色。

生态习性：栖息于开阔平原沼泽、湖泊、草地、海边滩涂、芦苇以及河岸沼泽地带，有时也出现于农田和耕地中；食物很杂，主要以鱼、虾、水生昆虫、软体动物及水生植物的茎、叶和果实等为食；繁殖期 4 ～ 6 月，窝卵数 2 枚。

地理分布：无亚种分化。繁殖于东北的黑龙江、吉林、辽宁和内蒙古达里诺尔湖等地。越冬于江苏、上海、山东等地的沿海滩涂，以及长江中、下游地区，偶尔也见于江西鄱阳湖和台湾。迁徙时经过东北南部、华北等地。秦岭地区仅记录于河南三门峡库区以及下游的黄河湿地（旅鸟）。

种群数量：中国种群数量 1 100 ～ 1 450 只。秦岭地区罕见。

保护措施：濒危 / CSRL，IRL，CRDB；Ⅰ / CITES，PWL。

◎ 丹顶鹤-张岩　摄

◎ 丹顶鹤–张岩　摄

◎ 丹顶鹤（求偶）–孔德茂　摄

◎ 丹顶鹤（觅食）–孔德茂　摄

◎ 丹顶鹤（孵卵）–孔德茂　摄

◎ 丹顶鹤（飞翔）–于晓平　摄

122. 白枕鹤 White-naped Crane（*Grus vipio*）

鉴别特征：体型高大（150 cm）的灰白色鹤。脸侧裸皮红色、边缘及斑纹黑色，喉及颈背白色，枕、胸及颈前之灰色延至颈侧成狭窄尖线条。初级飞羽黑色，体羽余部为不同程度的灰色。虹膜黄色，嘴黄色，脚绯红。

生态习性：栖息于开阔平原芦苇沼泽和水草沼泽地带，也栖息于开阔的河流及湖泊岸边、邻近的沼泽草地；主要以植物种子、根、嫩芽、蜥蜴、虾、软体动物和昆虫等为食；繁殖期 5 ～ 7 月，窝卵数 2 ～ 3 枚。

地理分布：无亚种分化。繁殖在黑龙江、吉林、内蒙古等地，在长江下游的湿地以及福建、台湾越冬。秦岭地区仅记录于河南黄河湿地（旅鸟）。

种群数量：中国约 3 700 只。秦岭地区迁徙季节罕见于东部河南黄河湿地。

保护措施：易危 / CSRL，IRL，CRDB；Ⅰ / CITES；Ⅱ / PWL。

◎ 白枕鹤–张海华　摄

◎ 白枕鹤–张岩　摄

123. 白头鹤 Hooded Crane（*Grus monacha*）

鉴别特征： 体小（97 cm）的深灰色鹤。头颈白色，顶冠前黑而中红，飞行时飞羽黑色。亚成鸟头、颈沾皮黄色，眼斑黑色。虹膜黄红色，嘴偏绿，脚近黑。

生态习性： 栖息于河流、湖泊的岸边泥滩、沼泽和芦苇沼泽及湿草地中；主要以甲壳类、小鱼、软体动物、多足类以及直翅目、蜻蜓目等昆虫和幼虫为食，也吃苔草、眼子菜等植物嫩叶；繁殖期 5 ～ 7 月，窝卵数 2 枚。

地理分布： 无亚种分化。繁殖于西伯利亚北部及中国东北；在中国东部越冬。秦岭地区仅记录于东部河南黄河湿地（旅鸟）。

种群数量： 中国越冬种群约 1 000 只。秦岭地区罕见。

保护措施： 易危 / CSRL，IRL；濒危 / CRDB；Ⅰ / CITES，PWL。

◎ 白头鹤（雏鸟和卵）–李林　摄

◎ 白头鹤（卵）–李林　摄

◎ 白头鹤（双亲护巢）–古彦昌　摄

◎ 黑颈鹤（越冬群）-孙晋强　摄

124. 黑颈鹤 Black-necked Crane（*Grus nigricollis*）

鉴别特征： 体高（150 cm）的偏灰色鹤。头、喉及整个颈黑色，仅眼下、眼后具白色块斑，裸露的眼先及头顶红色，尾、初级飞羽及形长的三级飞羽黑色。虹膜黄色，嘴角质灰色或绿色，近嘴端处多黄色，脚黑色。

生态习性： 栖息于海拔 2 500 ～ 5 000 m 的高原沼泽地、湖泊及河滩地带，是世界上唯一生存在青藏高原的鹤；主要以植物叶、根茎、块茎、水藻、玉米、砂粒为食；繁殖期 5 ～ 7 月，窝卵数 2 枚。

地理分布： 无亚种分化。繁殖于西藏、青海、甘肃和四川北部一带，越冬于中国西藏南部、贵州、云南等地。秦岭地区边缘性分布于甘南高原碌曲、玛曲（夏候鸟）。

种群数量： 罕见。

保护措施： 易危 / CSRL，IRL；濒危 / CRDB；Ⅰ / CITES，PWL。

◎ 黑颈鹤（婚舞）-张勇　摄

◎ 黑颈鹤（母子情深）-张勇　摄

◎ 黑颈鹤（鹤舞祥云）-孙晋强　摄

◎ 黑颈鹤（鹤舞夕阳）-孙晋强　摄

125. 蓑羽鹤 Demoiselle Crane（*Anthropoides virgo*）

鉴别特征：中等体型（105 cm）。头顶白色，有白色丝状长耳羽簇，头、颈青灰色；胸部的黑色羽长而下垂，初级、次级飞羽黑色，三级飞羽灰色，形长、形如身披蓑衣；余部体羽浅灰色。虹膜红色或橘黄，喙黄绿，脚黑色。

生态习性：栖息于沼泽、草甸、苇塘等地；以水生植物和昆虫为食，兼食鱼、蝌蚪、虾等；繁殖期 4 ～ 7 月，窝卵数 2 枚。

地理分布：无亚种分化。繁殖于中国东北、内蒙古西部的鄂尔多斯高原及西北。越冬在西藏南部。秦岭地区分布于甘肃兰州榆中、莲花山（旅鸟）；陕西渭河流域周至、西安以及汉江流域城固（旅鸟）；河南黄河湿地（旅鸟）。

种群数量：罕见。

保护措施：无危 / CSRL；未列入 / IRL；Ⅱ / CITES，PWL；未定 / CRDB。

◎ 蓑羽鹤–孔德茂　摄　　　　　　　　　　　　　◎ 蓑羽鹤（雏鸟）–张岩　摄

◎ 蓑羽鹤–廖小凤　摄

（十六）秧鸡科 Rallidae

中型涉禽。喙短而强；跗跖长，4 趾在同一平面；趾间无蹼或具瓣蹼。秦岭地区 11 种。

◎ 普通秧鸡-张岩　摄

126. 普通秧鸡 Water Rail（*Rallus aquaticus*）

鉴别特征： 中等体型（29 cm）的暗深色秧鸡。上体多纵纹，头顶褐色，脸灰，眉纹浅灰而眼线深灰，颏白，颈及胸灰色，两胁具黑白色横斑。亚成鸟翼上覆羽具不明晰的白斑。虹膜红色，嘴红色至黑色，脚红色。

生态习性： 栖息于开阔平原的沼泽、水塘、河流、湖泊等水域岸边及其附近灌丛、草地、沼泽、林缘和水稻田中；杂食性，以小鱼、甲壳类、蚯蚓、陆生和水生昆虫及其幼虫为食；繁殖期 5 ～ 7 月，窝卵数 6 ～ 9 枚。

地理分布： 国内 2 个亚种。新疆亚种（*R. a. korejewi*）见于甘肃西北部、新疆、青海东部；东北亚种（*R. a. indicus*）除新疆、西藏外见于各省。秦岭地区见于甘肃天水、武都、兰州（夏候鸟）；陕西宝鸡陈仓区、眉县、周至、洋县、佛坪、汉台区（夏候鸟）；河南信阳、罗山、光山、新县、横川、商城、固始（夏候鸟）。

种群数量： 不常见。

保护措施： 无危 / CSRL；未列入 / IRL，CITES，CRDB，PWL。

◎ 白喉斑秧鸡（左幼右雄）–郑秋旸（手绘）　摄

127. 白喉斑秧鸡 Slaty-legged Crake （*Rallina eurizonoides*）

鉴别特征: 中等体型(25 cm)的偏褐色秧鸡。成体两性相似,头及胸栗色,颏偏白,近黑色腹部及尾下具狭窄的白色横纹，翼上白色仅限于内侧的次级飞羽及初级飞羽具零星横斑；幼鸟上体灰色,下体烟灰,胸腹具黑白相间横纹。虹膜红色,嘴绿黄,脚灰色。

生态习性： 栖于红树林、林缘、灌丛及稻田；以昆虫及其幼虫、小型软体动物、植物的嫩叶和种子等为食；繁殖期各地不同，窝卵数 3 ～ 6 枚。

地理分布： 中国 2 个亚种。海南亚种（*R. e. telmatothila*）夏候鸟见于河南南部、华中、华南留鸟，海南迷鸟；台湾亚种（*R. e. formosana*）留鸟见于台湾。秦岭地区仅分布于河南南部信阳、罗山、光山、新县、横川、商城、固始（夏候鸟）。

种群数量： 不常见。

保护措施： 无危 / CSRL；低危 / IRL；未列入 / CITES，CRDB，PWL。

128. 灰胸秧鸡 Slaty-breasted Banded Rail（*Gallirallus striatus*）

鉴别特征： 中等体型（29 cm）带棕色顶冠的秧鸡。背多具白色细纹，头顶栗色，颏白，胸及背灰，两翼及尾具白色细纹，两胁及尾下具较粗的黑白色横斑。虹膜红色，上嘴黑色、下嘴偏红，脚灰色。

生态习性： 栖息于红树林、沼泽、稻田、草地，甚至干的珊瑚礁岛屿上。繁殖资料不详。

地理分布： 中国3个亚种。云南亚种（*G. s. albiventer*）见于云南；台湾亚种（*G. s. taiwanus*）见于台湾；华南亚种（*G. s. jouyi*）为西南、华南留鸟。华南亚种在秦岭地区仅见于河南南部的罗山、桐柏（夏候鸟）。

种群数量： 不常见。

保护措施： 无危 / CSRL；未列入 / IRL，CITES，CRDB，PWL。

◎ 灰胸秧鸡–张海华　摄

129. 小田鸡 Baillon's Crake（*Porzana pusilla*）

鉴别特征： 体纤小（18 cm）的灰褐色田鸡。嘴短，背部具白色纵纹，两胁及尾下具白色细横纹。雄鸟头顶及上体红褐色，具黑白色纵纹，胸及脸灰色；雌鸟色暗，耳羽褐色。幼鸟颏偏白，上体具圆圈状白色点斑。与姬田鸡区别在上体褐色较浓且多白色点斑，两胁多横斑。虹膜红色，嘴偏绿，脚偏粉色。

生态习性： 栖于沼泽型湖泊及多草的沼泽地带；繁殖期 5 ～ 7 月，窝卵数 4 ～ 5 枚。

地理分布： 无亚种分化。繁殖于中国东北、河北、陕西、河南及新疆喀什地区。迁徙时经中国大多数地区，在广东有见越冬群体。秦岭地区见于甘肃兰州、天水、武都（旅鸟）；陕西安康、宁陕、周至（夏候鸟）；河南罗山、桐柏（夏候鸟）。

种群数量： 不常见。

保护措施： 无危 / CSRL；未列入 / IRL，CITES，CRDB，PWL。

◎ 小田鸡（雌）–张岩　摄

◎ 红胸田鸡—李𬭬　摄

130. 红胸田鸡 Ruddy-breasted Crake（*Porzana fusca*）

鉴别特征：体小（20 cm）的红褐色短嘴田鸡。后顶及上体纯褐色，头侧及胸深棕红色，颏白，腹部及尾下近黑并具白色细横纹。似红腿斑秧鸡及斑肋田鸡，但体型较小且两翼无任何白色。虹膜红色，嘴偏褐，脚红色。

生态习性：栖息于沼泽、湖滨与河岸草丛及灌丛、水塘、水稻田和沿海滩涂与沼泽地带；杂食性，吃软体动物、水生昆虫及其幼虫、水生植物的嫩枝和种子以及稻秧等；繁殖期 3 ~ 7 月，窝卵数 5 ~ 9 枚。

地理分布：国内有 3 个亚种。云南亚种（*P. f. bakeri*）留鸟见于云南和四川西南部；台湾亚种（*P. f. phaeopyga*）为台湾留鸟。普通亚种（*P. f. erythrothorax*）夏候鸟见于东北、华北、华东、华南和西北部分地区。普通亚种在秦岭地区见于陕西秦岭南坡周至、太白、石泉、安康（夏候鸟）；河南南部桐柏山（夏候鸟）。

种群数量：不常见。

保护措施：无危 / CSRL；未列入 / IRL，CITES，CRDB，PWL。

131. 斑胁田鸡 Spotted Crake （*Porzana paykullii*）

鉴别特征：中等体型（23 cm）。雌雄类似，色深，嘴短，多具白色点斑。上体基调为褐色，具灰、黑及白色纵纹；下体灰而具白点，两胁具黑白色横斑，尾下皮黄色。虹膜褐色，嘴蓝黑色，脚橙黄色。

生态习性：栖息于沼泽湿地和水边较密的草丛中，有时也栖于稻田、平原地带的沼泽、湖泊和溪流两岸的水草丛中；主要以昆虫、甲壳类和蜗牛等小型无脊椎动物为食；繁殖期 5 ～ 7 月，窝卵数 6 ～ 9 枚。

地理分布：无亚种分化。夏候鸟见于东北、华北；冬季南迁经过华东和华南地区。秦岭地区仅见于河南南部（夏候鸟）。

种群数量：不常见。

保护措施：无危 / CSRL；未列入 / IRL，CITES，CRDB，PWL。

◎ 斑胁田鸡（左幼右成）–郑秋旸（手绘） 摄

◎ 白胸苦恶鸟-廖小青　摄

132. 白胸苦恶鸟 White-breasted Waterhen（*Amaurornis phoenicurus*）

　　鉴别特征：体型略大（33 cm）。头顶及上体灰色，脸、额、胸及上腹部白色，下腹及尾下棕色。虹膜红色，嘴偏绿、嘴基红色，脚黄色。

　　生态习性：栖息在湿润的灌丛、湖边、河滩、红树林；以昆虫、小型水生动物以及植物种子为食；繁殖期 4 ～ 7 月，窝卵数 4 ～ 10 枚。

　　地理分布：国内仅有指名亚种（*A. p. phoenicurus*）见于吉林、北京、河南、宁夏、陕西南部、甘肃、云南、西藏东南部等地。秦岭地区见于甘肃天水、武都、莲花山、碌曲、玛曲（夏候鸟）；陕西周至、华阴、城固、洋县、佛坪、宁强、石泉、宁陕、汉阴（夏候鸟）；河南信阳、罗山、光山、新县、横川、商城、固始、桐柏、栾川、嵩县（夏候鸟）。

　　种群数量：不常见。

　　保护措施：无危 / CSRL；未列入 / IRL，CITES，CRDB，PWL。

◎ 红脚苦恶鸟–张海华　摄

133. 红脚苦恶鸟 Brown Crake（*Amaurornis akool*）

鉴别特征： 中等体型（28 cm）。色暗而腿红。上体全橄榄褐色，脸及胸青灰色，腹部及尾下褐色。幼鸟灰色较少，体羽无横斑，飞行无力，腿下悬。虹膜红色，嘴黄绿，脚洋红。

生态习性： 栖息于有芦苇或杂草的沼泽地、有灌木的高草丛、湿灌木、稻田以及河流、湖泊、灌渠和池塘边；主要以昆虫、软体动物、蜘蛛、小鱼等为食，也吃草籽和水生植物的嫩茎和根；繁殖期 5 ～ 9 月，窝卵数 4 ～ 6 枚。

地理分布： 中国仅有华南亚种（*A. a. coccineipes*）见于河南、云南、江西等地。秦岭地区仅记录于东部河南董寨自然保护区（留鸟）。

种群数量： 不常见。

保护措施： 无危 / CSRL；未列入 / IRL，CITES，CRDB，PWL。

134. 董鸡 Watercock（*Gallicrex cinerea*）

鉴别特征： 体大（40 cm）。黑色或皮黄褐色，绿色的嘴形短。雌鸟褐色，下体具细密横纹。繁殖期雄鸟体羽黑色，具红色的尖形角状额甲。虹膜褐色，嘴黄绿，脚绿色。

生态习性： 栖息于芦苇沼泽、水稻田、湖边草丛和多水草的沟渠；杂食性，以植物的种子、嫩枝、水稻为食，也吃蠕虫和软体动物、水生昆虫及其幼虫以及蚱蜢等；繁殖期5～9月，窝卵数4～5枚。

地理分布： 无亚种分化。除新疆、西藏、青海、甘肃外见于各省。秦岭地区分布于陕西南部安康、洋县（夏候鸟）；河南信阳、罗山、光山、新县、横川、商城、固始、桐柏、嵩县、栾川（夏候鸟）。

种群数量： 少见。

保护措施： 无危 / CSRL；未列入 / IRL，CITES，CRDB，PWL。

◎ 董鸡（雄）–张岩　摄

135. 黑水鸡 Common Moorhen（*Gallinula chloropus*）

鉴别特征： 中等体型（31 cm）。黑白色，额甲亮红，嘴短。体羽全青黑色，仅两肋有白色细纹而成的线条以及尾下有两块白斑，尾上翘时此白斑尽显。虹膜红色，嘴暗绿色、嘴基红色，脚绿色。

生态习性： 栖息在有挺水植物的淡水湿地、水域附近的芦苇丛、灌木丛、草丛、沼泽和稻田；杂食性，食田螺、甲虫和植物的茎、叶及草籽等；繁殖期 5～7 月，窝卵数 4～5 枚。

地理分布： 无亚种分化。繁殖于新疆西部、华东、华南、西南、海南岛、台湾及西藏东南的中国大部地区，在北纬 23° 以南越冬。秦岭地区分布于甘肃天水、兰州（旅鸟）；陕西眉县、周至、户县、长安、西安（渭河、浐河、浐灞生态区）（留鸟）；河南信阳、罗山、光山、新县、横川、商城、固始（夏候鸟）。

种群数量： 常见。

保护措施： 无危 / CSRL；未列入 / IRL，CITES，CRDB，PWL。

◎ 黑水鸡（雄）–廖小青　摄

◎ 黑水鸡（雄与雄性亚成）–于晓平　摄

◎ 黑水鸡（当年幼鸟）–廖小凤　摄

◎ 黑水鸡（初生雏鸟）– 廖小青　摄

136. 骨顶鸡 Common Coot（*Fulica atra*）

鉴别特征： 体大（40 cm）的黑色水鸡。具显眼的白色嘴及额甲，整个体羽深黑灰色，仅飞行时可见翼上狭窄近白色后缘。虹膜红色，嘴白色，脚灰绿。

生态习性： 栖息于有水生植物的大面积静水或近海的水域，强水栖性和群栖性；常潜入水中在湖底找食水草，主要以植物为食；每年繁殖1～2窝，窝卵数5～10枚。

地理分布： 国内仅有指名亚种（*F. a.atra*）为北方湖泊及溪流的常见繁殖鸟。大部分迁至北纬32°以南越冬。秦岭地区分布于甘肃天水、兰州、武都（旅鸟）、碌曲、玛曲（夏候鸟）；陕西眉县、周至、西安、华阴（冬候鸟或旅鸟）；河南信阳、罗山、光山、新县、横川、商城、固始、桐柏、嵩县、栾川（冬候鸟）。

种群数量： 常见。

保护措施： 无危/CSRL；未列入/IRL，CITES，CRDB，PWL。

◎ 骨顶鸡（越冬个体）–于晓平　摄

◎ 骨顶鸡（亚成体）–廖小凤　摄

◎ 骨顶鸡（家族）–于晓平　摄

（十七）鸨科 Otididae

体型大。足仅具前三趾，后趾缺。秦岭地区仅 1 种——大鸨。

137. 大鸨 Great Bustard（*Otis tarda*）

鉴别特征： 体型硕大（100 cm）。头灰，颈棕，上体具宽大的棕色及黑色横斑，下体及尾下白色。繁殖雄鸟颈前有白色丝状羽，颈侧丝状羽棕色。飞行时翼偏白，次级飞羽黑色，初级飞羽具深色羽尖。虹膜黄色，嘴偏黄，脚黄褐。

生态习性： 主要栖息于开阔的平原、干旱草原、稀树草原和半荒漠地区，也出现于河流、湖泊沿岸和邻近的干湿草地；食物以植物为主，也吃无脊椎动物；繁殖期 4～7 月，窝卵数 2～3 枚。

地理分布： 国内 2 个亚种。指名亚种（*O.t.tarda*）为新疆天山、喀什与吐鲁番地区草原及半荒漠

◎ 大鸨–于晓平　摄

◎ 大鸨–廖小青　摄

◎ 大鸨（越冬群体）–于晓平　摄

的留鸟；普通亚种（*O.t. dybowskii*）繁殖于内蒙古东部及黑龙江，越冬于甘肃至山东、向南至福建等地。秦岭地区记录于甘肃兰州（留鸟？）；陕西渭河流域周至、兴平、临潼、西安、华阴（冬候鸟）；河南信阳、罗山、光山、新县、横川、商城、固始（冬候鸟）。

　　种群数量： 国内估计数量 3 000～4 000 只。秦岭地区少见，陕西渭河流域偶见 3～6 只的越冬小群体，东部黄河中游湿地冬季可见 30～80 只的越冬群体；河南灵宝黄河滩涂农田可见冬季群体 30～40 只。

　　保护措施： 易危 / CSRL，IRL，CRDB；Ⅰ / PWL；Ⅱ / CITES。

◎ 大鸨（起飞）–廖小青　摄

鸻形目
CHARADRIIFORMES

中小型涉禽。种类繁多，主要分布于北半球；体多沙土色，善奔跑；翼尖善飞；具涉禽外观，但嘴型变异较大；多为迁徙种类；单配或多配制；早成或晚成鸟。全世界 18 科 350 种，中国 14 科 228 种，秦岭地区 9 科 54 种。

（十八）水雉科 Jacanidae

中型涉禽。喙较细长，上喙基部有小的肉质板，翅肩部有距；前4枚初级飞羽等长，尾一般较短，仅水雉属尾特长；四趾大而长，并带有长而硬的爪，大趾特别长；水边筑巢；以昆虫、小动物和植物种子为食。秦岭地区仅1种——水雉。

138. 水雉 Pheasant-tailed Jacana（*Hydrophasianus chirurgus*）

鉴别特征： 体型略大（33 cm）尾特长的深褐色及白色水雉。飞行时白色翼明显，非繁殖羽头顶、背及胸上横斑灰褐色，颏、前颈、眉、喉及腹部白色，两翼近白，黑色的贯眼纹下延至颈侧，下枕部金黄色。虹膜黄色，嘴黄色或灰蓝（繁殖期），脚棕灰色或偏蓝（繁殖期）。

生态习性： 栖息于富有挺水植物和漂浮植物的淡水湖泊、池塘和沼泽地带，常在小型池塘及湖泊的浮游植物如睡莲叶片上行走，觅食；繁殖期4～9月，窝卵数4枚。

地理分布： 无亚种分化。繁殖于中国北纬32°以南包括台湾、海南岛及西藏东南部的所有地区，部分鸟在台湾及海南越冬。秦岭地区记录于秦岭北坡陕西省西安浐灞生态区、洋县、眉县、宝鸡（夏候鸟；陕西鸟类新纪录，于晓平未发表）；东部河南董寨自然保护区（夏候鸟）。

种群数量： 不常见。

保护措施： 无危/CSRL；未列入/IRL，PWL，CITES，CRDB。

◎ 水雉-廖小青　摄

◎ 水雉（亚成体）-廖小青　摄

◎ 水雉-张波　摄

（十九）彩鹬科 Rostratulidae

中型涉禽。喙长直，先端膨大；跗跖及趾细长；两性异型，雌鸟体大而羽色华丽，一雌多雄，雄性孵卵育雏；广布于旧大陆南部。秦岭地区仅1种——彩鹬。

139. 彩鹬 Greater Painted Snipe （*Rostratula benghalensis*）

鉴别特征： 中等偏小（25 cm）而色彩艳丽的沙锥样涉禽。雌鸟鲜艳，头至胸栗红色，眼周及过眼纹白色，腹部白色，背褐色沾绿而有黑色和白色细横纹；雄鸟除腹部白色外，余部褐色，眼周及过眼纹皮黄色，背及翅较雌鸟更多皮黄色圆斑，尾短。虹膜红色，嘴黄色，脚近黄。

◎ 彩鹬（雌）-廖小青　摄

生态习性： 晨昏和夜间活动于水塘、河滩草地和稻田；性隐秘而胆小，行走时尾上下摆动，能游泳和潜水；取食泥沙中的无脊椎动物；繁殖期5～7月，窝卵数4～5枚。

地理分布： 国内仅有指名亚种（*R. b. benghalensis*）广泛繁殖于中国中部和东部沿海及以南地区，但数量少。秦岭地区见于陕西宝鸡（渭河段）、眉县、周至（旅鸟）；河南信阳、罗山、光山、新县、横川、商城、固始（旅鸟）。

种群数量： 不常见。

保护措施： 无危 / CSRL；未列入 / IRL，PWL，CITES，CRDB。

◎ 彩鹬（雄）-张岩　摄

（二十）鹮嘴鹬科 Ibidorhynchidae

大中型涉禽。嘴长而前部下曲，先端钝圆；鼻沟超过嘴长之半；翅方形，外侧3枚初级飞羽几等长，与内侧次级飞羽也几乎等长；跗蹠部短，被网状鳞，无后趾，中、外趾之间具微蹼，内趾和中趾间无蹼。秦岭地区仅1种——鹮嘴鹬。

140. 鹮嘴鹬 Ibisbill（*Ibidorhyncha struthersii*）

鉴别特征：中等偏大（40 cm）而长喙显著下弯的鹬。头顶、眼先至颏黑色，胸部有黑色细环带，腹部白色，余部羽毛灰色，飞行时可见翼中心的白色翼窗。虹膜褐色，嘴和脚绯红。

生态习性：单独或结小群栖于多卵石而流速较快的河流；取食无脊椎动物，偶尔吃小鱼；繁殖期5～7月，窝卵数3～4枚。

地理分布：无亚种分化。繁殖于中国西部和中部的高海拔山区，冬季垂直降至低海拔。秦岭地区分布于甘肃天水、武山、武都、碌曲、卓尼、迭部（繁殖鸟）；陕西周至、西乡、洋县、佛坪、洛南（旅鸟、冬候鸟）。

种群数量：较为常见。

保护措施：无危 / CSRL；未列入 / IRL，PWL，CITES，CRDB。

◎ 鹮嘴鹬–于晓平　摄

◎ 鹮嘴鹬–廖小青　摄

（二十一）反嘴鹬科 Recurvirostridae

大中型涉禽。喙长而直，先端上翘或下弯；跗跖更细长；后趾短小，前趾间具微蹼；广布于各大陆温热带淡水水域。秦岭地区2种。

◎ 黑翅长脚鹬-廖小青　摄

141. 黑翅长脚鹬 Black-winged Stilt
（*Himantopus himantopus*）

鉴别特征：高挑、修长（37 cm）的黑白色涉禽。嘴、腿细长，两翼黑，体羽白，颈背具黑色斑块。虹膜粉红，嘴黑色，脚淡红。

生态习性：栖息于开阔平原草地中的湖泊、浅水塘和沼泽地带，常单独、成对或成小群活动；主要以软体动物、虾、甲壳类、环节动物、昆虫、小鱼和蝌蚪等为食；繁殖期5～7月，窝卵数4枚。

◎ 黑翅长脚鹬-张岩　摄

◎ 黑翅长脚鹬（迁徙群）-于晓平　摄

地理分布：国内仅指名亚种（*H. h. himantopus*）繁殖于东北、内蒙古、河北、山东、河南、山西等地，越冬于福建、广东沿海。秦岭地区分布于甘肃天水、文县、卓尼、碌曲、舟曲（夏候鸟）；陕西汉中汉台区、宝鸡（金渭湖）、西安（浐灞生态区、渭河）（旅鸟，少量个体繁殖）。

种群数量：较为常见。

保护措施：无危 / CSRL；未列入 / IRL，PWL，CITES，CRDB。

◎ 黑翅长脚鹬–廖小凤　摄　　　　　◎ 黑翅长脚鹬（当年幼鸟）–廖小凤　摄

◎ 反嘴鹬（越冬群）－于晓平　摄

142. 反嘴鹬 Pied Avocet（*Recurvirostra avosetta*）

鉴别特征：体型大（43 cm）而长喙显著上翘的白色涉水禽。头顶至颈后中线黑色，肩羽、飞羽、翼上次级覆羽黑色，余部白色。虹膜褐色，嘴黑色，脚灰色。

生态习性：常单独或成对活动，善游泳，能在水中倒立；取食时头左右摇摆探寻无脊椎动物；繁殖期 5 ～ 7 月，窝卵数 4 枚。

地理分布：无亚种分化。繁殖于中国北部，迁徙时途经中国中部，越冬于东南沿海、西藏等地。

◎ 反嘴鹬（迁徙群）－于晓平　摄

◎ 反嘴鹬–廖小青　摄

◎ 反嘴鹬–于晓平　摄　　　　◎ 反嘴鹬–廖小凤　摄　　　　◎ 反嘴鹬（卵）–于晓平　摄

秦岭地区仅记录于陕西佛坪、洋县、宁强、宝鸡（陈仓区）、西安（旅鸟或冬候鸟）。2015 年 4 月在西安渭河滩涂发现有交配现象，但未见营巢。

种群数量：迁徙季节较为常见。

保护措施：无危 / CSRL；未列入 / IRL，PWL，CITES，CRDB。

（二十二）燕鸻科 Glareolidae

小型涉禽。喙短基宽，先端下曲；翼长而尖，尾叉形，善飞；腿稍短，外侧趾与中趾间具微蹼，中趾爪内侧具栉突；上体褐灰色，下体白；食各种昆虫；见于旧大陆温热带水域。秦岭地区仅 1 种——普通燕鸻。

143. 普通燕鸻 Oriental Pratincole （*Glareola maldivarum*）

鉴别特征：中等体型（25 cm）。上体棕褐色具橄榄色光泽，两翼近黑，尾上覆羽白色，尾下白，叉形尾黑色但基部及外缘白色，腹部灰，飞时似燕。虹膜深褐，嘴黑色、基部猩红，脚深褐。

◎ 普通燕鸻–廖小凤　摄

◎ 普通燕鸻（领域防御）–廖小凤　摄

生态习性：栖息于开阔平原地区的湖泊、河流、水塘和沼泽地带；繁殖期间常单独或成对活动，非繁殖期常成群；主要以蚱蜢、蝗虫、螳螂等为食；繁殖期 5 ～ 7 月，窝卵数 2 ～ 4 枚。

地理分布：无亚种分化。繁殖于华北、东北、华东、新疆及海南岛等地。有记录迁徙时常见于中国东部多数地区。秦岭地区记录于甘肃兰州（旅鸟）；陕西周至、西安（记录为旅鸟，但 2015 年西安北部渭河段发现营巢和产卵，说明繁殖地有向南移动趋势）。

种群数量：不甚常见。

保护措施：无危 / CSRL；未列入 / IRL，PWL，CITES，CRDB。

◎ 普通燕鸻（卵）–廖小凤　摄

◎ 普通燕鸻（亚成体）–张岩　摄　　　　◎ 普通燕鸻（当年幼鸟）–廖小青　摄

（二十三）鸻科 Charadriidae

中小型涉禽。喙短直而先端较宽；上体褐、黑、灰色，下体白；后趾多缺如，脚、趾粉、绿或黄色。世界各地沿海及淡水水域均可见到。秦岭地区 10 种。

144. 凤头麦鸡 Northern Lapwing（*Vanellus vanellus*）

◎ 凤头麦鸡（亚成体）–廖小青　摄

鉴别特征：中等偏大（30 cm）而飞行剪影似猛禽的鸻。脸白或沾皮黄色，头顶和细长冠羽黑色，眼周的黑色可延伸至胸，背及翅有暗绿色金属光泽，腹部白色，臀及尾下橙黄，尾黑色而尾基白。虹膜褐色，嘴黑，腿、脚橙褐。

生态习性：常结群栖息于近水的耕地、矮草地或滩涂，善飞行；主要取食昆虫，也吃嫩芽、草籽；繁殖期 5 ～ 7 月，窝卵数 4 枚。

地理分布：无亚种分化。繁殖于内蒙古及其以北地区，迁徙时中国胶州湾一带可见，越冬于长江以南大部分地区。秦岭地区分布于甘肃兰州、天水以南地区（冬候鸟）；陕西宝鸡陈仓区、周至、西安、佛坪（冬候鸟）；河南信阳、罗山、光山、新县、横川、商城、固始、桐柏（冬候鸟）。

种群数量：较为常见，冬季个别年份可见数百只的大群。

保护措施：无危 / CSRL；未列入 / IRL，PWL，CITES，CRDB。

◎ 凤头麦鸡（越冬群）–于晓平　摄

◎ 凤头麦鸡–廖小青　摄

◎ 灰头麦鸡–于晓平　摄

◎ 灰头麦鸡（母子情深）–廖小青　摄

◎ 灰头麦鸡（卵）–廖小凤　摄

145. 灰头麦鸡 Grey-headed Lapwing（*Vanellus cinereus*）

鉴别特征：体大（35 cm）的亮丽黑、白及灰色麦鸡。上嘴基部有不甚明显的圆形黄色肉瘤，头至胸部灰色，有黑色胸带，背部灰褐，腹部白色，初级飞羽和尾羽黑色。虹膜褐色，嘴黄而端黑，脚黄色。

生态习性：常结十只左右的小群栖于河滩和近水的开阔地、农田、草地；取食昆虫、嫩芽、草籽，常边飞边发出洪亮的叫声；繁殖期 5 ~ 7 月，窝卵数 4 枚。

地理分布：无亚种分化。主要繁殖于我国东北，迁徙时中国中部及东部可见，越冬区主要在西江及其以南地区。秦岭地区于陕西周至、西安、华阴、佛坪（曾记录为旅鸟，但近年来在渭河谷地发现较大数量的繁殖种群，繁殖区向南扩大）；河南信阳、罗山、光山、新县、横川、商城、固始（留鸟或夏候鸟）。

种群数量：常见。

保护措施：无危 / CSRL；未列入 / IRL，PWL，CITES，CRDB。

146. 金（斑）鸻 Pacific Golden Plover（*Pluvialis fulva*）

鉴别特征： 中等体型（25 cm）的健壮涉禽。头大，嘴短厚。繁殖羽下体纯黑，上体杂以金黄色斑点使整个上体呈黑色与金黄色斑杂状，体侧有一条白带自前额经眉沿颈侧而下，与胸侧大型白斑相连，在上、下两色之间极为醒目。虹膜褐色，嘴黑色，腿灰色。

生态习性： 栖息于湖泊、河流、水塘岸边及其附近农田和耕地上；常单独或成小群活动，性羞怯而胆小；主要以鞘翅目、鳞翅目和直翅目昆虫等为食；繁殖期 6 ～ 7 月，窝卵数 4 ～ 5 枚。

地理分布： 无亚种分化。迁徙季节途经中国全境。冬候鸟常见于北纬 25° 以南沿海及开阔地区、海南岛和台湾。秦岭地区见于甘肃兰州、天水、武山（旅鸟）；陕西渭河、汉江流域各县（旅鸟）；河南黄河湿地（旅鸟）。

种群数量： 不常见。

保护措施： 无危 / CSRL；未列入 / IRL，PWL，CITES，CRDB。

◎ 金（斑）鸻（冬羽）-李飏　摄

◎ 灰（斑）鸻（繁殖羽）–张岩　摄

◎ 灰（斑）鸻（冬羽）–张岩　摄

147. 灰（斑）鸻 Grey Plover（*Pluvialis squatarola*）

鉴别特征： 中等体型（28 cm）的健壮涉禽。体型较金（斑）鸻大，嘴短厚，头、嘴较大，上体褐灰色，下体近白。飞行时翼纹、腰部偏白，黑色的腋羽于白色的下翼基部成黑色块斑。虹膜褐色，嘴黑色，腿灰色。

生态习性： 冬季和迁徙期主要栖息于沿海海滨、沙洲、河口等，尤喜海滨潮涧地带，夏季主要栖息于北极冻原带和北极海岸附近；常集小群活动，主要以水生昆虫、甲壳类和软体动物等为食；繁殖期 6～8 月，窝卵数 3～4 枚。

地理分布： 国内仅指名亚种（*P. s. squatarola*）迁徙途经中国东北、华东及华中地区，越冬于华南、海南岛、台湾和长江下游的沿海及河口地带。秦岭地区见于甘肃兰州（旅鸟）；陕西渭河、汉江流域各县（旅鸟）；河南黄河湿地（旅鸟）。

种群数量： 较为常见。

保护措施： 无危 / CSRL；未列入 / IRL，PWL，CITES，CRDB。

148. 长嘴剑鸻 Long-billed Ringed Plover（*Charadrius placidus*）

鉴别特征： 中等偏大（22 cm）的鸻。嘴略长，繁殖期体羽具黑色的前顶横纹和全胸带，贯眼纹灰褐而非黑。长嘴剑鸻尾较剑鸻及金眶鸻长，白色的翼上横纹不及剑鸻粗而明显。虹膜褐色，嘴黑色，腿、脚暗黄。

生态习性： 单独或结五六只的小群栖息于河滩，取食水生无脊椎动物；行走迅速；繁殖期 5 ～ 7 月，窝卵数 3 ～ 4 枚。

地理分布： 单型种。繁殖于中国东部，越冬于北纬 32° 以南的沿海、河流及湖泊。秦岭地区见于甘肃天水、武山（旅鸟）；陕西渭河、汉江流域（旅鸟）；河南信阳（旅鸟）。

种群数量： 不常见。

保护措施： 无危 / CSRL；未列入 / IRL，PWL，CITES，CRDB。

注： 曾被认为是剑鸻（*C. hiaticula*）的普通亚种（*C. h. placidus*）（郑作新，1987；1994）。

◎ 长嘴剑鸻–于晓平　摄

◎ 金眶鸻（繁殖羽）–廖小凤　摄

◎ 金眶鸻（亚成体）–于晓平　摄

◎ 金眶鸻（当年幼鸟）–廖小青　摄

149. 金眶鸻（黑领鸻）Little Ringed Plover（*Charadrius dubius*）

鉴别特征： 善奔走的小型（16 cm）鸻。喙略细，额白色，黑色过眼纹在眼前上部延至头顶前沿联合，眼眶金黄色，头顶和背部浅褐色，喉部白色向头后延成环，胸带黑色。虹膜褐色，背黑色，脚浅黄。

生态习性： 单独或结小群活动于各类湿地滩涂，常疾走取食无脊椎动物；常营巢于沙石滩上，繁殖期 5 ～ 7 月，窝卵数 3 ～ 5 枚。

地理分布： 国内有 2 个亚种。西南亚种（*C. d. jerdoni*）繁殖于西藏东南部、云南、四川西南和贵州；普通亚种（*C. d. curonicus*）繁殖于除新疆和内蒙古之外的中国大部分地区，越冬于东南沿海。秦岭地区分布于甘肃兰州、武都、卓尼、碌曲、玛曲、迭部、舟曲（夏候鸟、旅鸟）；陕西秦岭北坡渭河流域（旅鸟、少量夏候鸟）和南坡汉江流域各县（旅鸟）；河南董寨保护区、桐柏、三门峡库区、伏牛山、信阳（夏候鸟、旅鸟）。

种群数量： 常见。

保护措施： 无危 / CSRL；未列入 / IRL，PWL，CITES，CRDB。

150. 铁嘴沙鸻 Greater Sand Plover （*Charadrius leschenaultii*）

◎ 铁嘴沙鸻（繁殖羽）–廖小青　摄

鉴别特征： 中等体型（23 cm）的灰、褐及白色鸻。嘴短，繁殖期胸具棕色横纹，脸具黑色斑纹，前额白色。虹膜褐色，嘴黑色，腿黄灰。

生态习性： 栖息于海滨沙滩、河口、内陆河流、湖泊岸边以及附近沼泽和草地，常成 2 ～ 3 只的小群活动，偶尔也集成大群；主要以昆虫及其幼虫、小型甲壳类等为食；繁殖期 4 ～ 7 月，窝卵数 3 ～ 4 枚。

地理分布： 国内仅指名亚种（*C. l. leschenaultii*）繁殖于新疆西北部及内蒙古中部地区，迁徙经中国全境，少部分个体越冬于台湾、广东及香港沿海。秦岭地区见于甘肃兰州（旅鸟）；陕西宝鸡、西乡（旅鸟）。

种群数量： 较为常见。

保护措施： 无危 / CSRL；未列入 / IRL，PWL，CITES，CRDB。

◎ 铁嘴沙鸻（冬羽）–李飏　摄

◎ 环颈鸻（繁殖羽）-李旸　摄

151. 环颈鸻（白领鸻）Kentish Plover（*Charadrius alexandrinus*）

鉴别特征：体型略小（16 cm）而嘴短的褐色及白色鸻。与金眶鸻的区别在腿黑色，飞行时具白色翼上横纹，尾羽外侧更白，雄鸟胸侧具黑色块斑，雌鸟此斑块为褐色。虹膜褐色，嘴黑色，腿黑色。

生态习性：栖息于河岸沙滩、沼泽草地；常单独或成小群活动，奔走疾速；主要以昆虫、蠕虫、小型甲壳类和软体动物为食；繁殖期 4～7 月，窝卵数 2～5 枚。

地理分布：国内有 2 个亚种。指名亚种（*C. a. alexandrinus*）繁殖于中国西北及中北部，越冬于四川、贵州、云南西北部及西藏东南部；华东亚种（*C. a. dealbatus*）繁殖于整个华东及华南沿海，包括海南岛和台湾，在河北也有分布，越冬于长江下游及北纬 32° 以南沿海。秦岭地区指名亚种分布于甘肃兰州、文县、卓尼、玛曲（夏候鸟）；陕西商州、洋县、户县、西安、周至（夏候鸟）；河南黄河湿地（留鸟）。

种群数量：较为常见。

保护措施：无危 / CSRL；未列入 / IRL，PWL、CITES、CRDB。

◎ 环颈鸻（冬羽）-李旸　摄

152. 东方鸻 Oriental Plover（*Charadrius veredus*）

鉴别特征：体型中等（24 cm）的褐色及白色鸻。冬羽胸带宽、棕色，嘴狭，脸偏白，上体全褐，无翼上横纹；夏羽胸橙黄色，具黑色边缘，脸无黑色纹。与金（斑）鸻的区别在腿黄色或近粉，飞行时翼下包括腋羽为浅褐色。虹膜淡褐，嘴橄榄棕色，脚黄至粉色。

◎ 东方鸻（幼鸟）–廖小青　摄

生态习性：生活环境多与湿地有关，迁徙性鸟类，飞行能力极强；于多草地区、河流两岸及沼泽地带取食，主要以甲壳类、昆虫等为食；繁殖期 4 ～ 5 月，窝卵数 2 枚。

地理分布：无亚种分化。繁殖于蒙古及中国北方，迁徙经中国东部但不常见。秦岭地区仅记录于陕西秦巴山区（旅鸟）。

种群数量：不常见。

保护措施：无危 / CSRL；未列入 / IRL，PWL，CITES，CRDB。

注：曾被作为红胸鸻（*C. asiaticus*）的同种处理（郑作新，1987；1994）

◎ 东方鸻–张岩　摄

153. 蒙古沙鸻 Lesser Sand Plover（*Charadrius mongolus*）

鉴别特征： 中等体型（20 cm）。常与铁嘴沙鸻混群难以区别，其体较短小，嘴短而纤细。飞行时翼下白色横纹模糊。虹膜褐色，嘴黑色，脚深灰。

生态习性： 冬季常形成大群与其他涉禽混群活动于沿海滩涂、荒漠、高山带水域；主要以水生昆虫为食。繁殖期 5～8 月，窝卵数 3 枚。

地理分布： 国内有 5 个亚种。新疆亚种（*C. m. pamirensis*）见于新疆西北部；西藏亚种（*C. m. atrifrons*）见于西藏、宁夏；青海亚种（*C. m. schaferi*）见于甘肃、新疆、青海；台湾亚种（*C. m. stegmanni*）见于台湾；指名亚种（*C. m. mongolus*）迁徙经过中国东部。秦岭地区有青海亚种分布于兰州、碌曲、玛曲（夏候鸟）；指名亚种记录于河南信阳（旅鸟）。

种群数量： 较常见。

保护措施： 无危 / CSRL；未列入 / IRL，PWL，CITES，CRDB。

◎ 蒙古沙鸻-张岩　摄

（二十四）鹬科 Scolopacidae

中小型涉禽。喙型多样，短直、长直或长而下曲；体色多斑驳暗淡；多具 4 趾。繁殖于北半球高纬度地区，南迁时见于各地。秦岭地区 28 种。

154. 中杓鹬 Whimbrel（*Numenius phaeopus*）

鉴别特征：体型大（约 41 cm）。嘴长而下弯，头中央乳黄色，头侧线黑色，眉纹色浅。虹膜褐色，嘴黑色，脚蓝灰。

生态习性：栖息于河口、沼泽、草地、农田等地；常单独或成小群活动和觅食；主要以昆虫及其幼虫、甲壳类和软体动物等为食；繁殖期 5 ～ 7 月，窝卵数 3 ～ 5 枚。

地理分布：国内有 2 个亚种。指名亚种（*N. p. phaeopus*）旅鸟见于新疆、西藏；东华亚种（*N. p. variegatus*）除新疆、云南、贵州、湖北外见于各省，且多为旅鸟。秦岭地区仅记录华东亚种于陕西汉江流域（旅鸟）。

种群数量：偶见。

保护措施：无危 / CSRL；未列入 / IRL，PWL，CITES，CRDB。

◎ 中杓鹬–李飏　摄

◎ 白腰杓鹬（迁徙群体）–张海华　摄

155. 白腰杓鹬 Eurasian Curlew （*Numenius arquata*）

鉴别特征：小型（55 cm）涉禽。嘴甚长而下弯，腰白，渐变成尾部色及褐色横纹。与大杓鹬区别在腰及尾较白，与中杓鹬区别在体型较大，头部无图纹，嘴相应较长。虹膜褐色，嘴褐色，脚青灰色。

生态习性：栖息于沼泽、草地、河流、湖泊等水域；主要以螺、甲壳类、软体动物、环节动物、昆虫等为食，常在浅水处或水边沙地和泥地上觅食；繁殖期5～7月，窝卵数3～5枚。

◎ 白腰杓鹬–张岩　摄

地理分布：国内仅有普通亚种（*N. a. orientalis*）迁徙时常见于大部分地区，少数个体在台湾及广东越冬。秦岭地区见于甘肃兰州（旅鸟）；陕西华阴（旅鸟）；河南三门峡库区（旅鸟）。

种群数量：偶见。

保护措施：无危 / CSRL；未列入 / IRL，PWL，CITES，CRDB。

156. 大杓鹬 Far Eastern Curlew（*Numenius madagascariensis*）

鉴别特征：体型硕大（63 cm）。嘴甚长而下弯，比白腰杓鹬色深，下背及尾褐色，下体皮黄，上体黑褐色，羽缘白色和棕白色使上体呈黑而沾棕的花斑状。虹膜褐色，嘴黑而基部粉红，脚灰色。

生态习性：主要栖息于湖泊、芦苇沼泽、水塘，以及附近的湿草地和水稻田边；常单独或成松散的小群活动和觅食；主要以甲壳类、软体动物、蠕形动物等为食；繁殖期4～7月，窝卵数4枚。

地理分布：无亚种分化。除新疆、西藏、云南、贵州外旅鸟见于各省。秦岭地区记录于甘肃兰州（旅鸟）；陕西洋县（旅鸟）。

◎ 大杓鹬–张岩　摄

种群数量：全球数量 19 000 ～ 21 000 只。秦岭地区偶见。

保护措施：近危 / CSRL；低危 / IRL；未列入 / PWL，CITES，CRDB。

◎ 大杓鹬–张岩　摄

◎ 翘嘴鹬–傅聪　摄

157. 翘嘴鹬 Terek Sandpiper（*Xenus cinereus*）

鉴别特征：中等体型（23 cm）的鹬。细长喙略上翘，头颈白色而有略多的灰色细纹，背部灰褐色而有黑色羽干纹，腹部白色。虹膜褐色，嘴黑而基部黄色，脚橘黄色。

生态习性：常单独或成对活动于各类滩涂，与其他种混群取食水生无脊椎动物，行走迅速；繁殖期 5 ～ 7 月，窝卵数 3 ～ 5 枚。

地理分布：无亚种分化。繁殖于欧亚大陆北部，迁徙时中国西部和东部沿海可见。秦岭地区仅记录于陕西关中渭河流域（旅鸟）。

种群数量：偶见。

保护措施：无危 / CSRL；未列入 / IRL，PWL，CITES，CRDB。

158. 白腰草鹬 Green Sandpiper（*Tringa ochropus*）

鉴别特征：中等体型（23 cm）而略显矮胖的鹬。喙略长，眼圈的白色向前延伸至喙基，眼先黑色、头、颈、胸及背部羽毛灰褐沾绿，背部颜色更深而缀以白点斑，腹部白色，尾端黑色。虹膜褐色，嘴及脚橄榄绿色。

生态习性：常单独活动于各类静水湿地滩涂，取食泥中的无脊椎动物；繁殖期 5 ～ 7 月，窝卵数 3 ～ 4 枚。

地理分布：无亚种分化。主要繁殖于西伯利亚，迁徙时除新疆外，国内各地可见，越冬于黄河以南。秦岭地区分布于甘肃兰州、天水、武都、舟曲（冬候鸟或旅鸟）；陕西渭河、汉江流域（旅鸟或冬候鸟）；河南黄河湿地、信阳、桐柏山、伏牛山（旅鸟或冬候鸟）。

种群数量：数量不多，较为常见。

保护措施：无危 / CSRL；未列入 / IRL，PWL，CITES，CRDB。

◎ 白腰草鹬–于晓平　摄

◎ 白腰草鹬–于晓平　摄

◎ 青脚鹬－于晓平　摄

159. 青脚鹬 Common Greenshank（*Tringa nebularia*）

鉴别特征： 中等偏大（32 cm）的鹬。喙长且厚，略上翘，头颈白色而密布灰色细纹，背部羽毛灰色而有白色缘。虹膜褐色，嘴灰而端黑，脚黄绿色。

生态习性： 栖息于沼泽、草地、河流、湖泊、水塘、河口沙洲等水域；常单独或成对与其他种混群，取食水生无脊椎动物；繁殖期 5 ～ 7 月，窝卵数 4 枚。

地理分布： 无亚种分化。繁殖于西伯利亚，迁徙时全国可见，越冬于长江以南。秦岭地区记录于甘肃兰州（旅鸟）；陕西渭河、汉江流域（旅鸟）；河南信阳、三门峡库区、董寨自然保护区、桐柏（旅鸟）。

种群数量： 较为常见。

保护措施： 无危 / CSRL；未列入 / IRL，PWL，CITES，CRDB。

◎ 林鹬-张岩　摄

160. 林鹬 Wood sandpiper（*Tringa glareola*）

鉴别特征：中等偏小（19～21 cm）的鹬。背肩部黑褐色，具淡棕黄白色点斑，腰白色，尾端有黑褐色黄斑，下体白，胸部具黑褐色纵纹。虹膜褐色，嘴黑色，脚淡黄至橄榄绿色。

生态习性：栖息于沼泽、河滩、水稻田中，常单独或成小群活动，迁徙期也集成大群；以水生昆虫、软体动物、甲壳类等为食；繁殖期5～7月，窝卵数4枚。

地理分布：无亚种分化。繁殖于黑龙江及内蒙古东部，迁徙时常见于中国全境，越冬于海南、台湾、广东及香港；偶见于河北及东部

◎ 林鹬-廖小青　摄

沿海。秦岭地区见于甘肃兰州、武都、天水、甘南（旅鸟）；陕西周至、佛坪、洋县、太白（旅鸟）；河南黄河湿地（留鸟？）。

种群数量：不常见。

保护措施：无危 / CSRL；未列入 / IRL，PWL，CITES，CRDB。

161. 泽鹬 Marsh Sandpiper（*Tringa stagnatilis*）

鉴别特征：中等体型（23 cm）。上体灰褐色，腰及下背白色，尾羽上有黑褐色横斑，前颈和胸有黑褐色细纵纹，额白，下体白色。虹膜暗褐色，嘴黑、细直且尖，嘴基绿灰色，脚暗灰绿色或黄绿色。

生态习性：主要栖息于河流岸边河滩或沼泽草地，以小型脊椎动物为食；性胆小而机警，常单独或成小群活动；繁殖期 5 ～ 7 月，窝卵数 3 ～ 5 枚。

地理分布：无亚种分化。繁殖于内蒙古东北部呼伦贝尔湖地区，迁徙时经过华东沿海、海南及台湾，偶尔经过中部地区。秦岭地区记录于甘肃兰州（旅鸟）；陕西渭河、汉江流域（旅鸟）。

种群数量：偶见。

保护措施：无危 / CSRL；未列入 / IRL，PWL，CITES，CRDB。

◎ 泽鹬-张海华　摄

◎ 泽鹬-于晓平　摄

◎ 泽鹬-廖小青　摄

162. 鹤鹬 Spotted Redshank（*Tringa erythropus*）

鉴别特征：中等体型（30 cm）的灰色涉禽。嘴长且直，繁殖羽黑色具白色点斑；冬季似红脚鹬，但灰色较深，嘴基红色较少。两翼色深并具白色点斑，过眼纹明显。区别在于飞行时后缘缺少白色横纹，脚后伸长于尾较多。虹膜褐色，嘴黑色，嘴基红色，脚橘黄。

生态习性：多在水边沙滩、泥地、浅水处和海边潮涧地带行走啄食，常单独或成分散的小群活动；主要以甲壳类、软体动物、蠕形动物以及水生昆虫为食；营巢于湖边草地上，繁殖期 5～8 月，窝卵数 4 枚。

地理分布：无亚种分化。见于各省，多为旅鸟，仅繁殖于新疆，越冬于云南、广州等沿海地区以及台湾、海南岛等地。秦岭地区见于甘肃兰州、舟曲、玛曲（旅鸟）；陕西佛坪、洋县、周至（旅鸟）；河南黄河湿地（旅鸟）。

种群数量：偶见。

保护措施：无危／CSRL；未列入／IRL，PWL，CITES，CRDB。

◎ 鹤鹬（繁殖羽）–张海华　摄

◎ 鹤鹬（非繁殖羽）–于晓平　摄

◎ 鹤鹬（越冬群）–廖小青　摄

163. 矶鹬 Common Sandpiper （*Tringa hypoleucos*）

鉴别特征：中等偏小（20 cm）的鹬。脸部具黑色过眼纹和白色眉纹，喉、颈中线、腹部白色，胸部的白色向上延进肩内，脸、颈侧和背部灰褐，尾近黑。虹膜褐色，嘴深灰色，脚橄榄绿色。

生态习性：单独或成小群栖于各类湿地；取食水生无脊椎动物，觅食时尾部常翘动；繁殖期 5 ～ 7 月，窝卵数 4 ～ 5 枚。

地理分布：无亚种分化。繁殖于中国北部，迁徙时除新疆外在国内各地可见。陕西省内主要为旅鸟，少数个体终年居留，各地可见。秦岭地区记录于甘肃兰州（旅鸟）；陕西渭河、汉江流域各县（冬候鸟、旅鸟）；河南董寨自然保护区、信阳、三门峡库区（冬候鸟）。

种群数量：较为常见。

保护措施：无危 / CSRL；未列入 / IRL，PWL，CITES，CRDB。

◎ 矶鹬–李飏　摄

◎ 矶鹬（幼鸟）–李飏　摄

◎ 红脚鹬（起飞瞬间）–于晓平　摄

164. 红脚鹬 Common Redshank（*Tringa totanus*）

　　鉴别特征：中等体型（28 cm）的鹬。除腹部白色、尾具黑白斑外，余部羽毛灰褐而密布褐色纵纹，飞行时背中央和翼后内缘白色。虹膜褐色，嘴黑色而基部红色，脚红色。

　　生态习性：常成对或结小群栖息于河岸、海滩、盐田、干涸的沼泽及鱼塘等生境，取食水生无脊椎动物；繁殖期 5 ～ 7 月，窝卵数 3 ～ 5 枚。

　　地理分布：郑作新（1994）认为中国仅有指名亚种（*T. t. totanus*）繁殖于中国西北、青藏高原及内蒙古东部，迁徙时中部和东部可见，越冬于长江中下游和东南沿海；而 Hale（1971）认为中国有 4

◎ 红脚鹬（繁殖羽）–于晓平　摄

个亚种。乌苏里亚种（*T. t. ussuriensis*）和 *T. t. terrignotae* 在中国为过境旅鸟；*T. t. craggi* 繁殖于新疆西北部，普通亚种（*T. t. eurhinus*）于中国西部的内蒙古、宁夏、甘肃、青海、四川等省繁殖；郑光美（2011）沿用了这 4 个亚种，否定了指名亚种的存在。秦岭地区记录普通亚种于甘肃兰州、碌曲、玛曲（夏候鸟）、武都、天水（旅鸟）；陕西渭河、汉江流域（旅鸟，亚种不详）；*T. t. terrignotae* 见于河南信阳、董寨自然保护区（冬候鸟）。

种群数量：较为常见。

保护措施：无危 / CSRL；未列入 / IRL，PWL，CITES，CRDB。

◎ 红脚鹬（冬羽）–廖小青　摄

165. 灰尾漂鹬 Grey-tailed Tattler（*Heteroscelus brevipes*）

鉴别特征： 中等体型（25 cm）。眉纹白色，颊、头侧、前颈和颈侧白色具灰色纵纹，胸和两胁前部白色具不甚清晰的细窄的灰色"V"形斑或波浪形横斑。虹膜暗褐色，嘴黑色，下嘴基部黄色，脚黄色、较短而粗。

生态习性： 栖息于山地沙石河流沿岸，常单独或成松散的小群活动及觅食；主要以石蛾、水生昆虫、甲壳类和软体动物等为食；繁殖期 6～7 月，窝卵数 4 枚。

◎ 灰尾漂鹬-张岩　摄

地理分布： 无亚种分化。分布于辽宁、南至广东、西至青海等地，迁徙时经过中国黑龙江、吉林、辽宁、西至青海、南至香港和广东沿海，部分留居海南岛。秦岭地区仅记录于陕西汉中汉台区、渭河流域（旅鸟）；河南南部（旅鸟）。

种群数量： 不常见。

保护措施： 无危 / CSRL；未列入 / IRL，PWL，CITES，CRDB。

◎ 灰尾漂鹬-张海华　摄

◎ 翻石鹬（冬羽）－李飏　摄

166. 翻石鹬 Ruddy Turnstone（*Arenaria interpres*）

鉴别特征：中等体型（22 cm）的鹬。上体背部中央棕栗而侧方黑色，下背和腰纯白色，尾上覆羽黑色，间杂有棕栗色羽缘。虹膜褐色，嘴圆锥状、尖直且黑，趾基无蹼，脚橘黄。

生态习性：结小群栖于湖沼岸边、沙滩及石岩滩地，奔走迅速，通常不与其他种类混群；在海滩上翻动石头及其他物体找食甲壳类；繁殖期 6 ～ 8 月，窝卵数 3 ～ 5 枚。

地理分布：国内仅指名亚种（*A. i. interpres*）旅鸟见于除云南、贵州、四川外的各省，越冬于福建、广州、台湾等地。秦岭地区记录于南坡汉江流域（旅鸟）；河南三门峡库区（旅鸟）。

种群数量：不常见。

保护措施：无危 / CSRL；未列入 / IRL，PWL，CITES，CRDB。

◎ 孤沙锥－张岩　摄

167. 孤沙锥 Solitary Snipe（*Gallinago solitaria*）

鉴别特征： 中型或小型（30 cm）。体色暗淡而富于条纹，嘴直有时微向上或向下弯曲，颈部略长，翅稍尖而短，尾亦短，脚细长，跗跖前缘被盾状鳞片。雌、雄羽色及大小基本相同，多数具四趾，趾间无蹼或趾基微具蹼膜。虹膜褐色，嘴橄榄褐色，脚橄榄色。

生态习性： 栖于山溪岸边、湿地及林间沼泽地；常单独活动，不与其他鹬类和沙锥为伍；主要以蠕虫、昆虫、甲壳类、植物为食；多营巢于水域附近，繁殖期 5 ～ 7 月，窝卵数 4 枚。

地理分布： 国内有 2 个亚种。指名亚种（*G. s. solitaria*）于甘肃西北部、新疆西部、西藏为夏候鸟，越冬于青海、云南、四川等地；东北亚种（*G. s. japonica*）繁殖于东北各省，越冬在长江流域及广东。秦岭地区指名亚种见于甘肃兰州、迭部、舟曲（旅鸟）；东北亚种见于陕西眉县、太白（旅鸟）。

种群数量： 较罕见。

保护措施： 无危 / CSRL；未列入 / IRL，PWL，CITES，CRDB。

168. 大沙锥 Swinhoe's Snipe（*Gallinago megala*）

鉴别特征：体型略大（28 cm）而多彩的沙锥。两翼长而尖，头形大而方，嘴长。野外易与针尾沙锥混淆，但本种尾较长，腿较粗而多黄色，飞行时脚伸出较少。与扇尾沙锥区别在尾端两侧白色较多，飞行时尾长于脚，翼下缺少白色宽横纹，飞行时翼上无白色后缘。春季胸及颈色较暗淡。虹膜褐色，嘴褐色，脚橄榄色。

生态习性：栖于沼泽湿地、河湖岸边和水田等地；常单独、成对或成小群活动；以蠕虫、昆虫、软体动物和甲壳类为食；繁殖期 5 ~ 7 月，窝卵数 2 ~ 5 枚。

地理分布：无亚种分化。繁殖于东北亚北部地区，迁徙时常见于中国东部及中部地区，越冬于海南、台湾、广东及香港，偶见于河北。秦岭地区记录于陕西汉中汉台区、渭南（旅鸟）；河南黄河湿地、董寨保护区、信阳、桐柏（旅鸟）。

种群数量：不常见。

保护措施：无危 / CSRL；未列入 / IRL，PWL，CITES，CRDB。

◎ 大沙锥-张岩　摄

169. 针尾沙锥 Pintail Snipe（*Gallinago stenura*）

鉴别特征：中等偏小（24 cm）而喙甚直长的鹬。形态和体色极似扇尾沙锥，仅体型略小，喙略短，翼下无白色横纹。外侧尾羽狭窄似针状。虹膜褐色，嘴褐、端色深，脚偏黄。

生态习性：常结成小群栖息于沼泽、稻田、草地；常将嘴插于泥中摄取食物，主要以昆虫、昆虫幼虫、甲壳类和软体动物等为食；繁殖期5～7月，窝卵数4枚。

地理分布：无亚种分化。繁殖于东北部，迁徙时全国可见，越冬于东南沿海。秦岭地区见于甘肃兰州（旅鸟）；陕西太白、眉县、周至、西安、华阴、安康、汉台（旅鸟）；河南信阳、伏牛山北坡、董寨保护区（旅鸟或冬候鸟）。

种群数量：不常见。

保护措施：无危 / CSRL；未列入 / IRL，PWL，CITES，CRDB。

◎ 针尾沙锥–王中强　摄

170. 扇尾沙锥 Common Snipe （*Gallinago gallinago*）

鉴别特征： 中等体型（26 cm）而喙甚直长的鹬。嘴长约头长的两倍。脸皮黄色，过眼纹黑褐色，眼靠近头顶，头顶灰褐色而具一道顶纹，顶纹和眉纹皮黄色；颈部和腹部偏白，两胁有黑色横纹，尾较其他沙锥略长。虹膜褐色，嘴基部黄绿色、端部黑色，脚橄榄色。

生态习性： 常单独或成对活动于多草的湿地沼泽、滩涂，较隐秘，取食水生无脊椎动物，觅食时常将嘴垂直地插入泥中，有节律地探觅食物；常呈"S"形或锯齿状曲折飞行；繁殖期 5 ～ 7 月，窝卵数 3 ～ 5 枚。

◎ 扇尾沙锥–于晓平　摄

地理分布： 国内仅指名亚种（*G. g. gallinago*）繁殖于中国东北，迁徙时中国中部和东部可见，越冬于长江以南地区。秦岭地区见于甘肃兰州、舟曲、迭部（旅鸟）；陕西宝鸡陈仓区、眉县、太白、岐山、城固、汉中汉台区、安康、洛南（旅鸟）；河南黄河湿地、伏牛山、董寨保护区、信阳（旅鸟）。

种群数量： 较为常见。

保护措施： 无危 / CSRL；未列入 / IRL，PWL，CITES，CRDB。

◎ 扇尾沙锥–廖小青　摄

171. 长趾滨鹬 Long-toed Stint（*Calidris subminuta*）

鉴别特征：小型（14 cm）涉禽，背部近黑色。白色眉纹较宽，翅上覆羽褐色、羽缘淡皮黄色，下体白色，胸皮黄色、具褐色纵纹。虹膜暗褐色，嘴黑色，脚、趾褐黄色、黄绿色或绿色，趾明显长于其他滨鹬。

生态习性：喜欢在植物丰富的水边泥地、沙滩、浅水处活动和觅食；常单独或成小群，性较胆小而机警；主要以昆虫及其幼虫、软体动物等为食；繁殖期 6～8 月，窝卵数 4 枚。

地理分布：无亚种分化。国内迁徙时经东北全境和华南地区，西及青海、四川、云南等地，越冬于台湾、广州及香港。秦岭地区见于甘肃兰州（旅鸟）；陕西西乡（旅鸟）；河南黄河湿地（旅鸟）。

种群数量：偶见。

保护措施：无危 / CSRL；未列入 / IRL，PWL，CITES，CRDB。

◎ 长趾滨鹬-张海华　摄

◎ 红颈滨鹬（冬羽）-张岩　摄

◎ 红颈滨鹬（繁殖羽）-张岩　摄

172. 红颈滨鹬 Red-necked Stint（*Calidris ruficollis*）

鉴别特征： 小型（15 cm）灰褐色滨鹬。嘴尖且直，前头及眉纹灰白且杂以黑褐色条纹，上体赤栗色，各羽中央有黑色羽干斑，下体、颈、胸与上体同，初级飞羽羽干均白色。虹膜褐色，嘴黑色，脚黑色。

生态习性： 栖息于海滨、沼泽湿地及河湖岸边，常集群活动；以软体动物、甲壳类、昆虫等为食；常营巢于草丛茂密的湿地，繁殖期 6 ～ 8 月，窝卵数 3 ～ 4 枚。

地理分布： 无亚种分化。越冬于中国广东、海南岛、福建和台湾等地，于中国东北部、西北部、华中地区、西南地区等为旅鸟。秦岭地区仅记录于陕西汉江、渭河流域（旅鸟）。

种群数量： 较为常见。

保护措施： 无危 / CSRL；未列入 / IRL，PWL，CITES，CRDB。

◎ 青脚滨鹬-李飏　摄

173. 青脚滨鹬 Temminck' s Stint（*Calidris temminckii*）

　　鉴别特征： 小型（14 cm）涉禽。夏羽上体灰褐色，杂以黑色和棕黄色，有羽干斑，羽缘带赤色。与其他滨鹬区别在于外侧尾羽纯白，落地时极易见，且叫声独特。虹膜褐色，嘴黑色，腿、脚偏绿或近黄。

　　生态习性： 喜沿海滩涂及沼泽地带，也光顾潮间港湾；成小群或大群；以昆虫、小甲壳动物、蠕虫等为食。繁殖资料不详。

　　地理分布： 无亚种分化。繁殖地在北极苔原地区，越冬群体见于云南、台湾、福建、广东及香港等地。秦岭地区记录于甘肃兰州、碌曲、玛曲、舟曲（旅鸟）；陕西太白、周至、南郑（旅鸟）；河南黄河湿地（旅鸟）。

　　种群数量： 较为常见。

　　保护措施： 无危 / CSRL；未列入 / IRL，PWL，CITES，CRDB。

174. 红腹滨鹬 Red Knot（*Calidris canutus*）

鉴别特征：中等体型（26 cm）的鹬。头侧和下体棕红色，头顶至后颈具黑褐色棕色羽缘，背有黑色、棕色和白色斑纹，两肋和尾下覆羽具黑褐色斑点。虹膜深褐，嘴黑色，脚黄绿色。

生态习性：喜沙滩、沿海滩涂及河口；通常群居，也与其他涉禽混群；以软体动物、甲壳类、昆虫及其幼虫等为食；繁殖期 6～8 月，窝卵数 4 枚。

地理分布：国内有 2 个亚种。普通亚种（*C. c. rogersi*）旅鸟见于中国东北部、西南部等地，有少量越冬于台湾、海南、广东及香港沿海，部分见于广东沿海、海南岛、福建和台湾；亚种（*C. c. piersmai*）旅鸟见于辽宁、河北、天津、山东、江苏、上海。秦岭地区记录于陕西渭河流域（旅鸟）。

种群数量：较为常见。

保护措施：无危 / CSRL；未列入 / IRL，PWL，CITES，CRDB。

◎ 红腹滨鹬-张岩　摄

175. 三趾滨鹬 Sanderling（*Calidris alba*）

鉴别特征：中等体型（20 cm）的近灰色鹬。肩羽明显黑色，比其他滨鹬白，飞行时翼上具白色宽纹，尾中央色暗，两侧白，无后趾，夏季鸟上体赤褐色。虹膜深褐，嘴黑色，脚黑色。

生态习性：喜滨海沙滩，极少至泥地，非繁殖期主要栖息于海岸、河口沙洲等地带；多喜群栖，有时也与其他鹬混群；主要以甲壳类、软体动物等为食；繁殖期 6 ～ 8 月，窝卵数 4 枚。

地理分布：国内仅亚种（*C. a. rubida*）见于除黑龙江、内蒙古、云南、四川外的各省，多为旅鸟，部分越冬于广东、台湾。秦岭地区仅记录于渭河流域东部（旅鸟）。

种群数量：偶见。

保护措施：无危 / CSRL；未列入 / IRL，PWL，CITES，CRDB。

◎ 三趾滨鹬-张岩　摄

◎ 弯嘴滨鹬–张岩　摄

176. 弯嘴滨鹬 Curlew Sandpiper（*Calidris ferruginea*）

鉴别特征：中等体型（21 cm）的滨鹬。嘴长而下弯，上体大部灰色几无纵纹，下体白，眉纹、翼上横纹及尾上覆羽的横斑均白。繁殖期腰部的白色不明显，头顶黑褐色，有栗色缘；非繁殖期眉纹白色，头至上体为浑然一体的灰色。虹膜褐色，嘴、脚黑色。

生态习性：栖于沿海滩涂及近海的稻田和鱼塘；通常与其他鹬类混群；主要以昆虫、甲壳类和软体动物等为食。

地理分布：无亚种分化。迁徙时见于整个中国，国内自东北西北部、中部、西南部及内蒙古东部，西达青海、新疆西部，南至台湾、广东为旅鸟，少量在海南岛、广东及香港越冬。秦岭地区仅记录于河南黄河湿地（旅鸟）。

种群数量：偶见。

保护措施：无危 / CSRL；未列入 / IRL，PWL，CITES，CRDB。

177. 尖尾滨鹬 Sharp-tailed Sandpiper（*Calidris acuminata*）

鉴别特征： 中等偏小（19 cm）与斑胸滨鹬极其相似的滨鹬。眉纹白色，颏、喉白色、具淡黑褐色点斑，胸浅棕色，亦具暗色斑纹至下胸、两胁斑纹变成粗的箭头形斑，腹白色，楔尾。虹膜褐色，嘴黑色，腿、脚偏黄至绿色。

生态习性： 主要在有低矮草本植物的水边干草地上或浅水处活动和觅食；常与其他鹬类混群；主要以蚊、昆虫幼虫为食，也吃甲壳类、软体动物等；繁殖期 6 ～ 8 月，窝卵数 4 枚。

地理分布： 无亚种分化。旅鸟于中国东北、华北地区，山西、甘肃、新疆等西

◎ 尖尾滨鹬-廖小青　摄

部地区，云南、湖北等西南地区，上海、浙江等沿海地区，越冬于台湾。秦岭地区记录于河南南部（旅鸟）。

种群数量： 偶见。

保护措施： 无危 / CSRL；未列入 / IRL，PWL，CITES，CRDB。

◎ 尖尾滨鹬-张岩　摄

◎ 丘鹬－张岩　摄

178. 丘鹬 Eurasian Woodcock（*Scolopax rusticola*）

鉴别特征： 大型（35 cm）涉禽。体型肥胖，腿短，嘴长且直，与沙锥相比体型较大。头顶及颈背具斑纹，头两侧灰白色或淡黄白色杂有少许黑褐色斑点，颏、喉白色，自嘴基至眼有一条黑褐色条纹。嘴蜡黄色，尖端黑褐色，脚灰黄色或蜡黄色。

生态习性： 主要栖息于阴暗潮湿、林下植物发达、落叶层较厚的阔叶林和混交林中；主要以鞘翅目、双翅目、鳞翅目昆虫等为食，有时也吃植物根、浆果和种子；繁殖期 5 ～ 7 月，窝卵数 3 ～ 5 枚。

地理分布： 无亚种分化。繁殖于新疆西部天山、黑龙江和吉林，也有报告在河北和甘肃繁殖；越冬于西藏南部、云南、贵州、四川和长江以南地区以及海南岛、香港和台湾。秦岭地区记录于甘肃兰州、莲花山（旅鸟）；陕西佛坪、宁陕（旅鸟）；河南黄河湿地、信阳、董寨保护区（冬候鸟或旅鸟）。

种群数量： 少见。

保护措施： 无危 / CSRL；未列入 / IRL，PWL，CITES，CRDB。

179. 黑尾塍鹬 Black-tailed Godwit（*Limosa limosa*）

鉴别特征： 中等体型（42 cm 左右）。夏羽头、颈部红棕色。嘴细长几近直形、尖端微向上弯曲，基部在繁殖期橙黄色，非繁殖期粉红肉色、尖端黑色。虹膜暗褐色，脚细长，黑灰色或蓝灰色。

生态习性： 栖息于平原草地和森林平原地带的沼泽、湿地等；单独或成小群活动，冬季有时偶尔也集成大群；主要以水生和陆生昆虫及其幼虫、甲壳类和软体动物等为食；繁殖期 5 ～ 7 月，窝卵数 3 ～ 5 枚。

地理分布： 国内仅普通亚种（*L. l. melanuroides*）且大部分为旅鸟，部分繁殖于东北、内蒙古和新疆，越冬于云南、海南岛、香港和台湾。秦岭地区记录于甘肃兰州（旅鸟）；陕西渭河流域东部三河湿地（旅鸟）；河南黄河湿地（旅鸟）。

种群数量： 偶见。

保护措施： 无危 / CSRL；未列入 / IRL，PWL，CITES，CRDB。

◎ 黑尾塍鹬-张岩　摄

◎ 黑尾塍鹬（迁徙群）-廖小青　摄

180. 流苏鹬 Ruff（*Philomachus pugnax*）

鉴别特征：体型较大（28 cm 左右）。雄性成鸟（繁殖期）面部有裸区，呈黄色、橘红色或红色，并有细疣斑和褶皱；雌性成鸟（繁殖期）如同普通的鹬类，个体小于雄性，面部无裸区，头和颈无饰羽。虹膜褐色，嘴褐色、嘴基近黄，冬季灰色，脚或黄或绿或为橙褐色。

生态习性：栖息于冻原和平原草地上的湖泊与河流岸边，以及附近的沼泽和湿草地上；主要以甲虫、蟋蟀、蚯蚓、蠕虫等为食；喜集群，除繁殖期外常成群活动和栖息；繁殖期 5 ～ 8 月，窝卵数 4 枚。

地理分布：无亚种分化。国内有记录迁徙时见于新疆西部、西藏南部及华东沿海和台湾，少量越冬于广东、福建及香港沿海。秦岭地区仅 2011 年 3 月记录于陕西杨凌渭河（旅鸟，陕西鸟类新纪录）（张正恺等，2011）。

种群数量：偶见。

保护措施：无危 / CSRL；未列入 / IRL，PWL，CITES，CRDB。

◎ 流苏鹬（冬羽）－李飏　摄

◎ 灰瓣蹼鹬–张岩　摄

181. 灰瓣蹼鹬 Grey Phalarope（*Phalaropus fulicarius*）

鉴别特征： 体小（21 cm）而嘴直的灰色涉禽。嘴基、额、头顶和后颈黑褐色，眼周和眼后头侧有一块略呈卵圆形的白斑，头的余部和下体栗红色。翅上覆羽灰色，大覆羽具白色尖端，在翅上形成白色带斑；飞羽石板灰色，具白色羽轴纹。尾灰色，中央一对尾羽黑色，腰灰色。虹膜褐色，嘴黑色，嘴基黄色，脚灰色。

生态习性： 主要栖息于苔原沼泽地带，特别是湖泊、水塘和溪流附近的苔原沼泽；善游泳，除繁殖期外，几乎成天游弋在水面上单独或成小群活动和觅食；主要以水生昆虫、甲壳类、软体动物和浮游生物为食；繁殖期 6 ～ 8 月，窝卵数通常为 4 枚。

地理分布： 无亚种分化。我国新疆西部（天山）及黑龙江（哈尔滨）有繁殖；偶见越冬于香港、台湾及上海沿海水域。秦岭地区仅 2013 年 9 月记录于河南南阳白河国家城市湿地公园（旅鸟，河南鸟类新纪录）（梁子安等，2014）。

种群数量： 罕见。

保护措施： 无危 / CSRL；未列入 / IRL，CITES，CRDB，PWL。

（二十五）鸥科 Laridae

体型大小不一。喙强侧扁，先端具钩；翼尖长，尾圆形，善飞翔；腿短，前三趾具蹼，后趾小而高位；体羽灰褐，腹羽白色；在沿海或内陆水域活动，以鱼虾等水生动物为食；遍布全球。秦岭地区6种。

182. 黑尾鸥 Black-tailed Gull
（*Larus crassirostris*）

鉴别特征：中型（43～51 cm）水禽。头、颈、腰及尾上覆羽及下体白色，背及两翅暗灰色。初级覆羽黑色，其余覆羽暗灰色。虹膜淡黄色，嘴黄、先端红、次端斑黑色，脚绿黄色。

生态习性：栖息于沿海海岸沙滩、悬岩、草地以及邻近的湖泊、河流和沼泽地带；以鱼类为食，也吃虾、软体动物等；繁殖期4～7月，窝卵数2～3枚。

地理分布：无亚种分化。见于国内大部分地区，繁殖于山东及福建沿海。越冬于华南及华东沿海和台湾。秦岭地区仅记录于甘肃玛曲、碌曲尕海（旅鸟）。

种群数量：不常见。

保护措施：无危/CSRL；未列入/IRL，PWL，CITES，CRDB。

◎ 黑尾鸥（亚成体）-张岩　摄

◎ 黑尾鸥（当年幼鸟）-张岩　摄

◎ 黑尾鸥-张岩　摄

183. 西伯利亚银鸥 Siberian Gull（*Larus vegae*）

鉴别特征：体型较大（62 cm）。冬羽头及颈背具深色纵纹，上体体羽由浅灰至灰，翼镜白色。虹膜浅黄至偏褐，嘴黄色具红点，脚粉红。

生态习性：栖息于沿海及内陆水域；以鱼和水生无脊椎动物为食；繁殖期4～7月，窝卵数2～3枚。

地理分布：无亚种分化。除宁夏、青海、西藏外，见于各省。繁殖于俄罗斯北部和西伯利亚北部，越冬于南方。秦岭地区记录于渭河流域（周至、潼关，旅鸟或冬候鸟）；河南三门峡库区、董寨自然保护区（冬候鸟）。

种群数量：较常见但数量不大，一般可见5～10只群体。

保护措施：无危 / CSRL；未列入 / IRL，PWL，CITES，CRDB。

注：以往的记录可能将 *L. vegae* 误记为 *L. argentatus*（郑光美，2011）。

◎ 西伯利亚银鸥–张海华　摄

◎ 渔鸥－于晓平　摄

184. 渔鸥 Great Black-headed Gull（*Larus ichthyaetus*）

鉴别特征：体型较大（68 cm）。头黑，眼睑白色，冬羽头白，眼周具暗斑，头顶有深色纵纹，尾端黑色。虹膜褐色，嘴黄而近端具黑及红色环带，脚绿黄色。

生态习性：栖息于海岸、海岛、大的咸水湖，有时也到大的淡水湖和河流；主要以鱼为食；繁殖期4～6月，窝卵数3～4枚。

地理分布：无亚种分化。繁殖于我国青海东部、内蒙古等地内陆湖泊。我国东部及南部湖泊地带偶见。秦岭地区见于甘肃兰州（旅鸟）；陕西关中东部三河湿地（冬候鸟或旅鸟）；河南黄河湿地（旅鸟）。

种群数量：常见但种群数量不大，一般可见3～5只。

保护措施：无危 / CSRL；未列入 / IRL，PWL，CITES，CRDB。

◎ 渔鸥（亚成体）－于晓平　摄

185. 红嘴鸥 Black-headed Gull （*Larus ridibundus*）

鉴别特征：中型（40 cm）灰色及白色鸥。身体大部分羽毛白色，尾羽黑色。虹膜褐色，嘴红色（亚成体嘴尖黑色），脚红色（亚成体色较淡）。

生态习性：栖息于平原和低山丘陵地带的湖泊、河流等及沿海沼泽地带；以鱼为食；繁殖期 4 ～ 6 月，窝卵数 3 ～ 4 枚。

地理分布：无亚种分化。国内除青海外见于各省。秦岭地区见于甘肃兰州（旅鸟）；陕西渭河流域周至、西安浐灞生态区、三河湿地（冬候鸟或旅鸟）；河南三门峡库区、信阳、董寨自然保护区、伏牛山北坡（冬候鸟）。

种群数量：常见，种群数量年度变化较大，从数十只至数百只甚至上千只不等。

保护措施：无危 / CSRL；未列入 / IRL，PWL，CITES，CRDB。

◎ 红嘴鸥（繁殖羽及当年幼鸟）–廖小青　摄

◎ 红嘴鸥（捕食瞬间）-于晓平　摄

◎ 红嘴鸥-于晓平　摄

186. 棕头鸥 Brown-headed Gull（*Larus brunnicephalus*）

鉴别特征：中型（42 cm）水鸟。背灰，初级飞羽基部具白斑，黑色翼尖具白色点斑。虹膜淡黄或灰色，眼周裸皮红色，嘴深红，脚朱红。

生态习性：栖息于湖泊、河流及沼泽地；主要以鱼、虾、软体动物、甲壳类和水生昆虫为食；5 月中旬产卵，窝卵数 3 ～ 4 枚。

地理分布：无亚种分化。迁徙时中国大部分地区可见，但数量少。秦岭地区见于甘肃玛曲、碌曲（夏候鸟）；陕西渭河东端三河湿地（旅鸟）。

种群数量：偶见。

保护措施：无危 / CSRL；未列入 / IRL，PWL，CITES，CRDB。

◎ 棕头鸥-于晓平　摄

◎ 棕头鸥-廖小青　摄

◎ 普通海鸥–张岩　摄

187. 普通海鸥 Mew Gull（*Larus canus*）

　　鉴别特征：中等体型（45 cm）的鸥。初级飞羽羽尖白色，具大块的白色翼镜，尾白。冬季头及颈散见褐色细纹。虹膜黄色，嘴及脚浅绿黄色。

　　生态习性：栖息于沿海湿地水域；以海滨昆虫、软体动物、甲壳类以及耕地里的蠕虫和蛴螬为食，也捕食岸边小鱼；繁殖期 4～8 月，窝卵数 2～4 枚。

　　地理分布：中国有 2 个亚种。普通亚种（*L. c. kamtschatschensis*）分布于四川雅安；俄罗斯亚种（*L. c.*

◎ 普通海鸥（亚成体）–张岩　摄

heinei）见于上海。秦岭地区曾记录于河南黄河湿地（冬候鸟）；2016 年 10 月底在陕西西安蓝田县灞河流域发现 1 只亚成体，当属陕西鸟类新纪录（陈建鹏等，待发表）。

　　种群数量：偶见。

　　保护措施：无危 / CSRL；未列入 / IRL，PWL，CITES，CRDB。

（二十六）燕鸥科 Sternidae

喙先端不具钩；尾叉形；其他同鸥科。秦岭地区 4 种。

188. 白翅浮鸥 White-winged Tern（*Chlidonias leucopterus*）

鉴别特征：小型（23 cm）水鸟。嘴细小，形直，先端多弯曲呈钩状，鼻孔裸出。翅尖而长，尾呈浅叉状，头上部和后颈黑色，背至尾上及两翅覆羽灰色。虹膜深褐，嘴红（繁殖期）或黑（非繁殖期），脚橙色。

生态习性：栖息于湖泊和较大的水域周围的草丛及海岸地带；以鱼虾为食，繁殖期大量捕食昆虫；繁殖期 6 ～ 8 月，窝卵数 2 ～ 3 枚。

地理分布：无亚种分化。国内除青海、贵州外，见于各省。秦岭地区记录于陕西南部安康（旅鸟）；河南信阳（旅鸟）。

种群数量：偶见。

保护措施：无危 / CSRL；未列入 / IRL，PWL，CITES，CRDB。

◎ 白翅浮鸥（亚成体）–张岩　摄

◎ 白翅浮鸥（繁殖羽）–张岩　摄

189. 灰翅浮鸥 Whiskered Tern（*Chlidonias hybrida*）

鉴别特征：体型略小（25 cm）的浅色燕鸥。腹部深色（夏季），尾浅开叉。繁殖期额黑，非繁殖期额白，头顶具细纹，顶后及颈背黑色，下体白，翼、颈背、背及尾上覆羽灰色。虹膜红褐色，嘴及脚淡紫红色。

生态习性：栖息于开阔平原湖泊、水库、河口、海岸和附近沼泽地带；主要以小鱼、虾等水生生物为食；繁殖期5～7月，窝卵数2～3枚。

地理分布：指名亚种（*C. h. hybridus*）除青海、西藏、贵州外见于各省。秦岭地区记录于西安浐灞生态区（旅鸟）。

种群数量：偶见。

保护措施：无危 / IRL；未列入 / CSRL，PWL，CITES，CRDB。

◎ 灰翅浮鸥（冬羽）- 李飏　摄

◎ 灰翅浮鸥（繁殖羽）- 李飏　摄

◎ 普通燕鸥（起飞瞬间）–于晓平　摄

190. 普通燕鸥 Common Tern（*Sterna hirundo*）

鉴别特征：中型（35 cm）
水鸟。繁殖期头顶黑色，胸灰色，
尾深叉形；非繁殖期上翼及背
灰色，尾上、腰及尾白色，额白，
头顶具黑及白色杂斑，下体白。
虹膜褐色，嘴冬季红色，夏季
黑色而基部红色，脚偏红。

生态习性：栖息于平原、
草地、荒漠中的湖泊、河流、
水塘和沼泽等地带；以小鱼、虾、
昆虫等小型动物为食；繁殖期
5～7月，窝卵数2～5枚。

◎ 普通燕鸥–张玉柱　摄

地理分布：国内有3个亚
种。西藏亚种（*S. h. tibetana*）分布于国内大部分地区；东北亚种（*S. h. longipennis*）国内大部分地区
有分布；指名亚种（*S. h. hirundo*）分布于陕西，新疆中、西、北部，江西、上海。秦岭地区西藏亚种
记录于甘肃兰州、碌曲、玛曲（夏候鸟）；指名亚种见于陕西宝鸡市区、周至、西安浐灞生态区（夏
候鸟）；东北亚种见于河南三门峡库区、信阳（夏候鸟或留鸟）。

种群数量：常见。

保护措施：无危 / CSRL；未列入 / IRL，PWL，CITES，CRDB。

◎ 普通燕鸥（求偶）–廖小青　摄

191. 白额燕鸥 Little Tern（*Sterna albifrons*）

鉴别特征：中等体型（46 cm）。额白色，头顶、枕和后颈黑色，背、肩、腰淡灰色，下体白色，尾羽白色。虹膜褐色，嘴橙黄色，先端黑色。

生态习性：栖息于海边沙滩、湖泊、河流、沼泽等内陆水域附近的草丛等地；以鱼虾及水生无脊椎动物为主食；繁殖期 5 ～ 7 月，窝卵数 2 ～ 3 枚。

地理分布：中国有 2 个亚种。指名亚种（*S. a. albifrons*）分布于新疆；东亚亚种（*S. a. sinensis*）分布于国内大部分地区。秦岭地区记录于陕西周至(夏候鸟)；河南信阳、黄河湿地(夏候鸟)。

种群数量：常见。

保护措施：无危 / IRL；未列入 / CSRL，PWL，CITES，CRDB。

◎ 白额燕鸥–张岩　摄

◎ 白额燕鸥–张海华　摄

沙 鸡 目
PTEROCLIFORMES

中等体型的地栖鸟类。喙似鸡类，但稍小而弱，无蜡膜；翼长甚尖，尾羽中央一对延长；腿短，跗跖及趾全部被羽；雏鸟早成型；飞翔迅速有声；在灌丛、沙石凹窝中筑巢；以植物种子和果实为食；分布于非洲和欧洲等地，我国分布于东北全境、西藏、青海、新疆等地。全世界 1 科 16 种，中国 1 科 3 种，秦岭地区 1 科 1 种。

（二十七）沙鸡科 Pteroclidae

体羽沙黄；喙短而强，似鸡适于啄食草籽；嘴基不具蜡膜；中央尾羽特长；腿短，趾粗壮，基部连并，跗跖及趾被羽，后趾缺失；荒漠、半荒漠生活。秦岭地区仅 1 种——毛腿沙鸡。

◎ 毛腿沙鸡（家族群）–廖小青　摄

192. 毛腿沙鸡 Pallas's Sandgrouse （*Syrrhaptes paradoxus*）

鉴别特征：中等体型（45 cm）。脸侧斑纹橙黄色，眼周浅蓝，上体具黑色杂点。雄鸟胸浅灰，具胸带；雌鸟喉具狭窄黑色横纹，颈侧具细点斑。虹膜褐色，嘴偏绿，脚偏蓝，腿被羽。

生态习性：栖息于开阔的贫瘠原野、无树草场及半荒漠，也光顾耕地；植食性为主，冬季则几乎全食苔藓；地面营巢，窝卵数 3 枚。

地理分布：无亚种分化。分布于东北、华北、甘肃、宁夏等地。秦岭地区仅记录于甘肃兰州（留鸟）。

◎ 毛腿沙鸡–廖小凤　摄

种群数量：常见。

保护措施：无危 / CSRL；未列入 / IRL，PWL，CITES，CRDB。

鸽 形 目
COLUMBIFORMES

中小型地栖或树栖鸟类。体羽密而柔软，灰褐为主；喙短细弱，基部具蜡膜；腿短，脚强健，具钝爪，适于奔走和掘土觅食；翼长而尖，飞行迅速；嗉囊发达，多具嗉囊腺，以"鸽乳"育雏；栖息于森林、草原、平原地带。全世界 1 科 309 种，中国 1 科 30 种，秦岭地区 1 科 10 种。

（二十八）鸠鸽科 Columbidae

鸠鸽科特征同目，秦岭地区 10 种。

193. 红翅绿鸠 White-bellied Green Pigeon （*Treron sieboldii*）

鉴别特征：中型（28 ～ 33 cm）鸟类。腹部近白色，雄鸟翼覆羽绛紫色，上背偏灰，头顶橘黄；雌鸟以绿色为主，眼周裸皮偏蓝。虹膜红色，嘴偏蓝，脚红色。

生态习性：栖息于海拔 2 000 m 以下的山地针叶林和针阔叶混交林中，有时也见于林缘耕地；主要以山樱桃、草莓等浆果为食；繁殖期 5 ～ 6 月，窝卵数 2 枚。

地理分布：国内有 3 个亚种，均为留鸟。佛坪亚种（*T. s. fopingensis*）分布于陕西南部、四川、重庆、湖北西部；海南亚种（*T. s. murielae*）分布于贵州、广西南部、海南；台湾亚种（*T. s. sororius*）分布于江苏、福建、台湾。秦岭地区有佛坪亚种分布于甘肃武都（留鸟）；陕西佛坪、太白、洋县、周至（留鸟）。

种群数量：少见。

保护措施：无危 / CSRL， IRL；稀有 / CRDB；Ⅱ / PWL；未列入 / CITES。

◎ 红翅绿鸠（上雌下雄）–赵纳勋　摄

◎ 雪鸽–于晓平　摄

194. 雪鸽 Snow Pigeon （*Columba leuconota*）

鉴别特征： 中型（35 cm）鸟类。头深灰，颈、下背及下体白色，上背褐灰，腰黑色，尾黑、中部具白宽带，翼灰、具两道黑色横纹。虹膜黄色，嘴深灰，脚和趾亮红色，爪黑色。

生态习性： 栖息于海拔 2 000 ～ 4 000 m 的高山悬岩地带，主要以草籽等植物性食物为食；繁殖期为 4 ～ 7 月，窝卵数 2 枚。

地理分布： 国内有 2 个亚种。华西亚种（*C. l. gradaria*）分布于西藏、甘肃、四川等地；指名亚种（*C. l. leuconota*）分布于西藏亚东、藏西南、新疆塔什库尔干、喀喇昆仑山。华西亚种在秦岭地区边缘性分布于甘肃碌曲、玛曲（留鸟）。

种群数量： 不常见。

保护措施： 无危 / CSRL；未列入 / IRL，PWL，CITES，CRDB。

◎ 原鸽－于晓平　摄

195. 原鸽 Rock Dove（*Columba livia*）

鉴别特征： 中等体型（32 cm）蓝灰色鸽。翼上横斑及尾端横斑黑色，头及胸部具紫绿色闪光。虹膜褐色，嘴角质色，蜡膜白色，脚深红。

生态习性： 原为崖栖性鸟类，现适应城市及庙宇周围的生活；植食性；窝卵数 2 枚。

地理分布： 国内有 2 个亚种。新疆亚种（*C. l. neglecta*）分布于甘肃、新疆、西藏南部、澳门；华北亚种（*C. l. nigricans*）分布于内蒙古西部、宁夏、甘肃、青海。新疆亚种分布于秦岭地区甘肃舟曲、迭部、卓尼、夏河、玛曲（留鸟）。华北亚种分布于兰州以东陇西、天水（留鸟）；陕西秦岭南北坡西部各县（留鸟）。

种群数量： 常见。

保护措施： 无危 / CSRL；未列入 / IRL，PWL，CITES，CRDB。

196. 岩鸽 Hill Pigeon（*Columba rupestris*）

鉴别特征： 中等体型（31 cm）的灰色鸽。翼上具两道黑色横斑，腹部及背色较浅，尾上有宽阔的偏白色次端带，尾基灰色。虹膜浅褐色，嘴黑色、蜡膜肉色，脚红色。

生态习性： 栖息于山地岩石和悬崖峭壁处，最高可达海拔 5 000 m 以上的高山和高原地区；植食性为主；繁殖期为 4～7 月，窝卵数 2 枚。

地理分布： 国内有 2 个亚种。指名亚种（*C. r. rupestris*）分布于国内大部分地区；新疆亚种（*C. r. turkestanica*）分布于青海西部、新疆、西藏。指名亚种在秦岭地区分布于甘肃定西、天水、兰州、陇南、甘南（留鸟）；陕西秦岭南北坡各县（留鸟）；河南南部三门峡、南阳、信阳各县（留鸟）。

种群数量： 常见。

保护措施： 无危 / IRL；未列入 / CSRL，PWL，CITES，CRDB。

◎ 岩鸽-于晓平　摄

◎ 岩鸽-于晓平　摄

197. 斑林鸽 Speckled Wood Pigeon（*Columba hodgsonii*）

鉴别特征： 体型中等（38 cm）的褐灰色鸽。翼覆羽多具白点，颈部羽毛形长具端环，头灰，上背紫酱色，下背灰色。虹膜灰白，嘴黑、嘴基紫色，脚黄绿色，爪艳黄色。

生态习性： 栖息于山地混交林和针叶林中，有时也出现于林缘耕地；植食性为主，兼食昆虫及其幼虫；繁殖期为 5～7 月，窝卵数 1 枚。

地理分布： 无亚种分化。分布于西藏南部、东南部及东部，云南及四川。秦岭地区分布于甘肃甘南临潭、卓尼、舟曲、陇南宕昌、文县（留鸟）；陕西秦岭南坡佛坪、宁强、太白、周至、宁陕、石泉、山阳（留鸟）。

种群数量： 不常见。

保护措施： 无危 / IRL；未列入 / CSRL，PWL，CITES，CRDB。

◎ 斑林鸽–赵纳勋　摄

◎ 斑林鸽–赵纳勋　摄

198. 山斑鸠 Oriental Turtle Dove（*Streptopelia orientalis*）

鉴别特征：中等体型（32 cm）的偏粉色斑鸠。颈侧具黑白色的块状斑，体羽羽缘棕色，腰灰，尾羽近黑，尾梢浅灰。下体多偏粉色。虹膜黄色，嘴灰色，脚粉红。

生态习性：栖息于低山丘陵、平原和山地林区、农田以及宅旁竹林和树上；植食性为主兼食昆虫；繁殖期为 4～7 月，窝卵数 2 枚。

地理分布：国内有 4 个亚种。新疆亚种（*S. o. meena*）分布于新疆西部及北部、西藏西部；指名亚种（*S. o. orientalis*）除新疆、台湾外见于各省；云南亚种（*S. o. agricola*）分布于云南西部和南部；台湾亚种（*S. o. orii*）分布于台湾。秦岭地区指名亚种广布于甘肃兰州以东的定西、天水、陇南各县（留鸟）以及甘南临潭、卓尼、迭部、舟曲（夏候鸟）；陕西秦岭南北坡各县（留鸟）；河南三门峡、南阳、信阳各县（留鸟）。

种群数量：极常见。

保护措施：无危 / IRL；未列入 /CSRL，PWL，CITES，CRDB。

◎ 山斑鸠－于晓平　摄

199. 灰斑鸠 Eurasian Collared Dove
(*Streptopelia decaocto*)

◎ 灰斑鸠－廖小青　摄

鉴别特征：中等体型（32 cm）的褐灰色斑鸠。后颈具黑白色半领圈，色浅而多灰。虹膜褐色，嘴灰色，脚粉红。

生态习性：栖息于平原、山麓和低山丘陵地带树林；植食性为主；繁殖期为 4 ～ 8 月，窝卵数 2 枚。

地理分布：国内有 2 个亚种。指名亚种（*S. d. decaocto*）分布于国内大部分地区；缅甸亚种（*S. d. xanthocycla*）分布于云南、安徽、福建、澳门。秦岭地区指名亚种分布于甘肃临潭、卓尼（夏候鸟）；陕西秦岭南北坡各县（留鸟）；河南信阳、桐柏、董寨（留鸟）。

种群数量：常见。

保护措施：无危 / IRL；未列入 / CSRL，PWL，CITES，CRDB。

◎ 灰斑鸠－于晓平　摄

◎ 灰斑鸠－于晓平　摄

◎ 珠颈斑鸠－于晓平　摄

200. 珠颈斑鸠 Spotted Dove

（*Streptopelia chinensis*）

鉴别特征： 中等体型（30 cm）的粉褐色斑鸠。尾略显长，外侧尾羽前端的白色甚宽，飞羽较体羽色深，颈侧的黑色块斑具白点。虹膜橘黄，嘴黑色，脚红色。

生态习性： 栖息于有稀疏树木生长的平原、草地、低山丘陵和农田地带；主要以植物种子为食；繁殖期为 4 ～ 10 月，窝卵数 2 枚。

地理分布： 国内有 3 个亚种。指名亚种（*S. c. chinensis*）分布于国内大部分地区；滇西亚种（*S. c. tigrina*）分布于云南、四川西南部；海南亚种（*S. c. hainana*）分布于海南。秦岭地区指名亚种广布于甘肃兰州、天水以及陇南山地各县（留鸟）；陕西秦岭南北坡各县（留鸟）；河南三门峡、信阳、南阳各县（留鸟）。

种群数量： 常见。

保护措施： 无危 / CSRL；未列入 / IRL, PWL, CITES, CRDB。

◎ 珠颈斑鸠－于晓平　摄

◎ 珠颈斑鸠（卵）－陆竞　摄

◎ 珠颈斑鸠（雏鸟）—陆竞　摄

◎ 珠颈斑鸠（求偶）—于晓平　摄

201. 火斑鸠 Red Turtle Dove（*Streptopelia tranquebarica*）

鉴别特征：小型（23 cm）酒红色斑鸠。颈部的黑色半领圈前端白色。雄鸟头部偏灰，下体偏粉，翼覆羽棕黄；雌鸟色较浅且暗，头暗棕色。虹膜褐色，嘴灰色，脚红色。

生态习性：栖息于开阔的平原、田野、村庄等地，以及低山丘陵和林缘地带；以植物浆果、种子、昆虫等为食；繁殖期为 2～8 月，窝卵数 2 枚。

地理分布：国内仅有普通亚种（*S. t. humilis*）除新疆外见于各省。秦岭地区分布于甘肃兰州以东（留鸟）；陕西周至、洋县、城固、宁陕、汉阴、山阳（留鸟）；河南信阳、董寨保护区（夏候鸟？）。

种群数量：不常见。

保护措施：无危 / IRL；未列入 / CSRL, PWL, CITES, CRDB。

◎ 火斑鸠（雌）–赵纳勋　摄

◎ 火斑鸠(雄）–赵纳勋　摄

202. 斑尾鹃鸠 Barred Cuckoo Dove（*Macropygia unchall*）

鉴别特征： 体型较大（58 cm）。背及尾满布黑色或褐色横斑，头灰，颈、背亮蓝绿色，胸偏粉，渐至白色的臀部，背上横斑较密。虹膜黄色或浅褐色，嘴黑色，脚红色。

生态习性： 栖息于山地森林中，冬季也常出现于低丘陵和山脚平原地带的耕地；主要以植物浆果、种子及谷物为食；繁殖期为 5 ～ 8 月，窝卵数 1 枚。

地理分布： 国内有 2 个亚种。华南亚种（*M. u. minor*）分布于河南、上海、江西、福建、广东、香港、海南；西南亚种（*M. u. tusalia*）分布于云南西部和南部、四川中部。秦岭地区仅有华南亚种记录于河南信阳（留鸟）。

种群数量： 少见。

保护措施： 无危 / CSRL，IRL；稀有 / CRDB；Ⅱ / PWL；未列入 / CITES。

◎ 斑尾鹃鸠－张岩　摄

鹃 形 目
CUCULIFORMES

中型攀禽。嘴纤细，先端微下曲，色泽鲜艳；腿短而弱，对趾型或转趾型足，适于攀缘树栖；翅、尾长，尾圆形；某些种类有巢寄生习性，雏鸟晚成性。全世界 2 科 159 种，中国 1 科 20 种，秦岭地区 1 科 10 种。

（二十九）杜鹃科 Cuculidae

杜鹃科特征同目，秦岭地区 10 种。

203. 红翅凤头鹃 Chestnut-winged Cuckoo（*Clamator coromandus*）

鉴别特征： 体型大（45 cm）的黑白色及棕色杜鹃。尾长，具黑色直立凤头。背及尾黑色具蓝色光泽，翼栗色，喉及胸橙褐色，颈圈白色，腹部近白。虹膜红褐色，嘴黑色，脚黑色。

生态习性： 栖息于低山丘陵和山麓平原等开阔地带的疏林和灌木林中；以毛虫等昆虫为食，偶尔也吃植物果实；繁殖期为 5 ～ 7 月，巢寄生。

地理分布： 无亚种分化。为华中、西南、华南偶见繁殖鸟类。秦岭地区分布于甘肃武山、陇南山地各县（夏候鸟）；陕西秦岭南坡洋县、汉台区、宁陕、石泉、汉阴、安康（夏候鸟）；河南董寨自然保护区、桐柏山、信阳、罗山、光山、新县、横川、商城、固始（夏候鸟、留鸟）。

种群数量： 偶见。

保护措施： 无危 / IRL；未列入 / CSRL，PWL，CITES，CRDB。

红翅凤头鹃－田宁朝　摄

◎ 红翅凤头鹃－廖小凤　摄

◎ 红翅凤头鹃－田宁朝　摄

◎ 大鹰鹃–田宁朝　摄

204. 大鹰鹃 Large Hawk-Cuckoo（*Cuculus sparverioides*）

　　鉴别特征：体型较大（40 cm）。尾端白色，胸棕色，具白色及灰色斑纹，腹部具白色及褐色横斑，额黑色。虹膜橘黄色。上嘴黑色，下嘴黄绿色，脚浅黄色。

　　生态习性：栖息于山林中，高至海拔 1 600 m，冬天常到平原地带；主要以昆虫为食；繁殖期为 4 ～ 7 月，窝卵数 1 ～ 2 枚。

　　地理分布：国内仅有指名亚种（*C. s. sparverioides*）分布于国内大部分地区。秦岭地区分布于甘肃武山以南的文县、康县、武都（夏候鸟）；陕西周至、太白、洋县、佛坪、宁强、南郑、宁陕、石泉、汉阴、山阳（夏候鸟）；河南董寨自然保护区、桐柏山、信阳、罗山、光山、新县、横川、商城、固始（夏候鸟）。

　　种群数量：常见。

　　保护措施：无危 / IRL；未列入 / CSRL，PWL，CITES，CRDB。

◎ 棕腹杜鹃—孔德茂　摄

205. 棕腹杜鹃 Hodgson's Hawk-Cuckoo （*Cuculus nisicolor*）

　　鉴别特征： 中等体型（28 cm）的青灰色杜鹃。额黑，喉偏白，枕部具白色条带，上体青灰，胸棕色，腹白，尾羽具棕色狭边。虹膜红色或黄色，嘴黑色，脚黄色。

　　生态习性： 栖息于山地森林和林缘灌丛地带；主要以松毛虫、毛虫、尺蠖等昆虫为食；繁殖期为5～6月，巢寄生。

　　地理分布： 无亚种分化。分布于华南、东南大部分省份。秦岭地区仅记录于陕西西乡（夏候鸟）。

　　种群数量： 常见。

　　保护措施： 无危 / CSRL；未列入 / IRL，PWL，CITES，CRDB。

　　注： 曾经包括 2 个亚种华南亚种（*C. f. nisicolor*）和华北亚种（*C. f. hyperythrus*）（郑作新，2000）。现各自独立为种——棕腹杜鹃和北棕腹杜鹃（郑光美，2011）。

◎ 四声杜鹃–于晓平　摄

206. 四声杜鹃 Indian Cuckoo（*Cuculus micropterus*）

鉴别特征：中等体型（30 cm）的偏灰色杜鹃。尾灰并具黑色次端斑，灰色头部与深灰色的背部成对比，雌鸟较雄鸟多褐色。虹膜红褐色，眼圈黄色，上嘴黑色、下嘴偏绿，脚黄色。

生态习性：栖息于山地森林和山麓平原地带的森林中；主要以昆虫为食，也吃少量植物性食物；繁殖期为 5～7 月，巢寄生。

地理分布：国内仅有指名亚种（*C. m. micropterus*）分布于除青海、西藏、台湾外的其他各省。秦岭地区分布于甘肃兰州、天水、武都、卓尼、玛曲、临潭（夏候鸟）；陕西秦岭南北各县（包括关山的千阳和陇县）；河南董寨自然保护区、桐柏山、伏牛山、信阳、罗山、光山、新县、横川、商城、固始（夏候鸟）。

种群数量：常见。

保护措施：无危 / IRL；未列入 / CSRL，PWL，CITES，CRDB。

207. 大杜鹃 Common Cuckoo（*Cuculus canorus*）

鉴别特征： 中等体型（32 cm）的杜鹃。上体灰色，尾偏黑，腹部近白而具黑色横斑；雌鸟具棕色变异型，背部具黑色横斑；与四声杜鹃区别在于虹膜黄色，尾上无次端斑，与雌中杜鹃区别在于腰无横斑；幼鸟枕部有白色块斑。虹膜及眼圈黄色，上嘴深色、下嘴黄色，脚黄色。

生态习性： 栖息于山地、丘陵和平原地带的森林中；以昆虫为食；繁殖期 5～7 月，巢寄生。

地理分布： 国内有 3 个亚种。指名亚种（*C. c. canorus*）分布于国内大部分地区；新疆亚种（*C. c. subtelephonus*）分布于内蒙古中部、新疆中西部；华西亚种（*C. c. bakeri*）分布于陕西南部、山西等国内大部分地区。秦岭地区指名亚种广布于甘肃兰州、天水以南的陇南和甘南各县（夏候鸟）；陕西指名亚种分布于眉县、周至、西安、华阴等北坡各县（夏候鸟），南坡各县分布为华西亚种；河南指名亚种分布于董寨自然保护区、桐柏山、伏牛山、信阳、罗山、光山、新县、横川、商城、固始（夏候鸟）。

种群数量： 极常见。

保护措施： 无危 / IRL；未列入 / CSRL，PWL，CITES，CRDB。

注： 陕西秦岭是否为指名亚种与华西亚种的分界线尚需进一步研究。

◎ 大杜鹃–廖小青　摄

◎ 大杜鹃（棕色型）–李飏　摄

◎ 大杜鹃（雄）–廖小青　摄

◎ 东方中杜鹃 – 张岩　摄

208. 东方中杜鹃 Oriental Cuckoo（*Cuculus optatus*）

鉴别特征： 体型较小（26 cm）的灰色杜鹃。腹部和两胁具宽横斑，上体灰色，尾纯灰黑色而无斑，下体皮黄具黑色横斑。与大杜鹃和四声杜鹃的区别在于胸部横斑较粗宽。虹膜红褐色，嘴角质色，腿橘黄色。

生态习性： 夏季繁殖于海拔 1 300 ～ 2 700 m 的丘陵山地，常栖息于树冠部，难以见到；繁殖期 5 ～ 7 月，巢寄生。

地理分布： 无亚种分化。分布于中国东北、西北、东南和华南。秦岭地区见于陕西太白、佛坪、周至（夏候鸟）；河南董寨自然保护区、桐柏山、信阳、罗山、光山、新县、横川、商城、固始（夏候鸟）。

种群数量： 常见。

保护措施： 无危 / IRL；未列入 / CSRL，PWL，CITES，CRDB。

注： 曾作为中杜鹃的华北亚种（*C. saturatus horsfieldi*）（郑作新，2000）；后被独立为种——霍氏中杜鹃（*C. horsfieldi*）（郑光美，2005）；之后郑光美（2011）又依据 Panye（2005）订正为目前的东方中杜鹃（*C. optatus*）。

◎ 小杜鹃 – 田宁朝　摄

209. 小杜鹃 Lesser Cuckoo（*Cuculus poliocephalus*）

鉴别特征：体型较小（26 cm）。上体灰色，头、颈及上胸浅灰；下胸及下体余部白色具黑色横斑。尾灰，具白色窄边。眼圈黄色，虹膜褐色，嘴黄色、端黑，脚黄色。

生态习性：栖息于多森林覆盖的乡野；主要以松毛虫等昆虫为食；繁殖期 6～8 月，巢寄生。

地理分布：无亚种分化。除宁夏、新疆、青海外见于各省。秦岭地区分布于甘肃武山以南的武都、文县和甘南的临潭、卓尼（夏候鸟）；陕西周至、佛坪、太白、洋县、

◎ 小杜鹃（棕色型）– 廖小凤　摄

南郑、宁陕（夏候鸟）；河南董寨自然保护区、桐柏山（夏候鸟）。

种群数量：常见。

保护措施：无危 / IRL；未列入 / CSRL，PWL，CITES，CRDB。

210. 噪鹃 Common Koel （*Eudynamys scolopacea*）

鉴别特征：体型较大（42 cm）的杜鹃。全身黑色（雄鸟）或灰褐色，杂以白色点斑（雌鸟）。虹膜红色，嘴浅绿，脚蓝灰。

生态习性：栖息于山地、丘陵等林木茂盛的地方；主要以植物果实、种子和昆虫为食；繁殖期 3 ～ 8 月，巢寄生。

地理分布：国内有 2 个亚种。华南亚种（*E. s. chinensis*）分布于河南、陕西南部等地；海南亚种（*E. s. harterti*）分布于海南、台湾。秦岭地区分布于甘肃陇南文县（夏候鸟）；陕西秦岭南、北坡各县（夏候鸟）；河南董寨自然保护区、桐柏山、信阳、罗山、光山、新县、横川、商城、固始（夏候鸟）。

种群数量：常见。

保护措施：无危 / IRL；未列入 / CSRL，PWL，CITES，CRDB。

◎ 噪鹃（雌）－于晓平　摄

◎ 噪鹃（雄）－廖小凤　摄

◎ 褐翅鸦鹃-孔德茂　摄

211. 褐翅鸦鹃　Greater Coucal（*Centropus sinensis*）

鉴别特征：体大（52 cm）而尾长的鸦鹃。体羽全黑，仅上背、翼及翼覆羽为纯栗红色。虹膜红色，嘴黑色，脚黑色。

生态习性：栖息于 1 000 m 以下的低山丘陵和平原地区的林缘灌丛等地；主要以昆虫及一些植物性食物为食；3 月份开始繁殖，窝卵数 3 ～ 5 枚。

地理分布：国内有 2 个亚种。指名亚种（*C. s. sinensis*）分布于贵州南部、浙江、福建、广东、香港、广西；云南亚种（*C. s. intermedius*）分布于云南西部和南部。秦岭地区记录于陕西宁陕（夏候鸟）；河南董寨自然保护区（留鸟）。

种群数量：种群数量不详，秦岭地区仅 1 次记录。

保护措施：近危 / CSRL；无危 / IRL；易危 / CRDB；Ⅱ / PWL；未列入 / CITES。

注：陕西宁陕的记录仅有一次（杨亚乔，2012），尚需进一步证实。

212. 小鸦鹃 Lesser Coucal （*Centropus bengalensis*）

鉴别特征：体略大（42 cm）的棕色和黑色鸦鹃。尾长，似褐翅鸦鹃但体型较小，色彩暗淡，色泽显污浊，上背及两翼的栗色较浅且现黑色。虹膜红色，嘴黑色，脚黑色。

生态习性：栖息于低山丘陵和开阔山脚平原地带的灌丛、次生林等地；主要以昆虫及小型动物为食；繁殖期 3 ～ 8 月，窝卵数 3 ～ 5 枚。

地理分布：仅有华南亚种（*C. b. lignator*）分布于中国东南、海南和台湾。秦岭地区分布于汉中市汉台区（赵纳勋等，2016）以及河南南部董寨自然保护区、桐柏山、信阳、罗山、光山、新县、横川、商城、固始（夏候鸟、留鸟）。

种群数量：数量不详，秦岭地区偶见。

保护措施：近危 / CSRL；无危 / IRL；易危 / CRDB；Ⅱ / PWL；未列入 / CITES。

注：过去有些作者将本种与分布于马达加斯加的马岛小鸦鹃（*Centropus toulou*）视为同一种，因此本种学名成为 *Centropus toulou*（刘小如等，2010），但现今有些作者已不采用。

◎ 小鸦鹃–顾磊　摄

鸮形目
STRIGIFORMES

夜行性猛禽。具钩嘴利爪，嘴基具蜡膜；具面盘，两眼前视；转趾型足，脚趾被羽；体羽柔软，飞行无声，羽色多褐；林栖，以昆虫、鼠类、小鸟等为食。全世界 2 科 205 种，中国 2 科 31 种，秦岭地区 1 科 14 种。

（三十）鸱鸮科 Strigidae

鸱鸮科特征同目，秦岭地区 14 种。

213. 红角鸮 Oriental Scops Owl（*Otus sunia*）

鉴别特征：小型（20 cm）猛禽，属于体型小的"有耳"型角鸮。体羽多纵纹，有棕色型和灰色型之分。虹膜黄色，嘴角质色，脚褐灰。

生态习性：栖息于山地阔叶林和混交林中；主要以鼠类、甲虫、蝗虫、鞘翅目昆虫为食；繁殖期 5 ～ 8 月，窝卵数 3 ～ 6 枚。

地理分布：国内有 3 个亚种。日本亚种（*O. s. japonicus*）分布于台湾；华南亚种（*O. s. mallorcae*）分布于云南、安徽、江苏、浙江等地；东北亚种（*O. s. stictonotus*）分布于黑龙江、吉林、辽宁、河北、陕西、

◎ 红角鸮－廖小凤 摄

山西等地。秦岭地区东北亚种分布于甘肃陇南、陇东南（留鸟）；陕西秦岭南北坡各县（留鸟）；河南董寨自然保护区、桐柏山、伏牛山、信阳、罗山、光山、新县、横川、商城、固始（留鸟）。

种群数量：常见。

保护措施：无危 / CSRL；Ⅱ / PWL，CITES；未列入 / IRL，CRDB。

注：以前的"红角鸮"（*Otus scops*）已被分离为 2 个种，其新疆亚种（*O. s. pulchellus*）独立为种，被称为"西红角鸮"（*Otus scops*）；而将红角鸮的学名订正为 *Otus sunia*（郑光美等，2005；2011）。但也有学者沿用过去的红角鸮（*O. scops*）。

◎ 红角鸮（当年幼鸟）－廖小凤 摄

◎ 红角鸮（亚成体）－廖小凤 摄

214. 领角鸮 Collared Scops Owl（*Otus lettia*）

鉴别特征： 小型（24 cm）鸮类。具耳羽簇及浅沙色颈圈。上体偏灰或沙褐，多具黑色及皮黄色的杂纹或斑块；下体皮黄色，条纹黑色。虹膜深褐，嘴黄色，脚污黄。

生态习性： 栖息于山地阔叶林和混交林中；主要以鼠类、甲虫、蝗虫、鞘翅目昆虫为食；繁殖期3～6月，营巢于天然树洞内，窝卵数2～6枚。

地理分布： 国内有5个亚种。华南亚种（*O. l. erythrocampe*）分布于山西、云南、四川、广东等地；台湾亚种（*O. l. glabripes*）分布于台湾；滇西亚种（*O. l. lettia*）分布于西藏东南部；海南亚种（*O. l. umbratilis*）分布于海南；东北亚种（*O. l. ussuriensis*）分布于黑龙江、吉林、辽宁、河北、陕西、山西等地。秦岭地区东北亚种分布于甘肃东南部（留鸟）；陕西洋县、佛坪、太白、周至、宁陕（留鸟）；河南董寨自然保护区、桐柏山、信阳、罗山、光山、新县、横川、商城、固始（留鸟）。

种群数量： 常见。

保护措施： 无危 / CSRL；Ⅱ / PWL，CITES；未列入 / IRL，CRDB。

注： König & Weick（2008）根据声学和遗传学的证据将分布于中国的领角鸮的学名订正为 *Otus lettia*，而以前的领角鸮（*O. bakkemoena*）被称为印度领角鸮。郑光美（2011）予以采用而刘迺发等（2013）沿用 *Otus bakkemoena*。

◎ 领角鸮–李疭　摄

215. 雕鸮 Eurasian Eagle-Owl（*Bubo bubo*）

鉴别特征：大型（69 cm）夜行性猛禽。耳羽簇长，体羽褐色斑驳，胸部片黄，多具深褐色纵纹，羽延伸至趾。虹膜橙黄，嘴灰色，脚黄色。

生态习性：栖息于山地森林、荒野、峭壁等各类环境中；以各种鼠类为主要食物；繁殖期随地区而不同，通常营巢于树洞、悬崖峭壁等地，窝卵数2～5枚。

地理分布：国内有5个亚种。大山亚种（*B. b. hemachalanus*）分布于宁夏、甘肃北部、青海、西藏等地；华南亚种（*B. b. kiautschensis*）分布于陕西、河南、云南、四川等地；远东亚种（*B. b. turcomanus*）分布于新疆；东北亚种（*B. b. ussuriensis*）分布于东北三省、山西、内蒙古等地；北疆亚种（*B. b. yenisseensis*）分布于新疆北部。秦岭地区大山亚种分布于甘南临潭、卓尼、夏河、合作、碌曲、玛曲、迭部、舟曲（留鸟）；华南亚种分布于兰州、天水、武山、武都等陇南山地（留鸟）；陕西广布于秦岭南北坡各县（留鸟）；河南三门峡库区、董寨自然保护区、桐柏山、信阳、罗山、光山、新县、横川、商城、固始（留鸟）。

种群数量：常见。

保护措施：无危 / CSRL；Ⅱ / PWL，CITES；未列入 / IRL，CRDB。

◎ 雕鸮－王爱军　摄

◎ 雕鸮－申耀耀　摄

◎ 雕鸮（威武之家）－于晓平　摄

216. 雪鸮 Snowy Owl（*Bubo scandiacus*）

鉴别特征： 体型硕大（61 cm）的白色鸮鸟。头圆而小，头顶、背、两翼及下胸羽尖黑色使体羽满布黑点，雪中为灰色。虹膜黄色，嘴灰色，爪基灰色，末端黑色。

生态习性： 夏季主要栖息于北极的冻原带等，冬季则主要栖于苔原森林、平原等地带；主要以小型哺乳动物为食；繁殖期为 5 ～ 8 月，窝卵数多为 4 枚。

地理分布： 无亚种分化。分布于黑龙江、吉林、陕西、河北、内蒙古东北部、新疆。秦岭地区记录于陕西户县、佛坪、周至（迷鸟）。

种群数量： 极罕见。

保护措施： 无危 / CSRL，IRL；Ⅰ / PWL，Ⅱ / CITES；未列入 / CRDB。

◎ 雪鸮-郑光武　摄

217. 黄腿渔鸮 Tawny Fish Owl（*Ketupa flavipes*）

鉴别特征： 大型（61 cm）的棕色渔鸮。具耳羽簇，眼黄，具白色喉斑。上体棕黄色，具深褐色纵纹但纹上无斑。虹膜黄色，嘴角质黑色，蜡膜绿色，脚偏灰。

生态习性： 栖息于山区茂密森林的溪流畔；主要以鱼类为食，兼食鼠类等；繁殖期从 11 月至翌年 2 月，通常利用鹰类的旧巢，也产卵于地洞或岩洞中，窝卵数 2 枚。

地理分布： 无亚种分化。分布于云南、四川、湖北、安徽等地。秦岭地区分布于甘肃武山、文县、舟曲（留鸟）；陕西眉县、周至、佛坪、洋县、城固、南郑、宁强、石泉、宁陕、山阳（留鸟）。

种群数量： 偶见。

保护措施： 无危 / CSRL；Ⅱ / PWL，CITES；未列入 / IRL，CRDB。

◎ 黄腿渔鸮-张玉柱　摄

◎ 黄腿渔鸮-王爱军　摄

◎ 领鸺鹠-卢宪　摄

218. 领鸺鹠 Collared Owlet（*Glaucidium brodiei*）

鉴别特征： 体型瘦小（16 cm）。头顶灰色，具白或皮黄色的小斑点，颈圈浅色，无耳羽簇；喉白具褐色横斑；胸及腹部皮黄色，具黑色横斑；颈背有橘黄及黑色假眼。虹膜黄色，嘴角质色，脚灰色。

生态习性： 栖息于山地森林和林缘灌丛地带；主要以昆虫和鼠类为食；繁殖期为 3 ～ 7 月，通常营巢于树洞和天然洞穴中，窝卵数 2 ～ 6 枚。

地理分布： 国内有 2 个亚种。指名亚种（*G. b. brodiei*）分布于西藏东南部、华中、东南、华南（包括海南）；台湾亚种（*G. b. pardalotum*）分布于台湾。前者在秦岭地区分布于甘肃陇南山地、甘南舟曲（留鸟）；陕西周至、洋县、佛坪、太白、西乡（留鸟）；河南董寨自然保护区、桐柏山、信阳、罗山、光山、新县、横川、商城、固始（留鸟）。

种群数量： 偶见。

保护措施： 无危 / CSRL；Ⅱ / PWL，CITES；未列入 / IRL，CRDB。

219. 斑头鸺鹠 Asian Barred Owlet（*Glaucidium cuculoides*）

鉴别特征： 体型较小（24 cm）。额至头顶具褐及黑色横斑，颏纹白色；上体棕色或褐色，下体两侧褐色，具赭色横斑；尾黑褐色，有白色细横纹。虹膜黄褐，喙偏绿端黄，脚绿黄色。

生态习性： 栖息于山地林区及林缘、近山的农耕地；主要捕食昆虫、鼠类；繁殖期在 3 ～ 6 月，通常营巢于树洞或天然洞穴中，窝卵数 3 ～ 5 枚。

地理分布： 国内有 5 个亚种。墨脱亚种（*G. c. austerum*）分布于西藏东南部；滇南亚种（*G. c. brugeli*）分布于云南南部；海南亚种（*G. c. persimilie*）分布于海南；滇西亚种（*G. c. rufescens*）分布于云南西部；华南亚种（*G. c. whitelyi*）分布于国内大部分地区。秦岭地区华南亚种分布于甘肃武山、天水、文县（留鸟）；陕西秦岭南北坡各县（留鸟）；河南董寨自然保护区、桐柏山、信阳、罗山、光山、新县、横川、商城、固始（留鸟）。

◎ 斑头鸺鹠（当年幼鸟）-田宁朝　摄

种群数量： 较常见。

保护措施： 无危 / CSRL；Ⅱ / PWL，CITES；未列入 / IRL，CRDB。

◎ 斑头鸺鹠-于晓平　摄

220. 鹰鸮 Brown Hawk-Owl（*Ninox scutulata*）

鉴别特征： 中等体型（30 cm）。眼大深色似鹰。上体深褐，下体皮黄，具宽阔的红褐色纵纹，臀、颏及嘴基部的点斑均白。虹膜亮黄，嘴蓝灰，蜡膜绿色，脚黄色。

生态习性： 栖息于海拔 2 000 m 以下的针阔叶混交林和阔叶林中；主要以鼠类、小鸟和昆虫等为食；繁殖期为 5～7 月，通常营巢于天然树洞中，窝卵数 3 枚。

地理分布： 国内有 2 个亚种。华南亚种（*N. s. burmanica*）分布于安徽、四川、河南南部、江西等地；印度亚种（*N. s. lugubris*）分布于西藏东南部。秦岭地区分布于甘肃康县、文县（留鸟）；陕西佛坪、安康、洋县、西乡、宁陕（留鸟）；河南董寨自然保护区、信阳、罗山、光山、新县、横川、商城、固始（留鸟）。

种群数量： 罕见。

保护措施： 无危 / CSRL；Ⅱ / PWL，CITES；未列入 / IRL，CRDB。

◎ 鹰鸮-田宁朝　摄

221. 纵纹腹小鸮 Little Owl（*Athene noctua*）

鉴别特征： 体型小（23 cm）。头顶具褐色纹，上体褐色，具白色纵纹和点斑，肩有两道白色或皮黄色横斑；下体白色有褐色杂斑和纵纹。虹膜亮黄色，喙角质黄色，脚被白色羽毛。

生态习性： 栖息于低山丘陵、林缘灌丛和平原森林地带；主要以昆虫和鼠类为食；繁殖期为5～7月，通常营巢于悬崖的缝隙、岩洞等处，窝卵数2～8枚。

地理分布： 国内有4个亚种。青海亚种（*A. n. impasta*）分布于甘肃、青海、四川北部；西藏亚种（*A. n. ludlowi*）分布于新疆西南部、西藏南

◎ 纵纹腹小鸮–廖小凤　摄

部和东部、云南西北部、四川西部、湖北西北部；新疆亚种（*A. n. orientalis*）分布于新疆中部和北部；普通亚种(*A. n. plumipes*)分布于甘肃西南部以东至中国东部及东北。秦岭地区分布于甘肃兰州、武山（普通亚种，留鸟）、甘南高原（青海亚种，留鸟）；陕西周至、宁强、南郑、安康、洋县、佛坪、太白（留鸟）；河南董寨自然保护区、桐柏山、伏牛山、信阳、罗山、光山、新县、横川、商城、固始（留鸟）。

种群数量： 较常见。

保护措施： 无危 / CSRL；Ⅱ / PWL，CITES；未列入 / IRL，CRDB。

◎ 纵纹腹小鸮–廖小青　摄

222. 灰林鸮 Tawny Owl（*Strix aluco*）

鉴别特征：中等体型（43 cm）。眼区内侧灰白，通体具浓红褐色的杂斑及棕纹或通体灰色而具灰褐色杂斑，胸、腹部羽毛具复杂的纵纹及横斑。虹膜深褐，喙黄色，脚黄色。

生态习性：栖息于落叶疏林，喜靠近水源的地方；主要以啮齿类为食；繁殖期 2 ～ 5 月，主要营巢于树洞中，窝卵数 2 ～ 3 枚。

地理分布：国内有 3 个亚种。河北亚种（*S. a. nivicola*）分布于东北三省、河北、北京、山东；华南亚种（*S. a. nivicola*）分布于西藏东南部、四川、安

◎ 灰林鸮–田宁朝　摄

徽等地；台湾亚种（*S. a. nivicola*）分布于台湾。秦岭地区分布于甘肃文县、玛曲（留鸟）；陕西佛坪、南郑、安康、洋县、太白、西乡（留鸟）；河南信阳、罗山、光山、新县、横川、商城、固始（留鸟）。

种群数量：罕见。

保护措施：无危 / CSRL；Ⅱ / PWL，CITES；未列入 / IRL，CRDB。

◎ 灰林鸮–岳明　摄

223. 四川林鸮 Sichuan Wood Owl（*Strix davidi*）

鉴别特征： 中等体型（54 cm）的灰褐色鸮。面盘灰色，无耳羽。似灰林鸮但体大且下体纵纹简单，与异域分布的长尾林鸮（*S. uralensis*）极其相似，不好区分。虹膜褐色，嘴黄色，脚被羽且具灰色或褐色横带。

生态习性： 栖息于海拔 2 500 m 以上针叶林中；主要以鼠兔、甘肃仓鼠等为食；繁殖期 3 ～ 6 月，通常营巢于较大树洞中，也在较高石崖上营巢，窝卵数 2 ～ 4 枚。

地理分布： 中国唯一的鸮形目鸟类特有种，无亚种分化。分布于甘肃南部、青海东南部和四川西部。秦岭地区仅分布于甘肃莲花山、卓尼、碌曲、迭部、舟曲（留鸟）。

种群数量： 数量不详，秦岭地区罕见。

保护措施： 易危 / CSRL；稀有 / CRDB；Ⅱ / CITES，PWL；未列入 / IRL。

注： 曾被作为长尾林鸮（*Strix uralensis*）的四川亚种（*S. u. davidi*）（郑作新，1987；1994；2000）；之后被独立为种（*S. davidi*）（Konig et al., 1999；郑光美，2005，2011；刘廼发等，2013）。

◎ 四川林鸮–蔡琼 摄

◎ 长耳鸮-廖小青　摄

224. 长耳鸮 Long-eared Owl（*Asio otus*）

鉴别特征： 中等体型（36 cm）。面盘显著，眼区内侧白色，耳羽簇粗而显著。上体褐色，具深色块斑；下体皮黄色，具棕色杂纹及褐色纵纹或斑块。虹膜橙黄，喙角质灰色，脚近肉色。

生态习性： 栖息于各种类型的森林中；主要捕食鼠类、小鸟；繁殖期 4 ~ 6 月，通常利用其他鸟类的旧巢，有时也在树洞中营巢，窝卵数 3 ~ 8 枚。

地理分布： 仅有指名亚种（*A. o. otus*）除海南外见于各省。秦岭地区分布于甘肃兰州（冬候鸟）；陕西西安、华阴、大荔、潼关、洋县、宁强、太白、山阳、丹凤（冬候鸟或旅鸟）；河南桐柏山、伏牛山、信阳、罗山、光山、新县、横川、商城、固始（冬候鸟）。

种群数量： 较少见，近年来在西安渭河南岸滩涂的人工林中发现较多的越冬小群体，2016 年 1 月最大集群数量 14 只。

保护措施： 无危 / CSRL；Ⅱ / PWL，CITES；未列入 / IRL，CRDB。

225. 短耳鸮 Short-eared Owl（*Asio flammeus*）

鉴别特征：中等体型(38 cm)。面盘圆而显著，皮黄色而带有褐色细纹，耳羽簇短小。上体黄褐，满布黑色和皮黄色纵纹；下体皮黄色，具深褐色纵纹。虹膜黄色，喙深灰，脚偏白。

生态习性：栖息于低山、丘陵、沼泽、草地等各类生境中；主要以鼠类为食；繁殖期4～6月，通常营巢于沼泽附近草丛中，窝卵数3～8枚。

地理分布：仅有指名亚种（*A. f. flammeus*）繁殖于内蒙古东部和中国东北，迁徙时见于各省。秦岭地区分布于甘肃甘南高原（冬候鸟）；陕西分布于西安、大荔、潼关、佛坪、洋县、西乡（冬候鸟）；河南桐柏山、伏牛山、信阳、罗山、光山、新县、横川、商城、固始（冬候鸟）。

种群数量：冬季较常见，陕西渭河滩涂可见2～4只的越冬小群体。

保护措施：无危 / CSRL；Ⅱ / CITES，PWL；未列入 / IRL，CRDB。

◎ 短耳鸮（起飞瞬间）–廖小凤　摄

◎ 短耳鸮–于晓平　摄

◎ 短耳鸮–廖小青　摄

◎ 短耳鸮–于晓平　摄

226. 鬼鸮 Boreal Owl（*Aegolius funereus*）

鉴别特征：体型小（25 cm）而多具点斑。雌雄羽色相同。额、头顶及枕部褐色，有白色椭圆斑，面盘白色，外侧羽缘褐色，胸以下为白色，有褐色纵斑，翅褐色。虹膜亮黄，嘴角质灰，脚黄且被白色羽。

生态习性：栖息于针叶林和针叶阔叶混交林；主要以鼠类为食；繁殖期为 3～7 月，通常营巢于天然树洞中，窝卵数 3～6 枚。

地理分布：国内有 3 个亚种。甘肃亚种（*A. f. beickianus*）分布于甘肃南部、青海东部、四川北部；新疆亚种（*A. f. pallens*）分布于新疆西北部；东北亚种（*A. f. sibiricus*）分布于黑龙江、吉林、内蒙古东北部。秦岭地区仅记录于甘肃莲花山（留鸟）；陕西宁强的旅鸟记录（巩会生等，2007）有待进一步证实。

种群数量：罕见。

保护措施：无危 / CSRL；Ⅱ / PWL，CITES；未列入 / IRL，CRDB。

◎ 鬼鸮–陈军德　摄

夜 鹰 目
CAPRIMULGIFORMES

夜行性攀禽。喙短而宽，口裂极大，口须极发达，适于飞行捕食；翼尖长，具有夜鹰式的飞行方式，迅速敏捷；尾长圆形；腿短弱，跗跖被羽，并趾足，中趾爪内侧具栉缘；体羽松软，黑、褐、白色混杂斑驳；雏鸟晚成性。全世界5科117种，中国2科8种，秦岭地区1科1种。

（三十一）夜鹰科 Caprimulgidae

夜鹰科特征同目，秦岭地区仅1种——普通夜鹰。

227. 普通夜鹰 Indian Jungle Nightjar（*Caprimulgus indicus*）

鉴别特征： 中等体型（28 cm）。通体几乎全为暗褐斑杂状。雄鸟尾羽具白色斑纹，雌鸟似雄鸟，但白色块斑呈皮黄色，喉具白斑。虹膜褐色，嘴偏黑，脚深棕色。

生态习性： 栖息于海拔3 000 m以下的阔叶林和针阔叶混交林；主要以昆虫为食；繁殖期5～8月，窝卵数2枚。

地理分布： 国内有2个亚种。西藏亚种（*C. i. hazarae*）分布于西藏东南部、云南西北部；普通亚种（*C. i. jotaka*）分布于除新疆、青海外的其他各省。秦岭地区分布于甘肃武山、文县（夏候鸟）；陕西城固、洋县、佛坪、宁陕、石泉、太白（夏候鸟）；河南董寨保护区、桐柏山、伏牛山、信阳、罗山、光山、新县、横川、商城、固始（夏候鸟或留鸟）。

种群数量： 常见。

保护措施： 无危／CSRL；未列入／IRL，PWL，CITES，CRDB。

◎ 普通夜鹰-廖小青　摄

雨燕目
APODIFORMES

小 型攀禽。喙型多样；翼尖长适疾飞或短圆可悬停；腿短而弱，跗跖多被羽；唾液腺发达；雌雄同色，羽多具光泽；雏鸟晚成性；广布全球。全世界 2 科 96 种，中国 2 科 11 种，秦岭地区 1 科 5 种。

（三十二）雨燕科 Apodidae

体型似燕。喙短口裂大；跗跖被羽或裸露；前趾型或后趾可转动，适于悬崖停息；体羽多黑褐；集大群活动；以唾液混合蕨类、草茎等物筑巢（燕窝）；雏鸟晚成。秦岭地区 5 种。

228. 白喉针尾雨燕 White-throated Needletail（*Hirundapus caudacutus*）

鉴别特征：体型较大（20 cm）。颏及喉白色，尾下覆羽白色，三级飞羽具小块白色，背褐，上具银白色马鞍形斑块。虹膜深褐，嘴黑色，脚黑色。

生态习性：栖息于山地森林、河谷等开阔地带；主要以双翅目、鞘翅目等飞行性昆虫为食；繁殖期为 5 ～ 7 月，营巢于悬岩石缝和树洞中，窝卵数 2 ～ 6 枚。

地理分布：国内有 2 个亚种。指名亚种（*H. c. caudacutus*）分布于国内大部分地区；西南亚种（*H. c. caudacutus*）分布于西藏东部、云南西北部、四川。秦岭地区分布于甘肃文县、舟曲、迭部（夏候鸟）；陕西太白、洋县、周至（夏候鸟）；河南伏牛山区（夏候鸟）。

种群数量：常见。

保护措施：无危 / CSRL；未列入 / IRL，PWL，CITES，CRDB。

◎ 白喉针尾雨燕 –沈越　摄

◎ 小白腰雨燕–李飏　摄

229. 小白腰雨燕 House Swift（*Apus nipalensis*）

鉴别特征： 中等体型（15 cm）的偏黑色雨燕。喉及腰白色，羽轴褐色，翼烟灰褐色。尾为凹型近乎平切，尾上覆羽暗褐色，具铜色光泽。虹膜暗褐色，嘴黑色，脚和趾黑褐色。

生态习性： 主要栖息于开阔的林区、城镇、悬岩和岩石海岛等各类生境中；主要以膜翅目等飞行性昆虫为食；繁殖期 4 ～ 7 月，营巢于岩壁、洞穴和建筑物上，窝卵数 2 ～ 4 枚。

地理分布： 国内有 2 个亚种。华南亚种（*A. n. subfurcatus*）分布于云南南部、贵州、四川、浙江等地；台湾亚种（*A. n. nipalensis*）分布于台湾。秦岭地区分布于甘肃莲花山（夏候鸟）；陕西眉县、周至、洋县、城固、宁陕、石泉、安康（夏候鸟）。

种群数量： 不常见。

保护措施： 无危 / CSRL；未列入 / IRL，PWL，CITES，CRDB。

◎ 白腰雨燕-张岩　摄

230. 白腰雨燕 Fork-tailed Swift（*Apus pacificus*）

　　鉴别特征：体型略大（18 cm）的污褐色雨燕。颏偏白，头顶至上背具淡色羽缘，下背、两翅表面和尾上覆羽微具光泽，腰白色，尾长而尾叉深。虹膜深褐，嘴黑色，脚偏紫色。

　　生态习性：栖息于陡峻的山坡、悬岩、河流、水库等地；以各种昆虫为食；繁殖期 5 ～ 7 月，窝卵数 2 ～ 3 枚。

　　地理分布：国内有 2 个亚种。指名亚种（*A. p. pacificus*）分布于黑龙江、河北、甘肃西部等地；华南亚种（*A. p. pacificus*）分布于陕西、甘肃、青海、江西等地。秦岭地区分布于甘肃兰州、陇南山地各县、甘南莲花山、卓尼、碌曲、玛曲、迭部、舟曲（夏候鸟）；陕西秦岭南北坡各县（夏候鸟）；河南三门峡、信阳、南阳各县（夏候鸟）。

　　种群数量：常见。

　　保护措施：无危 / CSRL；未列入 / IRL，PWL，CITES，CRDB。

231. 普通雨燕 Common Swift（*Apus apus*）

鉴别特征： 体型较大（17 cm）的雨燕。翼狭长而尖，尾叉深；额及颏偏白，余部棕褐色。虹膜褐色，嘴、腿黑色。

生态习性： 栖于城市古建筑区以及山区；以飞虫和其他空中的节肢动物为食；筑巢于古建筑的壁龛、岩石缝隙或洞穴内，多种巢材用唾液黏合，窝卵数 1 ～ 6 枚。

地理分布： 仅有北京亚种（*A. a. pekinensis*）繁殖于长江以北地区。秦岭地区分布于甘肃天水、武山、兰州、临洮、榆中、康县、文县、舟曲（夏候鸟）；陕西秦岭南北坡各县（夏候鸟）；河南三门峡、信阳、南阳各县（夏候鸟）。

种群数量： 常见。

保护措施： 无危 / IRL；未列入 / CSRL，PWL，CITES，CRDB。

◎ 普通雨燕–沈越　摄

◎ 普通雨燕–张岩　摄

◎ 短嘴金丝燕-顾磊　摄

232. 短嘴金丝燕 Himalayan Swiftlet （*Aerodramus brevirostris*）

鉴别特征： 小型（13 cm）鸟类。上体烟灰色，翅甚长，折合时明显突出于尾端；下体灰褐色或褐色，胸以下具褐色或黑色羽干纹。虹膜色深，嘴、脚黑色。

生态习性： 栖息于海拔 500 ～ 4 000 m 的山坡石灰岩溶洞中；主要以各种蛾类和飞行昆虫为食；繁殖期 5 ～ 7 月，通常营巢于岩壁洞中岩壁上，窝卵数 2 枚。

地理分布： 国内有 3 个亚种。指名亚种（*A. b. brevirostris*）分布于西藏东南部、云南西北部；云南亚种（*A. b. rogersi*）分布于云南西南部；四川亚种（*A. b. innominatus*）分布于云南、贵州北部、四川东北部和中部、湖北西部、湖南、香港。秦岭地区仅记录于陕西安康、西乡（夏候鸟）。

种群数量： 偶见。

保护措施： 无危 / CSRL；未列入 / IRL，PWL，CITES，CRDB。

佛法僧目
CORACIIFORMES

小型至大型攀禽。喙型多样；腿短、脚弱、并趾型；翅短圆；洞穴筑巢，雏鸟晚成；全球广布，温热带居多。全世界 7 科 152 种，中国 3 科 21 种，秦岭地区 3 科 8 种。

（三十三）翠鸟科 Alcedinidae

中小体型。喙粗长而直，先端尖锐沾红；腿短弱，并趾型；翅短圆，常直线低平速飞；体羽紧密不沾水，以蓝、绿、栗、白色为主；多以伏击式捕食水中鱼类。秦岭地区6种。

233. 冠鱼狗 Crested Kingfisher（*Megaceryle lugubris*）

鉴别特征： 中型（41 cm）翠鸟。冠羽发达，大块的白斑由颊区延至颈侧。下体白色，具黑色斑纹，两胁具皮黄色横斑。雄鸟翼线白色，雌鸟黄棕色。虹膜褐色，嘴黑色，脚黑色。

生态习性： 栖息于山麓、小山丘或平原森林河溪间；主要以鱼类等水生动物为食；繁殖期2～8月，窝卵数4～7枚。

地理分布： 国内有2个亚种。指名亚种（*M. l. lugubris*）仅分布于辽宁南部；普通亚种（*M. l. guttulata*）分布于中国中部、东部和南部。秦岭地区广泛分布于甘肃陇南、陇东南各县（留鸟）；陕西秦岭南北坡各县（留鸟）；河南董寨保护区、桐柏山、伏牛山、信阳市各县（留鸟）。

种群数量： 常见。

保护措施： 无危 / CSRL；未列入 / IRL，PWL，CITES，CRDB。

◎ 冠鱼狗－廖小凤 摄

◎ 冠鱼狗－于晓平 摄

◎ 冠鱼狗－田宁朝 摄

234. 斑鱼狗 Lesser Pied Kingfisher（*Ceryle rudis*）

鉴别特征：体型（27 cm）中等的黑白色鱼狗。冠羽较小，具白色眉纹。上体黑而多具白点，上胸具黑色的宽阔条带，其下具狭窄的黑斑；下体白色。虹膜褐色，嘴黑色，脚黑色。

生态习性：栖息于湖泊、河流、沼泽、水库等地；以小鱼为食，兼吃甲壳类水生生物；通常在海岸或湖泊河流的堤岸挖洞营巢；产卵期北方3～9月，南方4～8月，窝卵数3～6枚。

◎ 斑鱼狗–张海华　摄

地理分布：中国有2个亚种。云南亚种（*C. r. leucomelanura*）留鸟见于云南、广西；指名亚种（*C. r. rudis*）留鸟见于湖北西部、湖南、江西、浙江、福建、海南等地。秦岭地区仅记录于河南南部董寨自然保护区（留鸟）。

种群数量：不常见。

保护措施：无危 / CSRL；未列入 / IRL，PWL，CITES，CRDB。

◎ 斑鱼狗–张岩　摄

◎ 普通翠鸟－廖小青　摄

235. 普通翠鸟 Common Kingfisher（*Alcedo atthis*）

鉴别特征：体型（15 cm）较小。羽色亮蓝色及棕色。上体金属浅蓝绿色，颈侧具白色点斑；下体橙棕色，颏白。虹膜褐色，嘴黑色（雄鸟），下颚橘黄色（雌鸟），脚红色。

生态习性：栖息于有灌丛或疏林、水清澈而缓流的小河、溪涧、湖泊以及灌溉渠等水域；以鱼虾为食；繁殖期 5 ～ 8 月，窝卵数 5 ～ 7 枚。

地理分布：国内有 2 个亚种。指名亚种（*A. a. atthis*）分布于新疆北部和西部；普通亚种（*A. a. bengalensis*）分布于除新疆外的其他各省。秦

◎ 普通翠鸟－廖小凤　摄

岭地区广布于甘肃兰州、武山、康县、文县、莲花山（留鸟）；陕西秦岭南北坡各县（留鸟）；河南三门峡、信阳、南阳各县（留鸟）。

种群数量：常见。

保护措施：无危 / CSRL；未列入 / IRL，PWL，CITES，CRDB。

236. 蓝翡翠 Black-capped Kingfisher（*Halcyon pileata*）

鉴别特征：体型较大（30 cm）的蓝、白及黑色翡翠。头黑，翼上覆羽黑色，上体蓝或紫色，两胁及臀沾棕色。飞行时白色翼斑显见。虹膜深褐色，嘴红色，脚红色。

生态习性：栖息于林中溪流及山脚与平原地带的河流、沼泽地带；主要以小鱼、虾等水生动物为食；繁殖期 5～7 月，营巢于土崖壁上或河流堤坝上，窝卵数 4～6 枚。

地理分布：无亚种分化。除青海、新疆、西藏外见于各省。秦岭地区分布于甘肃武山、文县（夏候鸟）；陕西秦岭南北坡各县（夏候鸟）；河南董寨保护区、桐柏山、伏牛山、信阳各县（夏候鸟）。

种群数量：较常见。

保护措施：无危 / CSRL；未列入 / IRL，PWL，CITES，CRDB。

◎ 蓝翡翠-廖小青　摄

◎ 蓝翡翠（求偶）-廖小青　摄

◎ 赤翡翠-蔡琼　摄

237. 赤翡翠 Ruddy Kingfisher（*Halcyon coromanda*）

鉴别特征：中型（25 cm）翠鸟。上体为鲜亮的棕紫色，颏、喉白色；从嘴下延至后颈两侧为一粗的黄白色纹，腰浅蓝色，下体棕色。虹膜褐色，嘴红色或橙红色，脚红色或橙红色。

生态习性：栖息于沿海森林、沼泽森林及红树林或林中溪流水塘；以青蛙、小鱼、昆虫类、蜥蜴等食物为主；繁殖期 5 ～ 7 月，通常在地面或河岸打洞筑巢，窝卵数 4 ～ 6 枚。

地理分布：国内有 3 个亚种。指名亚种（*H. c. coromanda*）分布于云南南部；东北亚种（*H. c. major*）分布于东北三省、河北、江西、河南、福建、台湾等地；台湾亚种（*H. c. bangsi*）分布于台湾。秦岭地区仅东北亚种迁徙季节经过河南南部（旅鸟）。

种群数量：稀有。

保护措施：无危 / CSRL；未列入 / IRL，PWL，CITES，CRDB。

238. 白胸翡翠 White-throated Kingfisher（*Halcyon smyrnensis*）

鉴别特征： 中型（27 cm）翠鸟。颏、喉及胸部白色，头、颈及下体余部褐色，上背、翼及尾亮蓝色，翼上覆羽上部及翼端黑色。虹膜深褐色，嘴深红，脚红色。

生态习性： 栖息于平原近水域的树林及海边、坝区田埂、河边；主要以蛙、蟹、昆虫、蜥蜴为食；繁殖期 4 ～ 5 月，在河堤或山壁上挖洞筑巢，窝卵数 4 ～ 8 枚。

地理分布： 仅有福建亚种（*H. s. fokiensis*）分布于河南、云南、四川西南部、贵州、湖北、福建、台湾、广西、海南等地。秦岭地区仅记录于河南董寨保护区和伏牛山区（夏候鸟或留鸟）。

种群数量： 稀有。

保护措施： 无危 / CSRL；未列入 / IRL，PWL，CITES，CRDB。

◎ 白胸翡翠–卢宪　摄

（三十四）佛法僧科 Coraciidae

喙大，近尖端部分有缺刻，嘴峰圆形，鼻孔近嘴基部；有长羽冠，翼长而阔，平尾型尾羽；腿短而弱，趾三前一后，外趾和中趾基部相并，内趾和中趾基节并合；雌雄相似，幼鸟与成鸟相似；羽色华丽；多洞巢，以大昆虫、小型哺乳动物和两栖类为食。秦岭地区仅1种——三宝鸟。

239. 三宝鸟 Dollarbird（*Eurystomus orientalis*）

鉴别特征： 中等（30 cm）体型。整体羽色为暗蓝灰色，喉亮蓝色。虹膜褐色，嘴珊瑚红色，端黑，脚橘黄色或红色。

生态习性： 栖息于针阔叶混交林和阔叶林林缘及河谷两岸高大的乔木；以金龟子等昆虫为食；繁殖期为5～8月，窝卵数3～4枚。

地理分布： 仅有普通亚种（*E. o. calonyx*）分布于除新疆、西藏、青海外的其他各省。秦岭地区分布于甘肃文县（夏候鸟）；陕西秦岭南坡周至、洋县、佛坪、宁强、石泉、宁陕、汉阴、山阳（夏候鸟）；河南董寨保护区、桐柏山、伏牛山、信阳各县（夏候鸟）。

种群数量： 少见。

保护措施： 无危 / CSRL；未列入 / IRL，PWL，CITES，CRDB。

◎ 三宝鸟–廖小凤　摄

◎ 三宝鸟–李㭎　摄

（三十五）蜂虎科 Meropidae

嘴细长而尖，稍向下弯；羽色艳丽；因嗜食蜂类而得名；分布几乎遍及东半球的热带和温带地区，常见于非洲、欧洲南部、东南亚和大洋洲。秦岭地区仅 1 种——蓝喉蜂虎。

◎ 蓝喉蜂虎（卵）-柯坫华　摄

240. 蓝喉蜂虎 Blue-throated Bee-eater
（ *Merops viridis* ）

鉴别特征： 中等体型（ 28 cm ）。成鸟头顶及上背深棕色，过眼线黑色，翼蓝绿色，腰及长尾浅蓝，下体浅绿，喉蓝色。虹膜红色或褐色，嘴黑色，脚灰色或褐色。

生态习性： 栖息于林缘疏林、灌丛、草坡农田、海岸、河谷等地；主要以各种蜂类为食，兼食其他昆虫；繁殖期 5 ～ 7 月，通常营巢于地洞中，窝卵数 4 枚。

地理分布： 仅有指名亚种（ *M. v. viridis* ）见于河南南部、云南东南部、湖北、福建、海南等地。秦岭地区仅记录于河南董寨保护区、信阳（夏候鸟）。

种群数量： 稀有。

保护措施： 无危 / CSRL；未列入 / IRL，PWL，CITES，CRDB。

◎ 蓝喉蜂虎-柯坫华　摄

戴 胜 目
— UPUPIFORMES —

单科单属仅 1 种（戴胜）；中等攀禽；喙细长而
尖端下曲；第三、四趾基部连并；翅宽圆、尾
长呈方形；具扇状羽冠；体羽土棕色，翅、尾上具显著黑
白斑；分布于平原、林区、高原等多种生境；广布于旧
大陆温热带。全世界 2 科 10 种，中国 1 科 1 种，秦岭地
区 1 科 1 种。

（三十六）戴胜科 Upupidae

戴胜科特征同目，秦岭地区仅有1种——戴胜。

241. 戴胜 Eurasian Hoopoe （*Upupa epops*）

鉴别特征： 中等体型（30 cm）。喙细长且下弯，羽冠浅棕红色且末端黑色，头、上背、肩及下体浅棕红色，翼及尾具黑白相间的条纹。虹膜褐色，嘴、脚黑色。

生态习性： 栖息于低山、丘陵、农耕地、果园甚至城市绿地等地；主要以各种昆虫为食；繁殖期4～6月，成对营巢繁殖，窝卵数6～8枚。

地理分布： 国内有2个亚种。指名亚种（*U. e. epops*）分布于除海南外的其他各省；华南亚种（*U. e. longirostris*）仅分布于云南、广西西南部和海南。秦岭地区广布于陇南、

◎ 戴胜–于晓平　摄

甘南各县（留鸟）；陕西秦岭南北坡各县（留鸟）；河南三门峡、南阳、信阳各县（留鸟）。

种群数量： 极常见。

保护措施： 无危 / CSRL；未列入 / IRL，PWL，CITES，CRDB。

◎ 戴胜（求偶炫耀）–廖小青　摄

◎ 戴胜-于晓平　摄

䴕形目
PICIFORMES

中小型攀禽。喙粗长直如凿状；舌可伸出口外钩取昆虫；对趾型；尾羽羽干坚硬支撑身体；以树皮下昆虫为食；森林活动；雏鸟晚成。全世界6科408种，中国3科42种，秦岭地区1科12种。

（三十七）啄木鸟科 Picidae

啄木鸟科特征同目，秦岭地区 12 种。

242. 蚁䴕 Eurasian Wryneck（*Jynx torquilla*）

鉴别特征：体型较小（17 cm）而喙短且不啄木的啄木鸟。体羽为难以描述的灰、褐、黑色斑驳状，似树皮，棕褐色的过眼纹向后延接背两侧的褐色纵条带。虹膜淡褐色，嘴角质色，腿褐色。

生态习性：常单独栖息于低山、林缘、果园的灌木和低矮乔木，不攀爬树干也不啄木；主要以蚂蚁及卵等昆虫为食，也用长舌舐食花蜜；繁殖期 5 ～ 7 月，窝卵数 6 ～ 8 枚。

地理分布：国内 2 个亚种。指名亚种（*J. t. torquilla*）繁殖于中国东北、陕西、甘肃、山西，迁徙时见于南部各省；西藏亚种（*J. t. himalayana*）见于西藏南部。秦岭地区分布于甘肃兰州、文县（夏候鸟）；陕西周至、洋县、佛坪、太白、宁陕（冬候鸟或旅鸟）；河南桐柏山、伏牛山、信阳（旅鸟）。

种群数量：常见。

保护措施：无危 / CSRL；未列入 / IRL，PWL，CITES，CRDB。

◎ 蚁䴕－于晓平　摄

◎ 蚁䴕－田宁朝　摄

243. 斑姬啄木鸟 Speckled Piculet（*Picumnus innominatus*）

◎ 斑姬啄木鸟–李夏　摄

鉴别特征：小型（10 cm）啄木鸟。背橄榄色，两翅暗褐色，外缘沾黄绿色，翼缘近白色，尾羽黑色，中央一对尾羽内侧白色或黄白色。虹膜褐色或红褐色，嘴和脚铅褐色或灰黑色。

生态习性：栖息于海拔 2 000 m 以下的低山丘陵和山脚平原常绿或落叶阔叶林中，也出现于中山混交林和针叶林地带；尤其喜欢活动在开阔的疏林、竹林和林缘灌丛，单独活动，多在地上或树枝上频繁移动；主要以蚂蚁和其他昆虫为食；繁殖期 4 ～ 7 月，窝卵数 3 ～ 4 枚。

地理分布：国内 3 个亚种，均为留鸟。指名亚种（*P. i. innominatus*）分布于西藏东部；华南亚种（*P. i. chinensis*）分布于陕西南部、山西南部、甘肃南部等大部分华南地区；云南亚种（*P. i. malayorum*）分布于云南西部及南部。秦岭地区分布于甘肃康县、文县、迭部、舟曲（夏候鸟或留鸟）；陕西佛坪、石泉、周至、宁陕、洋县、太白、长安（留鸟）；河南董寨保护区、桐柏山、伏牛山、信阳（留鸟）。

种群数量：不常见。

保护措施：无危 / CSRL；未列入 / IRL，PWL，CITES，CRDB。

◎ 斑姬啄木鸟–张玉柱　摄

◎ 灰头绿啄木鸟（雄）–廖小青 摄

244. 灰头绿啄木鸟 Grey-headed Woodpecker（*Picus canus*）

鉴别特征：中等偏大（27 cm）啄木鸟。头部灰色（雄鸟头顶红色），上背和尾黄绿色，腹部浅灰色。虹膜红褐色，喙浅黄色或沾灰色，脚灰色。

生态习性：栖息于混交林或阔叶林；常单独或成对活动，很少成群；常在树干的中下部取食，也在地面取食，夏季取食昆虫，冬季兼食一些植物种子；繁殖期 4 ～ 6 月，窝卵数 9 ～ 10 枚。

地理分布：国内 10 个亚种，均为留鸟。指名亚种（*P. c. canus*）分布于新

◎ 灰头绿啄木鸟（雌）–廖小凤 摄

疆北部；东北亚种（*P. c. jessoensis*）分布于东北；河北亚种（*P. c. zimmermanni*）分布于华北东部；青海亚种（*P. c. kogo*）分布于青海、西藏东部；西南亚种（*P. c. sordidior*）分布于西南、西藏东部；滇南亚种（*P. c. hessei*）分布于云南南部；华南亚种（*P. c. sobrinus*）分布于东南；海南亚种（*P. c. hainanus*）分布于海南；台湾亚种（*P. c. tancolo*）分布于台湾；而华东亚种（*P. c. guerini*）遍及包括陕西在内的北方其他地区。秦岭地区广布于甘肃天水、徽县、康县、文县、卓尼、碌曲、迭部、舟曲（留鸟）；陕西秦岭南北坡各县（留鸟）；河南三门峡市、信阳市、南阳市各县（留鸟）。

种群数量：常见。

保护措施：无危 / CSRL；未列入 / IRL，PWL，CITES，CRDB。

245. 黑啄木鸟 Black Woodpecker（*Dryocopus martius*）

鉴别特征：大型（46 cm）啄木鸟。通体黑色，雄鸟额、头顶和枕全为红色，雌鸟仅枕部红色。虹膜近白，嘴象牙色，端暗，脚灰色。

生态习性：栖息于大片的针叶或落叶林，海拔可达 2 400 m；常单独或成对活动；主食蚂蚁，也吃甲虫和蝴蝶的幼虫、苍蝇蛆虫，冬季也吃蜂蛹，偶尔吃水果，浆果和其他鸟类甚至是鸟蛋和小鸟；营巢于树洞中，繁殖期为 4 月，窝卵数 3 ～ 5 枚。

地理分布：国内 2 个亚种，均为留鸟。指名亚种（*D. m. martius*）分布于黑龙江、吉林、内蒙古、山西、新疆北部；西南亚种（*D. m. khamensis*）分布于甘肃西部和南部、青海东部和南部等。秦岭地区仅记录于甘肃甘南高原的卓尼、迭部、舟曲（留鸟）。

种群数量：不常见。

保护措施：无危 / CSRL；未列入 / IRL，PWL，CITES，CRDB。

◎ 黑啄木鸟-张岩　摄

246. 黄颈啄木鸟 Darjeeling Woodpecker（*Dendrocopos darjellensis*）

鉴别特征： 中等体型（25 cm）。脸颊浓茶黄色，胸部具黑色纵纹，臀部淡绯红色。背全黑，具宽的白色肩斑，两翼及外侧尾羽具成排的白点，雄鸟枕部绯红，雌鸟黑。虹膜红色，嘴灰色端黑，脚近绿色。

生态习性： 罕见于 1 500 ～ 3 800 m 山地森林；单独或成对活动；多在树的中下层觅食，主要以昆虫和蠕虫为食，也吃其他小型动物；繁殖期 4 ～ 5 月，窝卵数 2 ～ 4 枚。

地理分布： 国内 2 个亚种，均为留鸟。指名亚种（*D. d. darjellensis*）分布于西藏南部（聂拉木县、樟木）；西南亚种（*D. d. desmursi*）分布于西藏东南部。秦岭地区仅记录于陕西宁强（旅鸟），但该记录（巩会生等， 2007）值得商榷。

种群数量： 罕见。

保护措施： 无危 / CSRL；未列入 / IRL，PWL，CITES，CRDB。

◎ 黄颈啄木鸟–韦铭　摄

247. 大斑啄木鸟 Great spotted Woodpecker（*Dendrocopos major*）

鉴别特征：中等体型（24 cm）的啄木鸟。头顶、上背和尾部黑色，脸白色，脸和颈部有一黑色"人"字纹。雄鸟枕部有一红斑块，肩部有一大白斑，飞羽黑色而有白色窄横带，腹部灰白或沾褐色、粉色，臀及尾下腹羽红色。虹膜近红，嘴灰色，脚灰色。

生态习性：栖息于整个温带林区，常单独或成对活动，繁殖后期则成松散的家族群活动；主要以各种昆虫及其幼虫为食，也吃其他小型无脊椎动物；繁殖期 4～5 月，窝卵数 3～8 枚。

地理分布：中国有 9 个亚种，均为留鸟。其中新疆亚种（*D. m. tianshanicus*）分布于新疆北部；

◎ 大斑啄木鸟–廖小凤　摄

北方亚种（*D. m. brevirostris*）分布于黑龙江、内蒙古；东北亚种（*D. m. japonicus*）分布于大兴安岭；华北亚种（*D. m. cabanisi*）分布于华北北部；乌拉山亚种（*D. m. wulashanicus*）仅分布于内蒙古西部；西北亚种（*D. m. beicki*）分布于华中北部；西南亚种（*D. m. stresemanni*）分布于中南及西南；东南亚种（*D. m. mandarinus*）分布于华南及东南；海南亚种（*D. m. hainanus*）分布于海南。秦岭地区分布西北亚种于甘肃陇南山地、甘南高原（留鸟）；陕西秦岭南北坡各县（留鸟）；华北亚种分布于河南南部三门峡市、南阳市、信阳市各县（留鸟）。

种群数量：极为常见。

保护措施：无危 / CSRL；未列入 / IRL，PWL，CITES，CRDB。

◎ 大斑啄木鸟–田宁朝　摄

◎ 白背啄木鸟–张岩　摄

248. 白背啄木鸟 White-backed Woodpecker（*Dendrocopos leucotos*）

鉴别特征：中等体型（25 cm）。下背白色，臀部红色，雄鸟顶冠绯红，雌鸟顶冠黑色，额白。下体白而具黑色纵纹，两翼及外侧尾羽白斑。虹膜褐色，嘴黑色，脚灰色。

生态习性：栖息于 1 200 ～ 2 000 m 的阔叶林和混交林，常单独或成对活动；幼鸟离巢后可见 4 ～ 5 只的家族群；主要以各种昆虫为食，也吃蜘蛛等其他小型无脊椎动物，秋冬季也吃部分橡子、松子等植物果实和种子；繁殖期 4 ～ 6 月，窝卵数 3 ～ 6 枚。

地理分布：我国 4 个亚种，均为留鸟。指名亚种（*D. l. leucotos*）分布于黑龙江；福建亚种（*D. l. fohkiensis*）分布于福建等；台湾亚种（*D. l. insularis*）分布于台湾；四川亚种（*D. l. tangi*）分布于陕西南部秦岭至四川中部。该亚种在秦岭地区分布于陕西周至、佛坪、太白、宁陕、石泉、南郑（留鸟）。

种群数量：少见。

保护措施：无危 / CSRL；未列入 / IRL，PWL，CITES，CRDB。

◎ 赤胸啄木鸟-廖小青　摄

249. 赤胸啄木鸟 Crimson-breasted Woodpecker（*Dendrocopos cathpharius*）

鉴别特征：小型（18 cm）啄木鸟。主要羽色黑白色，具宽的白色翼段，黑色的宽颊纹呈条带延至下胸，具绯红色胸块及红色臀部。雄鸟枕部红色，雌鸟枕黑但颈侧或具红斑。虹膜略红，嘴暗灰，脚近绿色。

生态习性：栖息于 1 500 ～ 2 800 m 的阔叶栎树林、杜鹃林，除繁殖期外多单独活动；主要以各种昆虫为食；繁殖期 4 ～ 6 月，窝卵数 2 ～ 4 枚。

地理分布：国内 5 个亚种，均为留鸟。指名亚种（*D. c. cathpharius*）分布于西藏南部和东南部；西藏亚种（*D. c. ludlowi*）分布于西藏东南部、云南西北部和西部；云南亚种（*D. c. tenebrosus*）分布于云南西部和中部；西南亚种（*D. c. pernyii*）分布于甘肃南部、云南、四川；湖北亚种（*D. c. innixus*）分布于陕西南部、四川东北部、湖北西部。秦岭地区分布于甘肃文县、康县（留鸟）；陕西周至、佛坪、洋县、宁陕、石泉、安康（留鸟）。

种群数量：不甚常见。

保护措施：无危 / CSRL；未列入 / IRL，PWL，CITES，CRDB。

250. 棕腹啄木鸟 Rufous-bellied Woodpecker（*Dendrocopos hyperythrus*）

鉴别特征：中等体型（20 cm）而色彩浓艳的啄木鸟。背、两翼及尾黑，上具成排的白点，头侧及下体浓赤褐色，臀部红色。雄鸟顶冠及枕红色，雌鸟顶冠黑而具白点。虹膜暗褐色（雄鸟），雌鸟酒红色（雌鸟）；上嘴黑、下嘴淡角质黄色，且稍沾绿色；跗跖和趾暗铅色，爪暗褐色。

生态习性：栖息于 1 500 ～ 4 300 m 的混交林、针叶林，单个和成对活动；以昆虫为主食；繁殖期 4 ～ 6 月，窝卵数 2 ～ 4 枚。

地理分布：国内 3 个亚种，大部为留鸟。指名亚种（*D. h. hyperythrus*）分布于西藏东南部至四川和云南西北部、西部及南部；西藏亚种（*D. h. marshalli*）分布于西藏西南部；普通亚种（*D. h. subrufinus*）分布于陕西、山西、河南、河北、湖北等。秦岭地区分布于陕西眉县、太白、佛坪、汉阴、安康（旅鸟）；河南董寨保护区、伏牛山、信阳（旅鸟）。

种群数量：不常见。

保护措施：无危 / CSRL；未列入 / IRL，PWL，CITES，CRDB。

◎ 棕腹啄木鸟–张岩　摄

251. 星头啄木鸟 Grey-capped Pygmy Woodpecker（*Dendrocopos canicapillus*）

鉴别特征：体小（15 cm）且具黑白色条纹的啄木鸟。额至头顶灰色或灰褐色，具一宽阔的白色眉纹自眼后延伸至颈侧。雄鸟在枕部两侧各有一深红色斑，上体黑色，下背至腰和两翅呈黑白杂斑状，下体具粗著的黑色纵纹。虹膜淡褐色，嘴灰色，脚绿灰色。

生态习性：栖息于平原低地到海拔 2 000 m 的混交林；常单独或成对活动，仅繁殖后带雏期间出现家族群，多在树干中上部活动；以昆虫为主食；繁殖期 4 ~ 6 月，窝卵数 4 ~ 5 枚。

地理分布：中国 8 个亚种，均为留鸟。东北亚种（*D. c. doerriesi*）分布于黑龙江、内蒙古东北部；华北亚种（*D. c. scintilliceps*）分布于河南、山西等华北大部分地区；四川亚种（*D. c. szetschuanensis*）分布于陕西南部、宁夏、甘肃南部、四川中部和北部；西南亚种（*D. c. omissus*）分布于云南西部、四川西南部等；云南亚种（*D. c. obscurus*）分布于云南南部；华南亚种（*D. c. nagamichii*）分布于云南东部、贵州、福建、江西等；海南亚种（*D. c. swinhoei*）分布于海南；台湾亚种（*D. c. kaleensis*）分布于台湾。四川亚种在秦岭地区广布于甘肃武山、文县（留鸟）；陕西秦岭南北坡各县（留鸟）；华北亚种分布于河南三门峡市、信阳市、南阳市各县（留鸟）。

种群数量：常见。

保护措施：无危 / CSRL；未列入 / IRL，PWL，CITES，CRDB。

注：亚种 *szetschuanensis*，*omissus*，*nagamichii* 和 *obscurus* 的有效性存疑（Clements et al., 2009）。

◎ 星头啄木鸟–于晓平　摄

◎ 小斑啄木鸟－戴辉　摄

252. 小斑啄木鸟 Lesser spotted Woodpecker

（*Dendrocopos minor*）

鉴别特征：体小（15 cm）。黑色的上体点缀成排白斑，近白的下体两侧具黑色纵纹。雄鸟顶红，枕黑，前额近白。虹膜红褐色，嘴黑色，脚灰色。

生态习性：栖息于低山丘陵的阔叶林和混交林，秋、冬季也常到林缘次生林、道旁或地边疏林、庭院和果园中活动；食物以昆虫为主；除繁殖期外常单独活动，多在森林中上层活动觅食；繁殖期 5～6 月，窝卵数 3～8 枚。

地理分布：国内 2 个亚种，均为留鸟。新疆亚种（*D. m. kamtschatkensis*）分布于新疆北部、黑龙江北部；东北亚种（*D. m. amurensis*）分布于甘肃南部、辽宁中部、内蒙古东北部和南部、吉林东部。秦岭地区分布于甘肃康县、文县（留鸟）；陕西周至（旅鸟）。

种群数量：地方性常见。

保护措施：无危 / CSRL；未列入 / IRL，PWL，CITES，CRDB。

253. 三趾啄木鸟 Three-toed Woodpecker（*Picoides tridactylus*）

鉴别特征：中等体型（23 cm）的黑白色啄木鸟。雄鸟头顶前部黄色，雌鸟白色，仅具三趾，体羽无红色，上背及背部中央部位白色，腰黑。虹膜褐色，嘴黑色，脚灰色。

生态习性：栖息于 2 000 ～ 4 300 m 混交林及针叶林以及北方低地；常单个或成对活动；喜在树干上觅食鞘翅目、鳞翅目的昆虫及幼虫。繁殖资料缺乏。

地理分布：国内 3 个亚种，均为留鸟。指名亚种（*P. t. tridactylus*）分布于黑龙江西北部、吉林、内蒙古东北部、新疆北部。西南亚种（*P. t. funebris*）分布于西藏东南部、云南西北部、四川西部、青海东北部及甘肃。天山亚种（*P. t. tianschanicus*）分布于新疆西部和北部。秦岭地区有西南亚种分布于甘肃文县、宕昌、碌曲（留鸟）。

种群数量：罕见。

保护措施：无危 / CSRL；未列入 / IRL，PWL，CITES，CRDB。

◎ 三趾啄木鸟–张岩　摄

雀形目
PASSERIFORMES

中小型鸣禽。喙型多样以适合各种生活习性；鸣管、鸣肌结构复杂，善于鸣啭；离趾型足；跗跖后鳞片整块愈合；大多筑巢精巧；雏鸟晚成；生活于多种生态环境中。种类数占鸟类种类的50%以上。全世界100科5 781种，中国44科764种，秦岭地区36科338种。

（三十八）八色鸫科 Pittidae

体型似鸫；嘴形较粗；尾短、腿长、翅短圆；羽色华丽；生活于竹丛或落叶林中，营地栖生活；善奔走，性机警隐匿；常于枯枝落叶中取食昆虫、虫蛹、卵块等。秦岭地区仅1种——仙八色鸫。

254. 仙八色鸫 Fairy Pitta （*Pitta nympha*）

鉴别特征： 中等体型（20 cm）而色彩艳丽的八色鸫。似蓝翅八色鸫，但下体色浅且多灰色，翼及腰部斑块天蓝色，头部色彩对比显著。虹膜褐色，嘴偏黑，脚肉粉色。

生态习性： 栖息于热带、亚热带（海拔<1 000 m）地区，在灌木下的草丛间单独活动；以喙掘土觅食蚯蚓、蜈蚣、鳞翅目及鞘翅等昆虫；繁殖期5～7月，窝卵数5～7枚。

地理分布： 仅有指名亚种（*P. n. nympha*）分布于中国东北南部、华北、东南至华南。秦岭地区仅分布于甘肃夏河（迷鸟）；河南南部董寨自然保护区、信阳地区（夏候鸟）。

种群数量： 罕见，数量不详。

保护措施： 易危 / CSRL，IRL；稀少 / CRDB；Ⅱ / CITES，PWL。

注：甘肃夏河的八色鸫记录原为紫蓝翅八色鸫（*P. moluccensis*）（王香亭，1991），而郑光美（2011）认为该记录属于从 *P. branchyura* 分离出来的新鸟种——仙八色鸫（*P. nympha*）。而刘廼发等（2013）认为甘肃夏河的记录仍为 *P. moluccensis*。

◎ 仙八色鸫 – 张玉柱　摄

◎ 仙八色鸫 – 田宁朝　摄

（三十九）百灵科 Alaudidae

小型鸣禽。体型和羽色似麻雀；腿脚强健，后趾具长爪，地栖；喙短而直，啄食种子；翅长而尖，三级飞羽较长；尾羽中等长度，具浅叉；繁殖期雄性鸣声洪亮婉转，求偶飞行复杂，可悬停空中；地面营巢；多数种类见于旧大陆草原、荒漠、半荒漠地带。秦岭地区8种。

255. 长嘴百灵 Tibetan Lark （*Melanocorypha maxima*）

鉴别特征：中型（21.5 cm）百灵。偏红色而嘴厚，似二斑百灵但体型较大，尾部甚多白色，胸部黑色点斑不显著。虹膜褐色，嘴黄白色、端黑色，脚深褐。

生态习性：栖于4 000 m以上的高原湖泊和沼泽周围的草丛植被以及草原；多在比较湿润的草甸草原地区或沼泽地，湖泊、河湾、河滩地最易见到；主要以草籽、嫩芽等为食，也捕食昆虫等；繁殖期5～6月。

地理分布：中国特有种。国内3个亚种，均为留鸟。青海亚种（*M. m. holdereri*）分布于新疆西部的昆仑山、西藏东北部昌都地区、青海及四川西北部；祁连山亚种（*M. m. flavescens*）分布于青海西北部、新疆南部；指名亚种（*M. m. maxima*）分布于西藏南部、甘肃南部、四川北部及西部。指名亚种分布于秦岭地区甘肃卓尼、碌曲、玛曲（留鸟）；陕西秦岭山地有文献记录。

种群数量：地方性常见。

保护措施：无危 / CSRL；未列入 / IRL，PWL，CITES，CRDB。

◎ 长嘴百灵 – 沈越　摄

◎ 长嘴百灵 – 孔德茂　摄

256. 蒙古百灵 Mongolian Skylark （*Melanocorypha mongolica*）

鉴别特征： 中型（18 cm）锈褐色百灵。上体黄褐色，具棕黄色羽缘，头顶周围栗色，中央浅棕色；下体白色，胸部具有不连接的宽阔横带，两肋稍杂以栗纹，颊部皮黄色，两条长而显著的白色眉纹在枕部相接。虹膜褐色，嘴浅角质色，脚橘黄。

生态习性： 栖息于多岩的山丘，常出入于河流和湖泊岸边一带草地上；繁殖期常单独或成对活动，非繁殖期则喜成群；主要以杂草草籽和其他植物种子为食，也吃昆虫和其他小型无脊椎动物；繁殖期为 5 ~ 7 月，窝卵数 3 ~ 5 枚。

地理分布： 无亚种分化。夏候鸟分布于东北、华北、西北地区。秦岭地区分布于甘肃皋兰（夏候鸟）；陕西佛坪、渭河流域（夏候鸟）。

种群数量： 不常见。

保护措施： 易危 / CSRL；无危 / IRL；未列入 / PWL，CITES，CRDB。

注：曾有作者认为该种包括 2 个亚种——指名亚种（*M. m. mongolica*）和青海亚种（*M. m. emancipata*）（郑作新，2000）。

◎ 蒙古百灵 – 张岩　摄

◎ 短趾百灵 – 李飏　摄

257. 短趾百灵 Asian Short-toed Lark（*Calandrella cheleensis*）

鉴别特征： 小型（13 cm）而具褐色杂斑的百灵。无羽冠，似大短趾百灵但体型较小且颈无黑色斑块，嘴较粗短，胸部纵纹散布较开。站势甚直，上体满布纵纹且尾具白色的宽边而有别于其他小型百灵。虹膜深褐，嘴角质灰色，脚肉棕色。

生态习性： 栖息于干旱平原、草地及河滩，平时在地上寻食昆虫和种子；主要以草籽、嫩芽等为食，也捕食昆虫等。繁殖资料不详。

地理分布： 国内 6 个亚种。甘肃亚种（*C. c. stegmanni*）留鸟分布于甘肃西北部；内蒙亚种（*C. c. biecki*）分布于青海东部、甘肃、宁夏及内蒙古西部；西藏亚种（*C. c. tangutica*）分布于青海南部及西藏东北部；新疆亚种（*C. c. seebohmi*）繁殖于新疆；青海亚种（*C. c. kukunoorensis*）夏候鸟分布于青海北部、新疆东南部；指名亚种（*C. c. cheleensis*）夏候鸟分布于陕西、山西、宁夏、四川、北京等。秦岭地区内蒙亚种分布于甘肃兰州（留鸟）；甘肃亚种分布于玛曲（留鸟）、陕西周至（夏候鸟）。

种群数量： 分布范围广但不常见。

保护措施： 无危 / CSRL；未列入 / IRL，PWL，CITES，CRDB。

◎ 大短趾百灵 – 王中强　摄

258. 大短趾百灵 Greater Short-toed Lark （*Calandrella brachydactyla*）

鉴别特征：中等体型（15 cm）。上
体沙褐色，具黑色纵纹；下体皮黄白色，
冠羽较短，喉皮黄色，胸浅褐色，前胸
两侧各有一条黑色斑纹，腹污白色。与
短趾百灵的区别为颈侧具模糊的黑色块
斑，嘴较大，喉部细纹较少，眉线较宽。
虹膜褐色，嘴角质色，脚肉色。

生态习性：栖息于干旱草原、牧场、
堤坝、荒地和飞机场等空旷地区，常于地
面行走或振翼做柔弱的波状飞行；主要以
草籽、嫩芽等为食，也捕食昆虫等；繁殖
期 5 ～ 7 月，窝卵数 3 ～ 5 枚。

◎ 大短趾百灵 – 聂延秋　摄

地理分布：国内 3 个亚种。新疆亚种
（*C. b. longipennis*）繁殖于新疆；东北亚种（*C. b. orientalis*）夏候鸟分布于黑龙江；普通亚种（*C. b.
dukhunensis*）迁徙时见于华北、西北、西南。普通亚种在秦岭地区记录于甘肃陇东南（旅鸟）、陕西
秦巴山地（旅鸟）和河南董寨保护区（冬候鸟）。

种群数量：常见。

保护措施：无危 / CSRL；未列入 / IRL，PWL，CITES，CRDB。

259. 角百灵 Horned Lark （*Eremophila alpestris*）

鉴别特征：中等体型（16 cm）。上体棕褐色至灰褐色，前额白色；下体余部白色，两胁具褐色纵纹。头部图纹别致，雄鸟具粗显的黑色胸带，脸具黑和白色（或黄色）图纹，顶冠前端黑色条纹后延成特征性小"角"。虹膜褐色，嘴灰色，上嘴色较深，脚近黑。

生态习性：繁殖于高海拔的荒芜干旱平原及寒冷荒漠，冬季下至较低海拔的短草地及湖岸滩；以草籽等植物性食物为食，也吃昆虫等；繁殖期 5～8 月，窝卵数 2～5 枚。

地理分布：中国有 9 个亚种，多数为留鸟。

◎ 角百灵（雌）－于晓平　摄

东北亚种（*E. a. brandti*）分布于新疆北部、内蒙古、青海东部、甘肃北部、陕西北部及山西北部；新疆亚种（*E. a. albigula*）分布于新疆西部的喀什及天山地区；昆仑亚种（*E. a. argalea*）分布于新疆西南部的喀喇昆仑山及西藏的西南部；青藏亚种（*E. a. elwesi*）分布于西藏东部、青海东部的祁连山及四川西北部；柴达木亚种（*E. a. przewalskii*）分布于青海柴达木盆地；南疆亚种（*E. a. teleschowi*）分布于新疆南部昆仑山及阿尔金山；四川亚种（*E. a. khamensis*）分布于四川南部及西部；北方亚种（*E. a. flava*）繁殖于西伯利亚，但越冬于中国东北的较干旱地区；青海亚种（*E. a. nigrifrons*）分布于青海东北部。秦岭地区四川亚种分布于甘肃碌曲（留鸟）；东北亚种记录于周至、佛坪（夏候鸟）；河南三门峡库区（留鸟）。

种群数量：繁殖区常见。

保护措施：无危 / CSRL；未列入 / IRL，PWL，CITES，CRDB。

◎ 角百灵（雄）－于晓平　摄

260. 凤头百灵 Crested Lark（*Galerida cristata*）

鉴别特征： 中型（18 cm）具褐色纵纹的百灵。冠羽长而窄。上体沙褐而具近黑色纵纹，尾覆羽皮黄色；下体浅皮黄，胸密布近黑色纵纹。看似矮墩而尾短，嘴略长而下弯。飞行时两翼宽，翼下锈色，尾深褐而两侧黄褐。虹膜深褐色，嘴黄粉色、端部深色，脚爪偏粉色。

生态习性： 栖于干燥平原、草原、河流；非繁殖期多结群生活，常于地面行走或振翼做柔弱的波状飞行；主要以草籽、嫩芽、浆果等为食，也捕食昆虫；繁殖期 5 ～ 7 月，窝卵数 4 ～ 5 枚。

地理分布： 国内 2 个亚种。新疆亚种（*G. c. magna*）留鸟于新疆西北部、青海、甘肃、宁夏（贺兰山）及内蒙古西部；东北亚种（*G. c. leautungensis*）分布于四川至辽宁，部分鸟南迁。后者在秦岭地区分布于甘肃兰州（留鸟）；陕西秦岭南北坡各县（留鸟）；河南三门峡库区、桐柏山、伏牛山、信阳（留鸟）。

种群数量： 甚常见。

保护措施： 无危 / CSRL；未列入 / IRL，PWL，CITES，CRDB。

◎ 凤头百灵 – 廖小青　摄

◎ 凤头百灵 – 于晓平　摄

◎ 云雀－于晓平　摄

261. 云雀 Eurasian Skylark（*Alauda arvensis*）

鉴别特征： 中等体型（18 cm）。具灰褐色杂斑。顶冠及耸起的羽冠具细纹，尾分叉，羽缘白色，后翼缘的白色于飞行时可见。与鹨类的区别在尾及腿均较短，具羽冠且立势不如其直。虹膜深褐色，嘴角质色，脚肉色。

生态习性： 栖于草地、干旱平原、农田；以活泼悦耳的鸣声著称，高空振翅飞行时鸣唱，接着做极壮观的俯冲而回到地面；以食地面上的昆虫和种子为生；繁殖期 4 ～ 8 月，窝卵数 3 ～ 5 枚。

地理分布: 国内 6 个亚种。新疆亚种（*A. a. dulcivox*）繁殖于新疆西北部；东北亚种（*A. a. intermedia*）分布于东北的山区；北方亚种（*A. a. kiborti*）分布于东北的沼泽平原；北京亚种（*A. a. pekinensis*）及萨哈林亚种（*A. a. lonnbergi*）繁殖于西伯利亚但冬季见于华北、华东及华南沿海；日本亚种（*A. a. japonica*）分布于江苏。东北亚种在秦岭地区分布于甘肃兰州、玛曲（旅鸟）；陕西秦岭南北坡各县（旅鸟或冬候鸟）；河南桐柏山、信阳（旅鸟）。

◎ 云雀－张玉柱　摄

种群数量： 冬季常见于北方。

保护措施： 无危 / CSRL；未列入 / IRL，PWL，CITES，CRDB。

◎ 小云雀 – 廖小青　摄

262. 小云雀 Oriental Skylark （*Alauda gulgula*）

鉴别特征：体小（16 cm）且褐色斑驳而似鹨的鸟。具耸起的短羽冠，上有细纹。全身羽毛黄褐色，上体、双翼和尾巴有纵斑纹，尾羽有白色羽缘。虹膜暗褐色或褐色，嘴褐色，下嘴基部淡黄色，脚肉黄色。

生态习性：主要栖息于开阔平原、草地、低山平地、河边、沙滩、草丛、农田等；除繁殖期成对活动外，其他时候多成群；主要以植物性食物为食，也吃昆虫等；繁殖期 4 ～ 7 月，窝卵数 3 ～ 5 枚。

地理分布：中国 7 个亚种，多数为留鸟。西藏亚种（*A. g. lhamarum*）繁殖于西藏西南部；西

◎ 小云雀 – 于晓平　摄

北亚种（*A. g. inopinata*）繁殖于青藏高原南部及东部；长江亚种（*A. g. weigoldi*）分布于华中及华东；华南亚种（*A. g. coelivox*）分布于东南；西南亚种（*A. g. vernayi*）分布于西南；海南亚种（*A. g. sala*）分布于海南岛及邻近的广东南部；台湾亚种（*A. g. wattersi*）分布于台湾。西北亚种在秦岭地区见于甘肃夏河、碌曲、玛曲（繁殖鸟）；陕西洋县、佛坪、石泉、山阳（留鸟）；河南董寨自然保护区、信阳（留鸟）。

种群数量：分布范围广，甚常见。

保护措施：无危 / CSRL；未列入 / IRL，PWL，CITES，CRDB。

（四十）燕科 Hirundinidae

小型鸣禽。喙短扁，基部宽阔；翅长而尖；尾叉形；腿短而弱；善高空疾飞啄取昆虫，迅速而敏捷；雌雄同色，体羽多黑色或灰褐；世界分布，高纬度地区为迁徙种类。秦岭地区6种。

263. 岩燕 Eurasian Crag Martin （*Ptyonoprogne rupestris*）

鉴别特征：体型略小（15 cm）。雌雄羽色相似，头顶暗褐色，方形尾的近端处具两个白色点斑。似纯色岩燕但色较淡，且于飞行时从下方看其深色的翼下覆羽、尾下覆羽及尾与较淡的头顶、飞羽、喉及胸成对比。虹膜褐色，嘴黑色，脚肉棕色。

生态习性：栖息于1 800～4 600 m的山区岩崖及干旱河谷，夏季会出现于高海拔上空，而冬季亦会出现于平原上空；以蚊、蝇及虻等昆虫为食；繁殖期5～7月，窝卵数3～5枚。

地理分布：国内仅有指名亚种（*P. r. rupestris*）见于中国西部、北部、中部及西南的大范围地区，部分在西南越冬。秦岭地区分布于甘肃兰州、武山、卓尼、迭部、舟曲、碌曲、玛曲（夏候鸟）；陕西秦岭南北坡（南坡为主）各县（夏候鸟）。

◎ 岩燕 – 于晓平　摄

种群数量：季节性常见。

保护措施：无危 / CSRL；未列入 / IRL，PWL，CITES，CRDB。

◎ 岩燕 – 廖小青　摄

264. 家燕 Barn Swallow（*Hirundo rustica*）

鉴别特征：中等体型（20 cm）。上体钢蓝色，胸偏红而具一道蓝色胸带，腹白，尾甚长，近端处具白色点斑。幼鸟和成鸟相似，但尾较短，羽色亦较暗淡。虹膜暗褐色，嘴黑褐色，跗跖和趾黑色。

生态习性：栖息在有人类居住的环境，常成对或成群栖息于房顶、电线以及附近的河滩和田野里；在高空滑翔及盘旋，或低飞于地面或水面捕食昆虫；繁殖期 4～7 月，年产 1～2 窝，窝卵数 3～5 枚。

地理分布：国内 4 个亚种。指名亚种（*H.r. rustica*）繁殖于中国西北；北方亚种（*H. r. tytleri*）及东北亚种（*H. r. mandschurica*）繁殖于中国东北；普通亚种（*H. r. guttueralis*）繁殖于中国其余地区。多数冬季向南迁徙，但部分留在云南南部、海南岛及台湾越冬。秦岭地区广泛分布于甘肃陇南山地、甘南高原各县（夏候鸟）；陕西秦岭南北坡各县（夏候鸟）；河南三门峡市、信阳市、南阳市各县（夏候鸟）。

种群数量：分布范围广甚常见。

保护措施：无危 / CSRL；未列入 / IRL，PWL，CITES，CRDB。

◎ 家燕 – 于晓平　摄

◎ 家燕（当年幼鸟）– 于晓平　摄

◎ 家燕（幼鸟）– 廖小青　摄

◎ 金腰燕 – 田宁朝　摄

265. 金腰燕 Red-rumped Swallow（*Cecropis daurica*）

鉴别特征： 体大（18 cm）。上体深钢蓝色，腰部浅栗色，颊部棕色；下体棕白色，而多具有黑色的细纵纹，尾甚长，为深凹形。最显著的标志是有一条栗黄色的腰带。虹膜褐色，嘴及脚黑色。

生态习性： 栖息于低山及平原的居民点附近；结小群活动，飞行时振翼较缓慢且比其他燕更喜高空翱翔；主要以昆虫为食；繁殖期 4 ～ 9 月，年繁殖 1 ～ 2 窝，窝卵数 4 ～ 6 枚。

地理分布： 国内 4 个亚种。指名亚种（*C. d. daurica*）繁殖于东北；普通亚种（*C. d. japonica*）繁殖于整个东部并作为留鸟见于广东和福建；西南亚种（*C. d. nipalensis*）繁殖于西藏南部及云南西部；青藏亚种（*C. d. gephrya*）繁殖于青藏高原东部至甘肃、宁夏、四川及云南北部。青藏亚种在秦岭地区分布于莲花山、卓尼、临潭、碌曲、玛曲、迭部、舟曲（夏候鸟）；普通亚种见于甘肃天水、武山以及陇南山地（夏候鸟）；陕西秦岭南北坡各县（夏候鸟）；河南三门峡市、南阳市、信阳市各县（夏候鸟）。

种群数量： 甚常见。

保护措施： 无危 / CSRL；未列入 / IRL，PWL，CITES，CRDB。

◎ 金腰燕 – 田宁朝　摄

266. 淡色崖沙燕 Sand Martin （*Riparia diluta*）

鉴别特征：体小（12 cm）而尾叉浅的燕。上体灰褐色，褐色胸带在中部断开。虹膜褐色，嘴及脚黑色。

生态习性：成群栖息于河流、沼泽；捕食昆虫；掘穴筑巢于沙质河岸；繁殖期 3 ～ 6 月，窝卵数 3 枚。

地理分布：国内 3 个亚种。指名亚种（*R. d. diluta*）夏候鸟见于新疆、青海西北部；青藏亚种（*R. d. tibetana*）留鸟见于青藏高原；福建亚种（*R. d. fokiensis*）留鸟见于华中及华东地区。青藏亚种在秦岭地区见于碌曲、玛曲（夏候鸟）；福建亚种分布于兰州、文县、舟曲（夏候鸟）；陕西秦岭渭河谷地、汉江盆地（夏候鸟、部分留鸟）；河南伏牛山（留鸟）。

种群数量：繁殖区域常见。

保护措施：无危 / CSRL；未列入 / IRL，PWL，CITES，CRDB。

◎ 淡色崖沙燕 – 罗永川　摄

◎ 淡色崖沙燕 – 宁峰　摄

◎ 淡色崖沙燕（雏鸟）– 宁峰　摄

267. 烟腹毛脚燕 Asian House Martin（*Delichon dasypus*）

鉴别特征：体小（13 cm）。腰白，尾浅叉，下体近白，胸烟灰色，上体钢蓝色。与毛脚燕的区别在于翼衬黑色。虹膜暗褐色，嘴黑色，跗跖和趾淡肉色，均被白色绒羽。

生态习性：栖息于悬崖峭壁处，常成群栖息和活动，多在栖息地上空飞翔，通常低飞；主要以昆虫为食；繁殖期 6 ～ 8 月，窝卵数 3 ～ 5 枚。

地理分布：国内 3 个亚种。指名亚种（*D. d. dasypus*）繁殖于黑龙江，迁徙途经东部沿海；西南亚种（*D. d. cashmiriensis*）繁殖于包括陕西在内的中国中东部及青藏高原，冬季南迁；福建亚种（*D.d. nigrimentalis*）留鸟见于台湾、华南及东南。西南亚种在秦岭地区分布于甘肃天水、康县、文县、碌曲、玛曲、舟曲（夏候鸟）；陕西周至、佛坪、太白、宁陕（夏候鸟）。

种群数量：常见。

保护措施：无危 / CSRL；未列入 / IRL，PWL，CITES，CRDB。

◎ 烟腹毛脚燕 – 聂延秋　摄

◎ 毛脚燕 – 金胡杨　摄

268. 毛脚燕 Northern House Martin （*Delichon urbicum*）

鉴别特征：体小（13 cm）的钢蓝色和白色燕。叉形尾，下体近白，腰白。与烟腹毛脚燕区别为胸纯白而非烟白色，腰白色区较大，尾开叉深。虹膜褐色，嘴黑色，脚粉红，白色羽覆盖至趾。

生态习性：主要栖息在山地、森林、草坡、河谷等生境；常成群活动，主要以昆虫为食；结群繁殖，营巢于岩石缝隙或房梁、桥下等建筑物上；繁殖期 3 ～ 7 月，年繁殖 1 ～ 2 窝，窝卵数 4 ～ 8 枚。

地理分布：国内 2 个亚种。指名亚种（*D. u. urbicum*）繁殖于中国西北及西部，越冬至印度；东北亚种（*D. u. lagopoda*）繁殖于东北，越冬于华东、华南、东南。秦岭地区仅记录于河南信阳（夏候鸟）。

种群数量：常见。

保护措施：无危 / CSRL；未列入 / IRL，PWL，CITES，CRDB。

（四十一）鹡鸰科 Motacillidae

小型鸣禽。体型纤细；喙细长；翅长而以三级飞羽为甚；尾细长而频繁上下晃动；腿细长而后趾具爪，适于地面行走；呈波浪式飞行；全球广布，高纬度地区具迁徙习性。秦岭地区 14 种。

269. 山鹡鸰 Forest Wagtail （*Dendronanthus indicus*）

鉴别特征： 中等体型（17 cm）的褐色及黑白色鹡鸰。头部和上体橄榄褐色，眉纹白色，从嘴基直达耳羽上方，下体白色，胸部具有两道黑色横斑纹，近腹端横斑纹有时不连续。两翼黑褐色，具有 2 条白色翅斑。尾羽褐色，最外侧 1 对尾羽白色。停栖时，尾轻轻往两侧摆动，不似其他鹡鸰尾上下摆动。虹膜灰色，嘴角质褐色，下嘴较淡，脚偏粉色。

生态习性： 栖息于开阔林地，单独或成对在开阔森林地面穿行；林间捕食，以昆虫为主；繁殖期 5 ～ 6 月，窝卵数 4 ～ 5 枚。

地理分布： 无亚种分化。繁殖于中国东北部、北部及东部。越冬于中国南部、东南部及西南和西藏东南部。秦岭地区见于甘肃武山、文县（夏候鸟）；陕西眉县、周至、佛坪、太白、洋县、宁陕、长安、蓝田（夏候鸟）；河南董寨自然保护区、桐柏山、伏牛山、信阳（夏候鸟）。

种群数量： 不常见。

保护措施： 无危 / CSRL；未列入 / IRL，PWL，CITES，CRDB。

◎ 山鹡鸰 – 田宁朝　摄

◎ 山鹡鸰（育雏）– 田宁朝　摄

270. 白鹡鸰 White Wagtail （*Motacilla alba*）

鉴别特征： 中等体型（18 cm）。上体黑色或灰色，脸部黑白花纹多变；下体白色，尾长，外侧尾羽白色，中间尾羽黑色。虹膜褐色，嘴及脚黑色。

生态习性： 常单独活动于近水的开阔地带、稻田、溪流边及道路上；尾上下摇动，飞行轨迹呈上下波浪状，常边飞边叫；主要取食昆虫；繁殖期 4 ～ 7 月，窝卵数 4 ～ 7 枚。

◎ 白鹡鸰（当年幼鸟）– 于晓平　摄

地理分布： 中国有 7 个亚种。西方亚种（*M. a. dukhunensis*）迁徙时途经中国西北；新疆亚种（*M. a. personata*）繁殖于中国西北；东北亚种（*M. a. baicalensis*）繁殖于中国极北部及东北，迁徙时途经包括陕西在内的中国南部大部分地区；眼纹亚种（*M. a. ocularis*）迁徙途经包括陕西在内的大部分地区，在中国南部包括海南、台湾越冬；西南亚种（*M. a. alboides*）繁殖于华北、西北（包括陕西）、西南；普通亚种（*M. a. leucopsis*）繁殖于全国各省；黑背眼纹亚种（*M. a. lugens*）迁徙时途经我国东北、华北及东南沿海。秦岭地区广布于甘肃陇南山地、甘南高原（新疆、东北和普通亚种居留型不同）；陕西省内可见 4 个亚种。东北亚种、眼纹亚种为旅鸟，西南亚种和普通亚种为留鸟（呈同域分布）；河南广布于三门峡市、南阳市、信阳市各县（东北亚种、眼纹亚种、西南亚种和普通亚种同域分布但居留型不同）。

种群数量： 甚常见。

保护措施： 无危 / CSRL；未列入 / IRL，PWL，CITES，CRDB。

◎ 白鹡鸰 – 于晓平　摄

◎ 灰鹡鸰 – 于晓平　摄

271. 灰鹡鸰 Grey Wagtail （*Motacilla cinerea*）

鉴别特征：中等体型（19 cm）的鹡鸰。上体灰色，腹部和腰黄色，眉纹白色，颏白色（雄鸟繁殖期黑色），外侧尾羽白色，中间尾羽黑色。虹膜褐色，嘴黑褐，脚肉色。

生态习性：常栖于山区溪流、河流，习性似白鹡鸰；繁殖期 5 ～ 7 月，窝卵数 4 ～ 6 枚。

地理分布：国内仅有普通亚种（*M. c. robusta*）繁殖于西伯利亚、中国中部和东北部，越冬于长江以南。秦岭地区分布于甘肃陇南山地（夏候鸟）、甘南高原（旅鸟）；陕西秦岭南北坡各县（夏候鸟或旅鸟）；河南董寨保护区、桐柏山、信阳（夏候鸟或旅鸟）。

种群数量：地方性常见。

保护措施：无危 / CSRL；未列入 / IRL，CITES，CRDB。

◎ 灰鹡鸰 – 李金钢　摄

272. 黄头鹡鸰 Citrine Wagtail （*Motacilla citreola*）

鉴别特征：中等偏小（18 cm）的鹡鸰。背灰色，头、胸和腹部为鲜艳的黄色，外侧尾羽白色，中间尾羽黑色。虹膜深褐色，嘴及脚黑色。

生态习性：栖息于湖畔、河边、农田、草地、沼泽等各类生境中，常成对或成小群活动，偶尔也和其他鹡鸰混群；主要以昆虫为食，偶尔也吃少量植物性食物；繁殖期5～7月，每窝产卵4～5枚。

地理分布：中国有3个亚种，均为夏候鸟。新疆亚种（*M. c. werae*）繁殖于新疆北部；指名亚种（*M. c. citreola*）繁殖于中国北方及东北，迁徙时途经包括陕西在内的大部分省份，越冬于华南沿海；西南亚种（*M. c. calcarata*）繁殖于中国中部及青藏高原，冬季迁至西藏东南部及云南。指名亚种在秦岭地区分布于甘肃兰州、文县、临洮、碌曲、玛曲（夏候鸟）；陕西秦岭南北坡各地（旅鸟）；河南信阳（旅鸟）。

◎ 黄头鹡鸰（雌）－于晓平　摄

种群数量：不常见。

保护措施：无危 / CSRL；未列入 / IRL，PWL，CITES，CRDB。

◎ 黄头鹡鸰（雄）－廖小青　摄

273. 黄鹡鸰 Yellow Wagtail （*Motacilla flava*）

鉴别特征： 中等体型（18 cm）的鹡鸰。色型多样，总体似灰鹡鸰，但上体橄榄绿色或褐色。虹膜褐色，嘴褐色，脚黑褐色。

生态习性： 喜欢停栖在河边或河心石头上；尾频繁上下摆动，多成对或成 3 ～ 5 只的小群，迁徙期亦见数十只的大群活动；飞行时呈波浪式前进；主要以昆虫为食，多在地面捕食，有时亦见在空中飞行捕食；繁殖期 5 ～ 7 月，每窝产卵 5 ～ 6 枚。

地理分布： 国内有 10 个亚种。准噶尔亚种（*M. f. leucocephala*）迁徙途经新疆北部；极北亚种（*M. f. plexa*）迁徙途经中国东北；天山亚种（*M. f. melanogrisea*）夏候鸟分布于新疆西部和西北部；北方西部亚种（*M. f. beema*）繁殖于西伯利亚，迁徙途经中国中西部；斋桑亚种（*M. f. zaissanensis*）夏候鸟分布于新疆北部；北方东部亚种（*M. f. angarensis*）繁殖于西伯利亚，迁徙途经华北至四川、云南；东北亚种（*M. f. macronyx*）繁殖于中国东北，迁徙时途经包括陕西在内的南部大部分省区；勘察

◎ 黄鹡鸰 – 李飏　摄

加亚种（*M. f. simillima*）繁殖于俄罗斯远东地区，迁徙时途经东北、华北、华中、西南、华南（包括台湾）等地；台湾亚种（*M. f. taivana*）迁徙时途经包括陕西在内的中国东部，越冬于台湾、海南；阿拉斯加亚种（*M. f. tschuschensis*）繁殖于西伯利亚，迁徙时经过北京至东部沿岸。秦岭地区东北亚种分布于甘肃兰州、文县（旅鸟）；北方东部亚种分布于碌曲、玛曲（旅鸟）；台湾亚种、东北亚种分布于陕西渭河谷地和汉江盆地（旅鸟）；勘察加亚种分布于河南桐柏山、伏牛山（旅鸟）。

种群数量： 少见。

保护措施： 无危 / CSRL；未列入 / IRL，PWL，CITES，CRDB。

◎ 黄鹡鸰（幼鸟）– 于晓平　摄

◎ 树鹨 – 廖小青　摄

274. 树鹨 Olive-backed Pipit（*Anthus hodgsoni*）

鉴别特征：中等体型（16 cm）的鹨。眉纹皮黄色，耳附近有一皮黄色斑，髭纹近似黑色三角形，背部淡黄褐或浅橄榄色而有黑色纵纹，胸部和腹部皮黄色，胸部缀满较大的黑色点斑，两胁有黑色纵纹，尾褐色而两侧白色。虹膜褐色，嘴上喙角质色，下嘴粉色，脚粉红。

生态习性：常单独或结小群活动于各类林地，也在农耕地和园林活动；常上下摆尾，以昆虫和草籽为食；繁殖期 6 ～ 7 月，窝卵数 4 ～ 6 枚。

地理分布：中国有 2 个亚种。东北亚种（*A. h. yunnanensis*）繁殖于中国东北、华北、陕西南部及云南及西藏南部；指名亚种（*A. h. hodgsoni*）繁殖于山西、陕西南部、青海、云南。前者在秦岭地区见于甘肃天水以南（旅鸟）；陕西西安、华阴、城固、洋县、佛坪、太白、宁强、南郑、石泉（旅鸟）；河南桐柏山、伏牛山（旅鸟）。后者见于甘肃碌曲、卓尼、舟曲（夏候鸟）；陕西眉县、周至、太白、宁陕（旅鸟）。

种群数量：分布范围广甚常见。

保护措施：无危 / CSRL；未列入 / IRL，CITES，CRDB。

◎ 水鹨 – 张岩　摄

275. 水鹨 Water Pipit（*Anthus spinoletta*）

鉴别特征：中等体型（15 cm）的偏灰色而具纵纹的鹨。眉纹显著。繁殖期下体粉红而几无纵纹，眉纹粉红；非繁殖期粉皮黄色的粗眉线明显，背灰而具黑色粗纵纹，胸及两胁具浓密的黑色点斑或纵纹。虹膜褐色，嘴灰色，脚偏粉色。

生态习性：栖息于草甸、溪流；单个或成对活动，冬季喜沿溪流的湿润多草地区及稻田活动，食物主要为昆虫，兼食一些植物种子；繁殖于 4 ～ 7 月，窝卵数 4 ～ 5 枚。

地理分布：国内仅新疆亚种（*A. s. coutellii*）繁殖于新疆西北部、青海及甘肃西部，越冬于南方各省（包括台湾）。秦岭地区分布于甘肃兰州、天水、武山、文县、卓尼、迭部、临潭、夏河（留鸟、夏候鸟或旅鸟）；陕西周至、佛坪、洋县、太白、眉县、宁陕、长安、蓝田（旅鸟）；河南伏牛山、信阳（旅鸟）。

种群数量：迁徙时甚常见。

保护措施：无危 / CSRL；未列入 / IRL，PWL，CITES，CRDB。

276. 山鹨 Upland Pipit （*Anthus sylvanns*）

鉴别特征：体大（17 cm）的浓棕黄色而具褐色纵纹的鹨。眉纹白。似理氏鹨及田鹨但褐色较浓，下体纵纹范围较大，嘴较短而粗，后爪较短且叫声不同。尾羽窄而尖，小翼羽浅黄色。虹膜褐色，嘴和脚偏粉色。

生态习性：栖息于山地林缘、灌丛等，常单独或成对活动，冬季亦集群；食物主要为昆虫及其幼虫，兼食一些植物种子；繁殖期 5 ～ 8 月，窝卵数 4 ～ 5 枚。

地理分布：无亚种分化。留鸟见于云南、贵州、四川、湖北、湖南、江西等。秦岭地区见于甘肃文县（留鸟）；陕西太白、洋县、宁强、勉县（留鸟）。

种群数量：不常见。

保护措施：无危 / CSRL；未列入 / IRL，PWL，CITES，CRDB。

◎ 山鹨 – 黄秦　摄

◎ 山鹨 – 刘祖尧　摄

◎ 红喉鹨 – 张海华　摄

277. 红喉鹨 Red-throated Pipit （*Anthus cervinus*）

鉴别特征：中等体型（15 cm）的褐色鹨。与树鹨的区别在上体褐色较重，腰部多具纵纹并具黑色斑块，胸部较少粗黑色纵纹，喉部多粉红色。与北鹨的区别在腹部粉皮黄色而非白色，背及翼无白色横斑，且叫声不同。虹膜褐色，嘴角质色而基部黄色，脚肉色。

生态习性：栖息于灌丛、草甸、开阔平原和低山山脚地带；多成对活动，地上觅食，受惊动即飞向树枝或岩石上；食物主要为昆虫，食物缺乏时吃少量植物性食物；繁殖期 6～7 月，窝卵数 4～6 枚。

地理分布：无亚种分化。旅鸟或冬候鸟，见于除宁夏、西藏、青海外的各省。秦岭地区见于甘肃兰州（旅鸟）；陕西洋县、佛坪、宁强（旅鸟）。

种群数量：常见。

保护措施：无危 / CSRL；未列入 / IRL，PWL，CITES，CRDB。

278. 粉红胸鹨 Rosy Pipit（*Anthus roseatus*）

鉴别特征： 中等体型（15 cm）。繁殖期下体粉红而几无纵纹，眉纹粉红；非繁殖期粉皮黄色的粗眉线明显，背灰而具黑色粗纵纹，胸及两胁具浓密的黑色点斑或纵纹。虹膜暗褐色，嘴灰色，脚偏粉色。

生态习性： 栖息于 2 500 ～ 4 000 m 的山地、林缘、灌丛、草原、河谷地带，冬季下移；多成对或10 余只小群活动，性活跃；食物主要为昆虫，兼食一些植物种子；繁殖期 5 ～ 7 月，通常营巢于林缘及林间空地。

地理分布： 单型种。繁殖从中国新疆西部的青藏高原边缘向东至山西及河北，南至四川及湖北。南迁越冬至西藏东南部、云南。有迷鸟至海南岛。秦岭地区见于甘肃兰州、文县、碌曲、舟曲、玛曲、迭部（留鸟、夏候鸟）；陕西周至、长安、洋县、佛坪、城固、太白、眉县、宁陕（夏候鸟）。

种群数量： 不常见。

保护措施： 无危 / CSRL；Ⅱ / CITES；稀有 / CRDB；未列入 / IRL，PWL。

◎ 粉红胸鹨 – 李飏　摄　　　　　　　　◎ 粉红胸鹨（幼鸟）– 田宁朝　摄

◎ 粉红胸鹨 – 于晓平　摄

279. 黄腹鹨 Buff-bellied Pipit（*Anthus rubescens*）

鉴别特征：体型略小（15 cm）的褐色而满布纵纹的鹨。似树鹨但上体褐色浓重，胸及两胁纵纹浓密，颈侧具近黑色的块斑。初级飞羽及次级飞羽羽缘白色。虹膜褐色，上嘴角质色、下嘴偏粉色，脚暗黄。

生态习性：主要栖息于阔叶林、混交林和针叶林等山地森林中；多成对或十几只小群活动，性活跃，不停地在地上或灌丛中觅食；食物主要为昆虫，兼食一些植物种子；繁殖期 5 ～ 7 月，通常营巢于林缘及林间空地，河边或湖畔草地上。

◎ 黄腹鹨（冬羽）– 张海华　摄

地理分布：单型种。我国大部分为旅鸟或冬候鸟，繁殖于西伯利亚，但越冬在中国东北至云南及长江流域。秦岭地区仅记录于陕西佛坪（旅鸟）。

种群数量：罕见。

保护措施：无危 / CSRL；未列入 / IRL，PWL，CITES，CRDB。

◎ 黄腹鹨（繁殖羽）– 张岩　摄

280. 田鹨 Richard's Pipit（*Anthus richardi*）

鉴别特征：体型较大（18 cm）而显粗壮的鹨。上体褐色而略显红且具纵纹，胸部和腹部皮黄色而略沾锈红（尤其是两胁），胸部有米粒状黑斑。虹膜褐色，嘴粉红褐，脚粉红，后趾爪极长。

生态习性：栖息于开阔平原、草地、河滩、林缘灌丛、林间空地以及农田和沼泽地带，单独或结小群活动于河边开阔草地；取食昆虫和草籽；繁殖期 5 ～ 7 月，窝卵数 4 ～ 6 枚。

地理分布：中国有 3 个亚种。指名亚种（*A. r. richardi*）除西藏、台湾外见于各省，北部省份（东北、华北、西北各省）为夏候鸟，冬季南迁；新疆亚种（*A. r. centralasiae*）繁殖于新疆西北、甘肃、内蒙古西部、青海西北部；华南亚种（*A. r. sinensis*）繁殖于北方，迁徙途经包括陕西在内的大部分地区。指名亚种在秦岭地区见于甘肃陇南、甘南（夏候鸟）；陕西佛坪、西乡（夏候鸟或旅鸟）；河南信阳（夏候鸟）。华南亚种见于甘肃兰州（夏候鸟）；陕西周至、佛坪、西乡、南郑（旅鸟）。

种群数量：不常见。

保护措施：无危 / CSRL；未列入 / IRL，PWL，CITES，CRDB。

◎ 布氏鹨 – 聂延秋　摄

281. 布氏鹨 Blyth's Pipit （*Anthus godlewskii*）

鉴别特征： 体型较大（18 cm）。甚似田鹨和平原鹨的幼鸟。上体纵纹较多，下体为单一的皮黄色。虹膜深褐，嘴肉色，脚偏黄。

生态习性： 栖息于开阔地、湖泊、干旱平原；食物主要有昆虫，也吃蜘蛛、蜗牛等小型无脊椎动物，此外还吃苔藓、谷粒、杂草种子等植物性食物；繁殖期 5 ～ 7 月，窝卵数 4 ～ 6 枚。

地理分布： 无亚种分化。繁殖于大兴安岭西侧经内蒙古至青海及宁夏，南迁至西藏东南部、四川及贵州，迷鸟至香港。秦岭地区仅记录于陕西洋县（旅鸟）。

◎ 布氏鹨 – 韦铭　摄

种群数量： 少见。

保护措施： 无危 / CSRL；未列入 / IRL，PWL，CITES，CRDB。

282. 林鹨 Tree Pipit（*Anthus trivialis*）

鉴别特征：中等体型（16 cm）。头顶、背、肩沙褐色具粗著的黑褐色羽干纹，腰和尾上覆羽灰褐色，羽干纹不明显，比树鹨褐色重而无绿橄榄色调，背部纵纹较浓密。野外停栖时常做有规律的上、下摆动。虹膜暗褐色或茶色，嘴褐色或暗褐色，下嘴呈肉色，脚肉色或黄褐色。

生态习性：栖息在山地森林和林缘地带，常单独或成对活动，迁徙季节亦成群；常栖于树上，但多在地上活动和觅食，主要以昆虫及其幼虫为食，有时也吃草籽和其他植物种子；繁殖期 5 ～ 7 月，窝卵数 4 ～ 5 枚。

地理分布：国内 2 个亚种。天山亚种（*A. t. haringtoni*）繁殖于新疆西北部、天山西部；指名亚种（*A. t. trivialis*）繁殖于俄罗斯，均南迁越冬。秦岭地区分布于甘肃陇南山地、甘南高原（旅鸟）；陕西渭河谷地、汉江盆地（旅鸟）。

种群数量：罕见。

保护措施：无危 / CSRL；未列入 / IRL，PWL，CITES，CRDB。

◎ 林鹨 – 张岩　摄

（四十二）山椒鸟科 Campephagidae

中小型鸣禽。体型细长；喙短宽、先端下曲；翅中等；尾细长；腿短弱，喜停歇于乔木顶端；雏鸟常成较大群体于悬崖林冠上空飞行；体羽松软，但腰羽羽干直而硬；雌雄异型，雄鸟红、黑两色，雌鸟橄榄褐、黄色；见于旧大陆温热带地区，有迁徙行为。秦岭地区 5 种。

283. 暗灰鹃䴗 Black-winged Cuckooshrike （*Coracina melaschistos*）

鉴别特征： 中等体型（23 cm）的灰色及黑色的鹃䴗。雄鸟青灰色，两翼亮黑，尾下覆羽白色，尾羽黑色，三枚外侧尾羽的羽尖白色；雌鸟似雄鸟，但色浅，下体及耳羽具白色横斑，白色眼圈不完整，翼下通常具一小块白斑。虹膜红褐，嘴黑色，脚黑色。

生态习性： 栖于可达 2 000 m 的以栎树为主的混交林、阔叶林缘、松林、针竹混交林以及山坡灌木丛中；冬季下移越冬；以昆虫及其幼虫为食；繁殖期 5 ～ 7 月，窝卵数 2 ～ 5 枚。

地理分布： 中国有 4 个亚种。指名亚种（*C. m. melaschistos*）繁殖于云南丽江，西藏墨脱、错那；西南亚种（*C. m. avensis*）见于云南腾冲，四川西昌、康定等地；普通亚种（*C. m. intermedia*）见于华中、东南及华南；海南亚种（*C. m. saturata*）见于海南等地。普通亚种在秦岭地区见于甘肃康县、文县、卓尼（夏候鸟）；陕西洋县、太白、佛坪、西乡、长安、蓝田（夏候鸟）；河南董寨保护区、桐柏山、信阳（夏候鸟）。

种群数量： 不甚常见。

保护措施： 无危 / CSRL；未列入 / IRL，PWL，CITES，CRDB。

◎ 暗灰鹃䴗 – 于晓平　摄

◎ 粉红山椒鸟（雄）– 韦铭　摄

284. 粉红山椒鸟 Rosy Minivet （*Pericrocotus roseus*）

鉴别特征： 体型略小（20 cm）而具红或黄色斑纹的山椒鸟。额及喉白色，头顶及上背灰色。雄鸟头灰、胸玫红而有别于其他山椒鸟；雌鸟与其他山椒鸟区别在腰部及尾上覆羽的羽色仅比背部略浅，并淡染黄色，下体为甚浅的黄色。虹膜褐色，嘴和脚黑色。

生态习性： 栖息于海拔约 2 000 m 以下阔叶林、混交林、开垦耕地和稀疏灌木丛中；以昆虫为食；繁殖期 6 ～ 7 月，窝卵数 3 ～ 4 枚。

地理分布： 无亚种分化。见于云南东南部、陕西南部、河南南部、四川西南部（西昌）、广西及广东西南部等地。秦岭地区见于甘肃康县（夏候鸟），陕西周至、洋县、佛坪、太白（夏候鸟）；河南董寨保护区、信阳（夏候鸟）。

种群数量： 不常见。

保护措施： 无危 / CSRL；未列入 / IRL，PWL，CITES，CRDB。

◎ 粉红山椒鸟（雌性幼鸟）– 韦铭　摄

◎ 长尾山椒鸟（雌）– 廖小青　摄　　　　　　　　◎ 长尾山椒鸟 – 廖小青　摄

◎ 长尾山椒鸟（雄）– 廖小凤　摄

285. 长尾山椒鸟 Long-tailed Minivet（*Pericrocotus ethologus*）

鉴别特征：体大（20 cm）的黑色山椒鸟。头顶、上背黑色并具金属光泽，头侧、颏和喉黑色，胸、腹部及尾下覆羽鲜红色，两翅黑色具红斑。虹膜褐色，嘴及脚黑色。

生态习性：栖息于 1 000 ～ 2 000 m 的常绿阔叶林、落叶阔叶林、针阔叶混交林和针叶林，尤其喜欢栖息在疏林、草坡、乔木树顶部，冬季也常到山麓和平原地带疏林内；主要以昆虫为食；繁殖期 5 ～ 7 月，窝卵数 2 ～ 4 枚。

地理分布：国内 3 个亚种。指名亚种（*P. e. ethologus*）分布于华中、西南；西藏亚种（*P. e. laetus*）见于南部及东南部；云南亚种（*P. e. yvettae*）见于云南西部。前者在秦岭地区见于甘肃武山、宕昌、卓尼、迭部、舟曲（夏候鸟）；陕西太白、周至、华阴、城固、洋县、宁陕、佛坪、宁强、南郑、汉阴、安康（夏候鸟）；河南伏牛山（夏候鸟）。

种群数量：不常见。

保护措施：无危 / CSRL；未列入 / IRL，PWL，CITES，CRDB。

286. 小灰山椒鸟 Swinhoe's Minivet（*Pericrocotus cantonensis*）

鉴别特征：体小（18 cm）的黑灰及白色山椒鸟。前额明显白色。与灰山椒鸟的区别在腰及尾上覆羽浅皮黄色，颈背灰色较浓，通常具醒目的白色翼斑。雌鸟似雄鸟，但褐色较浓，有时无白色翼斑。虹膜褐色，嘴及脚黑色。

生态习性：主要栖息于 1 500 m 以下的落叶阔叶林和混交林中，非繁殖期出现在林缘次生林、河岸林，甚至庭院和村落附近的疏林中；以昆虫及昆虫幼虫为食；繁殖期 5 ～ 7 月，窝卵数 4 ～ 5 枚。

地理分布：无亚种分化。繁殖于内蒙古东北部呼伦贝尔盟扎兰屯、黑龙江小兴安岭和吉林省长白山；迁徙期间见于辽宁、内蒙古东部、河北、山东、河南、湖南、江苏等地。秦岭地区见于陕西周至、城固、洋县、佛坪、太白、宁强、南郑、石泉、宁陕、汉阴（夏候鸟）；河南董寨保护区、伏牛山（夏候鸟）。

种群数量：地方性常见。

保护措施：无危 / CSRL；未列入 / IRL，PWL，CITES，CRDB。

◎ 小灰山椒鸟（幼鸟）– 廖小凤　摄

◎ 小灰山椒鸟 – 于晓平　摄

◎ 灰山椒鸟 – 卢宪　摄

287. 灰山椒鸟 Ashy Minivet （*Pericrocotus divaricatus*）

鉴别特征： 体型略小（20 cm）的山椒鸟。体羽黑、灰及白色。与小灰山椒鸟的区别在眼先黑色；与鹃鵙的区别在下体白色，腰灰。雄鸟顶冠、过眼纹及飞羽黑色，上体余部灰色，下体白；雌鸟色浅而多灰色。虹膜褐色，嘴及脚黑色。

生态习性： 常成群在树冠层上空飞翔，边飞边叫，鸣声清脆，停留时常单独或成对栖于大树顶层侧枝或枯枝上；飞翔呈波状形前进，迁徙期间有时集成数十只的群体；以昆虫及其幼虫为食；繁殖期5～7月，窝卵数4～5枚。

地理分布： 无亚种分化。分布于甘肃文县、内蒙古、东北、河南、山东、长江流域、福建、湖南、广东、云南、四川等地。秦岭地区见于甘肃武山、文县、舟曲（夏候鸟）；河南桐柏山（夏候鸟）、信阳（旅鸟？）。

种群数量： 不常见。

保护措施： 无危 / CSRL；未列入 / IRL，PWL，CITES，CRDB。

（四十三）鹎科 Pycnonotidae

中小型鸣禽。体型粗长；喙细尖，先端微下曲；翅短圆；尾细长，方形或圆形；腿短；体羽松软；某些种类具不显著羽冠；喜停歇于乔木顶端鸣唱；主要分布于非洲、南亚至热带地区。秦岭地区6种。

288. 黄臀鹎 Brown-breasted Bulbul （*Pycnonotus xanthorrhous*）

鉴别特征：中等体型（20 cm）的灰褐色鹎。顶冠及颈背黑色，无羽冠，颏、喉纯白，尾下覆羽鲜浓黄色。与白喉红臀鹎的区别在耳羽褐色，胸带灰褐，尾端无白色。虹膜褐色，嘴及脚黑色。

生态习性：栖息于800～4 300 m的平原、低山、中山至高原，环境多样；以植物果实与种子为食，也吃昆虫等食物；繁殖期4～7月，窝卵数2～5枚。

地理分布：国内2个亚种，均为留鸟。指名亚种（*P. x. xanthorrhous*）见于云南、四川西部和西藏东南部；华南亚种（*P. x. andersoni*）见于华中、华东和华南。后者在秦岭见于甘肃天水以南的陇南地区；陕西秦岭南北坡中低海拔山区、丘陵和平原；河南嵩县、栾川（伏牛山北麓）、桐柏（南阳桐柏山）和罗山（信阳大别山北麓）等地。

种群数量：甚常见。

保护措施：无危 / CSRL；未列入 / IRL，PWL，CITES，CRDB。

◎ 黄臀鹎（卵）– 田宁朝　摄

◎ 黄臀鹎 – 田宁朝　摄

◎ 黄臀鹎 – 田宁朝　摄

289. 白头鹎 Light-vented Bulbul （*Pycnonotus sinensis*）

鉴别特征： 中等体型（19 cm）的橄榄色鹎。眼后一白色宽纹伸至颈背，黑色的头顶略具羽冠，髭纹黑色，臀白。幼鸟头橄榄色，胸具灰色横纹。虹膜褐色，嘴近黑，脚黑色。

生态习性： 栖息于山区和平原的灌丛、草地、有零星树木的疏林荒坡、果园、村落、次生林和竹林；杂食性，食物种类丰富；繁殖期 4 ～ 8 月，窝卵数 3 ～ 5 枚。

地理分布： 有 3 个亚种。指名亚种（*P. s. sinensis*）留鸟见于四川长江流域东至上海，南至广西、福建；海南亚种（*P. s. hainanus*）见于海南、广东东南；台湾亚种（*P. s. formosae*）见于台湾。前者在秦岭地区见于甘肃渭河流域及其以南的陇南山地（留鸟）；陕西秦岭南北坡各县（留鸟）；河南三门峡市、南阳市、信阳市各县（留鸟）。

种群数量： 甚常见。

保护措施： 无危 / CSRL；未列入 / IRL，CITES，CRDB。

◎ 白头鹎 – 田宁朝　摄

◎ 白头鹎（当年幼鸟）– 于晓平　摄

◎ 白头鹎 – 廖小青　摄

290. 白喉红臀鹎 Sooty-headed Bulbul（*Pycnonotus aurigaster*）

鉴别特征： 中等体型（20 cm）头顶黑色的鹎。腰苍白，臀红，颏及头顶黑色，领环、腰、胸及腹部白，两翼黑，尾褐。幼鸟臀偏黄。与红耳鹎的区别在冠羽较短，脸颊无红色。虹膜红色，嘴及脚黑色。

生态习性： 栖息于次生阔叶林、竹林、灌丛以及村镇、地边和路旁树上或小块丛林中；杂食性，以植物性食物为主；繁殖期 5～7 月，窝卵数 2～3 枚。

地理分布： 中国 2 个亚种。西南亚种（*P. a. latouchei*）见于四川、云南、湖南、广西东北部；东南亚种（*P. a. chrysorrhoides*）分布于中国的东南部。秦岭地区仅记录于陕西汉中城固（留鸟?）。

◎ 白喉红臀鹎 – 廖小青　摄

种群数量： 少见。

保护措施： 无危 / CSRL；未列入 / IRL，PWL，CITES，CRDB。

291. 领雀嘴鹎Collared Finchbill （*Spizixos semitorques*）

鉴别特征： 体大（23 cm）的偏绿色鹎。厚重的嘴象牙色，具短羽冠。似凤头雀嘴鹎但冠羽较短，头及喉偏黑，颈背灰色，喉白，嘴基周围近白，脸颊具白色细纹，尾绿而尾端黑。虹膜褐色，嘴浅黄，脚偏粉色。

生态习性： 栖息于 400～1 400 m 的低山丘陵、林缘地带和山脚平原，尤其是溪边沟谷灌丛、稀树草坡、林缘疏林等；食性较杂，主要以植物性食物为主；繁殖期 5～7 月，窝卵数 3～4 枚。

地理分布： 中国特有鸟类，有 2 个亚种。台湾亚种（*S. s. cinereicapillus*）分布于台湾；指名亚种（*S.s.semitorques*）见于华中、华南、东南。秦岭地区分布于甘肃陇南康县、文县、武都、两当、徽县、成县（留鸟）；陕西秦岭南北坡各县（留鸟）；河南董寨保护区、桐柏山、信阳（留鸟）。

种群数量： 甚常见。

保护措施： 无危 / CSRL；未列入 / IRL，PWL，CITES，CRDB。

◎ 领雀嘴鹎（当年幼鸟）– 李夏　摄

◎ 领雀嘴鹎 – 廖小青　摄

◎ 领雀嘴鹎 – 田宁朝　摄

◎黑短脚鹎 – 于晓平　摄

◎ 黑短脚鹎（白头型）– 于晓平　摄

◎ 黑短脚鹎（白头型幼鸟）– 田宁朝　摄

292. 黑短脚鹎 Madagascar Bulbul（*Hypsipetes leucocephalus*）

鉴别特征： 中等体型（20 cm）的黑色鹎。尾略分叉，部分亚种头部白色，西部亚种的前半部分偏灰。亚成鸟偏灰，略具平羽冠。虹膜褐色，嘴及脚红色。

生态习性： 栖息于 500～3 000 m 的山林乔木上，随着季节的变化而有垂直迁移现象，冬季常集大群，活动于低海拔地区；取食植物果实和昆虫；繁殖期 4～7 月，窝卵数 3～4 枚。

地理分布： 中国 9 个亚种。西藏亚种（*H. l. psaroides*）留鸟见于西藏东南部；独龙亚种（*H. l. ambiens*）留鸟见于云南西北部；滇南亚种（*H. l. concolor*）见于云南西南部；四川亚种（*H. l. leucothorax*）留鸟见于四川西南部，夏候鸟见于陕西南部；丽江亚种（*H. l. stresemanni*）见于云南北部；滇西亚种（*H .l. sinensis*）见于云南西南部；东南亚种（*H .l. leucocephalus*）见于河南南部、华南大部；台湾亚种（*H. l. nigerrimus*）见于台湾；海南亚种（*H. l. perniger*）见于海南。四川亚种在秦岭地区见于陕西南部佛坪、洋县（夏候鸟）；东南亚种见于河南董寨保护区、信阳（夏候鸟）。

种群数量： 较常见。

保护措施： 无危 / CSRL；未列入 / IRL，PWL，CITES，CRDB。

◎ 绿翅短脚鹎 – 田宁朝　摄

293. 绿翅短脚鹎 Mountain Bulbul （*Hypsipetes mcclellandii*）

鉴别特征：体大（24 cm）而喜喧闹的橄榄色鹎。羽冠短而尖，颈背及上胸棕色，喉偏白而具纵纹，头顶深褐具偏白色细纹，背、两翼及尾偏绿色，腹部及臀偏白。虹膜褐色，嘴近黑，脚粉红。

生态习性：栖息于 1 000～2 700 m 的山区森林及灌丛，成对或小群活动；取食植物果实和昆虫；繁殖期 5～7 月，窝卵数 3～4 枚。

地理分布：中国 3 个亚种。指名亚种（*H. m. mcclellandii*）见于西藏东南部；云南亚种（*H. m. similes*）见于云南及海南岛；华南亚种（*H.m.holtii*）见于华南及东南大部。

◎ 绿翅短脚鹎 – 廖小青　摄

华南亚种在秦岭地区见于陕西南部佛坪、洋县、宁陕、凤县（留鸟）；河南信阳（夏候鸟？）。

种群数量：少见。

保护措施：无危 / CSRL；未列入 / IRL，PWL，CITES，CRDB。

（四十四）太平鸟科 Bombycillidae

小型鸣禽。体羽松软，以灰褐、黑色为主，头顶具长羽冠；嘴短而基部宽；鼻孔圆形被以盖膜；翅圆或尖；腿短，爪长而曲；两性羽色相似；以浆果为食，兼食昆虫；广布于古北界北部。秦岭地区 2 种。

294. 太平鸟 Bohemian Waxwing（*Bombycilla garrulous*）

鉴别特征：体型略大（18 cm）的粉褐色太平鸟。与小太平鸟的不同在于尾尖端为黄色而非绯红。尾下覆羽栗色，初级飞羽羽端外侧黄色而成翼上的黄色带，三级飞羽羽端及外侧覆羽羽端白色而成白色横纹。成鸟次级飞羽的羽端具蜡样红色点斑。虹膜、嘴、脚均褐色。

◎ 太平鸟 – 张国强　摄

生态习性：栖息于针叶林、针阔叶混交林和杨桦林中，秋冬季非繁殖期多出现于杨桦次生阔叶林、人工松树林、针阔叶混交林和林缘地带；以昆虫和浆果为食；繁殖期 5～7 月，窝卵数 4～7 枚。

地理分布：国内仅有普通亚种（*B. g. centralasiae*）越冬于中国东北、华北、西北，偶至华东南。秦岭地区见于甘肃武山、兰州（冬候鸟）；陕西西安（旅鸟或冬候鸟）；河南董寨保护区、信阳（冬候鸟）。

种群数量：不常见。

保护措施：无危 / CSRL；未列入 / IRL，PWL，CITES，CRDB。

◎ 太平鸟 – 胡亚荣　摄

◎ 小太平鸟 – 赵纳勋　摄

295. 小太平鸟 Japanese Waxwing（*Bombycilla japonica*）

鉴别特征：体型略小（16 cm）的太平鸟。尾端绯红色显著。与太平鸟的区别在黑色的过眼纹绕过冠羽延伸至头后，臀绯红。次级飞羽端部无蜡样附着，但羽尖绯红，缺少黄色翼带。虹膜褐色，嘴近黑，脚褐色。

生态习性：栖息于低山、丘陵和平原地区的针叶林、阔叶林；迁徙及越冬期间成小群在针叶林及高大的阔叶树上觅食，常与太平鸟混群活动；以植物果实及种子为主食；繁殖期 5 ～ 7 月，窝卵数 4 ～ 6 枚。

地理分布: 无亚种分化。繁殖于中国东北，冬季南迁。秦岭地区仅记录于陕西西安长安区、灞桥区(旅鸟，陕西鸟类新纪录)；河南伏牛山（旅鸟）。

种群数量：数量稀少。但 2014 年冬季在陕西师范大学长安校区校园发现了 50 余只的迁徙群体。

保护措施：近危 / CSRL，IRL；未列入 / PWL，CITES，CRDB。

（四十五）伯劳科 Laniidae

中小型鸣禽。嘴粗壮而侧扁，先端具利钩或齿突；翅短圆；尾长；跗跖强健，趾具钩爪；常具过眼纹；性刚烈，以昆虫、鼠、蛙、蜥蜴或小鸟等为食；见于除澳洲、中南美之外的所有大陆，具迁徙行为。秦岭地区 7 种。

296. 红尾伯劳 Brown Shrike（*Lanius cristatus*）

鉴别特征：中等体型（20 cm）的淡褐色伯劳。成鸟前额灰，喉白，眉纹白，宽的眼罩黑色，头顶及上体褐色，下体皮黄；亚成鸟似成鸟但背及体侧具深褐色细小的鳞状斑纹，黑色眉纹使其有别于虎纹伯劳的亚成鸟。虹膜褐色，嘴黑色，脚灰黑。

生态习性：栖息于 1 500 m 以下的低山丘陵和山脚平原的灌丛、疏林和林缘地带；主食以鞘翅目为主的昆虫；繁殖期 5～7 月，窝卵数 5～7 枚。

地理分布：中国 4 个亚种。指名亚种（*L. c. cristatus*）迁徙经中国东部的大多地区；东北亚种（*L. c. confuses*）繁殖于黑龙江，迁徙经中国东部；普通亚种（*L. s. lucionensis*）繁殖于吉林、辽宁及华北、华中和华东，冬季在南方、海南岛及台湾越冬；日本亚种（*L. s. supercilliosus*）冬季南迁至云南、华南及海南岛。指名亚种见于秦岭地区甘肃天水、武山、文县、卓尼（旅鸟）；陕西周至、长安、蓝田、城固、洋县、佛坪、太白、南郑、石泉、汉阴（旅鸟）；河南伏牛山（旅鸟）。东北亚种见于陕西周至、洋县、佛坪、太白（夏候鸟）；河南董寨保护区、桐柏山、信阳（夏候鸟）。

种群数量：常见。

保护措施：无危 / CSRL；未列入 / IRL，PWL，CITES，CRDB。

◎ 红尾伯劳 – 于晓平　摄

◎ 红尾伯劳 – 于晓平　摄

◎ 红尾伯劳（当年幼鸟）– 廖小青　摄

297. 虎纹伯劳 Tiger Shrike（*Lanius tigrinus*）

鉴别特征：中等体型（19 cm）背部棕色的伯劳。较红尾伯劳明显嘴厚、尾短而眼大。雄鸟顶冠及颈背灰色，背、两翼及尾浓栗色而多具黑色横斑，过眼线宽且黑；下体白，两胁具褐色横斑。虹膜褐色，嘴蓝色、端黑，脚灰色。

生态习性：喜栖于 1 000 m 以下的疏林；以昆虫为食；繁殖期 5 ～ 7 月，窝卵数 4 ～ 7 枚。

地理分布：无亚种分化。分布于黑龙江、吉林、辽宁、内蒙古、宁夏、河北、山东、山西、陕西、甘肃、河南、四川、云南、福建等地。秦岭地区见于

◎ 虎纹伯劳（育雏）– 田宁朝　摄

甘肃碌曲（郎木寺）、莲花山（夏候鸟）；陕西周至、华阴、长安、蓝田、佛坪、石泉、汉阴（夏候鸟）；河南董寨保护区、桐柏山、伏牛山、信阳（夏候鸟）。

种群数量：常见。

保护措施：无危 / CSRL；未列入 / IRL，PWL，CITES，CRDB。

◎ 虎纹伯劳 – 田宁朝　摄

◎ 虎纹伯劳（初生幼鸟）– 田宁朝　摄

◎ 虎纹伯劳（幼鸟）– 廖小青　摄

298. 牛头伯劳 Bull-headed Shrike（*Lanius bucephalus*）

鉴别特征：中等体型（19 cm）的褐色伯劳。头顶褐色，尾端白色。飞行时初级飞羽基部的白色块斑明显。雄鸟过眼纹黑色，眉纹白，背灰褐，下体偏白而略具黑色横斑（亚种 *sicarius* 横斑较重），两胁沾棕；雌鸟褐色较重，与雌红尾伯劳的区别为具棕褐色耳羽，夏季色较淡而较少赤褐色。虹膜深褐，嘴灰色、端黑，脚铅灰。

生态习性：栖息于山地稀疏阔叶林或针叶阔叶混交林，迁徙时平原可见；以鞘翅目、鳞翅目和膜翅目的昆虫为食；繁殖期 5 ～ 7 月，窝卵数 4 ～ 6 枚。

地理分布：中国 2 个亚种。指名亚种（*L. b. bucephalus*）分布于黑龙江帽儿山、吉林长白山以及辽宁；迁徙时途经东部各省，包括河北、河南、湖北、广东及福建等地。秦岭地区东部旅鸟分布于信阳、罗山、桐柏；夏候鸟分布于中部秦岭南坡的城固、洋县、太白、佛坪等。中国（甘肃）亚种 (*L. b. sicarius*) 夏候鸟见于甘肃南部（西秦岭）的天水、武山、文县、临洮、卓尼等。

◎牛头伯劳（雌）– 田宁朝　摄

种群数量：较常见。

保护措施：无危 / CSRL；未列入 / IRL，PWL，CITES，CRDB。

◎牛头伯劳（雄）– 于晓平　摄

◎楔尾伯劳 – 于晓平　摄

299. 楔尾伯劳 Chinese Grey Shrike（*Lanius sphenocercus*）

鉴别特征：体型甚大（31 cm）的灰色伯劳。眼罩黑色，眉纹白，两翼黑色并具粗的白色横纹。比灰伯劳体型大。三枚中央尾羽黑色，羽端具狭窄的白色，外侧尾羽白。虹膜褐色，嘴灰色，脚黑色。

生态习性：栖息于平原到山地、河谷的林缘及疏林地带，尤喜草地和半荒漠稀疏林；除以昆虫为主食外，常捕食小型脊椎动物；繁殖期5～7月，窝卵数5～6枚。

地理分布：中国2个亚种。西南亚种（*L. s. giganteus*）繁殖于青海柴达木盆地、西藏东北部、

◎楔尾伯劳 – 廖小青　摄

四川北部及西部；指名亚种（*L. s. sphenocercus*）繁殖于内蒙古及中国东北、山西、陕西、宁夏及甘肃。后者在秦岭地区见于甘肃兰州、碌曲（夏候鸟）；陕西周至、太白（留鸟、夏候鸟）；河南董寨保护区、伏牛山、桐柏山、信阳（夏候鸟）。

种群数量：常见。

保护措施：无危 / CSRL；未列入 / IRL，CITES，CRDB。

300. 棕背伯劳 Long-tailed Shrike（*Lanius schach*）

鉴别特征： 体型略大（25 cm）而尾长的棕、黑及白色伯劳。成鸟额、眼纹、两翼及尾黑色，翼有一白色斑，头顶及颈背灰色或灰黑色，背、腰及体侧红褐色，颏、喉、胸及腹中心部位白色，头及背部黑色的扩展随亚种而有不同。虹膜褐色，嘴及脚黑色。

生态习性： 栖息于低山丘陵和山脚平原地区，有时也到园林、农田、村宅河流附近活动；捕食昆虫、蛙、啮齿类和小鸟；繁殖期 4 ～ 7 月，窝卵数 3 ～ 6 枚。

地理分布： 中国 5 个亚种，多数为留鸟。指名亚种（*L. s. schach*）分布于长江以南地区、北至甘肃、陕西、西至四川、云南等地；台湾亚种（*L. s. formosae*）分布于台湾；海南亚种（*L. s. hainanus*）分布于海南等地；西南亚种（*L. s. tricolor*）见于云南以及西藏昌都地区；新疆亚种（*L. s. erythronotus*）分布于新疆西部。指名亚种在秦岭地区分布于甘肃卓尼、碌曲（夏候鸟）；陕西周至、太白、眉县、长安、蓝田、洋县、宁陕、石泉、汉阴、安康（夏候鸟）；河南董寨保护区、信阳（夏候鸟）。

种群数量： 甚常见。

保护措施： 无危 / CSRL；未列入 / IRL，PWL，CITES，CRDB。

◎棕背伯劳（幼体）– 于晓平　摄

◎棕背伯劳 – 于晓平　摄

◎棕背伯劳 – 于晓平　摄

◎ 灰背伯劳 – 于晓平　摄

301. 灰背伯劳Grey-backed Shrike（*Lanius tephronotus*）

鉴别特征：体型略大（25 cm）而尾长的伯劳。似棕背伯劳但区别在上体深灰色，仅腰及尾上覆羽具狭窄的棕色带。初级飞羽的白色斑块小或无。虹膜褐色，嘴及脚绿色。

生态习性：栖息于平原至高山疏林，农田及农舍附近较多，喜在树梢的干枝或电线上停歇；以昆虫为主食，也吃鼠类和小鱼及杂草；繁殖期5～7月，窝卵数4～5枚。

地理分布：国内仅指名亚种（*L. t. tephronotus*）见于甘肃、宁夏、陕西、青海、

◎ 灰背伯劳（初生幼鸟）– 于晓平　摄

西藏、云南东南部和贵州等地。秦岭地区见于甘肃兰州、莲花山、卓尼、临潭、合作、夏河、碌曲、迭部、舟曲（夏候鸟）；陕西周至、太白、宁强（夏候鸟）；河南董寨保护区、信阳（夏候鸟）。

种群数量：常见。

保护措施：无危 / CSRL；未列入 / IRL，PWL，CITES，CRDB。

◎栗背伯劳（雄）– 聂延秋　摄

302. 栗背伯劳 Burmese Shrike（*Lanius collurioides*）

鉴别特征： 中等体型（18～20 cm）的伯劳。头顶黑灰色，至上背转为灰色，下背、肩至尾上覆羽栗色或栗棕色。尾黑色，外侧尾羽白色，翅黑色具白色翅斑，内侧飞羽具宽的栗色羽缘，下体白色。虹膜红褐，嘴深灰，脚偏黑。

生态习性： 主要栖息于海拔 1 800 m 以下的低山丘陵和山脚平原地区的开阔次生疏林、林缘和灌丛；主要以昆虫为食；繁殖期 4～6 月，窝卵数 3～6 枚。

地理分布： 国内仅有指名亚种（*L. c. collurioides*）分布于云南、贵州、广西、广东等地。秦岭地区仅记录于甘肃白水江自然保护区（6 月采到标本，居留型不详）（张涛等，1998）。

种群数量： 不常见。

保护措施： 无危 / CSRL；未列入 / IRL，PWL，CITES，CRDB。

注： 文献记载该物种分布于华南及西南，因此甘肃白水江的这一纪录（张涛等，1998）值得商榷。

（四十六）黄鹂科 Oriolidae

中型鸣禽。喙约等于头长，粗壮而先端下曲；鼻孔裸露，覆以薄膜；翅尖长；尾短圆；体色艳丽，以黄、红、黑色等组合；常于树冠部隐身，鸣唱洪亮悦耳；以昆虫、浆果等为食；分布于欧、亚、非洲的温热带地区。秦岭地区仅 1 种——黑枕黄鹂。

303. 黑枕黄鹂 Black-naped Oriole （*Oriolus chinensis*）

鉴别特征：中等体型（26 cm）的黄色及黑色鹂。过眼纹及颈背黑色，飞羽多黑色。雄鸟体羽余部艳黄色，与细嘴黄鹂的区别在嘴较粗，颈背的黑带较宽；雌鸟色较暗淡，背橄榄黄色。亚成鸟背部橄榄色，下体近白而具黑色纵纹。虹膜红色，嘴粉红色，脚近黑。

◎黑枕黄鹂－田宁朝　摄

生态习性：栖息于 1 600 m 以下的次生阔叶林、混交林，尤其喜欢天然栎树林和杨树林；主要以鞘翅目、鳞翅目、枯叶蛾科幼虫、蟋蟀、螳螂等昆虫为食；繁殖期 5～7 月，窝卵数 3～5 枚。

地理分布：国内仅有普通亚种（*O. c. diffusus*）见于东北至华北、华中及华南地区。秦岭地区见于甘肃兰州、武山、天水、徽县、两当、康县、武都、文县、迭部、舟曲（夏候鸟）；陕西周至、西安、长安、户县、蓝田、临潼、华阴、佛坪、太白、眉县、宁强、石泉、宁陕、汉阴、安康（夏候鸟）；河南董寨保护区、桐柏山、伏牛山、信阳（夏候鸟）。

种群数量：夏季较常见。

保护措施：无危 / CSRL；未列入 / IRL，PWL，CITES，CRDB。

注：根据《台湾受胁鸟类图鉴》，该种在台湾被列为濒危（EN）物种。

◎黑枕黄鹂－廖小青　摄

◎黑枕黄鹂－廖小凤　摄

（四十七）卷尾科 Dicruridae

中型鸣禽。喙基宽阔，先端下曲并具锐钩，有口须；鼻孔被羽；翅尖，尾尖长呈叉形，某些种类外侧尾羽上卷；腿脚强健，爪钩状；性格凶猛，具较强的领域性；分布于旧大陆温热带地区。秦岭地区3种。

304. 黑卷尾 Black Drongo（*Dicrurus macrocercus*）

◎黑卷尾 – 廖小青　摄

鉴别特征：中等体型（30 cm）的蓝黑色而具金属光泽的卷尾。嘴小，尾长而叉深，在风中常上举成一奇特角度。亚成鸟下体具近白色横纹。虹膜红色，嘴及脚黑色。

生态习性：栖息于城郊、村庄附近，尤喜在村民房屋前后高大的椿树上营巢繁殖；多成对活动于 800 m 以下的山坡、平原丘陵地带阔叶树上；以膜翅目、鞘翅目及鳞翅目等昆虫为食；繁殖期 5 ～ 7 月，窝卵数 3 ～ 4 枚。

地理分布：中国有 3 个亚种，均为夏候鸟或留鸟。藏南亚种（*D. m. albirictus*）夏候鸟分布于西藏东南部；台湾亚种（*D. m. harterti*）留鸟分布于台湾；普通亚种（*D. m. cathoecus*）除新疆、青海、台湾外广布于各省区。普通亚种在秦岭地区见于武山、天水、康县、文县（夏候鸟）；陕西秦岭南北坡各县（夏候鸟）；河南三门峡库区、董寨保护区、桐柏山、伏牛山、信阳（夏候鸟）。

种群数量：常见。

保护措施：无危 / CSRL；未列入 / IRL，PWL，CITES，CRDB。

◎黑卷尾 – 廖小凤　摄

◎灰卷尾 – 田宁朝　摄

305. 灰卷尾 Ashy Drongo （*Dicrurus leucophaeus*）

鉴别特征：中等体型（28 cm）的灰色卷尾。脸偏白，尾长而深开叉，各亚种色度不同。虹膜橙红，嘴灰黑，脚黑色。

生态习性：栖息于 600 ～ 2 500 m 的平原丘陵、村庄、河谷或山区，通常成对或单个停留在高大乔木树冠顶端或山区岩石顶上，也栖于高大杨树顶端；以鞘翅目、膜翅目和鳞翅目等幼虫和成虫为食；繁殖期 4 ～ 7 月，窝卵数 3 ～ 4 枚。

地理分布：国内有 4 个亚种，均为夏候鸟或留鸟。普通亚种（*D. l. leucogenis*）分布于黑龙江南部、吉林至华东至东南；西南亚种（*D. l. hopwoodi*）分布于西南

◎灰卷尾 – 廖小凤　摄

至西藏南部；华南亚种（*D. l. salangensis*）分布于华中及华南；海南亚种（*D. l. innexus*）留鸟分布于海南。普通亚种在秦岭地区分布于甘肃武山、天水、康县、文县（夏候鸟）；陕西秦岭南北坡各县（夏候鸟）；河南董寨保护区、桐柏山、信阳（夏候鸟）。

种群数量：较常见。

保护措施：无危 / CSRL；未列入 / IRL，PWL，CITES，CRDB。

◎ 发冠卷尾 - 田宁朝　摄

◎ 发冠卷尾 - 于晓平　摄

◎发冠卷尾（初生幼鸟）- 廖小青　摄

306. 发冠卷尾 Spangled Drongo （*Dicrurus hottentottus*）

鉴别特征：体型略大（32 cm）的天鹅绒色卷尾。头具细长羽冠，体羽闪烁金属光泽，尾长而分叉，外侧羽端钝而上翘，形似竖琴。虹膜红或白色，嘴及脚黑色。

生态习性：栖息于常绿阔叶林、次生林或人工松林；主要以各种昆虫为食；繁殖期 5 ～ 7 月，窝卵数 3 ～ 4 枚。

地理分布：国内 2 个亚种，夏候鸟或留鸟。指名亚种（*D. h. hottentottus*）留鸟见于云南西部；普通亚种（*D. h. brevirostris*）繁殖于东北、华北、华中、华东及台湾。后者在秦岭地区见于甘肃兰州、天水、康县（夏候鸟）；陕西秦岭南北坡各县（夏候鸟）；河南董寨保护区、桐柏山、信阳（夏候鸟）。

种群数量：较常见。

保护措施：无危 / CSRL；未列入 / IRL，CITES，CRDB。

（四十八）椋鸟科 Sturnidae

中小型鸣禽。喙长直，先端稍下曲；翅圆或尖形；尾中等呈方形；羽色多具黑色金属光泽；喜集群；杂食性；广布于旧大陆；具迁徙行为。秦岭地区5种。

307. 北椋鸟 Purple-backed Starling （*Sturnia sturnina*）

鉴别特征： 体型略小（18 cm）背部深色的椋鸟。成年雄鸟背部闪辉紫色，两翼闪辉绿黑色并具醒目的白色翼斑，腹部白色；雌鸟上体烟灰，颈背具褐色点斑，两翼及尾黑。亚成鸟浅褐，下体具褐色斑驳。虹膜褐色，嘴近黑，脚绿色。

生态习性： 栖息于平原地区或田野；主要以昆虫为食，也吃少量果实与种子；繁殖期5～6月，窝卵数5～7枚。

地理分布： 无亚种分化。繁殖于中国东北及北方，冬季南迁至东南、华南、西南、海南岛等地。秦岭地区见于兰州、天水、武山、康县、文县、临洮、玛曲、舟曲（夏候鸟）；陕西眉县、周至、佛坪、太白、陇县、石泉、汉阴、安康（夏候鸟）；河南信阳（冬候鸟）。

种群数量： 不常见。

保护措施： 无危 / CSRL；未列入 / IRL，PWL，CITES，CRDB。

◎北椋鸟（育雏）- 廖小青　摄

◎北椋鸟（幼鸟）- 于晓平　摄

308. 丝光椋鸟 Silky Starling （*Sturnus sericeus*）

鉴别特征：体型略大（24 cm）的灰色及黑白色椋鸟。两翼及尾辉黑。飞行时初级飞羽的白斑明显，头具近白色丝状羽，上体余部灰色。虹膜黑色，嘴红色、嘴端黑色，脚暗橘黄。

生态习性：栖息于低于 1 000 m 的低山丘陵的次生林、稀树草坡等开阔地带；迁徙时可结成大群；取食植物果实、种子和昆虫；繁殖期 5 ～ 7 月，窝卵数 5 ～ 7 枚。

地理分布：无亚种分化。分布于四川、贵州、云南、北至陕西南部、河南南部和安徽南部、东至江苏镇江、上海等长江流域及其以南一直到海南岛等地。秦岭地区分布于陕西洋县、佛坪、汉阴、宁陕、安康（夏候鸟）；河南董寨保护区、桐柏山、信阳（留鸟）。

种群数量：较常见。

保护措施：无危 / CSRL；未列入 / IRL，PWL，CITES，CRDB。

◎丝光椋鸟（幼鸟）– 于晓平　摄

◎丝光椋鸟 – 田宁朝　摄

◎ 灰椋鸟 –Kees van Achterberg　摄

309. 灰椋鸟 White-cheeked Starling（*Sturnus cineraceus*）

鉴别特征：中等体形（24 cm）的棕灰色椋鸟。头黑，头侧具白色纵纹，臀、外侧尾羽羽端及次级飞羽狭窄横纹白色。雌鸟色浅而暗。虹膜偏红，嘴黄色、尖端黑色，脚暗橘黄。

生态习性：栖息于平原或山区的稀树地带，繁殖期成对活动，非繁殖期常与其他种类的椋鸟集成大群；主要取食昆虫；繁殖期5～7月，窝卵数5～7枚。

地理分布：无亚种分化。分布于内蒙古、吉林、辽宁、宁夏、河北、山西、陕西、甘肃、青海等地。秦岭地区分布

◎ 灰椋鸟 –于晓平　摄

于甘肃天水以南的陇南山地以及甘南高原卓尼、舟曲（留鸟、夏候鸟）；陕西秦岭南北坡各县（留鸟）；河南董寨保护区、桐柏山、伏牛山、信阳（留鸟）。

种群数量：甚常见，冬季可见数百成千甚至万只以上的大群。

保护措施：无危 / CSRL；未列入 / IRL，PWL，CITES，CRDB。

310. 紫翅椋鸟 Common Starling（*Sturnus vulgaris*）

鉴别特征： 中等体型（21 cm）沾黑、紫、绿色光泽的椋鸟。头、上背、胸、腹部具白色星状点斑，羽缘锈色而呈扇贝形斑纹。亚成体色淡而缺白色斑点。虹膜深褐，嘴黄色，脚暗红。

生态习性： 繁殖期成对活动，非繁殖期常结群活动于开阔的农田、荒漠和城镇；杂食性，繁殖季节以昆虫为食，秋冬季也食果实、种子等；4～6月繁殖，窝卵数4～7枚。

地理分布： 中国有2个亚种。疆西亚种（*S. v. porphyronotus*）在新疆西部为夏候鸟；北疆亚种（*S. v. poltaraskyi*）迁徙时途经东北、华北、华东。有记录于西秦岭甘肃天水越冬；还有陕西渭北黄土坮塬曾发现迁徙个体（陕西省鸟类新纪录，罗磊等，2013）；2016年1月初作者在秦岭北麓长安区发现与灰椋鸟混群的越冬群体。

种群数量： 不常见。2016年1月初在长安区发现20～30只越冬群体，1月下旬在陕西黄河湿地见到150只的越冬群体。

保护措施： 无危 / CSRL；未列入 / IRL，PWL，CITES，CRDB。

◎ 紫翅椋鸟 – 张国强　摄

◎ 紫翅椋鸟（育雏）– 张国强　摄

◎ 八哥 – 于晓平　摄

◎ 八哥 – 于晓平　摄

311. 八哥 Crested Myna （*Acridotheres cristatellus*）

鉴别特征：体大（26 cm）的黑色八哥。冠羽突出，与林八哥的区别在冠羽较长。尾端有狭窄的白色纹，尾下覆羽具黑及白色横纹。虹膜橘黄，嘴浅黄、嘴基红色，脚暗黄。

生态习性：栖息于阔叶林林缘及村落附近；集群活动，取食昆虫、果实等；常在耕牛身后啄食昆虫等，也常见站在家畜背上取食寄生虫；繁殖期 3 ～ 7 月，窝卵数 4 ～ 6 枚。

地理分布：中国 3 个亚种，均为留鸟。台湾亚种（*A. c. formosanus*）分布于台湾；海南亚种（*A. c. brevipennis*）分布于海南；指名亚种（*A. c. cristatellus*）分布于河南南部（罗山、桐柏等）、陕西秦岭南北坡（其中秦岭北坡、关中平原的种群可能是笼养个体逃逸定居形成）、甘肃南部（文县、康县）和长江中游地区等。

种群数量：分布区较常见，夏季可见 3 ～ 5 只的小群体，冬季秦岭北麓西安可见 30 ～ 50 只的群体。

保护措施：无危 / CSRL；未列入 / IRL，PWL，CITES，CRDB。

（四十九）鸦科 Corvidae

中大型鸣禽。羽色以灰、褐、黑、蓝为主并闪烁金属光泽；喙长而粗壮，先端下曲；翅短圆；尾短而圆或长凸形；腿脚强健，适于地面行走；喜集群；鸣声嘶哑；智商高；杂食或腐食性，善清理城镇垃圾；分布遍及全球。秦岭地区 14 种。

312. 黑头噪鸦 Sichuan Jay （*Perisoreus internigrans*）

鉴别特征：体小（30 cm）的灰色噪鸦。尾甚短，与北噪鸦的区别在体羽全灰，嘴钝短，两翼、腰及尾少棕色。虹膜褐色，嘴橄榄黄色至角质色，脚黑色。

生态习性：栖于海拔 3 050 ～ 4 300 m 的亚高山针叶林较开阔地带，多单个或成对活动；以鞘翅目昆虫和植物性食物为食；繁殖期 4 ～ 6 月，窝卵数 2 ～ 4 枚。

地理分布：无亚种分化。中国青海东南部、甘肃西部、四川北部及西藏东部的特有种。秦岭地区边缘性分布于甘南高原的卓尼、碌曲、迭部、舟曲（留鸟）。

种群数量：罕见，数量不详。

保护措施：易危 / CSRL，IRL；未列入 / PWL，CITES，CRDB。

◎ 黑头噪鸦 – 张勇　摄

◎ 松鸦 – 廖小凤　摄

313. 松鸦 Eurasian Jay （*Garrulus glandarius*）

鉴别特征： 体小（35 cm）的偏粉色鸦。翼上具黑色及蓝色镶嵌图案，腰白，髭纹黑色，两翼黑色具蓝色块斑。飞行时两翼显宽圆，飞行沉重，振翼无规律。虹膜浅褐，嘴灰色，脚肉棕色。

生态习性： 栖息于针叶林、针叶阔叶混交林、阔叶林等，有时也到林缘疏林和天然次生林内。食性较杂，食物组成随季节和环境而变化。繁殖期主要以昆虫及其幼虫为食；秋、冬季和早春则主要以松子、橡子、栗子、浆果等植物果实为食；繁殖期4～7月，窝卵数5～8枚。

◎ 松鸦（幼鸟）– 廖小青　摄

地理分布： 中国8个亚种，均为留鸟。普通亚种（*G. g.sinensis*）分布于西北、西南、华中、华南；台湾亚种（*G. g. taivanus*）分布于台湾；东北亚种（*G. g. bambergi*）分布于东北、内蒙古等；北京亚种（*G. g. pekingensis*）分布于华北、西北、内蒙古；甘肃亚种（*G. g. kansuensis*）分布于甘肃西南部、青海；西藏亚种（*G. g. interstinctus*）分布于西藏南部；云南亚种（*G. g. leucotis*）分布于云南南部；北疆亚种（*G. g. brandtii*）分布于新疆、黑龙江和内蒙古东北部。甘肃亚种在秦岭地区分布于甘肃文县、莲花山、舟曲、迭部、碌曲（留鸟）。普通亚种分布于甘肃两当、徽县（留鸟）；陕西秦岭南北坡各县（留鸟）；河南董寨保护区、桐柏山、伏牛山、信阳（留鸟）。

种群数量： 常见。

保护措施： 无危 / CSRL；未列入 / IRL，PWL，CITES，CRDB。

314. 红嘴蓝鹊 Red-billed Blue Magpie （*Urocissa erythrorhyncha*）

鉴别特征：体长（68 cm）且具长尾的亮丽蓝鹊。头黑而顶冠白。与黄嘴蓝鹊的区别在嘴猩红，脚红色。腹部及臀白色，尾楔形，外侧尾羽黑色而端白。虹膜红色，嘴和脚红色。

生态习性：栖息于常绿阔叶林、针阔叶混交林和针叶林带；主要以昆虫等为食；繁殖期 5 ～ 7 月，窝卵数 3 ～ 6 枚。

地理分布：中国有 2 个亚种。指名亚种（*U. e. erythrorhyncha*）分布于中国中部（包括陕西）、西南、华南、东南和海南岛；华北亚种（*U. e. brevivexilla*）分布于甘肃南部及宁夏南部至山西、河北、内蒙古东南部及辽宁西部。华北亚种分布于甘肃天水、武都（留鸟）、河南董寨、桐柏山、伏牛山、信阳（留鸟）。指名亚种广布于陕西秦岭南北坡各县（留鸟）。

种群数量：常见。

保护措施：无危 / CSRL；未列入 / IRL，PWL，CITES，CRDB。

◎ 红嘴蓝鹊 – 廖小青　摄

◎ 红嘴蓝鹊 – 于晓平　摄

◎灰喜鹊 – 廖小青 摄

315. 灰喜鹊 Azure-winged Magpie （*Cyanopica cyanus*）

鉴别特征： 体小（35 cm）而细长的灰色喜鹊。顶冠、耳羽及后枕黑色，两翼天蓝色，尾长并呈蓝色。虹膜褐色，嘴和脚黑色。

生态习性： 主要栖息于次生林和人工林内，尤喜城市公园绿地；主要以半翅目、鞘翅目的昆虫及其幼虫为食，兼食一些植物果实及种子；繁殖期 5 ～ 7 月，窝卵数 4 ～ 9 枚。

地理分布： 国内有 6 个亚种，大部分为留鸟。指名亚种（*C. c. cyanus*）分布于黑龙江和内蒙古东北部越冬；兴安亚种（*C. c. pallescens*）分布于黑龙江北部；东北亚种（*C. c. stegmanni*）分布于黑龙江、吉林、辽宁、内蒙古东北部；华北亚种（*C. c. interposita*）留鸟分布于华北、西北（包括陕西）、内蒙古中东部；甘肃亚种（*C. c. kansuensis*）分布于甘肃西北部、青海东北部；长江亚种（*C. c. swinhoei*）分布于长江中下游省份及南部福建、广东、海南。长江亚种在秦岭地区分布于甘肃陇南山地和甘南高原（留鸟）。华北亚种分布于甘肃天水、两当、徽县（留鸟）；陕西秦岭南北坡各县（留鸟）；河南董寨、桐柏山、伏牛山、信阳（留鸟）。

◎灰喜鹊 – 于晓平 摄

◎灰喜鹊 – 曹强 摄

种群数量： 较常见。

保护措施： 无危 / CSRL；未列入 / IRL，PWL，CITES，CRDB。

316. 喜鹊 Black-billed Magpie （*Pica pica*）

鉴别特征： 体略小（45 cm）的鹊。具黑色的长尾，两翼及尾黑色并具蓝色辉光。虹膜褐色，嘴和脚黑色。

生态习性： 栖息地多样，常出没于人类活动地区；杂食性，繁殖期捕食昆虫、蛙类等小型动物，也盗食其他鸟的卵和雏鸟，兼食瓜果、谷物、植物种子等；繁殖期 3～6 月，窝卵数 5～8 枚。

地理分布： 国内有 4 个亚种，均为留鸟。新疆亚种（*P. p. bactriana*）分布于新疆、西藏西部；东北亚种（*P. p. leucoptera*）分布于内蒙古东北部；青藏亚种（*P. p. bottanensis*）分布于西藏、青海、云南西北部、四川西部、甘肃南部；普通亚种（*P. p. sericea*）分布于除西藏、新疆外的其他省份。青藏亚种在秦岭地区分布于甘肃天水、武山、兰州、舟曲、迭部、卓尼、临潭、夏河、碌曲、玛曲（留鸟）。普通亚种分布于甘肃天水以东、陕西秦岭南北坡各县；河南三门峡市、南阳市、信阳市各县（留鸟）。

种群数量： 与 19 世纪 50～70 年代相比数量大为下降，但近 15 年来数量有所恢复。秦岭地区 10～15 只的冬季群体较为普遍，南洛河（洛南）冬季可见 100～150 只的群体。因分布广泛数量难以估计。

保护措施： 近危 / CSRL；无危 / IRL；未列入 / PWL，CITES，CRDB。

◎ 喜鹊 – 于晓平　摄

◎ 喜鹊（当年幼鸟）– 于晓平　摄

◎ 喜鹊 – 田宁朝　摄

◎ 星鸦 – 于晓平　摄

317. 星鸦 Spotted Nutcracker （*Nucifraga caryocatactes*）

鉴别特征：体型略小（33 cm）的深褐色而密布白色点斑的鸦。臀及尾下及端部白色，形短的尾与强直的嘴使之看上去特显壮实。北方的各亚种白色点斑较小且仅限于头侧、胸及上背。嘴膜浅褐，嘴灰，脚肉棕色。

生态习性：栖息于 1 800 ～ 2 500 m 的混交林、针叶林，近年来海拔 1 300 m 的中低山区也可见到，冬季可迁至秦岭北麓海拔 600 m 左右的农耕区；多单独或成对活动，以松子为食，有贮藏其他坚果习性；繁殖期 4 ～ 6 月，窝卵数 3 ～ 4 枚。

◎ 星鸦 – 于晓平　摄

地理分布：中国有 6 个亚种，多为留鸟。东北亚种（*N. c. macrorhynchos*）繁殖于中国东北、内蒙古东北部和新疆北部，越冬于河北、北京；华北亚种（*N. c. interdicta*）分布于辽宁、北京、河北、河南、山西；新疆亚种（*N. c. rothschildi*）分布于新疆西部；西藏亚种（*N. c. hemispila*）分布于西藏南部；台湾亚种（*N. c. owstoni*）分布于台湾；西南亚种（*N. c. macella*）分布于西北（包括陕西）、西南（四川、云南、西藏）和湖北。西南亚种在秦岭地区分布于甘肃天水、武山、榆中、康县、文县、莲花山、临潭、卓尼、碌曲、迭部、舟曲（留鸟）；陕西周至、户县、长安、蓝田、太白、眉县、城固、洋县、佛坪、宁陕、石泉（留鸟）；河南桐柏山、伏牛山（留鸟）。

种群数量：常见。

保护措施：无危 / CSRL；未列入 / IRL，PWL，CITES，CRDB。

318. 红嘴山鸦 Red-billed Chough （*Pyrrhocorax pyrrhocorax*）

鉴别特征： 中小型（45 cm）漂亮的黑色鸦类。通体黑色，嘴细长而下曲。幼鸟两翅和尾闪烁金属光泽，全身余部均纯黑褐色，而无辉亮。雌雄羽色相同。虹膜偏红，嘴端和嘴缘红色，脚污红色。

生态习性： 栖息在 1 500 ～ 4 500 m 的山地；喜群居，有时与寒鸦混群；主要以昆虫等为食，也吃植物果实、种子、嫩芽等；繁殖期 4 ～ 7 月，窝卵数 3 ～ 6 枚。

地理分布: 国内有 3 个亚种，为留鸟或夏候鸟。青藏亚种（*P. p. himalayanus*）留鸟见于西藏、青海、新疆东部、云南西北部、甘肃、四川西部；疆西亚种（*P. p. centralis*）夏候鸟见于新疆西部；北方亚种（*P. p. brachypus*）留鸟见于东北南部、内蒙古、华北、西北各省。青藏亚种在秦岭地区见于甘肃兰州、莲花山、夏河、碌曲、玛曲、舟曲、迭部、合作（留鸟）。北方亚种见于甘肃武都、文县（留鸟）；陕西周至、西安、蓝田、佛坪、太白、宁陕（留鸟）；河南三门峡库区（留鸟）。

◎ 红嘴山鸦 – 廖小青　摄

种群数量： 较常见。

保护措施： 无危 / CSRL；未列入 / IRL，PWL，CITES，CRDB。

◎ 红嘴山鸦 – 于晓平　摄

◎ 黄嘴山鸦 – 于晓平　摄

319. 黄嘴山鸦 Yellow-billed Chough（*Pyrrhocorax graculus*）

鉴别特征: 体小（38 cm）黑色且带金属光泽的鸦类。嘴细而下弯,似红嘴山鸦,但嘴较短而非红色。飞行时尾更显圆,两翼不成直角;歇息时尾显较长,远伸出翼后。幼鸟腿灰色,嘴上黄色较少。虹膜深褐色,嘴黄白色,脚红色。

生态习性: 栖于海拔 2 500 ～ 5 000 m 的高原牧场、悬崖地带,群栖性;主要以昆虫为食,也吃植物果实、种子、嫩芽等;繁殖期 4 ～ 7 月,窝卵数 3 ～ 5 枚。

地理分布: 国内仅有普通亚种（*P. g. digitatus*）留鸟于宁夏、甘肃西部、新疆、西藏、青海、云南西北部等。秦岭地区边缘性分布于甘肃兰州、玛曲（留鸟）。

◎ 黄嘴山鸦 – 于晓平　摄

种群数量: 不常见。

保护措施: 无危 / CSRL;未列入 / IRL,PWL,CITES,CRDB。

320. 秃鼻乌鸦 Rook（*Corvus frugilegus*）

鉴别特征：体型略大（47 cm）的黑色鸦。特征为嘴基部裸露皮肤浅灰白色。幼鸟脸全被羽，易与小嘴乌鸦相混淆，区别为头顶更显拱圆形，嘴圆锥形且尖，腿部的松散垂羽更显松散。飞行时尾端楔形，两翼较长窄，翼尖"手指"显著，头显突出。虹膜深褐，嘴和脚黑色。

生态习性：栖息于平原丘陵低山的耕作区，有时会接近人群密集的居住区；杂食性，以垃圾、腐尸、昆虫等为食；繁殖期 3 ～ 7 月，窝卵数 3 ～ 9 枚。

地理分布：国内有 2 个亚种。指名亚种（*C. f. frugilegus*）分布于新疆繁殖和越冬；普通亚种（*C. f. pastinator*）广布于除西藏、新疆之外的所有省份。后者在秦岭地区见于甘肃陇南山地、兰州、莲花山（留鸟）；陕西周至、太白、洋县、佛坪、城固（留鸟）；河南董寨、桐柏山、伏牛山、信阳、三门峡库区（留鸟）。

种群数量：不常见。

保护措施：无危 / CSRL；未列入 / IRL，PWL，CITES，CRDB。

◎ 秃鼻乌鸦 – 张国强　摄

◎ 达乌里寒鸦 – 廖小青　摄

321. 达乌里寒鸦 Daurian Jackdaw（*Corvus dauuricus*）

鉴别特征： 体型略小（32 cm）的鹊色鸦。白色斑纹延至胸下。与白颈鸦的区别在体型较小且嘴细，胸部白色部分较大。幼鸟色彩反差小，但与寒鸦成体的区别在眼深色；与寒鸦幼体的区别在耳羽具银色细纹。虹膜深褐，嘴和脚黑色。

生态习性： 主要栖息于 2 000 m 以下的山地、丘陵、平原等各类生境中，尤以河边悬岩和河岸森林地带常见；杂食性，主要以昆虫为食，也吃雏鸟、腐肉、动物尸体、垃圾、植物果实、草籽和农作物幼苗与种子等；繁殖期 4 ～ 6 月，窝卵数 4 ～ 8 枚。

◎ 达乌里寒鸦（幼鸟）– 廖小凤　摄

地理分布： 无亚种分化。分布于除海南之外的所有省份。秦岭地区见于甘肃天水、武山、兰州、临洮、莲花山、夏河、合作、卓尼、临潭、碌曲、玛曲、迭部、舟曲（留鸟）；陕西秦岭南北坡各县（留鸟）；河南桐柏山、伏牛山、信阳（留鸟）。

种群数量： 常见。

保护措施： 无危 / CSRL；未列入 / IRL，PWL，CITES，CRDB。

322. 大嘴乌鸦 Large-billed Crow（*Corvus macrorhynchos*）

鉴别特征： 体大（50 cm）的闪光黑色鸦。嘴甚粗厚，比渡鸦体小而尾较平；与小嘴乌鸦的区别在嘴粗厚而尾圆，头顶更显拱圆形。虹膜褐色，嘴和脚黑色。

生态习性： 适宜各类生境，喜结群活动于城市、郊区；食性杂，主要以昆虫及其幼虫为食，也吃雏鸟、鸟卵、鼠类、动物尸体以及植物种子和果实等；繁殖期 3 ～ 6 月，窝卵数 3 ～ 5 枚。

地理分布： 国内有 5 个亚种，均为留鸟。西藏亚种（*C. m. intermedius*）分布于西藏南部和西部；青藏亚种（*C. m. tibetosinensis*）分布于西藏西南，青海东部，云南西北部，四川西部、北部；东北亚种（*C. m. mandschuricus*）分布于东北三省及河北北部；东方亚种（*C. m. levaillantii*）分布于西藏南部；普通亚种（*C. m. colonorum*）分布于除东北、西藏之外的所有省份（包括台湾和海南）。青藏亚种在秦岭地区分布于甘肃莲花山、夏河、合作、卓尼、临潭、碌曲、玛曲、舟曲、迭部（留鸟）。普通亚种分布于甘肃兰州、天水、康县、文县（留鸟）；陕西秦岭南北坡各县（留鸟）；河南三门峡市、南阳市、信阳市各县（留鸟）。

种群数量： 常见。

保护措施： 无危 / CSRL；未列入 / IRL，PWL，CITES，CRDB。

◎ 大嘴乌鸦 – 廖小青　摄

◎ 大嘴乌鸦 – 田宁朝　摄

◎ 小嘴乌鸦 – 于晓平　摄

323. 小嘴乌鸦 Carrion Crow（*Corvus corone*）

鉴别特征：体大（50 cm）的黑色鸦。与秃鼻乌鸦的区别在嘴基部被黑色羽；与大嘴乌鸦的区别在于额弓较低，嘴虽强劲但形显细。虹膜褐色，嘴和脚黑色。

生态习性：主要栖息于阔叶林、针叶林、次生杂木林、人工林等各种森林中；食性杂，以腐尸、垃圾等杂物为食，亦取食植物的种子和果实；繁殖期 4 ～ 7 月，窝卵数 4 ～ 7 枚。

地理分布：国内仅有普通亚种（*C. c. orientalis*）分布于除西藏之外的几乎所有省份。秦岭地区广布于甘肃陇南山地、甘南高原（留鸟）；陕西秦岭南北坡各县（留鸟）；河南信阳（留鸟）。

◎ 小嘴乌鸦 – 田宁朝　摄

种群数量：常见。

保护措施：无危 / CSRL；未列入 / IRL，PWL，CITES，CRDB。

◎ 白颈鸦 – 廖小青　摄

324. 白颈鸦 Collared Crow （*Corvus pectoralis*）

鉴别特征： 体大（54 cm）的亮黑及白色鸦。嘴粗厚，颈背及胸带强反差的白色使其有别于同地区的其他鸦类。与达乌里寒鸦略似，但寒鸦较之白颈鸦体甚小而下体甚多白色。虹膜深褐色，嘴和脚黑色。

生态习性： 栖于开阔的农田、河滩和河湾等处，尤喜新耕农田；杂食性，以昆虫及其幼虫和泥鳅等为食，亦食玉米、土豆、黄豆、小麦及草籽等；繁殖期 3 ～ 6 月，窝卵数 2 ～ 6 枚。

地理分布： 无亚种分化。国内广布于除东北、新疆、西藏之外的几乎所有省份。秦岭地区见于甘肃陇南山地（留鸟）；陕西秦岭南坡各县（留鸟）；河南董寨、桐柏山、伏牛山、信阳（留鸟）。

◎ 白颈鸦 – 于晓平　摄

种群数量： 常见。

保护措施： 无危 / CSRL；未列入 / IRL，PWL，CITES，CRDB。

325. 渡鸦 Common Raven （*Corvus corax*）

鉴别特征：体型其大（66 cm）的全黑色鸦。嘴粗厚，与其他乌鸦尤其是大嘴乌鸦的区别在喉部具粗羽，头顶不上拱，翼展开时具长的"翼指"，尾呈楔形，叫声为深沉的嘎嘎声。虹膜深褐色，嘴和脚黑色。

生态习性：栖息于高山草甸和山区林缘地带；杂食性，主要取食小型啮齿类、小型鸟类、爬行类、昆虫和腐肉等，也取食植物果实等；繁殖期 3 ～ 5 月，窝卵数 3 ～ 7 枚。

地理分布：国内 2 个亚种。东北亚种（*C. c. kamtschaticus*）见于河北北部、内蒙古、甘肃、新疆；青藏亚种（*C. c. tibetanus*）留鸟见于内蒙古西部、甘肃、新疆西部、西藏、青海、云南西北部等地。秦岭地区边缘性分布于甘南高原卓尼、临潭、碌曲、玛曲和迭部（留鸟）。

种群数量：不常见。

保护措施：无危 / CSRL；未列入 / IRL，PWL，CITES，CRDB。

◎ 渡鸦 – 于晓平 摄

◎ 渡鸦 – 于晓平 摄

（五十）河乌科 Cinclidae

中小型鸣禽。喙长直而先端微下曲；鼻孔被盖膜；翅短圆；尾短；腿较长，趾爪长而健，适于水边行走；雌雄同色，黑褐为主；常于水面疾飞鸣叫；浅水中觅食昆虫，可潜水捕鱼；在欧、亚、美洲呈间断分布。秦岭地区 2 种。

326. 褐河乌 Brown Dipper（*Cinclus pallasii*）

鉴别特征：体型略大（21 cm）的深褐色河乌。体无白色或浅色胸围，有时眼上的白色小块斑明显。虹膜褐色，嘴和脚深褐。

生态习性：栖息于 300 ～ 3 500 m 的山涧河谷溪流，飞行时贴近水面疾飞疾鸣；以动物性食物为食，也吃一些植物叶子和种子；繁殖期 4 ～ 7 月，窝卵数 3 ～ 4 枚。

◎ 褐河乌 – 于晓平　摄

地理分布：中国有 3 个亚种，均为留鸟。中亚亚种（*C. p. tenuirostris*）分布于新疆西北部和西藏南部；滇西亚种（*C. p. dorjei*）分布于云南西北部；指名亚种（*C. p. pallasii*）分布于除西藏、海南之外的各省份。指名亚种在秦岭地区分布于甘肃陇南山地和甘南高原（留鸟）；陕西秦岭南坡为主各县（留鸟）；河南董寨、桐柏山、伏牛山、信阳（留鸟）。

种群数量：常见。

保护措施：无危 / CSRL；未列入 / IRL，PWL，CITES，CRDB。

◎ 褐河乌（求偶）– 于晓平　摄

◎ 河乌 – 张岩　摄

327. 河乌 White-throated Dipper（*Cinclus cinclus*）

鉴别特征：体型略小（20 cm）的深褐色河乌。特征为颏及喉至上胸具白色的大斑块。下背及腰偏灰，深色型的白色喉胸块或呈烟褐色，偶具浅色纵纹。通常的浅色型喉胸纯白，幼鸟灰色较重，下体较白。虹膜红褐，嘴近黑，脚褐色。

生态习性：栖息于 2 400 ～ 4 300 m 的山间河流，性似褐河乌；主要以水生昆虫及其他水生小型无脊椎动物为食；繁殖期 3 ～ 5 月，年繁殖 1 ～ 2 次，窝卵数 4 ～ 5 枚。

地理分布：国内 3 个亚种，均为留鸟。新疆亚种（*C. c. leucogaster*）分布于新疆；青藏亚种（*C. c. przewalskii*）

◎ 河乌 – 廖小青　摄

分布于甘肃、西藏东南部、青海、四川；西藏亚种（*C.c.cashmeriensis*）分布于西藏南部、云南西北部。秦岭地区仅青藏亚种边缘性分布于甘肃临潭、卓尼、迭部、舟曲、碌曲（留鸟）。

种群数量：少见。

保护措施：无危 / CSRL；未列入 / IRL，PWL，CITES，CRDB。

（五十一）鹪鹩科 Troglodytidae

小型鸣禽。喙细而侧扁；翅短圆；尾羽极短；腿脚趾强健，适于水边行走；羽色黑褐而具横斑；以昆虫为食；多见于美洲，欧、亚、非洲大陆仅有 1 种——鹪鹩。

328. 鹪鹩 Wren（*Troglodytes troglodytes*）

鉴别特征： 体型小巧（10 cm）的褐色而具横纹及点斑的似鹪鹛之鸟。尾上翘，嘴细，深黄褐的体羽具狭窄黑色横斑及模糊的皮黄色眉纹。各亚种的基色调有异。虹膜褐色，嘴及脚褐色。

生态习性： 栖息于溪流边灌丛，夏天可至 3 700 m 的太白山顶，冬季可至 700 ～ 800 m 的山麓、平原；主要以昆虫和蜘蛛为食；繁殖期 7 ～ 8 月，窝卵数 4 ～ 6 枚。

◎ 鹪鹩 – 廖小青　摄

地理分布： 中国有 7 个亚种。天山亚种（*T. t. tian-shanicus*）分布于西北；西藏亚种（*T. t. nipalensis*）分布于西藏中部；四川亚种（*T. t. szetschuanus*）分布于西藏东南部及东部、四川、青海西部、甘肃南部、陕西南部和湖北西部；云南亚种（*T. t. talifuensis*）分布于云南；普通亚种（*T. t. idius*）分布于青海东部、甘肃北部、内蒙古西部、河北、湖南及陕西；东北亚种（*T. t. dauricus*）分布于东北；台湾亚种（*T. t. taivanus*）分布于台湾。北方鸟冬季南迁至华东及华南的沿海省份。四川亚种在秦岭地区分布于甘肃文县、武都、天水、兰州、莲花山、卓尼、碌曲、迭部、舟曲（留鸟）；陕西周至、太白、佛坪、宁陕、长安（留鸟）；河南桐柏山、伏牛山、信阳（留鸟）。

种群数量： 不常见。

保护措施： 无危 / CSRL；未列入 / IRL，PWL，CITES，CRDB。

◎ 鹪鹩 – 于晓平　摄

（五十二）岩鹨科 Prunellidae

中小型鸣禽。喙细尖，中部明显侧扁；鼻孔斜形，具盖膜；翅尖；尾长而端部微凹；腿脚健壮，后趾具长爪；体羽多橄榄褐，有杂斑；以昆虫、果实、种子为食；习见于古北界。秦岭地区7种。

◎ 领岩鹨 – 于晓平　摄　　　　　　　　　　　　◎ 领岩鹨 – 田宁朝　摄

329. 领岩鹨 Alpine Accentor （*Prunella collaris*）

鉴别特征：体大（17 cm）的褐色具纵纹的岩鹨。黑色大覆羽羽端的白色形成对比的两道点状翼斑，头及下体中央烟褐，两胁浓栗而具纵纹，尾下覆羽黑而羽缘白色，喉白而具由黑点形成的横斑，尾深褐而端白。虹膜深褐，嘴近黑，下嘴基黄色，脚红褐。

生态习性：一般单独或成对活动，极少成群；飞行快速流畅，甚不惧人；主要以甲虫、蚂蚁等昆虫为食，也吃其他小型无脊椎动物及植物性食物；繁殖期6～7月，窝卵数3～4枚。

地理分布：国内有6个亚种。东北亚种（*P. c. erythropygia*）于黑龙江、辽宁、吉林为夏候鸟，于北京北部、陕西南部等地为留鸟，越冬于内蒙古东北部；台湾亚种（*P. c. fennelli*）留鸟见于台湾；西南亚种（*P. c. nipalensis*）留鸟见于陕西南部、甘肃、四川等地；新疆亚种（*P. c. rufilata*）留鸟见于新疆；青海亚种（*P. c. tibetana*）留鸟见于甘肃西北部、青海南部和东部；藏西亚种（*P. c. whymperi*）留鸟见于西藏西部。西南亚种在秦岭地区分布于甘肃夏河、合作、临潭、卓尼、碌曲、玛曲（繁殖鸟）；陕西太白、洋县、佛坪（留鸟）；东北亚种留鸟见于陕西南部（西南亚种和东北亚种在秦岭的具体分布状况尚需考察确定）。

种群数量：不常见。

保护措施：无危 / CSRL；未列入 / IRL，PWL，CITES，CRDB。

注：曾有学者认为领岩鹨有7个亚种（郑作新，2000），王香亭（1991）、刘迺发等（2013）认为甘肃甘南高原分布四川亚种（*P. c. berezowskii*），而郑光美（2005，2011）将其并入西南亚种。

◎ 黑喉岩鹨 – 张岩　摄

330. 黑喉岩鹨 Black-throated Accentor（*Prunella atrogularis*）

鉴别特征：体型略小（15 cm）的褐色岩鹨。头具明显的黑白色图纹，顶冠褐或灰色；上体余部褐色而具模糊的暗黑色纵纹；下体胸及两胁偏粉色，至臀部近白；当年幼鸟冬羽与棕眉山岩鹨易混淆，但喉污白色。虹膜浅褐色，嘴黑色，脚暗黄色。

生态习性：栖于海拔 3 000 m 的林地灌木密丛，冬季迁往较低处。繁殖资料缺乏。

地理分布：仅有新疆亚种（*P. a. huttoni*）见于新疆西北部、西藏。秦岭地区曾在陕西宁陕县与周至县交界处的秦岭主脊采到标本，估计为迷鸟，陕西省鸟类新纪录（王开锋等，2011）。

种群数量：稀少。

保护措施：无危 / CSRL；未列入 / IRL，PWL，CITES，CRDB。

331. 棕胸岩鹨 Rufous-breasted Accentor （*Troglodytes troglodytes*）

鉴别特征： 中等体型（16 cm）的褐色具纵纹的岩鹨。眼先上具狭窄白线至眼后转为特征性的黄褐色眉纹，下体白色而带黑色纵纹，仅胸带黄褐。虹膜浅褐色，嘴黑色，脚暗橘黄色。

生态习性： 常在高山矮林、灌丛、草甸和农耕地活动；夏季见于 2 000 ～ 3 500 m 的中高山区，冬季海拔 1 000 m 的低山区可见到；除繁殖期成对或单独活动外，其他季节多呈家族群或小群活动；繁殖期 6 ～ 7 月，窝卵数 3 ～ 6 枚。

地理分布： 仅有指名亚种（*P. s. strophiata*）留鸟见于陕西南部、甘肃、西藏、青海、云南西北部、四川、贵州、湖北。秦岭地区见于甘肃兰州、天水、文县、莲花山、卓尼、碌曲、迭部、舟曲（留鸟）；陕西周至、太白、佛坪、洋县（留鸟）。

种群数量： 不常见。

保护措施： 无危 / CSRL；未列入 / IRL，PWL，CITES，CRDB。

©棕胸岩鹨 - 廖小青　摄

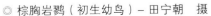

◎ 棕胸岩鹨（初生幼鸟）- 田宁朝　摄

◎ 棕胸岩鹨（幼鸟）- 田宁朝　摄

332. 棕眉山岩鹨 Siberian Accentor （*Prunella montanella*）

鉴别特征： 体型略小（15 cm）的褐色斑驳的岩鹨。头部图纹醒目，头顶及头侧近黑，余部赭黄，眉纹及喉橙皮黄色而有别于褐岩鹨。虹膜黄色，嘴角质色，脚暗黄。

生态习性： 栖息于丘陵灌丛、林缘、农田荒地等，喜单独活动，藏隐于森林及灌丛的林下植被。繁殖资料缺乏。

地理分布： 仅指名亚种（*P. m. montanella*）越冬于中国北方及东北，罕见于青海及四川北部至安徽及山东，极少至江苏以南。秦岭地区曾记录于陕西太白和甘肃兰州（冬候鸟）。

种群数量： 不常见。

保护措施： 无危 / CSRL；未列入 / IRL，PWL，CITES，CRDB。

◎ 棕眉山岩鹨 – 张岩　摄

◎ 褐岩鹨 – 张岩　摄

333. 褐岩鹨 Brown Accentor （*Prunella fulvescens*）

鉴别特征： 体型略小（15 cm）的褐色具暗黑色纵纹的岩鹨。白色眉纹粗显，下体白色，胸及两胁沾粉色。不同地理亚种在色调上有异，色最淡的亚种见于昆仑山。虹膜浅褐，嘴近黑，脚浅红褐。

生态习性： 喜开阔有灌丛至几乎无植被的高山山坡及碎石带，地栖性，在地上、岩石上或灌丛中活动；主要以甲虫、蛾、蚂蚁等昆虫为食；繁殖期 5 ～ 7 月，窝卵数 4 ～ 5 枚。

地理分布： 国内有 4 个亚种。指名亚种（*P. f. fulvescens*）留鸟见于新疆西部和中部、西藏西部；南疆亚种（*P. f. dresseri*）留鸟见于新疆东部、西藏北部、东北亚种（*P. f. dahurica*），在北京、内蒙古、甘肃西北部、新疆北部为夏候鸟或冬候鸟；青藏亚种（*P. f. nanschanica*）留鸟见于宁夏、甘肃、西藏、青海、四川西部。其中青藏亚种在秦岭地区见于甘肃兰州、卓尼、碌曲、玛曲（留鸟）；陕西周至、太白（留鸟）。

种群数量： 不常见。

保护措施： 无危 / CSRL；未列入 / IRL，PWL，CITES，CRDB。

334. 鸲岩鹨 Robin Accentor（*Prunella rubeculoides*）

鉴别特征：中等体型（16 cm）的偏灰色岩鹨。胸栗褐，头、喉、上体、两翼及尾烟褐，上背具模糊的黑色纵纹；翼覆羽有狭窄的白缘，翼羽羽缘褐色；灰色的喉与栗褐色的胸之间有狭窄的黑色领环；下体其余白色。虹膜红褐，嘴近黑，脚暗红褐。

生态习性：栖息于海拔 3 600～4 900 m 的高山灌丛、草甸和裸岩地带；具本属的典型特性，温驯而不惧生。生态学资料尤其繁殖资料缺乏。

地理分布：仅指名亚种（*P. r. rubeculoides*）留鸟见于甘肃、西藏、青海、云南西北部及四川。秦岭地区仅分布于甘肃天水、卓尼、迭部、舟曲（留鸟）。

种群数量：不常见。

保护措施：无危 / CSRL；未列入 / IRL，PWL，CITES，CRDB。

◎ 鸲岩鹨（冬羽）– 李利伟　摄

◎ 鸲岩鹨（夏羽）– 廖小青　摄

◎ 栗背岩鹨 – 刘平　摄

335. 栗背岩鹨 Maroon-backed Accentor （*Prunella immaculata*）

鉴别特征：体小（14 cm）灰色无纵纹的岩鹨。臀栗褐，下背及次级飞羽绛紫色，额苍白，由近白色的羽缘呈扇贝形纹所致。虹膜白色，嘴角质色，脚暗橘黄色。

生态习性：栖于海拔 2 000 ～ 4 000 m 的针叶林的潮湿林下植被，冬季栖于较开阔的灌丛。

地理分布：无亚种分化。繁殖于西藏、青海、甘肃南部和四川西北部。秦岭地区分布于甘肃莲花山、卓尼、碌曲、玛曲（留鸟）；陕西秦岭太白山南坡（繁殖鸟，陕西鸟类新纪录，高学斌等，2011），陕西化龙山保护区冬季可见少量个体越冬。

种群数量：罕见。

保护措施：无危 / CSRL；未列入 / IRL，PWL，CITES，CRDB。

（五十三）鸫科 Turdidae

中型鸣禽。喙较短健，平滑，上喙尖端常具小缺刻；鼻孔裸露，与额界限分明；翼长而平，尾外形不一；腿健壮，跗跖部强而长，多数种类具有靴状鳞；多地栖性，善奔跑；杯状开放性巢，以昆虫和植物果实为食；世界广布。秦岭地区雀形目第一大科，种类多达 56 种。

336. 蓝短翅鸫 White-browed Shortwing （*Brachypteryx montana*）

鉴别特征：中等体型（15 cm）。其体色随性别而变，一般雄鸟为深蓝色，雌鸟为褐色，亚成鸟具褐色杂斑。虹膜褐色，嘴黑色，脚肉色略沾灰。

生态习性：栖于海拔 1 400 ～ 3 000 m 近溪流的植被茂密的地面，有时见于开阔林间空地，甚至见于山顶多岩的裸露斜坡。繁殖资料缺乏。

地理分布：国内有 3 个亚种，均为留鸟。华南亚种（*B. m. sinensis*）留鸟见于中国东南部、陕西等地区；西南亚种（*B. m. cruralis*）留鸟见于西藏东南部、云南、四川中部及西南部；台

◎ 蓝短翅鸫（雌）- 张岩　摄

湾亚种（*B. m. goodfellowi*）留鸟见于台湾。秦岭地区见于中部陕西太白、石泉、汉阴（留鸟）；河南董寨保护区、信阳（留鸟）。

种群数量：不常见。

保护措施：无危 / CSRL；未列入 / IRL，PWL，CITES，CRDB。

◎ 蓝短翅鸫（雄）- 张岩　摄

© 蓝歌鸲（雄）- 张岩　摄

© 蓝歌鸲（雌）- 张岩　摄

337. 蓝歌鸲 Siberian Blue Robin （*Luscinia cyane*）

鉴别特征：中等体型（14 cm）的蓝色及白色或褐色歌鸲。雄鸟上体青石蓝色，宽的黑色过眼纹延至颈侧和胸侧，下体白；雌鸟上体橄榄褐，喉及胸褐色并具皮黄色鳞状斑纹，腰及尾上覆羽沾蓝。虹膜褐色，嘴黑色，脚粉白。

生态习性：成对活动于 1 800 m 以下的林缘灌丛，多在地面觅食；夏季以昆虫为食。繁殖资料缺乏。

地理分布：国内有 2 个亚种。指名亚种（*L. c. cyane*）除新疆、青海外见于各省；东南亚种（*L. c. bochaiensis*）在浙江、福建为冬候鸟。前者在秦岭地区见于甘肃陇南（旅鸟）；陕西西安、华阴、石泉、安康（旅鸟）。

种群数量：较为常见。

保护措施：无危 / CSRL；未列入 / IRL，PWL，CITES，CRDB。

◎ 栗腹歌鸲（雄）- 白皓天　摄

338. 栗腹歌鸲 Indian Blue Robin （*Luscinia brunnea*）

鉴别特征： 体小（15 cm）的深色歌鸲。雄鸟上体青石蓝色，眉纹白，喉、胸及两胁栗色，眼先及脸颊黑，腹中心及尾下覆羽白色；雌鸟上体橄榄褐色，下体偏白，胸及两胁沾赭黄。虹膜褐色，嘴夏季黑色，冬季上嘴褐色、下嘴近粉，脚粉褐。

生态习性： 栖于海拔 1 600 ～ 3 200 m 的山区栎树林、茂密的竹林及杜鹃灌丛，两翼及尾不时抽动。生态学尤其繁殖资料缺乏。

地理分布： 仅指名亚种（*L. b. brunnea*）罕见留鸟于甘肃东南部（卓尼、碌曲）、四川西部、陕西（佛坪、太白山）、云南西北部和西藏东南部。

种群数量： 稀少。

保护措施： 无危 / CSRL；未列入 / IRL，PWL，CITES，CRDB。

339. 红喉歌鸲 Siberian Rubythroat（*Luscinia calliope*）

鉴别特征： 中等体型（16 cm）而丰满的褐色歌鸲。具醒目白色眉纹和颊纹，尾褐色，两胁皮黄，腹部皮黄白。成年雄鸟喉部红色，雌鸟全身黄褐色。雌鸟胸带近褐，头部具黑白色独特条纹。虹膜褐色，嘴深褐，脚粉褐。

生态习性： 栖息于灌丛、低山草丛和农田；停歇时尾向上略展如扇；以昆虫及其幼虫为主要食物；繁殖期5～7月，窝卵数1～5枚。

地理分布： 无亚种分化。繁殖于中国东北、新疆北部阿尔泰山、青海东北部至甘肃南部（临潭、卓尼）、西部及四川；越冬于中国南部。在陕西秦岭地区（周至、佛坪、洋县）为不常见的旅鸟，西安渭河谷地的人工园林如浐灞湿地迁徙季节偶见。

◎ 红喉歌鸲（雌）– 胡亚荣　摄

种群数量： 较为常见。

保护措施： 无危 / CSRL；未列入 / IRL，PWL，CITES，CRDB。

◎ 红喉歌鸲（雄）– 胡亚荣　摄

◎ 蓝喉歌鸲（雄）– 廖小凤　摄

340. 蓝喉歌鸲 Bluethroat（*Luscinia svecica*）

鉴别特征： 中等体型（14 cm）色彩艳丽的歌鸲。雄性喉部具栗色、蓝色及黑白色图纹，眉纹近白，上体灰褐，下体白，尾深褐；雌鸟喉白而无栗色及蓝色，黑色的细颊纹与由黑色点斑组成的胸带相连。虹膜深褐，嘴深褐，脚粉褐。

生态习性： 性隐匿，出没于灌丛或草丛；繁殖期常于灌木或小乔木的横枝上占区鸣唱，不甚惧人；繁殖期 4 ～ 6 月，窝卵数 4 ～ 6 枚。

地理分布： 国内有 5 个亚种，为夏候鸟或旅鸟。指名亚种（*L. s. svecica*）分布于东北极北部为夏候鸟，南迁时见于各省；北疆亚种（*L. s. saturatior*）分布于新疆极北部为夏候鸟；新疆亚种（*L. s. kobdensis*）分布于新疆西部为夏候鸟；青海亚种（*L. s. przevalskii*）旅鸟分布于陕西（周至、佛坪、太白、汉台区）、宁夏北部、甘肃南部（卓尼）、西部，越冬于云南西南部；藏西亚种（*L. s. abbotti*）旅鸟见于西藏西部。

种群数量： 不甚常见。

保护措施： 无危 / CSRL；未列入 / IRL，PWL，CITES，CRDB。

◎ 蓝喉歌鸲（雌）－张国强　摄

◎ 蓝喉歌鸲（幼鸟）－廖小凤　摄

◎ 金胸歌鸲（雄）– 罗永川　摄

341. 金胸歌鸲 Firethroat（*Luscinia pectardens*）

鉴别特征： 中等偏小体型（15 cm）。雄性成鸟上体蓝灰，尾羽基部具白斑，额、喉与胸为鲜艳的橙红色，颈侧具苍白色块斑；雌鸟上体橄榄棕，下体淡赭黄，腹部白色。虹膜深褐，喙黑色，脚粉褐。

生态习性： 常单个或成对活动，喜栖于海拔 3 000 ～ 3 500 m 的茂密灌丛及竹林，取食森林地面的昆虫。繁殖资料缺乏。

地理分布： 中国特有种，无亚种分化。罕见于中国中部和西南部。秦岭地区见于甘肃文县（夏候鸟）；陕西太白山（夏候鸟）。

种群数量： 稀少，数量不详。

保护措施： 近危 / CSRL，IRL；未列入 / PWL，CITES，CRDB。

342. 棕头歌鸲 Rufous-headed Robin （*Luscinia ruficeps*）

鉴别特征：中等偏小体型（15 cm）。雄鸟头部为鲜艳的橙棕色，喉部和下腹部白色，身体余部以灰色为主；雌鸟通体棕褐，腰部灰蓝，胸、腹部淡棕杂以暗色鳞斑。虹膜深褐，喙黑色，脚粉红。

生态习性：栖于 2 000～3 000 m 亚高山灌丛、矮树丛，取食昆虫；5 月开始繁殖，窝卵数 4 枚。

地理分布：中国特有种，无亚种分化。仅限于陕西秦岭地区（佛坪、洋县、太白）和四川西北部。

种群数量：极罕见，陕西省至今仅一次记录。

保护措施：易危 / CSRL，IRL；未列入 / PWL，CITES，CRDB。

◎ 棕头歌鸲（左雌右雄）– 郑秋旸（手绘）　摄

◎ 黑喉歌鸲（雄）- 赵纳勋　摄

343. 黑喉歌鸲 Blackthroat （*Luscinia obscura*）

鉴别特征： 体小（14 cm）的深色歌鸲。雄鸟腹部黄白，尾基部有白色闪斑，头顶、背、两翼及腰青石蓝色，脸、胸、尾上覆羽、尾中心及尾端均黑；雌鸟深橄榄褐，下体浅皮黄。与雌性蓝歌鸲的区别在下体无鳞状斑纹，尾下覆羽皮黄，尾沾赤褐。虹膜深灰，嘴黑色，脚粉灰。

生态习性： 栖于海拔 3 000 ～ 3 400 m 亚高山针叶林，尾不停地抽动。生物学资料比较缺乏，洋县发现繁殖巢、卵及雏鸟，窝卵数 2 枚。

◎ 黑喉歌鸲（卵）- 赵纳勋　摄

地理分布： 无亚种分化。中国中北部甚罕见于甘肃东南部及陕西南部佛坪、洋县（夏候鸟）。

种群数量： 罕见，数量不详。

保护措施： 易危 / CSRL，IRL；未列入 / PWL，CITES，CRDB。

◎ 黑喉歌鸲（雌）− 赵纳勋　摄

◎ 黑喉歌鸲（雏鸟）− 赵纳勋　摄

◎ 红尾歌鸲 – 张岩　摄

344. 红尾歌鸲 Rufous-tailed Robin （*Luscinia sibilans*）

鉴别特征： 体小（13 cm）尾部棕色的歌鸲。尾羽棕栗色，眼先和颊黄褐色，眼周淡黄褐色，颏、喉污灰白色微沾皮黄色，胸部皮黄色，两胁橄榄灰白色，腹部和尾下覆羽与颏、喉同。虹膜褐色，嘴黑色，脚粉褐。

生态习性： 占域性甚强，多单个活动；常栖于森林中茂密多荫的地面或低矮植被覆盖处，尾颤动有力；以卷叶蛾等多种害虫为食。繁殖资料缺乏。

地理分布： 无亚种分化。繁殖于中国东北，迁徙季节见于中国东部的大部地区。秦岭地区见于秦岭东部地区（河南南部）。

种群数量： 罕见。

保护措施： 无危 / CSRL；未列入 / IRL，PWL，CITES，CRDB。

345. 金色林鸲 Golden Bush Robin（*Tarsiger chrysaeus*）

鉴别特征： 修长（14 cm）而优雅的鸲鸟。雄鸟上体橄榄绿色，眼先至耳羽黑色，眉纹、肩部、腰部和尾上覆羽橙黄，翼黑，羽缘黄色，中央尾羽黑色，外侧尾羽橙黄而端部黑，下体橙黄；雌鸟上体及两翼橄榄黄色，羽缘及羽端褐色，下体赭黄色。虹膜褐色，嘴深褐，脚肉色。

生态习性： 栖息于竹林或常绿林下的灌丛中，夏季见于海拔 3 000 m 以上近林线的针叶林及杜鹃灌丛，冬季下至低地灌丛；性胆怯，取食昆虫。

地理分布： 国内仅有指名亚种（*T. c. chrysaeus*）偶见夏候鸟于甘肃东南部（文县）、四川西北部、云南西北部、青海东南部和陕西秦岭（周至、佛坪、宁陕、太白等）和大巴山地区。

种群数量： 少见。

保护措施： 无危 / CSRL；未列入 / IRL，PWL，CITES，CRDB。

◎ 金色林鸲（雌）– 廖小凤　摄

◎ 金色林鸲（当年幼鸟）– 田宁朝　摄

◎ 金色林鸲（雄）– 赵纳勋　摄

346. 白眉林鸲 White-browed Bush Robin （*Tarsiger indicus*）

鉴别特征：体小（14 cm）的深色林鸲。雄鸟上体青石蓝色，头侧黑，下体橙褐，腹中心及尾下覆羽近白；雌鸟上体橄榄褐，眉纹白，脸颊褐色，眼圈色浅，下体暗赭褐，腹部色较浅，尾下覆羽皮黄。与栗腹歌鸲的区别在体型较大而眉纹宽。虹膜深褐，嘴近黑，脚灰褐。

生态习性：活动于地面或近地面的林下植被茂密处，甚不惧人；雄鸟炫耀时两翼下悬颤抖，尾轻弹。罕见于海拔 2 400 ～ 4 300 m 的混交林及针叶林。

地理分布：国内有 3 个亚种。指名亚种（*T. i. indicus*）留鸟见于西藏东南部；西南亚种（*T. i. yunnanensis*）留鸟见于四川、云南西北部及甘肃南部；台湾亚种（*T. i. formosanus*）留鸟见于台湾。西南亚种在秦岭地区仅见于甘南高原舟曲、迭部（留鸟）。

种群数量：罕见。

保护措施：无危 / CSRL；未列入 / IRL，PWL，CITES，CRDB。

◎ 白眉林鸲（雌）- 张岩　摄

◎ 白眉林鸲 *T. i. formosanus*（雄）- 于晓平　摄

◎ 红胁蓝尾鸲（雄）- 于晓平　摄

◎ 红胁蓝尾鸲（雌）- 廖小青　摄　　　　　◎ 红胁蓝尾鸲（雄性幼鸟）- 于晓平　摄

347. 红胁蓝尾鸲 Red-flanked Bush Robin （*Tarsiger cyanurus*）

鉴别特征：小型（15 cm）优雅鸲鸟。雄鸟上体灰蓝，具短白色眉纹；下体白色，胸侧灰蓝，两胁橙棕。雌鸟上体橄榄褐，尾上覆羽和尾缀蓝色。颏、喉、腹白色，胸缀褐色，胸侧和两胁橙红色。虹膜褐色，嘴黑，脚灰。

生态习性：性较隐匿，栖息于阔叶林、混交林或针叶林林下；常成对活动；主要以甲虫、蛾类及其幼虫等为食；繁殖期 5～6 月，窝卵数 5～6 枚。

地理分布：国内有 2 个亚种。指名亚种（*T. c. cyanurus*）繁殖于黑龙江和新疆北部，冬季南迁经过除西藏之外的所有省份；西南亚种（*T. c. rufilatus*）夏候鸟分布于西北和西南。前者在秦岭地区见于甘肃莲花山、卓尼、临潭、舟曲、迭部（旅鸟）；陕西秦岭南北坡各县（旅鸟）；河南桐柏山、信阳（旅鸟）。西南亚种分布于甘肃卓尼、碌曲、玛曲（留鸟）；陕西秦岭南北坡各县（留鸟）。

种群数量：较为常见。

保护措施：无危 / CSRL；未列入 / IRL，PWL，CITES，CRDB。

◎ 贺兰山红尾鸲 – 吴宗凯　摄

348. 贺兰山红尾鸲 Alashan Redstart（*Phoenicurus alaschanicus*）

鉴别特征：中等体型（16 cm）的红
尾鸲。胸赤褐色。雄鸟头顶、颈背、头侧
至上背蓝灰，下背及尾橙褐，仅中央尾羽
褐色，颏、喉及胸橙褐，腹部橘黄色较浅
近白，翼褐色具白色块斑；雌鸟褐色较重，
上体色暗，下体灰色而非棕色，两翼褐色
并具皮黄色斑块。虹膜褐色，嘴黑，脚近黑。

生态习性：性喜山区稠密灌丛及多松
散岩石的山坡；主要以植物性食物为食；
5 月产卵，窝卵数 3 ～ 5 枚。

地理分布：中国特有种，无亚种分化。
山地针叶林的罕见繁殖鸟见于青海、宁夏
及甘肃（兰州、文县）。越冬于陕西（眉
县、太白）、河北山西的边境，偶至北京。

种群数量：不常见，数量不详。

保护措施：近危 / CSRL，IRL；未列入 / PWL，CITES，CRDB。

◎ 贺兰山红尾鸲 – 吴宗凯　摄

349. 赭红尾鸲 Black Redstart（*Phoenicurus ochruros*）

鉴别特征：中等体型（15 cm）而色深的红尾鸲。雄鸟额、头侧、颈侧、颏、喉和上胸黑色，头顶、下背和腰灰色，上背、两肩黑沾灰，腹部栗色，尾羽锈棕色，中央尾羽褐色；雌鸟似北红尾鸲雌鸟，但无白色翼斑。虹膜褐色，嘴及脚黑色。

生态习性：栖于各海拔高度的居民点、园林及农田；主要以鞘翅目、鳞翅目和膜翅目昆虫为食；繁殖期5～7月，窝卵数4～6枚。

地理分布：国内有3个亚种。北疆亚种（*P. o. phoenicuroides*）夏候鸟分布于新疆、西藏西部；南疆亚种（*P. o. xerophilus*）夏候鸟分布于青海、新疆南部；普通亚种（*P. o. rufiventris*）繁殖于西藏东部、青海、甘肃、陕西至山西、四川和云南西北部。普通亚种见于甘肃兰州、武山、康县、文县、莲花山、临潭、卓尼、夏河、合作、碌曲、玛曲、舟曲、迭部（留鸟）；陕西佛坪、周至、太白、宁陕、西乡（留鸟）；河南桐柏山（夏候鸟）。

种群数量：不常见。

保护措施：无危 / CSRL；未列入 / IRL，PWL，CITES，CRDB。

◎ 赭红尾鸲（雌）– 田宁朝　摄

◎ 赭红尾鸲（雄）– 于晓平　摄

350. 黑喉红尾鸲 Hodgson's Redstart （*Phoenicurus hodgsoni*）

鉴别特征：中等体型（15 cm）而色彩艳丽的红尾鸲。雄鸟似北红尾鸲但眉白，颈背灰色延至上背，白色翼斑较窄；雌鸟似北红尾鸲但眼圈偏白而非皮黄，胸部灰色较重且无白色翼斑。虹膜褐色，嘴及脚黑色。

生态习性：栖息于 500 ～ 4 300 m 开阔的林间草地及灌丛，常单独或成对活动，有时亦见成 3 ～ 5 只的小群；主要以昆虫和昆虫幼虫为食；繁殖期 5 ～ 7 月，窝卵数 4 ～ 6 枚。

地理分布：无亚种分化。繁殖于西藏东南部、青海东部、甘肃、四川西部、云南西北部；越冬至湖北、湖南、四川东部及云南东部。秦岭地区见于甘肃兰州、文县、卓尼、碌曲（留鸟）；陕西秦岭南坡各县为主（北坡长安区、西安城区绿地可见）（留鸟）；河南信阳（旅鸟？）。

种群数量：较为常见。

保护措施：无危 / CSRL；未列入 / IRL，PWL，CITES，CRDB。

◎ 黑喉红尾鸲（雌）– 石铜钢　摄

◎ 黑喉红尾鸲（当年幼鸟）– 于晓平　摄

◎ 黑喉红尾鸲（雄）– 于晓平　摄

◎ 蓝额红尾鸲（雄）– 于晓平　摄

◎ 蓝额红尾鸲（雄）– 廖小青　摄

◎ 蓝额红尾鸲（雌）– 廖小凤　摄

351. 蓝额红尾鸲 Blue-fronted Redstart（*Phoenicurus frontalis*）

鉴别特征： 中等体型（16 cm）而艳丽的红尾鸲。雄鸟头顶至上背、喉及上胸蓝黑色，翼暗褐，中央尾羽黑色，其余尾羽栗棕色，腰、尾上覆羽及下体余部栗棕；雌鸟上体棕褐色，翼、腰、尾羽似雄鸟而色淡，下体浅棕褐色。虹膜褐色，嘴及脚黑色。

生态习性： 在低山、丘陵、平原的草坡灌丛或村庄附近的树丛中取食昆虫和野果；不甚怯生，一般多单独活动，迁徙时结小群；繁殖期 5 ～ 8 月，窝卵数 3 ～ 4 枚。

地理分布： 无亚种分化。繁殖于西藏南部、青海东部及南部、甘肃、陕西等地区。秦岭地区分布于甘肃天水、兰州、文县、莲花山、卓尼、碌曲、玛曲、迭部、舟曲（留鸟）；陕西秦岭南坡周至、佛坪、宁陕、太白、洋县（留鸟，北坡长安区少见）。

种群数量： 甚为常见。

保护措施： 无危 / CSRL；未列入 / IRL，PWL，CITES，CRDB。

352. 白喉红尾鸲 White-throated Redstart（*Phoenicurus schisticeps*）

鉴别特征：中等体型（15 cm）的红尾鸲。雌雄异色，雄鸟头顶及颈部青蓝色，眼先、头侧、颏及上背均黑色，至腰部转为锈棕色，尾黑，翼褐色且具不规则狭长白斑，下体棕红，腹部中央和喉白色；雌鸟颜色较雄鸟为淡，头顶及颈部黑褐色。虹膜褐色，嘴及脚黑色。

生态习性：栖息于 2 400 ～ 4 300 m 亚高山针叶林的浓密灌丛，冬季下至村庄及低地；主食昆虫，兼食一些植物果实；繁殖期 5 ～ 7 月，窝卵数 3 ～ 4 枚。

地理分布：无亚种分化。为我国中部、西藏南部、云南北部地区较常见留鸟；秦岭地区不甚常见于甘肃天水、武山、兰州、康县、文县、莲花山、卓尼、碌曲、迭部（留鸟）；陕西周至、太白、凤县、陇县（留鸟）。

种群数量：不甚常见。

保护措施：无危 / CSRL；未列入 / IRL，PWL，CITES，CRDB。

◎ 白喉红尾鸲（雌）- 廖小青　摄

◎ 白喉红尾鸲（雄）- 廖小青　摄

◎ 红腹红尾鸲（雄）– 王中强　摄

353. 红腹红尾鸲 White-winged Redstart （*Phoenicurus erythrogastrus*）

鉴别特征：体大（18 cm）而色彩醒目的红尾鸲。雄鸟似北红尾鸲但体型较大，头顶及颈背灰白，尾羽栗色，翼上白斑甚大；雌鸟似欧亚红尾鸲但体型较大，褐色的中央尾羽与棕色尾羽对比不强烈，翼上无白斑。虹膜褐色，嘴及脚黑色。

生态习性：栖于海拔 2 500 ～ 5 500 m 开阔而多岩的高山旷野；耐寒，性惧生而孤僻，雄鸟常在空中颤抖双翼以显示其醒目的白色翼斑，有时在动物尸体上觅食昆虫。繁殖资料缺乏。

地理分布：无亚种分化。不常见于中国西部至西北部。秦岭地区见于甘肃武山、兰州、康县、文县、卓尼、莲花山（留鸟）；陕西佛坪、太白（夏候鸟）。

种群数量：不常见。

保护措施：无危 / CSRL；未列入 / IRL，PWL，CITES，CRDB。

◎ 北红尾鸲（雌）– 廖小青　摄

354. 北红尾鸲 Daurian Redstart（*Phoenicurus auroreus*）

鉴别特征：中等体型（15 cm）。雄鸟头顶、枕部暗灰色，眼先、头侧、喉、上背及翼黑褐色，翼上具显著块状白斑，身体余部棕色，中央尾羽黑褐；雌鸟尾羽棕色，翼斑近白，余部灰褐色。虹膜褐色，嘴及脚黑色。

生态习性：主要栖息于山地、森林、林缘等多种生境，尤以居民点及附近的林地、农田常见；主要以昆虫为食；繁殖期4～7月，年繁殖2～3窝，窝卵数6～8枚。

地理分布：国内有2个亚种，为夏候鸟或留鸟。指名亚种（*P. a. auroreus*）

◎ 北红尾鸲（卵）– 田宁朝　摄

繁殖于东北、内蒙古、华北，迁徙时途经除新疆、西藏、青海之外的其他省份；青藏亚种（*P. a. leucopterus*）极常见于西北、西南。后者在秦岭地区常见于甘肃兰州以东、陇南、甘南各县（留鸟）；陕西秦岭南北坡各县（留鸟）；河南桐柏山、伏牛山（留鸟）。

种群数量：极常见。

保护措施：无危 / CSRL；未列入 / IRL，PWL，CITES，CRDB。

北红尾鸲（初生幼鸟）- 廖小青　摄

◎ 北红尾鸲（雄性幼鸟）- 于晓平　摄

◎ 北红尾鸲（雄）- 廖小青　摄

355. 白顶溪鸲 White-capped Water Redstart （*Chaimarrornis leucocephalus*）

鉴别特征：中等体型（19 cm）
而活泼亮丽的鸲鸟。雄性头顶至枕部
白色，前额、眼先、眼上、头侧、背
部及胸部深黑色而具辉亮，腰、尾上
覆羽及尾羽深栗红色，尾羽具宽阔黑
色端斑，腹至尾下覆羽深栗红色；雌
性色泽略稍暗淡。虹膜褐色，嘴及
脚黑色。

生态习性：常栖于山间溪流中的
岩石、岸边或干涸的河床；分布海拔
一般在 2 000 ～ 4 000 m，平原地带河
流偶见。以水生无脊椎动物为食，兼
食野果和草籽等；繁殖期 4 ～ 6 月，
窝卵数 3 ～ 5 枚。

◎ 白顶溪鸲 – 李夏　摄

地理分布：无亚种分化。广布于中国大部分地区。秦岭地区常见于甘肃天水以东、陇南、甘南
各县（留鸟）；陕西秦岭南北坡各县（留鸟）；河南董寨、伏牛山、桐柏山（留鸟）。

种群数量：较为常见。

保护措施：无危 / CSRL；未列入 / IRL，PWL，CITES，CRDB。

◎ 白顶溪鸲 – 于晓平　摄

◎ 红尾水鸲（雄）– 廖小青 摄

◎ 红尾水鸲（雌）– 于晓平 摄

◎ 红尾水鸲（卵）– 田宁朝 摄

356. 红尾水鸲 Plumbeous Water Redstart （*Rhyacornis fuliginosa*）

鉴别特征： 小型（14 cm）红尾鸲。雄性通体辉蓝，翼黑褐，尾栗色；雌鸟上体灰褐，翼褐并具两道白色点斑，臀、腰及外侧尾羽基部白色，尾余部黑色，下体灰色布以由灰色羽缘形成的鳞状斑。虹膜深褐，嘴黑，脚褐。

生态习性： 主要栖息于山地溪流、河谷沿岸；主要以昆虫为食；巢多置于岸边悬岩洞隙、岩石或土坎下凹陷处，繁殖期 3 ～ 7 月，窝卵数 3 ～ 6 枚。

地理分布： 国内有 2 个亚种，均为留鸟。指名亚种（*R. f. fuliginosa*）除东北三省、新疆和台湾外见于各省；台湾亚种（*R. f. affinis*）见于台湾。前者在秦岭地区常见于甘肃兰州、天水、文县、卓尼、迭部（留鸟）；陕西秦岭南北坡各县（留鸟）；河南三门峡市、信阳市、南阳市各县（留鸟）。

种群数量： 甚为常见。

保护措施： 无危 / CSRL；未列入 / IRL，PWL，CITES，CRDB。

◎ 白腹短翅鸲（雄）– 李利伟　摄

357. 白腹短翅鸲 White-bellied Redstart （*Hodgsonius phoenicuroides*）

鉴别特征：体大（18 cm）而尾长，似红尾鸲。外侧尾羽基部棕色，翼短几不及尾基部。雄鸟头、胸及上体青石蓝色，腹白，尾下覆羽黑色而端白，尾长呈楔形，两翼灰黑；雌鸟橄榄褐，眼圈皮黄，下体较淡。虹膜褐色，嘴黑色，脚黑色。

生态习性：夏季海拔 2 200～4 300 m，冬季可下至 1 300 m；常栖于浓密灌丛，仅在栖处鸣叫且尾呈扇形展开。繁殖资料缺乏。

地理分布：国内仅普通亚种（*H. p. changensis*）留鸟见于青海东部、甘肃南部（武山、兰州、康县、卓尼、舟曲）及

◎ 白腹短翅鸲（雌）– 廖小青　摄

西部、陕西南部的秦岭（太白、周至、洋县、佛坪）以及四川、西藏东南部等地区的适宜栖息生境。为甚常见的垂直性迁移鸟。

种群数量：较为常见。

保护措施：无危 / CSRL；未列入 / IRL，PWL，CITES，CRDB。

358. 白尾（蓝）地鸲 White-tailed Robin（*Cinclidium leucurum*）

鉴别特征： 体大（18 cm）的深蓝色地鸲。雄鸟全身近黑，仅尾基部具白色闪辉，前额钴蓝，喉及胸深蓝，颈侧及胸部的白色点斑常隐而不露；雌鸟褐色，喉基部具偏白色横带，尾具白色闪辉同雄鸟。虹膜褐色，嘴黑色，脚黑色。

生态习性： 性隐蔽，栖于常绿林的隐蔽密丛；繁殖于海拔 1 000 m 以上森林但冬季移至低地；常单独或成对活动，主食昆虫及其幼虫，秋冬季也吃少量植物果实和种子；繁殖期 4 ～ 7 月，窝卵数 3 ～ 4 枚。

地理分布： 国内有 2 个亚种，均为留鸟。指名亚种（*C. l. leucurum*）留鸟见于中国中部及西南、西藏东南部、广东北部和海南岛，可能在中国东南部也有出现。台湾亚种（*C. l. montium*）为台湾留鸟。前者罕见于秦岭地区甘肃碌曲、玛曲（夏候鸟）；陕西石泉、安康（留鸟）。

种群数量： 罕见。

保护措施： 无危 / CSRL；未列入 / IRL，PWL，CITES，CRDB。

◎ 白尾（蓝）地鸲（雄）– 李飏　摄

359. 蓝大翅鸲 Grandala （*Grandala coelicolor*）

鉴别特征： 中等体型（21 cm）而似鸫的鸟。雄鸟清楚易辨，全身亮紫色而具丝光，仅眼先、翼及尾黑色，尾略分叉；雌鸟上体灰褐，头至上背具皮黄色纵纹，下体灰褐蓝，喉及胸具皮黄色纵纹，覆羽羽端白色，腰及尾上覆羽沾蓝色。虹膜褐色，嘴黑色，脚黑色。

生态习性： 喜栖高山草甸和高山裸岩带。夏季海拔 3 400 ～ 5 400 m，冬季至 2 000 ～ 4 300 m；同性别个体常成群活动，姿势似矶鸫。繁殖资料缺乏。

地理分布： 无亚种分化。罕见或地区性常见留鸟于西藏南部及东南部、云南西北部、青海东部、甘肃西北部和西南部、四川西部山区。秦岭地区仅分布于甘肃卓尼（夏候鸟）。

种群数量： 罕见。

保护措施： 无危 / CSRL；未列入 / IRL，PWL，CITES，CRDB。

◎ 蓝大翅鸲（雄）– 皇舰　摄

◎ 鹊鸲（雄）–Kees van Achtergerg　摄

360. 鹊鸲 Oriental Magpie Robin（*Copsychus saularis*）

鉴别特征： 中等体型（20 cm）的黑白色鸲。雄鸟头、胸及背闪辉蓝黑色，两翼及中央尾羽黑，外侧尾羽及覆羽上的条纹白色，腹及臀亦白；雌鸟似雄鸟，但暗灰取代黑色。虹膜褐色，嘴及脚黑色。

生态习性： 常见于低海拔地带，高可至海拔 1 700 m，栖于显著处鸣唱或炫耀；取食多在地面，主要以昆虫为食；繁殖期 4～7 月，窝卵数 4～6 枚。

◎ 鹊鸲（雌）–廖小青　摄

地理分布： 国内有 2 个亚种，均为留鸟。华南亚种（*C. s. prosthope-llus*）留鸟见于中国北纬 33°以南的多数地区，云南亚种（*C. s. erimelas*）留鸟见于西藏东南部、云南西部及江西。前者在秦岭地区见于甘肃文县、舟曲（留鸟）；陕西佛坪、太白、西乡（2017 年 6 月西北大学校园发现繁殖个体）（留鸟）；河南董寨、桐柏山、信阳（留鸟）。

种群数量： 较为常见。

保护措施： 无危 / CSRL；未列入 / IRL，PWL，CITES，CRDB。

◎ 小燕尾 – 于晓平　摄

361. 小燕尾 Little Forktail（*Enicurus scouleri*）

鉴别特征：小型（13 cm）黑白色燕尾。雌雄同型，尾短，与白额燕尾色彩相似但尾短而叉浅，头顶白色、翼上白色条带延至下部且尾分叉。虹膜褐色，嘴黑色，脚粉白。

生态习性：秦岭地区栖于南坡海拔 1 200 ～ 3 400 m 多岩的湍急溪流，尤其是瀑布落水潭周围，尾常有节律地上下摇摆或扇状展开；以水生昆虫及其幼虫为食；通常营巢于森林山涧溪流沿岸岩石缝隙间和壁缝上，繁殖期 4 ～ 6 月，窝卵数 2 ～ 4 枚。

地理分布：无亚种分化。甚常见于西藏南部、云南、四川、甘肃南部、

◎ 小燕尾（幼鸟）– 田宁朝　摄

陕西南部及长江以南地区。秦岭地区见于甘肃天水以南、武山、舟曲（留鸟）；陕西秦岭南北坡各县（留鸟）；河南董寨保护区（留鸟）。

种群数量：较为常见。

保护措施：无危 / CSRL；未列入 / IRL，PWL，CITES，CRDB。

注：根据《台湾受胁鸟类图鉴》，该种在台湾被列为易危（VU）物种。

362. 白额燕尾 White-crowned Forktail （*Enicurus leschenaulti*）

鉴别特征： 中等体型（25 cm）而修长的黑白色燕尾。雌雄同色，前额和顶冠白，头余部、颈背及胸黑色，腹部、下背及腰白，两翼和尾黑色，尾叉甚长而羽端白色，两枚最外侧尾羽全白。虹膜褐色，嘴黑色，脚偏粉。

生态习性： 主要栖息于山涧溪流与河谷沿岸，尤以水流湍急、河中多石头的林间溪流；秦岭地区常见于海拔 1 000 ～ 1 500 m 的清澈溪流两边。性胆怯，常单独或成对活动；以水生昆虫及其幼虫为食；繁殖期 4 ～ 6 月，窝卵数 3 ～ 4 枚。

地理分布： 国内有 2 个亚种，均为留鸟。

◎ 白额燕尾（幼鸟）– 于晓平　摄

滇西亚种（*E. l. indicus*）留鸟见于西藏东南部、云南南部；普通亚种（*E. l. sinensis*）留鸟见于河南（董寨、桐柏山、信阳）至陕西（秦岭南北坡各县）、甘肃南部（天水、武山、兰州、康县、文县、舟曲）及长江以南所有地区。

种群数量： 较为常见。

保护措施： 无危 / CSRL；未列入 / IRL，PWL，CITES，CRDB。

◎ 白额燕尾 – 于晓平　摄

363. 黑喉石䳭 Common Stonechat（*Saxicola torquata*）

鉴别特征：中等体型（14 cm）的黑、白及赤褐色鸟。雄鸟头部及飞羽黑色，背深褐，颈及翼上具粗大白斑，腰白，胸棕色；雌鸟色较暗而无黑色，下体皮黄，仅翼上具白斑。虹膜深褐，嘴及脚黑色。

生态习性：分布广而适应性强的灌丛草地鸟类，栖息在开阔的环境如农田、花园及次生灌丛，喜停歇于孤立小树桩或灌木的顶端；主要以昆虫为食，繁殖期 4～7 月，窝卵数 5～8 枚。

地理分布：国内有 3 个亚种。新疆亚种（*S. t. maura*）繁殖于新疆北部和西部，迁徙时经过陕西北部及西藏南部；青藏亚种（*S. t. przewalskii*）在内蒙古西部和新疆北部为夏候鸟，留鸟于甘肃（兰州、卓尼、碌曲、玛曲）、青海、陕西（蓝田、周至、佛坪、太白、洋县、凤县）、四川、云南、西藏等；东北亚种（*S. t. stejnegeri*）繁殖于中国东北，迁徙时经过华北（包括河南伏牛山）、西北（包括陕西）至长江以南地区越冬。

种群数量：较为常见。

保护措施：无危 / CSRL；未列入 / IRL，PWL，CITES，CRDB。

◎ 黑喉石䳭（当年幼鸟）– 于晓平　摄

◎ 黑喉石䳭（雌）– 廖小青　摄

◎ 黑喉石䳭（雄）– 于晓平　摄

◎ 白喉石䳭 – 韩雪松（西南山地） 摄

364. 白喉石䳭 White-throated Bushchat （*Saxicola insignis*）

鉴别特征：体型略大（14.5 cm）的䳭鸟。雄鸟胸红色，臀近白，上体黑白色，似黑喉石䳭，但颏、喉及颈侧的白色形成不完整颈圈，飞羽基部色白；雌鸟似黑喉石䳭但背部灰色较重，飞羽基部色白。虹膜褐色，嘴黑色，脚黑色。

生态习性：性孤僻，具石䳭的典型特性但多在地面取食，停栖于矮树丛的顶部，跃起捕食昆虫，多在高山及亚高山草甸活动。繁殖资料缺乏。

地理分布：无亚种分化。中国西北地区的旅鸟。秦岭地区仅记录于陕西佛坪（旅鸟）。

种群数量：稀少，数量不详。

保护措施：易危 / CSRL，IRL；未列入 / CITES，PWL，CRDB。

◎ 灰林䳭（雄）– 廖小青　摄

365. 灰林䳭 Grey Bushchat （*Saxicola ferreus*）

鉴别特征：小型（15 cm）偏灰色䳭。雄鸟上体暗灰具黑褐色纵纹，白色眉纹长而显著，黑色脸罩与白色喉部成鲜明对比，胸和两肋烟灰色；雌鸟上体红褐色微具黑色纵纹，颏、喉白色，下体棕白色而具鳞状斑纹。虹膜深褐，嘴灰，脚黑。

生态习性：常停息在灌木或小树顶枝上，单独或成对活动，有时亦集成 3 ～ 5 只的小群；主要以昆虫及其幼虫为食；营巢于草丛或灌丛，繁殖期 5 ～ 7 月，窝卵数 4 ～ 5 枚。

◎ 灰林䳭（雌）– 廖小青　摄

地理分布：国内有 2 个亚种。指名亚种（*S. f. ferreus*）留鸟见于西藏南部和云南；普通亚种（*S. f. haringtoni*）留鸟见于甘肃、陕西、长江流域一直往南到广东、福建等东南沿海地区，东至安徽、江苏、浙江，西至四川、贵州、云南和西藏南部，于北京为夏候鸟，偶见于台湾。秦岭地区常见于甘肃文县、康县（夏候鸟）；陕西秦岭南北坡各县（留鸟）；河南信阳（夏候鸟）。

种群数量：较为常见。

保护措施：无危 / CSRL；未列入 / IRL，PWL，CITES，CRDB。

366. 白顶䳭 Pied Wheatear （*Oenanthe pleschanka*）

鉴别特征：中等体型（14.5 cm）。雄鸟脸、喉、颈、上背和翅黑色，头顶、腹部、下背及尾白色，尾中央和末端黑色，形成"T"字形；雌鸟上体沙褐色，飞羽羽缘白色，下体皮黄色。虹膜褐色，嘴及脚黑色。

生态习性：栖于多石块而有矮树的荒地；姿态直立，尾上下摇动，从栖处捕食昆虫；繁殖期4～6月，窝卵数4～6枚。

地理分布：无亚种分化。广泛分布于中国东北、华北和西北地区。秦岭地区可见于甘肃武山、兰州、天水、武都、文县（夏候鸟）；陕西汉中、西乡、太白山（旅鸟）。

种群数量：较为常见。

保护措施：无危 / CSRL；未列入 / IRL，PWL，CITES，CRDB。

◎ 白顶䳭（雄与当年幼鸟）– 于晓平　摄

◎ 白顶䳭（雄）– 于晓平　摄

◎ 穗䳭（雄）- 张岩　摄

◎ 穗䳭（雌）- 张岩　摄

◎ 穗䳭（当年幼鸟）- 廖小凤　摄

367. 穗䳭 Northern Wheatear（*O. oenanthe*）

鉴别特征： 体小（15 cm）的沙褐色䳭。两翼色深而腰白。雄鸟夏羽：额及眉纹白，眼先及脸黑色；雄鸟冬羽：眼纹色暗，眉纹白，头顶及背皮黄褐色，翼、中央尾羽及尾羽端近黑，胸棕色，腰及尾侧白色。雌鸟似雄鸟但色暗。虹膜褐色，嘴黑色，脚黑色。

生态习性： 常见于荒漠、草原。包括繁殖习性在内的生态学资料缺乏。

地理分布： 国内仅有指名亚种（*O. o. oenanthe*）繁殖于中国西北部新疆、内蒙古、宁夏，秋季南迁。秦岭地区记录于甘肃康县、卓尼（夏候鸟）；陕西秦巴山地（旅鸟）。

种群数量： 不常见。

保护措施： 无危 / CSRL；未列入 / IRL，PWL，CITES，CRDB。

368. 沙䳭 Isabelline Wheatear （*Oenanthe isabellina*）

鉴别特征：体大（16 cm）而嘴偏长的沙褐色䳭。雄雌同色，但雄鸟眼先较黑，眉纹及眼圈苍白。色平淡而略偏粉且无黑色脸罩，翼较多数其他䳭色浅，尾比秋季的穗䳭为黑。与漠䳭的区别在身体较扁圆而显头大、腿长，翼覆羽较少黑色，腰及尾基部更白。虹膜深褐，嘴黑色，脚黑色。

生态习性：常见于无树平原及荒漠地区，高可至海拔 3 000 m。包括繁殖习性在内的生态学资料缺乏。

地理分布：无亚种分化。见于新疆、青海、甘肃、陕西北部及内蒙古。秦岭地区仅记录于甘肃康县、卓尼（夏候鸟）。

种群数量：较为常见。

保护措施：无危 / CSRL；未列入 / IRL，PWL，CITES，CRDB。

◎ 沙䳭（雄）– 张岩　摄

◎ 沙䳭（雌）– 张岩　摄

◎ 沙䳭（幼鸟）– 张岩　摄

369. 蓝矶鸫 Blue Rock Thrush （*Monticola solitarius*）

鉴别特征：中等体型（23 cm）的青石灰色矶鸫。雄鸟暗蓝灰而具淡黑及近白色鳞状纹，腹部及尾下深栗色；雌鸟上体灰色沾蓝，下体皮黄而密布黑色鳞状纹。虹膜褐色，嘴及脚黑色。

生态习性：喜栖于凸出的岩石、屋顶及枯树之上；多在地上觅食，常从栖息的高处直落地面捕猎，或突然飞出捕食空中的昆虫；4月下旬产卵，窝卵数3～6枚。

地理分布：国内有 3 个亚种。藏西亚种（M. s. longirostris）留鸟见于西藏西南部；华南亚种（M. s. pandoo）留鸟见于西藏南部、四川、甘肃南部（康县、文县、武都、武山、舟曲、碌曲）、陕西秦岭南坡各县以及长江以南等地区，于台湾为迷鸟；华北亚种（M. s. philippensis）繁殖于东北至山东、河北及河南（董寨、伏牛山、桐柏山），迁徙时经过南部省份及台湾。

种群数量：较为常见。

保护措施：无危 / CSRL；未列入 / IRL，PWL，CITES，CRDB。

◎ 蓝矶鸫 *M. s. philippensis*- 于晓平　摄

◎ 蓝矶鸫（雌）- 田宁朝　摄

◎ 蓝矶鸫 *M. s. pandoo*（雄）- 廖小青　摄

◎ 白背矶鸫（雄）– 张岩　摄

◎ 白背矶鸫（雌）– 于晓平　摄

370. 白背矶鸫 Common Rock Thrush （*Monticola saxatilis*）

鉴别特征： 体型略小（19 cm）的矶鸫。夏季雄鸟与栗腹矶鸫的区别在缺少黑色脸罩，背白，翼偏褐，尾栗，中央尾羽蓝；雄鸟冬羽黑色，羽缘白色呈扇贝形斑纹。雌鸟上体具浅色点斑，尾赤褐似雄鸟。虹膜深褐，嘴深褐，脚褐色。

生态习性： 常栖于突出岩石或裸露树顶，单独或成对活动，有时与其他鸟混群。炫耀时雄鸟尾羽展开，飞行下落时两翼及尾展开轻滑而下。繁殖资料缺乏。

地理分布： 无亚种分化。甚常见于新疆西北部、青海、宁夏、内蒙古及河北等地的适宜生态环境下，偶尔还见于更往南的地区。秦岭地区见于甘肃兰州、玛曲（夏候鸟）；陕西南部（旅鸟）。

种群数量： 少见。

保护措施： 无危 / CSRL；未列入 / IRL，PWL，CITES，CRDB。

371. 白喉矶鸫 White-throated Rock Thrush （*Monticola gularis*）

鉴别特征：体型小（19 cm）的矶鸫。雄鸟蓝色限于头顶、颈背及肩部的闪斑，头侧黑，下体多橙栗色，与其他矶鸫的区别在喉块白色；雌鸟与其他雌性矶鸫的区别在上体具黑色粗鳞状斑纹，与虎斑地鸫的区别在体型较小，喉白，眼先色浅，耳羽近黑。虹膜褐色，嘴近黑，脚暗橘黄。

生态习性：栖于混交林、针叶林或多草的多岩地；冬季结群；主要以昆虫为食；繁殖期 4～6 月，窝卵数 6～8 枚。

地理分布：无亚种分化。

◎ 白喉矶鸫（雌）– 张海华　摄

繁殖于中国东北、河北及山西南部，冬季南迁至中国南部及东南部，亦曾见本种于云南南部西双版纳。秦岭地区记录于陕西南部和秦岭北坡西安蓝田（旅鸟？）。

种群数量：少见。

保护措施：无危 / CSRL；未列入 / IRL，PWL，CITES，CRDB。

◎ 白喉矶鸫（雄）– 张岩　摄

◎ 栗腹矶鸫（雄）– 田宁朝　摄

372. 栗腹矶鸫 Chestnut-bellied Rock Thrush （*Monticola rufiventris*）

鉴别特征：较大型（24 cm）矶鸫。雌雄异色。雄性繁殖期具黑色脸斑，上体辉蓝，尾、喉及下体亮栗色；雌鸟褐色，上体具近黑的扇贝状斑纹，下体密布深褐色及皮黄色斑纹。虹膜深褐，嘴黑，脚黑褐。

生态习性：繁殖于 1 000 ～ 3 000 m 的混合林、针叶林或多草的多岩地区，冬季下迁结群；主要以昆虫为食，如甲虫、蝼蛄、鳞翅目幼虫等。繁殖资料缺乏。

地理分布：无亚种分化。见于西藏南部及东南部、四川、湖北西部、福建、云南、贵州、广西和广东等地的中海拔地带。秦岭地区仅记录于佛坪、洋县（旅鸟？）。

种群数量：常见。

保护措施：无危 / CSRL；未列入 / IRL，PWL，CITES，CRDB。

◎ 栗腹矶鸫（雌）– 于晓平　摄

373. 紫啸鸫 Blue Whistling Thrush（*Myophonus caeruleus*）

鉴别特征：大型（32 cm）黑色啸鸫。雌雄羽色近似，通体蓝黑，翼上覆羽点缀浅色斑点，翼及尾闪紫色光泽。虹膜褐色，嘴黑或黄色，脚黑。

生态习性：栖息于中等海拔至 3 600 m 的林地溪流，常成对在灌木丛互相追逐；地面取食，以昆虫和小蟹为食，兼吃浆果及其他植物；巢筑在岩隙间、树权或山上庙宇的横梁上；繁殖期 4 ～ 6 月，窝卵数 4 枚。

地理分布：国内有 3 个亚种。西藏亚种（*M. c. temminckii*）越冬于西藏、新疆，于云南西部、贵州为旅鸟；西南亚种（*M. c. eugenei*）于云南、贵州和四川为夏候鸟；指名亚种（*M. c. caeruleus*）留鸟见于华北、

◎ 紫啸鸫 – 廖小青　摄

华中、华东、华南及东南。指名亚种在秦岭地区见于甘肃天水、武山、兰州、康县、舟曲（夏候鸟）；陕西秦岭南北坡各县（夏候鸟）；河南董寨、桐柏山、信阳（夏候鸟）。

种群数量：较为常见。

保护措施：无危 / CSRL；未列入 / IRL，PWL，CITES，CRDB。

◎ 紫啸鸫 – 于晓平　摄

◎ 白眉地鸫（雄）– 沈越　摄

374. 白眉地鸫 Siberian Thrush（*Zoothera sibirica*）

鉴别特征： 中等体型（23 cm）近黑（雄鸟）或褐色（雌鸟）地鸫。白色眉纹显著，雄鸟石板灰黑色，尾羽羽端及臀白；雌鸟橄榄褐，下体皮黄白及赤褐，眉纹皮黄白色。虹膜褐色，嘴黑色，脚黄色。

生态习性： 性活泼，栖于森林地面，有时结群。繁殖资料缺乏。

地理分布： 国内有 2 个亚种。指名亚种（*Z. s. sibirica*）见于除新疆、西藏、青海、宁夏、台湾之外的各省；华南亚种（*Z. s. davisoni*）旅鸟见于贵州、江苏东部、浙江、福建西北部、广西和台湾。前者在秦岭地区见于甘肃兰州、文县、舟曲、迭部（旅鸟）；陕西西安、宁陕（旅鸟）。

种群数量： 不常见。

保护措施： 无危 / CSRL；未列入 / IRL，PWL，CITES，CRDB。

375. 长尾地鸫 Long-tailed Thrush（*Zoothera dixoni*）

鉴别特征： 体大（26 cm）而尾长的地鸫。上体单一橄榄褐色，下体偏白并具黑色鳞状粗纹。飞行时翼上的皮黄色斑块明显，眼圈色浅，翼具两道皮黄色横纹。与虎斑地鸫的区别在上体缺少鳞状斑纹。虹膜褐色，嘴褐色，下颚基部黄色，脚肉色至暗黄。

生态习性： 栖于海拔 1 200 ~ 4 000 m 的混交林、针叶林，常与各种鸫类混群，常于地面取食。繁殖资料缺乏。

地理分布： 无亚种分化。繁殖于西藏东南部、云南南部及西部和四川，迁徙时在广西西部有过记录。秦岭地区仅记录于陕西周至（旅鸟）。

种群数量： 不常见。

保护措施： 无危 / CSRL；未列入 / IRL，PWL，CITES，CRDB。

◎ 长尾地鸫 – 赵一丁　摄

◎ 橙头地鸫 – 胡万新　摄

376. 橙头地鸫 Orange-headed Thrush（*Zoothera citrina*）

鉴别特征：中等体型（22 cm）且头为橙黄色的地鸫。雄鸟头、颈背及下体深橙褐，臀白，上体蓝灰，翼具白色横纹；雌鸟上体橄榄灰色。虹膜褐色，嘴略黑，脚肉色。

生态习性：栖息于 1 500 m 以下的密林；性羞怯，常躲藏在浓密覆盖下的地面。繁殖资料缺乏。

地理分布：国内有 4 个亚种。安徽亚种（*Z. c. courtoisi*）分布于安徽、浙江为夏候鸟；两广亚种（*Z. c. melli*）于贵州、湖北、香港、广西、广东为旅鸟；云南亚种（*Z. c. innotata*）于云南西南部为旅鸟；海南亚种（*Z. c. aurimacula*）留鸟见于海南。两广亚种在秦岭地区记录于陕西南部（夏候鸟）；河南董寨（夏候鸟）。

种群数量：不常见。

保护措施：无危 / CSRL；未列入 / IRL，PWL，CITES，CRDB。

377. 虎斑地鸫 Golden Mountain Thrush （*Zoothera dauma*）

鉴别特征：大型（28 cm）且具褐色而粗大的鳞状斑纹。上体褐色，下体白，黑色及金皮黄色羽缘使其通体密布鳞状斑纹。虹膜褐色，嘴深褐，脚粉色。

生态习性：高可至海拔 3 000 m 的林地；地栖性，喜茂密林区；性胆怯，常单独或成对活动；主要以昆虫和无脊椎动物为食；通常营巢于溪流两岸的混交林和阔叶林内，繁殖期 5 ～ 8 月，窝卵数 4 ～ 5 枚。

地理分布：国内有 5 个亚种。普通亚种（*Z. d. aurea*）繁殖于中国东北，迁徙时途经除西藏外的所有省份；西南亚种（*Z. d. socia*）繁殖于西藏南部及东部、四川、云南西北部、贵州和广西西部，越冬至云南南

◎ 虎斑地鸫 – 田宁朝　摄

部和西藏东南部；日本亚种（*Z. d. toratugumi*）越冬于台湾；台湾亚种（*Z.d. horsfieldi*）留鸟于台湾；指名亚种（*Z. d. dauma*）于台湾为夏候鸟。西南亚种在秦岭地区分布于甘肃舟曲（繁殖鸟）；普通亚种分布于甘肃兰州（旅鸟）、陕西秦岭南北坡各县（旅鸟）、河南信阳（冬候鸟）。

种群数量：不甚常见。

保护措施：无危 / CSRL；未列入 / IRL，PWL，CITES，CRDB。

◎ 虎斑地鸫 – 廖小青　摄

◎ 乌鸫（雌）– 廖小青　摄

◎ 乌鸫（当年幼鸟）– 于晓平　摄

◎ 乌鸫（雄）– 于晓平　摄

378. 乌鸫 Common Blackbird（*Turdus merula*）

鉴别特征：体型较大（29 cm）的深色鸫。雄鸟通体黑色，雌鸟黑褐。虹膜褐色，嘴黄色（雄）或黄绿色（雌），脚褐色。

生态习性：喜低山丘陵和城市绿地；地面觅食，虽居人烟密集区，但性胆怯，不易靠近；主要以双翅目、鞘翅目、直翅目昆虫和幼虫为食；大都营巢于乔木的枝梢上或树木主干分支处；繁殖期 5 ～ 8 月，窝卵数 4 ～ 5 枚。

地理分布：国内有 4 个亚种，均为留鸟。新疆亚种(*T. m. intermedius*)留鸟见于青海、新疆；西藏亚种(*T. m. maximus*)留鸟见于西藏东部和南部；四川亚种(*T. m. sowerbyi*)留鸟见于四川中北部；普通亚种(*T. m. mandarinus*)留鸟见于华东、华中、华南、西南和东南等。普通亚种在秦岭地区广布于甘肃定西、兰州、文县、碌曲、迭部（留鸟）；陕西秦岭南北坡各县（留鸟）；河南三门峡市、南阳市、信阳市各县（留鸟）。

种群数量：甚为常见。

保护措施：无危 / CSRL；未列入 / IRL，PWL，CITES，CRDB。

◎ 灰背鸫（雄）– Kees van Achterberg　摄

379. 灰背鸫 Grey-backed Thrush （*Turdus hortulorum*）

鉴别特征：中小型（24 cm）灰色鸫。雄鸟上体灰色，喉部灰白，胸灰，腹白，两胁橘黄；雌鸟上体褐色较浓，两胁棕色且具黑色斑点。虹膜褐色，嘴黄色，脚肉色。

生态习性：主要栖息于海拔1 500 m以下的低山丘陵；常单独或成对活动，有时和其他鸫类结成松散的混合群，地栖性；主要以鞘翅目、鳞翅目和双翅目等昆虫及其幼虫为食；繁殖期5～8月，窝卵数3～5枚。

◎ 灰背鸫（雌）– 田宁朝　摄

地理分布：无亚种分化。繁殖于中国东北，迁徙时途经中国东部大部地区。秦岭地区见于甘肃兰州（旅鸟）；陕西佛坪（旅鸟）；河南信阳（旅鸟）。

种群数量：较为常见。

保护措施：无危 / CSRL；未列入 / IRL，PWL，CITES，CRDB。

380. 灰翅鸫 Grey-winged Blackbird（*Turdus boulbul*）

鉴别特征：体型略大（28 cm）的鸫。雄鸟似乌鸫，但宽阔的灰色翼纹与其余体羽成对比，腹部黑色具灰色鳞状纹，嘴比乌鸫的橘黄色多，眼圈黄色；雌鸟全橄榄褐色，翼上具浅红褐色斑。虹膜褐色，嘴橘黄，脚暗褐。

生态习性：栖于海拔 640 ～ 3 000 m 的干燥灌丛或常绿山地森林，冬季下移。地面觅食，以无脊椎动物为主，冬季吃果实。繁殖资料缺乏。

◎ 灰翅鸫（雌）– 王昶　摄

地理分布：国内有 2 个亚种。指名亚种（*T. b. boulboul*）越冬于陕西南部（佛坪）、甘肃南部、云南东南部、四川、贵州；瑶山亚种（*T. b. yaoschanensis*）于广西为夏候鸟。

种群数量：数量稀少。

保护措施：无危 / CSRL；未列入 / IRL，PWL，CITES，CRDB。

◎ 灰翅鸫（雄）– 王昶　摄

381. 白眉鸫 White-browed Thrush（*Turdus obscurus*）

鉴别特征：中等体型（23 cm）的褐色鸫。具显著白色过眼纹，头深灰，上体橄榄褐色，胸带褐色，下体白而两侧沾褐。虹膜褐色，嘴基黄而端黑，脚黄至肉色。

生态习性：甚为常见的过境鸟，高可至海拔 2 000 m 的开阔林地及次生林。常单独或成对活动，迁徙季节亦见成群；性胆怯；主要以鞘翅目、鳞翅目等昆虫及其幼虫为食，也吃其他小型无脊椎动物和植物果实与种子；繁殖期 5 ～ 7 月，窝卵数 4 ～ 6 枚。

地理分布：无亚种分化。除青藏高原外遍及中国全境，部分鸟在中国极南部及西南越冬。迁徙季节偶见于秦岭地区甘肃卓尼、陕西周至。

种群数量：少见。

保护措施：无危 / CSRL；未列入 / IRL，PWL，CITES，CRDB。

◎ 白眉鸫 – 刘平　摄

◎ 灰头鸫（雄）– 于晓平　摄

382. 灰头鸫 Chestnut Thrush （*Turdus rubrocanus*）

鉴别特征：体型略小（25 cm）羽色独特的灰、栗色鸫。头、颈灰色，两翼及尾黑色，余部多栗色。虹膜褐色，嘴及脚黄色。

生态习性：陕西南部的秦岭地区栖于海拔 2 100 ～ 3 200 m 的亚高山混交林及针叶林；冬季迁往较低海拔处越冬。性胆怯，常单独或成对活动，春秋迁徙季节集成 5 ～ 10 只的小群，有时亦与其他鸫类混群；夏季取食昆虫，冬季取食植物种子；繁殖期 5 ～ 7 月，窝卵数 6 ～ 8 枚。

地理分布：国内有 2 个亚种，均为留鸟。指名亚种（*T. r. rubrocanus*）留鸟见于西藏南部、四川北部和西部；西南亚种（*T. r. gouldii*）留鸟见于西

◎ 灰头鸫（幼鸟）– 于晓平　摄

北（陕西南部、宁夏、甘肃和青海）和西南（西藏、云南、四川西部、贵州和湖北西部）。后者在秦岭地区见于甘肃武山、兰州、康县、莲花山、卓尼、临潭、碌曲、迭部、舟曲（留鸟）；陕西佛坪、太白、宁陕、眉县、周至（留鸟）。

种群数量：较常见。

保护措施：无危 / CSRL；未列入 / IRL，PWL，CITES，CRDB。

◎ 白颈鸫（雄）– 于晓平　摄

◎ 白颈鸫（雌）– 于晓平　摄

383. 白颈鸫 White-collared Blackbird （*Turdus albocinctus*）

鉴别特征：中等体型（27 cm）的鸫。特征为颈环及上胸全白。雌鸟似雄鸟但色较暗淡，褐色较浓。虹膜褐色，嘴黄色，脚黄色。

生态习性：夏季栖于林线以上，在海拔 2 700 ～ 4 000 m 的高山草甸取食，冬季下降至 1 500 ～ 3 000 m；以昆虫等无脊椎动物为食，兼食果实；繁殖期 5 ～ 7 月，窝卵数 3 ～ 4 枚。

地理分布：无亚种分化。地区性常见留鸟于西藏南部及东部和四川西部。秦岭地区仅记录于甘肃文县（迷鸟？）。

种群数量：少见。

保护措施：无危 / CSRL；未列入 / IRL，PWL，CITES，CRDB。

384. 白腹鸫 Pale Thrush （*Turdus pallidus*）

鉴别特征： 中等体型（24 cm）的褐色鸫。腹部及臀白色，雄鸟头及喉灰褐，雌鸟头褐色，喉偏白而略具细纹，翼衬灰或白色。虹膜褐色，上嘴灰色、下嘴黄色，脚浅褐。

生态习性： 栖于低地森林、次生植被、公园及花园；性羞怯，藏匿于林下；鸣声清脆响亮；主要以鞘翅目、鳞翅目昆虫及其幼虫为食；繁殖期 5 ~ 7 月，窝卵数 4 ~ 6 枚。

地理分布： 无亚种分化。繁殖于中国东北，迁徙经华中至长江以南达广东、海南岛，偶至云南及台湾越冬。秦岭地区见于甘肃兰州、武山、文县（旅鸟）；陕西周至、宁陕（旅鸟）；河南董寨保护区、信阳（旅鸟）。

种群数量： 少见。

保护措施： 无危 / CSRL；未列入 / IRL，PWL，CITES，CRDB。

◎ 白腹鸫（雌）– 张海华　摄

◎ 白腹鸫（雄）– 廖小凤　摄

385. 赤颈鸫 Red-throated Thrush （*Turdus ruficollis*）

鉴别特征：中等体型（25 cm）的暖褐色鸫。腹部及臀部白色，上体、翼及尾全褐，雄鸟头及喉近灰，雌鸟头褐，喉偏白。两性胸及两胁均黄褐色。虹膜褐色，嘴黄而端黑，脚近褐。

生态习性：栖息于 1 000 ~ 3 000 m 的山地、草地或丘陵疏林、平原灌丛；成松散群体；取食昆虫、小动物及草籽和浆果；繁殖期 5 ~ 7 月，窝卵数 4 ~ 5 枚。

地理分布：无亚种分化。中国境内仅繁殖于新疆极北部，迁徙季节途经华北、西北、西南至云南西部和西藏东南部越冬。秦岭地区见于甘肃天水、武山、兰州、康县、文县、碌曲、卓尼、迭部（旅鸟或冬候鸟）；陕西周至、佛坪（冬候鸟或旅鸟）。

种群数量：少见。

保护措施：无危 / CSRL；未列入 / IRL，PWL，CITES，CRDB。

注：过去曾认为赤颈鸫包括 2 个亚种——指名亚种（*T. r. ruficollis*）和北方亚种（*T. r. atrogularis*），现指名亚种保留提升为赤颈鸫，北方亚种提升为黑喉鸫（*T. atrogularis*）。

◎ 赤颈鸫（雄）– 张岩　摄

◎ 斑鸫 – 于晓平　摄

386. 斑鸫 Dusky Thrush（*Turdus eunomus*）

鉴别特征： 中等体型（25 cm）而具显著黑白色图纹。具浅棕色翼线和棕色宽阔翼斑，雄性耳羽及胸部横纹黑色与白色喉部、眉纹和臀部成对比，下腹黑色而具白色鳞状纹；雌性褐色及皮黄色暗淡。虹膜褐色，上嘴黑、下嘴黄，脚褐色。

生态习性： 栖息于秦岭南北坡开阔多草的稀疏林地和农耕区，有部分个体在低山、丘陵和平原地带越冬。除繁殖期成对活动外，其他季节多成群；性大胆，不怯人；主要以双翅目、鞘翅目、直翅目昆虫及其幼虫为食；繁殖期 5 ～ 8 月，窝卵数 4 ～ 7 枚。

地理分布： 无亚种分化。迁徙季节途经除西藏之外的所有省份。秦岭地区分布于甘肃天水、兰州（冬候鸟或旅鸟）；陕西秦岭南北坡各县（冬候鸟）；河南桐柏山、伏牛山（冬候鸟或旅鸟）。

种群数量： 较为常见。

保护措施： 无危 / CSRL；未列入 / IRL，PWL，CITES，CRDB。

注： 过去曾认为斑鸫包括 2 个亚种——指名亚种（*T. n. naumanni*）和北方亚种（*T. n. eunomus*），现北方亚种保留提升为斑鸫，而指名亚种提升为红尾鸫（*Turdus naumanni*）。

387. 宝兴歌鸫 Chinese Thrush （*Turdus mupinensis*）

鉴别特征： 中等体型（23 cm）。雌雄相似。脸颊皮黄色而有黑色细纹，耳羽后侧具黑色斑块，上体褐色，翼上有两道近白色斑，下体皮黄而具明显的近圆形黑斑。虹膜褐色，喙污黄，脚暗黄。

生态习性： 高可至海拔 3 200 m 的针叶林带；喜溪旁栎林、林下灌丛；主要取食鳞翅目幼虫等昆虫；繁殖期 5 ～ 7 月，窝卵数 4 枚。

地理分布： 无亚种分化，中国中部特有种。秦岭地区分布于甘肃天水、兰州、康县、莲花山、临潭、卓尼、碌曲、迭部、舟曲（留鸟）；陕西山阳、洋县、佛坪、太白（留鸟）；河南董寨保护区（冬候鸟）。

种群数量： 不常见。

保护措施： 无危 / CSRL；未列入 / IRL，PWL，CITES，CRDB。

◎ 宝兴歌鸫 – 于晓平　摄

◎ 乌灰鸫（雄）– 顾磊　摄

388. 乌灰鸫 Grey Thrush （*Turdus cardis*）

鉴别特征：体小（21 cm）的鸫。雄雌异色。雄鸟上体纯黑灰，头及上胸黑色，下体余部白色，腹部及两胁具黑色点斑；雌鸟上体灰褐，下体白色，上胸具偏灰色的横斑，胸侧及两胁沾赤褐，胸及两侧具黑色点斑。虹膜褐色，嘴黄色（雄）或近黑（雌），脚肉色。

生态习性：栖于 500 ～ 800 m 的灌丛或林地；甚羞怯，一般独处，迁徙时结小群。繁殖资料缺乏。

地理分布：无亚种分化。繁殖于河南南部、湖北、安徽（颍上）及贵州。冬季南迁至海南岛、广西及广东。秦岭地区仅记录于河南董寨保护区（夏候鸟）。

种群数量：不常见。

保护措施：无危 / CSRL；未列入 / IRL，PWL，CITES，CRDB。

389. 棕背黑头鸫 Kessler's Thrush（*Turdus kessleri*）

鉴别特征：体大（28 cm）的黑色及赤褐色鸫。头、颈、喉、胸、翼及尾黑色，体羽其余部位栗色，仅上背皮黄白色延伸至胸带。雌鸟比雄鸟色浅，喉近白而具细纹。似灰头鸫但区别在头、颈及喉黑色而非灰色。虹膜褐色，嘴黄色，脚褐色。

生态习性：繁殖在海拔 3 600 ～ 4 500 m 林线以上多岩地区的灌丛，冬季下至 2 100 m；冬季成群，在田野取食，喜吃桧树浆果；于地面低飞，短暂振翼后滑翔。繁殖资料缺乏。

地理分布：无亚种分化。见于西藏东部、甘肃、青海、四川及云南西北部；越冬于西藏南部。秦岭地区边缘性分布于甘南莲花山、玛曲、碌曲、临潭、卓尼、迭部（留鸟）。

种群数量：甚稀少罕见。

保护措施：无危 / CSRL；未列入 / IRL，PWL，CITES，CRDB。

◎ 棕背黑头鸫（雄）– 于晓平　摄

◎ 棕背黑头鸫（雌）– 廖小青　摄

◎ 棕背黑头鸫（幼鸟）– 廖小青　摄

◎ 红尾鸫 – 于晓平　摄

390. 红尾鸫 Naumann's Thrush（*Turdus naumannni*）

鉴别特征：中等体型（25 cm）。雄鸟上体灰褐色，眉纹、喉和胸部栗红色，延伸至两胁亦具栗红色斑点，最外侧两根尾羽栗红色，其余尾羽褐色外缘具栗红色；雌鸟及第一年冬羽和雄鸟较相似，但喉部及上胸多具黑色纵纹，且红色斑点不及雄鸟密集。虹膜褐色，上嘴黑色，下嘴端部黑色，基部黄，脚肉色。

生态习性：栖息于森林中，冬季结成大群活跃在林缘、农田、果园及城镇的树林中；性活跃，较不惧人，尖细的叫声可以传播很远；多在地面觅食昆虫；繁殖期 4～6 月，窝卵数 4～5 枚。

地理分布：单型种。迁徙时除西藏、新疆、海南外见于各省。在秦岭地区的分布同斑鸫。

种群数量：常见，在陕西越冬的数量多于斑鸫。

保护措施：无危 / CSRL；未列入 / IRL，CITES，CRDB，PWL。

注：曾认为是斑鸫的指名亚种（*T. n. naumanni*），现提升为独立的种。

◎ 黑喉鸫（雄）- 张岩　摄

◎ 黑喉鸫（雌）- 张岩　摄

391. 黑喉鸫 Black-throated Thrush （*Turdus atrogularis*）

鉴别特征： 中等体型（25 cm）。上体灰褐，腹部及臀部纯白。雄性喉部及上胸黑色，冬季多白色纵纹，尾羽淡灰黑色且无棕色羽缘。雌鸟及幼鸟具浅色眉纹，下体多纵纹。虹膜褐色，嘴黄色而尖端黑，脚近褐色。

生态习性： 繁殖于沿河道或沼泽区域的针阔叶混交林边缘；冬季常与其他鸫类混群；在地面觅食无脊椎动物、浆果、种子等；5 月末至 7 月末单独营巢或成松散繁殖群体。

地理分布： 无亚种分化。繁殖于中国西北部阿尔泰山、天山、喀什及昆仑山西部，迁徙季节经中西部、东北部至西藏东南部和云南西部越冬。秦岭地区的分布同赤颈鸫。

种群数量： 少见。

保护措施： 无危 / CSRL；未列入 / IRL，PWL，CITES，CRDB。

注： 曾认为是赤颈鸫的北方亚种（*T. ruficollis atrogularis*），现提升为独立种。

（五十四）鹟科 Muscicapidae

小型至中型鸣禽。口裂大，喙基有须状羽；适于在空中飞捕昆虫；翅一般短圆，善飞。秦岭地区21种。

392. 白眉姬鹟 Yellow-rumped Flycatcher （*Ficedula zanthopygia*）

鉴别特征：体型（13 cm）较小。雄鸟腰、喉、胸及上腹黄色，下腹、尾下白色，其余黑色，眉线及翼斑白色；雌鸟上体暗褐，下体色较淡，腰暗黄。虹膜褐色，嘴黑色，脚黑色。

生态习性：栖息于海拔 1 200 m 以下的低山丘陵和山脚地带的阔叶林和针阔叶混交林中；主要以昆虫为食；繁殖期 5 ～ 7 月，窝卵数 4 ～ 7 枚。

地理分布：无亚种分化。除宁夏、新疆和西藏外见于各省。秦岭地区见于甘肃康县、文县（夏候鸟）；陕西太白、周至、眉县、凤县、佛坪、洋县、城固、宁陕（夏候鸟）；河南董寨保护区、伏牛山、信阳（夏候鸟）。

种群数量：常见。

保护措施：无危 / IRL；未列入 / CSRL，PWL，CITES，CRDB。

◎ 白眉姬鹟（雄）– 于晓平　摄

◎ 白眉姬鹟（雄）– 廖小青　摄

◎ 白眉姬鹟（雌）– 田宁朝　摄

◎ 红喉姬鹟（雄）– 廖小凤　摄

393. 红喉姬鹟 Taiga Flycatcher （*Ficedula albicilla*）

鉴别特征：体型（13 cm）较小。尾色暗，基部外侧白色。繁殖期雄鸟胸红沾灰，但冬季难见。雌鸟及非繁殖期雄鸟暗灰褐色，喉近白，眼圈狭窄白色。虹膜深褐，嘴黑色，脚黑色。

生态习性：栖息于低山丘陵和山脚平原地带的林区；主要以叶甲、金龟子等昆虫为食；繁殖期 5 ～ 7 月，窝卵数 4 ～ 7 枚。

地理分布：单型种。分布于除西藏、台湾外的其他各省。秦岭地区见于天水、武山、兰州、武山、文县、卓尼（旅鸟）；陕西佛坪、周至、太白、宁陕、石泉（旅鸟）；河南伏牛山（旅鸟）。

◎ 红喉姬鹟（雌）– 廖小青　摄

种群数量：不常见。

保护措施：无危 / IRL；未列入 / CSRL，PWL，CITES，CRDB。

注：将原来红喉姬鹟（*F. parva*）的普通亚种（*F. p. albicilla*）提升为种。

394. 绿背姬鹟 Green-backed Flycatcher（*Ficedula elisae*）

鉴别特征： 小型（13 cm）黑、黄色鹟。具醒目的黄色眉纹，上体黑色，腰黄，翼具显著白色块斑。雄性喉及上胸橙黄，腹部黄色；雌性下体黄色。虹膜深褐，嘴蓝黑，脚铅蓝色。

生态习性： 栖息于中等海拔的落叶阔叶林中，在树冠部活动；主要以昆虫为食。繁殖资料缺乏。

地理分布： 无亚种分化。分布于河北、北京、河南、山西、陕西、内蒙古、宁夏。秦岭地区记录于陕西洋县、佛坪（夏候鸟）。

种群数量： 不常见。

保护措施： 无危 / CSRL；未列入 / IRL，PWL，CITES，CRDB。

注： 曾被视为黄眉姬鹟（*F. narcissina*）的东陵亚种（*F. n. elisae*）（郑作新，1994），后被提升为种（Zhang et al., 2006）。

◎ 绿背姬鹟（雌）- 张岩 摄

◎ 橙胸姬鹟（雄）- 聂延秋　摄

395. 橙胸姬鹟 Rufous-gorgeted Flycatcher （*Ficedula strophiata*）

鉴别特征： 体型（14 cm）略小的林栖型鹟。尾黑而基部白，上体多灰褐，翼橄榄色，下体灰。雄鸟额上有狭窄白色并具小的深红色项纹。虹膜褐色，嘴黑色，脚褐色。

生态习性： 栖息于 1 000～3 000 m 的林地；活动于茂密森林和低灌丛；主要以昆虫为食。繁殖资料缺乏。

地理分布： 仅有指名亚种（*F. s. strophiata*）见于中国中部及西南（包括西藏东南部），部分鸟冬季至中国南方越冬。秦岭地区分布于甘肃康县、文县、卓尼、迭部、舟曲（夏候鸟）；陕西佛坪、宁陕、太白、安康（夏候鸟）。

种群数量： 不常见。

保护措施： 无危 / IRL；未列入 / CSRL，PWL，CITES，CRDB。

◎ 橙胸姬鹟（雌）- 聂延秋　摄

396. 灰蓝姬鹟 Slaty-blue Flycatcher （*Ficedula tricolor*）

鉴别特征：体小（13 cm）的青石蓝色鹟。下体近白，尾黑，外侧基部白，头侧及喉深灰并延至胸侧。下体沾棕色。雄鸟喉部具三角形橄榄色块斑。虹膜褐色，嘴黑色，脚黑色。

生态习性：栖息于林下灌丛，冬季栖于针叶林；两翼下悬，尾不停抽动；主要以昆虫为食。繁殖资料缺乏。

地理分布：国内有 3 个亚种。藏东亚种（*F. t. minuta*）见于西藏东南部；指名亚种（*F. t. leucomelanura*）见于西藏南部；西南亚种（*F. t. diversa*）见于陕西南部（周至、太白、佛坪，旅鸟）、甘肃南部（康县、文县、卓尼、迭部、舟曲，繁殖鸟）、宁夏南部等。

◎ 灰蓝姬鹟（雌鸟）– 白皓天　摄

种群数量：不常见。

保护措施：无危 / IRL；未列入 / CSRL，PWL，CITES，CRDB。

◎ 灰蓝姬鹟（雄）– 聂延秋　摄

397. 玉头姬鹟 Sapphire Flycatcher（*Ficedula sapphira*）

鉴别特征：体型（11 cm）较小的鹟。上体鲜亮青色，下体近白，喉中心下方至中胸具栗褐色块斑，头侧及胸侧亮蓝色。虹膜褐色，嘴黑色，脚蓝灰。

生态习性：栖于海拔 900 ～ 2 000 m 林地；主要以昆虫为食。繁殖资料缺乏。

地理分布：国内有 3 个亚种。指名亚种（*F. s. sapphira*）见于云南西部和南部、四川西部；老挝亚种（*F. s. laotiana*）见于云南西北部；天全亚种（*F. s. tienchuanensis*）见于陕西南部、四川中部。秦岭地区仅有天全亚种记录于陕西佛坪、周至、太白、宁陕、城固（夏候鸟）。

种群数量：不常见。

保护措施：无危 / IRL；未列入 / CSRL，PWL，CITES ，CRDB。

◎ 玉头姬鹟（雌）－罗永川　摄

◎ 锈胸蓝姬鹟（雄）- 聂延秋　摄

398. 锈胸蓝姬鹟 Slaty-backed Flycatcher （*Ficedula hodgsonii*）

鉴别特征：体型（13 cm）较小的青石蓝色鹟。胸橘黄，上体无虹闪，外侧尾羽基部白色，胸橙褐渐变为腹部的皮黄白色。虹膜褐色，嘴黑色，脚深褐。

生态习性：栖息于海拔 2 400 ～ 4 300 m 的潮湿密林，冬季下至低海拔处；主要以昆虫为食。繁殖资料缺乏。

地理分布: 无亚种分化。分布于山西、甘肃西南部、青海南部、西藏南部、云南、四川、湖北西部。秦岭地区分布于甘肃武都、康县、莲花山、舟曲、卓尼、碌曲（夏候鸟）。

种群数量：不甚常见。

保护措施：无危 / IRL；未列入 / CSRL，PWL，CITES，CRD。

399. 棕胸蓝姬鹟 Snowy-browed Flycatcher （*Ficedula hypeythra*）

鉴别特征： 体型（12 cm）甚小的灰蓝及棕色鹟。上体青石蓝，眉纹白色几乎与额相接；下体橘黄，喉、胸及两胁皮黄。虹膜深褐，嘴黑色，脚肉色。

生态习性： 栖息于潮湿低地森林和山地森林；主要以瓢虫、象甲等鞘翅目昆虫为食；繁殖期 4～6 月，通常筑巢于树洞中，窝卵数 4～6 枚。

地理分布： 国内有 2 个亚种。指名亚种（*F. h. hypeythra*）见于陕西、青海东南部、云南西部和南部、四川、重庆等地；台湾亚种（*F. h. innexa*）见于台湾。秦岭地区仅记录于陕西佛坪（夏候鸟）。

种群数量： 不常见。

保护措施： 无危 / CSRL；未列入 / IRL，PWL，CITES，CRDB。

◎ 棕胸蓝姬鹟 – 李飏　摄

◎ 白腹蓝姬鹟（雄）– 聂延秋　摄

400. 白腹蓝姬鹟 Blue-and-white Flycatcher （*Ficedula cyanomelana*）

鉴别特征：体型（17 cm）较大。雄鸟脸、喉及上胸近黑，上体闪光蓝色，下胸、腹及尾下覆羽白色；雌鸟上体灰褐，两翼及尾褐，喉中心及腹部白。虹膜褐色，嘴及脚黑色。

生态习性：栖息于海拔 1 200 m 以上的针叶阔叶混交林及林缘灌丛；主要以昆虫为食；繁殖期 5～7 月，在岩缝中筑巢，每窝产卵 4～5 枚。

地理分布：国内有 2 个亚种。东北亚种（*F. c. cumatilis*）分布于东北、华东、陕西、甘肃等地；指名亚种（*F. c. cyanomelana*）分布于黑龙江东部、河北、湖北、江苏等地。前者在秦岭地

◎ 白腹蓝姬鹟（雄性幼鸟）– 于晓平　摄

区记录于甘肃文县（夏候鸟）；陕西周至、佛坪、太白、洋县（旅鸟）；河南信阳（旅鸟）。

种群数量：不常见。

保护措施：无危 / CSRL；未列入 / IRL，PWL，CITES，CRDB。

401. 白眉蓝姬鹟 Ultramarine Flycatcher （*Ficedula superciliaris*）

鉴别特征：体小（12 cm）的蓝色鹟。雄鸟下体白色，头顶闪辉彩虹色，背海蓝，头侧、胸侧斑块及翼为特征性暗深蓝色；雌鸟胸部图纹同雄鸟，但下体皮黄，上体近灰，头沾褐色，尾基部无白色；亚成鸟褐色，具锈色点斑及黑色鳞状斑纹。虹膜深褐色，嘴深灰，脚灰色。

生态习性：栖息于高达 3 000 m 的山地森林中，繁殖习性等生物学资料几近空白。

地理分布：无亚种分化。分布于西藏东南部、云南西部和四川。秦岭地区仅边缘性分布于甘肃文县（10 月采到标本，居留型不详）（张涛等，1998）。

种群数量：罕见。

保护措施：无危 / CSRL；未列入 / IRL，PWL，CITES，CRDB。

◎ 白眉蓝姬鹟（雄）– 李飏　摄

◎ 棕腹仙鹟（雄）- 罗永川　摄

402. 棕腹仙鹟 Rufous-bellied Niltava （*Niltava sundara*）

鉴别特征：中等（18 cm）体型。雄鸟上体蓝，下体棕色，具黑色眼罩，肩上具蓝色羽斑；雌鸟褐色，腰及尾近红，项纹白，颈侧具浅蓝色斑。虹膜褐色，嘴黑色，脚灰色。

生态习性：栖息于海拔 1 200 ～ 2 500 m 的阔叶林、竹林、针阔叶混交林和林缘灌丛中；主要以甲虫、蚂蚁等昆虫为食；繁殖期 5 ～ 7 月，窝卵数 4 枚。

地理分布：国内有 2 个亚种。西南亚种（*N. s. denotata*）见于云南西部、西藏南部；指名亚种（*N. s. sundara*）见于陕西南部、云南、四川、广东等地。西南亚种在秦岭地区见于甘肃文县（夏候鸟）；指名亚种见于陕西周至、佛坪、太白、西乡（夏候鸟），河南董寨保护区、信阳（夏候鸟，亚种不详）。

◎ 棕腹仙鹟（雌）- 张岩　摄

种群数量：不常见。

保护措施：无危 / IRL；未列入 / CSRL，PWL，CITES，CRDB。

403. 棕腹大仙鹟 Fujian Niltava （*Niltava davidi*）

鉴别特征：中等体型（18 cm）色彩亮丽的鹟。雄鸟上体深蓝，下体棕色，脸黑，额、颈侧小块斑、翼角及腰部蓝色；雌鸟灰褐，尾及两翼棕褐，喉上具白色项纹，颈侧具辉蓝色小块斑。虹膜褐色，嘴黑色，脚黑色。

生态习性：栖息于常绿或落叶阔叶林的林下和林缘灌丛；主要以甲虫、蚂蚁等昆虫为食；繁殖期5～7月，通常营巢于岩坡洞穴或石隙间，窝卵数4枚。

地理分布：为中国特有种，无亚种分化。见于陕西南部、云南、四川、贵州北部、江西等地。秦岭地区仅记录于陕西周至、佛坪（夏候鸟）。

种群数量：不常见。

保护措施：无危 / IRL；未列入 / CSRL，PWL，CITES，CRDB。

◎ 棕腹大仙鹟（雄）– 赵一丁　摄

◎ 蓝喉仙鹟 – 李飏　摄

404. 蓝喉仙鹟 Blue-throated Flycatcher （*Niltava rubeculoides*）

鉴别特征：中等（18 cm）体型。雄鸟眼先黑色，腹部白色，上胸橙红；雌鸟上体灰褐，喉橙黄，眼圈皮黄。虹膜褐色，嘴黑色，脚粉红。

生态习性：栖息于开阔的林区，高可至海拔 2 000 m；主要以昆虫为食，从近地面处捕食。繁殖资料缺乏。

地理分布：国内有 2 个亚种。西南亚种（*N. r. glaucicomans*）见于陕西南部，云南东南部、西部，贵州等地；指名亚种（*N. r. rubeculoides*）见于西藏东南部。前者在秦岭见于甘肃宕昌（夏候鸟）；陕西佛坪、宁陕、城固、汉台、宁强（夏候鸟）。

种群数量：不常见。

保护措施：无危 / CSRL；未列入 / IRL，PWL，CITES，CRDB。

405. 山蓝仙鹟 Hill Blue Flycatcher（*Cyornis banyumas*）

◎ 山蓝仙鹟（雌）– 李飏　摄

鉴别特征：中等（15 cm）体型。雄鸟上体深蓝，额及短眉纹钴蓝，眼先、眼周、颊及颏点黑色，喉、胸及两胁橙黄；腹白；雌鸟上体褐色，眼圈皮黄。虹膜褐色，嘴黑色，脚褐色。

生态习性：栖息于海拔 1 200 m 以下的常绿和落叶阔叶林、次生林和竹林中；主要以昆虫为食；繁殖期 4 ～ 6 月，巢由细草茎和藤等编织而成，窝卵数 3 枚。

地理分布：仅有西南亚种（*C. b. whitei*）分布于云南、贵州、四川、湖南。秦岭地区见于甘肃文县（夏候鸟）、陕西佛坪（旅鸟？）。

种群数量：不常见。

保护措施：无危 / CSRL；未列入 / IRL，PWL，CITES，CRDB。

◎ 山蓝仙鹟（雄）– 李飏　摄

◎ 乌鹟 – 聂延秋　摄

406. 乌鹟 Dark-sided Flycatcher（*Muscicapa sibirica*）

鉴别特征：体型（13 cm）略小。上体深灰，胸具灰褐色带斑；下体白色，两胁深色具烟灰色杂斑。眼圈白色，喉白，下脸颊具黑色细纹。虹膜深褐，嘴黑色，脚黑色。

生态习性：栖息于山区或山麓森林的林下植被层及林间；主要以昆虫为食。繁殖资料稀缺。

地理分布：国内有 3 个亚种。指名亚种（*M. s. sibirica*）繁殖于中国东北，越冬于华南、华东、海南和台湾；西南亚种（*M. s. rothschildi*）繁殖于甘肃东南部（文县）、青海东南部、西藏东部、四川；藏南亚种（*M. s. cacabata*）繁殖于西藏南部。指名亚种在秦岭地区见于陕西洋县、佛坪、太白、城固、西乡（旅鸟）；河南伏牛山、信阳（旅鸟）。

种群数量：不常见。

保护措施：无危 / CSRL；未列入 / IRL，PWL，CITES，CRDB。

◎ 北灰鹟 – 白皓天　摄

407. 北灰鹟 Asian Brown Flycatcher （*Muscicapa dauurica*）

鉴别特征： 体型（13 cm）略小。上体灰褐，下体偏白，胸侧及两肋褐灰，眼圈白色，冬季眼先偏白色。虹膜褐色，嘴黑色、下嘴基黄色，脚黑色。

生态习性： 栖息于各种高度的林地及园林，冬季在低地越冬；主要以昆虫为食。繁殖资料缺乏。

地理分布： 国内 2 个亚种。指名亚种（*M. d. dauurica*）繁殖于中国东北，迁徙时见于包括陕西在内的大部分省份。亚种（*M. d. simamensis*）旅鸟见于云南。前者在秦岭地区见于甘肃兰州（旅鸟）；陕西佛坪、周至、宁陕（旅鸟）；河南信阳（旅鸟）。

种群数量： 常见。

保护措施： 无危 / CSRL；未列入 / IRL，PWL，CITES，CRDB。

408. 褐胸鹟 Brown-breasted Flycatcher（*Muscicapa muttui*）

鉴别特征： 体型（14 cm）略小。具黄褐色胸斑，下颚黄色，腰偏红，臀皮黄，翼羽羽缘棕色。虹膜深褐，上嘴色深、下嘴黄色，脚暗黄。

生态习性： 白天活动于茂密树丛及竹林中，夏季在丘陵，冬季在低地；主要以昆虫为食；繁殖于印度东北部，中国西南、西部和南部，北部湾西部。

地理分布： 无亚种分化。分布于甘肃东南部、云南、贵州、四川、广西。秦岭地区见于甘肃武山、文县（夏候鸟）；陕西佛坪（夏候鸟）。

种群数量： 常见。

保护措施： 无危 / CSRL；未列入 / IRL，PWL，CITES，CRDB。

◎ 褐胸鹟 – 韦铭 摄

409. 棕尾褐鹟 Ferruginous Flycatcher（*Muscicapa ferruginea*）

鉴别特征：体型（13 cm）略小。眼圈皮黄，喉白色，头灰色，背褐色，腰棕色，下体白，胸具褐色横斑，两胁及尾下覆羽棕色，通常具白色的半颈环。虹膜褐色，嘴黑色，脚灰色。

生态习性：不惧生，受惊飞离后喜返回原来的停歇处，常在树冠下层横枝活动。繁殖期结束后成松散家族群至村落附近捕食昆虫。繁殖资料缺乏。

地理分布：无亚种分化。分布于陕西南部、宁夏、甘肃西南部、云南、福建、海南等地。秦岭地区见于甘肃文县、舟曲（夏候鸟）；陕西周至、佛坪、太白、宁陕、城固（夏候鸟）。

种群数量：常见。

保护措施：无危 / CSRL；未列入 / IRL，PWL，CITES，CRDB。

◎ 棕尾褐鹟（当年幼鸟）– 于晓平　摄

◎ 棕尾褐鹟 – 于晓平　摄

◎ 灰纹鹟 – 于晓平　摄

410. 灰纹鹟 Grey-streaked Flycatcher （*Muscicapa griseisticta*）

鉴别特征：体型（14 cm）略小。眼圈白，下体白，胸及两肋满布深灰色纵纹，额具狭窄的白色横带，并具狭窄的白色翼斑。翼长，几至尾端。虹膜褐色，嘴黑色，脚黑色。

生活习性：栖息于密林、开阔森林及林缘，甚至在城市公园的溪流附近；主要以昆虫为食。繁殖资料缺乏。

地理分布：无亚种分化。繁殖于中国极东北部，迁徙经华东、华中及华南和台湾。秦岭地区仅记录于甘肃文县（夏候鸟）。

种群数量：常见。

保护措施：无危 / CSRL；未列入 / IRL，PWL，CITES，CRDB。

◎ 铜蓝鹟（雄）– 廖小凤　摄　　　　　　　　　◎ 铜蓝鹟（雌）– 廖小凤　摄

◎ 铜蓝鹟（雄）– 宋要强　摄

411. 铜蓝鹟 Verditer Flycatcher （*Eumyias thalassinus*）

鉴别特征：体型（17 cm）略大。雄鸟通体为鲜艳的铜蓝色，眼先黑色；雌鸟色暗，眼先暗黑。雄雌两性尾下覆羽均具偏白色鳞状斑纹。虹膜褐色，嘴黑色，脚近黑。

生态习性：栖息于海拔 900 ～ 3 700 m 的山地森林和林缘地带；主要以昆虫为食；繁殖期 5 ～ 7 月，通常营巢于岸边、树根下的洞中或石隙间，窝卵数 3 ～ 5 枚。

地理分布：仅有指名亚种(*E. t. thalassinus*)繁殖于西藏南部、华中、华南及西南,部分至东南部越冬。秦岭地区仅夏候鸟记录于陕西秦岭南坡（太白、洋县、西乡）至巴山地区（南部、镇坪、平利）。

种群数量：常见。

保护措施：无危 / CSRL；未列入 / IRL，PWL，CITES，CRDB。

412. 方尾鹟 Grey-headed Canary Flycatcher（*Culicicapa ceylonensis*）

鉴别特征：体小（13 cm）而色彩分明的鹟。头偏灰，略具冠羽，上体橄榄绿色，胸部灰色，腹部黄色。虹膜褐色，上嘴黑而下嘴角质色，脚黄褐。

生态习性：多栖于森林的底层或中层，常与其他小型鸟类混群；秦岭地区夏季常见于中低海拔的阔叶林带；喧闹活跃，在树枝间频繁跳跃追逐捕食昆虫。繁殖生物学资料缺乏。

地理分布：仅有西南亚种（*C. c. calochrysea*）分布于陕西南部、甘

◎ 方尾鹟 – 廖小凤　摄

肃东南部、西藏东部和南部、云南、贵州等地。秦岭地区见于甘肃文县、康县、舟曲（夏候鸟）；陕西秦岭南坡城固、洋县、佛坪、太白、宁陕、宁强、汉台、安康、白河（夏候鸟）；河南董寨（夏候鸟）。

种群数量：常见。

保护措施：无危 / CSRL；未列入 / IRL，PWL，CITES，CRDB。

◎ 方尾鹟 – 廖小青　摄

（五十五）王鹟科 Monarchinae

小型鸣禽。嘴扁，基部宽，许多种类有羽冠和眼部肉垂，尾相对较短；某些种的雄鸟在繁殖期尾羽长，羽衣呈带光泽的黑、白和赤褐色的混合色；足小；主要生活在温暖的林中，食昆虫，常在叶丛中啄食而不是在飞行中取食。秦岭地区仅 1 种——寿带。

◎ 寿带（雄褐色型）– 廖小凤　摄

413.寿带 Asian Paradise Flycatcher （*Terpsiphone paradisi*）

鉴别特征：中等体型（22 cm）。雄鸟有两种色型，头黑色，冠羽显著，上体赤褐，下体近灰，中央两根尾羽长达身体的 4～5 倍；雌鸟棕褐，尾羽无延长。虹膜褐色，眼周裸露皮肤蓝色，嘴蓝色，嘴端黑色，脚蓝色。

生态习性：栖息于海拔 1 200 m 以下的低山丘陵和山脚平原地带的林地；主要以昆虫及其幼虫为食；繁殖期 5～7 月，窝卵数 2～4 枚。

地理分布：国内有 3 个亚种。普通亚种（*T. p. epops*）除内蒙古、青海、新疆、西藏外见

◎ 寿带（雄居间类型）– 廖小青　摄

于各省；滇西亚种（*T. p. epops*）见于云南西部；滇南亚种（*T. p. epops*）见于云南西部、南部和贵州西南部。普通亚种在秦岭地区见于甘肃文县、康县、天水、武山（夏候鸟）；陕西眉县、周至、长安、蓝田、华阴、洋县、佛坪、宁陕、城固、西乡（夏候鸟）；河南董寨、伏牛山、桐柏山、信阳（夏候鸟）。

种群数量：常见。

保护措施：无危 / CSRL；未列入 / IRL，PWL，CITES，CRDB。

◎ 寿带（雄白色型）– 廖小凤　摄

◎ 寿带（雌性育雏）– 廖小青　摄

◎ 寿带（当年幼鸟）– 田宁朝　摄

（五十六）画眉科 Timaliidae

中小型鸣禽。嘴通常很硬，嘴缘光滑，上嘴端部无钩，有时微具缺刻，嘴形大都直而侧扁，有时下曲；两翅短圆，整个翅形稍呈凹状；尾的长度一般适中，呈凸尾状，个别种类尾极短；两脚强健，善于奔驰和跳跃，跗跖前缘具盾状鳞；主要在密林、树丛、竹丛、矮树，特别是林中灌木丛间活动；大多数种类在树木的枝丫或灌木丛间筑巢，主食昆虫，兼食果实及其他植物性物质。秦岭地区 35 种。

414. 棕颈钩嘴鹛 Streak-breasted Scimitar Babbler （*Pomatorhinus ruficollis*）

鉴别特征： 体型略小（19 cm）的褐色钩嘴鹛。具栗色的颈圈，白色长眉纹，眼先黑色，喉白，胸具纵纹，诸亚种具微小差异。虹膜褐色，上嘴黑、下嘴黄，脚铅褐色。

生态习性： 栖息于 100 ～ 3 000 m 的常绿林、混交林或针叶林；主要以昆虫及其幼虫为食，也吃植物果实与种子；繁殖期 5 ～ 7 月，窝卵数 3 ～ 4 枚。

地理分布： 中国 10 个亚种，均为留鸟。藏南亚种（*P. r. godwini*）分布于西藏东南部；峨眉亚种（*P. r. eidos*）分布于四川东部和中部；滇西亚种（*P. r. similis*）分布于云南西北部和四川西南部；滇南亚种（*P. r. albipectus*）分布于云南西南部；滇东亚种（*P. r. reconditus*）分布于云南东部、四川南部；长江亚种（*P. r. styani*）分布于河南南部，陕西南部，甘肃西部、东南部，四川东部、重庆、贵州北部、湖北西部、湖南北部、江苏南部、上海、浙江；中南亚种（*P. r. hunanensis*）分布于四川东南部、贵州、重庆、湖北西南部、湖南、广西北部；东南亚种（*P. r. stridulus*）分布于江西南部、浙江、福建、广东北部；海南亚种（*P. r. nigrostellatus*）分布于海南；台湾亚种（*P. r. musicus*）分布于台湾。长江亚种在秦岭地区见于甘肃文县、康县、徽县、天水、舟曲、迭部；陕西秦岭南坡各县（北坡长安也有分布）；河南董寨、桐柏山、伏牛山、信阳。

种群数量： 常见。

保护措施： 无危 / CSRL；未列入 / IRL，PWL，CITES，CRDB。

◎ 棕颈钩嘴鹛 – 于晓平　摄

◎ 斑胸钩嘴鹛 – 廖小青　摄

415. 斑胸钩嘴鹛 Spot-breated Scimitar Babbler （*Pomatorhinus erythrocnemis*）

鉴别特征： 体型略大（24 cm）的钩嘴鹛。无浅色眉纹，脸颊棕色，甚似锈脸钩嘴鹛但胸部具浓密的黑色点斑或纵纹，不同亚种有微小差别。虹膜黄至栗色，嘴灰褐，脚肉褐色。

生态习性： 栖息于灌丛、棘丛及林缘地带；主要以昆虫及其幼虫为食，也吃植物果实与种子；繁殖期5～7月，窝卵数3～4枚。

◎ 斑胸钩嘴鹛 – 于晓平　摄

地理分布： 中国8个亚种，均为留鸟。川西亚种（*P. e. dedekeni*）分布于西藏东部、云南西北部和四川西部；川东亚种（*P. e. cowensae*）分布于四川东部、重庆、贵州北部、湖北西南部；川南亚种（*P. e. decarlei*）分布于西藏东南部、云南西北部、四川西南部；云南亚种（*P. e. odicus*）分布于云南、贵州；陕南亚种（*P. e. gravivox*）分布于河南西北部、山西南部、甘肃南部、四川北部和陕西南部；中南亚种（*P. e. abbreviatus*）分布于湖南南部、广东北部、广西；东南亚种（*P. e. swinhoei*）分布于安徽南部、江西东部、浙江、福建西北部和中部；台湾亚种（*P. e. erythrocnemis*）分布于台湾。陕南亚种在秦岭地区见于甘肃文县、康县、徽县、天水、舟曲、迭部；陕西秦岭南坡各县（北坡长安有分布）；河南伏牛山。

种群数量： 常见。

保护措施： 无危 / CSRL；未列入 / IRL，PWL， CITES，CRDB。

◎ 斑翅鹩鹛 – 张国良　摄

416. 斑翅鹩鹛 Bar-winged Wren-Babbler（*Spelaeornis troglodytoides*）

鉴别特征：体小（13 cm）而尾稍长的鹩鹛。上体红褐而具黑白色点斑，尾及两翼具黑色细横斑；下体棕色，喉白色明显，胸通常具浅淡的白色纵纹。虹膜红褐，上嘴近黑、下嘴偏粉，脚褐色。

生态习性：栖于海拔 1 500 ～ 3 600 m 的山区森林林下层。繁殖生物学资料缺乏。

地理分布：国内 5 个亚种，均为留鸟。指名亚种（*S. t. troglodytoides*）分布于四川中部及西南部；秦岭亚种（*S. t. halsueti*）分布于甘肃南部白水江及陕西南部（佛坪、太白、周至、石泉）；澜沧亚种（*S. t. rocki*）分布于云南西北部澜沧江以东的地区；滇西亚种（*S. t. souliei*）分布于西藏东南部和云南西部及西北部的澜沧江以西地区；南川亚种（*S. t. nanchuanenis*）分布于重庆、湖北西南部、湖南西北部。

种群数量：罕见。

保护措施：无危 / CSRL；未列入 / IRL，PWL，CITES，CRDB。

417. 小鳞胸鹪鹛 Pygmy Wren-Babbler（*Pnoepyga pusilla*）

鉴别特征：体型极小（9 cm）。几乎无尾但具醒目的扇贝形斑纹的鹛。有浅色及茶黄色两色型。甚似鳞胸鹪鹛的两色型，但体小，上体的点斑区仅限于下背及覆羽，头顶无点斑，且鸣声也不同。虹膜深褐，嘴黑色，脚粉红。

生态习性：栖于山林以及高山稠密灌木丛或竹林的树根间，冬季下至 1 100 m，常沿多苔藓及蕨草的溪流两岸。繁殖生物学资料缺乏。

地理分布：国内仅有指名亚种（*P. p. pusilla*）留鸟见于西藏南部、陕西南部（石泉、汉阴、城固、佛坪、周至）、甘肃南部、云南西北、四川等地。

种群数量：罕见。

保护措施：无危 / CSRL；未列入 / IRL，PWL，CITES，CRDB。

◎ 小鳞胸鹪鹛 – 赵纳勋　摄

◎ 大鳞胸鹪鹛 – 张岩　摄

418. 大鳞胸鹪鹛 Scaly-Breasted Wren Babbler （*Pnoepyga albiventer*）

鉴别特征： 体小（10 cm）而无尾的似鹪鹩的鹛。浅色型：上体橄榄褐而略具鳞状斑，各羽尖均具皮黄色点；下体白，胸羽的羽中心色深，羽缘更深而成鳞状斑纹，两胁鳞斑橄榄褐色。茶色型：上体橄榄褐，羽尖具皮黄色点；下体同浅色型，但皮黄替代白色。雄雌同色。与小鳞胸鹪鹛的区别在于体型较大，头顶及颈部皮黄色斑驳。虹膜褐色，嘴角质色，腿粉褐色。

生态习性： 性隐蔽。夏季栖于海拔 1 500 ～ 3 660 m 的山区森林，冬季下至 1 100 m，常在多苔藓及蕨草的溪流两岸活动。繁殖生物学资料缺乏。

地理分布： 国内 2 个亚种。指名亚种（*P. a. albiventer*）留鸟见于西藏南部及东南部至云南西北部及四川；台湾亚种（*P. a. formosana*）见于台湾。秦岭地区仅记录于甘肃白水江自然保护区（张涛等，1998）。

种群数量： 不常见。

保护措施： 无危 / CSRL；未列入 / IRL，PWL，CITES，CRDB。

419. 红头穗鹛 Rufous-capped Babbler（*Stachyris ruficeps*）

鉴别特征：小型(12 cm)褐色穗鹛。顶冠红棕，上体橄榄灰色，眼先暗黄，喉、胸及头侧沾黄；下体黄橄榄色，喉具黑色细纹。虹膜红色，嘴上喙黑而下喙色浅，脚棕绿色。

◎ 红头穗鹛 – 田宁朝　摄

生态习性：栖息于森林、灌丛及竹丛，常单独或成对活动，有时与棕颈钩嘴鹛或其他鸟类混群活动；主要以昆虫为食，偶尔也吃少量植物果实与种子。繁殖生物学资料缺乏。

地理分布：中国 5 个亚种，均为留鸟。指名亚种（ *S. r. ruficeps* ）见于西藏东南部；滇西亚种（ *S. r. bhamoensis* ）见于云南西部；普通亚种（ *S. r. davidi* ）见于陕西南部（宁陕、周至、城固、西乡、洋县、太白、佛坪、山阳、宁强、安康）、四川、重庆、云南东部、贵州、湖北、湖南、安徽、江西、浙江、福建、广东、广西；海南亚种（ *S. r. goodsoni* ）见于海南；台湾亚种（ *S. r. pracognita* ）见于台湾。

种群数量：常见。

保护措施：无危 / CSRL；未列入 / IRL，PWL，CITES，CRDB。

◎ 红头穗鹛 – 廖小青　摄

420. 宝兴鹛雀 Rufous-tailed Babller （*Chrysomma poecilotis*）

鉴别特征：中等体型（15 cm）的棕褐色鹛。栗褐色尾略长而凸。上体棕褐，眉纹近灰且后端呈深色，髭纹黑白色。喉白，胸中心皮黄，两胁及臀黄褐，翼及尾栗色。虹膜褐色，嘴褐色，脚浅褐色。

生态习性：栖息于海拔 1 500 ～ 3 800 m 的溪流附近的灌草丛。繁殖资料缺乏。

地理分布：无亚种分化，中国四川、云南山地特有种。四川东北部以西成一弧形向南至云南北部的丽江山脉扩展。秦岭地区仅记录于甘肃白水江自然保护区（张涛等，1998）。

种群数量：罕见。

保护措施：近危 / CSRL；无危 / IRL；未列入 / PWL，CITES，CRDB。

◎ 宝兴鹛雀 – 李利伟　摄

◎ 矛纹草鹛 – 田宁朝　摄

421. 矛纹草鹛 Chinese Babax （*Babax lanceolatus*）

鉴别特征：体型略大（26 cm）而多纵纹的草鹛。甚长的尾上具狭窄横斑，嘴略下弯，具特征性的黑色髭纹。虹膜黄色，嘴黑，脚粉褐。

生态习性：栖于开阔的山区森林、丘陵灌丛、棘丛及林下，结小群于地面活动和取食；繁殖期 5 ～ 7 月，窝卵数 3 ～ 4 枚。

地理分布：国内 3 个亚种，均为留鸟。西南亚种（*B. l. bonvaloti*）分布于西藏东部，云南西北部，呈四川西部、北部；指名亚种（*B. l. lanceolatus*）分布于陕西秦岭南坡（宁陕、太白、周至、洋县、西乡、佛坪、汉阴、安康、宁强）、甘肃南部（文县、天水、徽县、舟曲、迭部）、云南、四川、重庆、贵州、湖北西部；华南亚种（*B. l. latouchei*）分布于云南、贵州南部、湖南西部、福建、广东北部和广西。

种群数量：不常见。

保护措施：无危 / CSRL；未列入 / IRL，PWL，CITES，CRDB。

422. 黑脸噪鹛 Masked Laughing-thrush （*Garrulax perspicillatus*）

鉴别特征： 略大（30 cm）的灰褐色噪鹛。额及眼罩黑色。上体暗褐，外侧尾羽端宽，深褐色；下体偏灰过渡至近白色腹部，尾下覆羽黄褐。虹膜褐色，嘴黑而端部色淡，脚红褐。

生态习性： 结小群活动于浓密灌丛、竹丛、芦苇地、田地及城镇公园，取食多在地面。性喧闹；繁殖期 5 ～ 7 月，每窝产卵 3 ～ 4 枚。

地理分布： 无亚种分化。留鸟见于陕西南部以南、四川中部及云南东部往东的除海南岛外的地区。秦岭地区见于陕西周至、佛坪、太白、西乡、宁强；河南三门峡、董寨、桐柏山、伏牛山、信阳。

种群数量： 常见。

保护措施： 无危 / CSRL；未列入 / IRL，PWL，CITES，CRDB。

◎ 黑脸噪鹛 – 孔德茂　摄

◎ 黑脸噪鹛 – 廖小凤　摄

◎ 白喉噪鹛 – 廖小青　摄

423. 白喉噪鹛 White-throated Laughing-thrush （*Garrulax albogularis*）

鉴别特征：中等体型（28 cm）的暗褐色噪鹛。喉及上胸具特征性硕大白斑；额部棕色狭窄；上体暗烟褐色，外侧四对尾羽端部白色；下体具灰褐色胸带，腹部棕色。虹膜灰色，嘴角质色，脚灰色。

生态习性：不同亚种栖息于不同海拔高度（1 000 ～ 4 500 m）；性吵嚷，结群栖于树冠层或于浓密的棘丛；食昆虫和草籽；繁殖期为5 ～ 7 月，窝卵数 3 ～ 4 枚。

地理分布：中国 3 个亚种，均为留鸟。指名亚种（*G. a. albogularis*）分布于西藏南部和云南；峨眉亚种（*G. a. eous*）分布于陕西南部（城固、洋县、西乡、佛坪、太白、石泉、宁陕、安康）、甘肃东南部（康县、文县）、河南南部（信阳）、青海南部、云南、四川北部、重庆、贵州、湖南西部、湖北西部；台湾亚种（*G. a. ruficeps*）分布于台湾。

◎ 白喉噪鹛 – 田宁朝　摄

种群数量：常见。

保护措施：无危 / CSRL；未列入 / IRL，PWL，CITES，CRDB。

424. 黑领噪鹛 Greater Necklaced Laughing-thrush（*Garrulax pectoralis*）

鉴别特征： 中等体型（30 cm）的噪鹛。颏、喉白色沾棕，颧纹黑色，向后延伸与黑色胸带相连。眼先白色沾棕，白色眉纹显著延长至颈侧。耳羽黑色而杂有白纹，后颈栗棕色，呈半环状。上体棕色，下体几全白。虹膜栗色，嘴上黑而下灰，脚蓝灰。

◎ 黑领噪鹛 – 张玉柱　摄

生态习性： 栖息在 200 ～ 1 600 m 的中低山茂密灌丛间，常与其他噪鹛尤其是小黑领噪鹛混群；取食昆虫、种子、果实；繁殖期 4 ～ 7 月，年繁殖 1 ～ 2 窝，窝卵数 3 ～ 5 枚。

地理分布： 国内 5 个亚种，均为留鸟。滇西亚种（*G. p. melanotis*）分布于云南西部；秉氏亚种（*G. p.pingi*）分布于云南西部；滇南亚种（*G. p.robini*）分布于云南南部；华南亚种（*G. p. picticollis*）分布于陕西南部以南的多数省份；海南亚种（*G. p. semitorquatus*）分布于海南。华南亚种在秦岭地区见于甘肃陇南地区；陕西佛坪、洋县、太白、长安、石泉、汉阴。

种群数量： 常见。

保护措施： 无危 / CSRL；未列入 / IRL，PWL，CITES，CRDB。

◎ 黑领噪鹛 – 于晓平　摄

◎ 山噪鹛 – 石铜钢　摄

425. 山噪鹛 Plain Laughing-thrush（*Garrulax davidi*）

鉴别特征： 中等体型（29 cm）的偏灰色噪鹛。指名亚种上体全灰褐，下体较淡，具明显的浅色眉纹，颏近黑。虹膜褐色，嘴下弯呈亮黄色，嘴端偏绿，脚浅褐。

生态习性： 栖息于 1 600 ～ 3 300 m 的山地灌丛；经常成对活动于地面；夏季吃昆虫，辅以少量植物种子、果实；冬季则以植物种子为主；繁殖期 5 ～ 7 月，窝卵数 4 ～ 5 枚。

地理分布： 国内 4 个亚种，均为留鸟。指名亚种（*G. d. davidi*）分布于河南北部、陕西、山西、甘肃东部；甘肃亚种（*G. d. experrectus*）分布于甘肃祁连山南部；四川亚种（*G. d. concolor*）分布于青海东南部、四川岷山及邛崃山；华北亚种（*G. d.chinganicus*）分布于辽宁、河北北部、天津、北京等地。秦岭地区分布四川亚种（甘肃夏河、玛曲、碌曲、临潭、卓尼、迭部、舟曲）；指名亚种分布于甘肃兰州、武山、莲花山，陕西西安（浐灞生态区）、周至、华阴、佛坪、太白。

种群数量： 常见。

保护措施： 无危 / CSRL；未列入 / IRL，PWL，CITES，CRDB。

◎ 黑额山噪鹛 – 张勇　摄

426. 黑额山噪鹛 Sukatschev's Laughing-thrush （*Garrulax sukatschewi*）

鉴别特征： 中等体型（28 cm）的酒灰褐色噪鹛。脸颊及耳羽明显为白色，上、下各有黑褐色条纹与烟褐色的眼先相接。外侧尾羽混灰色而端白，三级飞羽羽端白，尾上覆羽棕色，臀暖皮黄色。虹膜褐色，嘴及脚黄色。

生态习性： 栖息于 2 000 ～ 3 500 m 高山针叶阔叶混交林和针叶林下的灌丛；多在苔藓和枯枝落叶层中翻挖觅食，食物以昆虫和植物种子为主；繁殖期 5 ～ 7 月，窝卵数 2 ～ 5 枚。

地理分布： 中国特有种，无亚种分化。秦岭地区仅限于甘肃西南部，南部舟曲、武都、迭部及东南部文县等地。

种群数量： 罕见，数量不详。

保护措施： 易危 / CSRL，IRL；稀有 / CRDB；未列入 / PWL，CITES。

427. 灰翅噪鹛 Ashy Laughing-thrush （*Garrulax cineraceus*）

鉴别特征：中等偏小体型（22 cm）的噪鹛。额黑色，头顶黑或灰色，眼先、脸部白，上体橄榄褐至棕褐色。尾和内侧飞羽具窄的白色端斑和宽阔的黑色次端斑，外侧初级飞羽外翈蓝灰色或灰色，颧纹黑色，下体多为浅棕色。嘴、脚黄色。虹膜乳白，嘴角质色，脚暗黄。

◎ 灰翅噪鹛 – 廖小青　摄

生态习性：主要栖息于 600 ～ 2 600 m 的常绿阔叶林、落叶阔叶林、针叶阔叶混交林、竹林和灌丛中；主要以昆虫为食，此外也吃植物果实、种子和草籽等；繁殖期 4 ～ 6 月，窝卵数 2 ～ 4 枚。

地理分布：国内 2 个亚种，均为留鸟。西南亚种（*G. c. strenuus*）分布于西藏东南部、云南西部、四川南部和广西西北部；华南亚种（*G. c.cinereiceps*）分布于陕西秦岭（周至、城固、洋县、佛坪、太白）、甘肃秦岭（天水、康县、舟曲）以南的华中、华东、西南和华南。

种群数量：不常见。

保护措施：无危 / CSRL；未列入 / IRL，PWL，CITES，CRDB。

◎ 灰翅噪鹛 – 齐晓光　摄

428. 斑背噪鹛 Barred Laughing-thrush（*Garrulax lunulatus*）

鉴别特征：体型略小（23 cm）的暖褐色噪鹛。眼先、眼周及眼后眉纹白色，上体（除头顶）及两胁具醒目的黑色及草黄色鳞状斑纹。初级飞羽及外侧尾羽的羽缘灰色。尾端白色，具黑色的次端横斑。与白颊噪鹛的区别在上体具黑色横斑。虹膜深灰，嘴绿黄，脚肉色。

生态习性：栖息于 1 200～3 600 m 的针叶阔叶混交林、针叶林和灌丛；繁殖期间主要以昆虫为食，非繁殖期以植物性食物为食；繁殖期 4～7 月，窝卵数 2～4 枚。

地理分布：中国特有种。国内 2 个亚种，留鸟。凉山亚种（*G. l. liangshanensis*）分布于四川等地；指名亚种（*G. l. lunulatus*）分布于甘肃南部（徽县、碌曲）、陕西南部（周至、华阴、城固、洋县、佛坪、太白、陇县、宁陕、石泉、安康）、湖北西部、四川北部等地。

种群数量：不常见。

保护措施：无危 / CSRL；未列入 / IRL，PWL，CITES，CRDB。

◎ 斑背噪鹛 – 田宁朝　摄

◎ 画眉 – 于晓平　摄

429. 画眉 Hwamei（*Garrulax canorus*）

鉴别特征：体型略小（22 cm）的棕褐色鹛。特征为白色的眼圈在眼后延伸成狭窄的眉纹，顶冠及颈背有偏黑色纵纹。虹膜黄色，嘴及脚偏黄。

生态习性：栖息于 1 800 m 以下的阔叶林、混交林、灌丛、林缘耕地，常在林下的草丛中觅食，不善做远距离飞翔；以昆虫、多种蛾类幼虫等为食，亦食野果和草籽等；繁殖期 4 ～ 7 月，年繁殖 2 次或 2 次以上，窝卵数 3 ～ 5 枚。

地理分布：中国特有种，国内 3 个亚种，均为留鸟。指名亚种（*G. c. canorus*）分布于河南南部（董寨、桐柏山、伏牛山、信阳）、

◎ 画眉 – 廖小青　摄

陕西秦岭南北坡、甘肃陇南山地、云南、江西、四川等地；海南亚种（*G. c. owstoni*）分布于海南；云南亚种（*G. c. namtiense*）分布于云南南部。

种群数量：常见。但因非法捕捉现象严重，呈下降趋势。

保护措施：近危 / CSRL；无危 / IRL；Ⅱ / CITES；未列入 / PWL，CRDB。

430. 白颊噪鹛 White-browed Laughing-thrush （*Garrulax sannio*）

鉴别特征：中等体型（25 cm）的灰褐色噪鹛。皮黄白色的眉纹和下颊纹由深色的过眼后纹隔开，尾下覆羽棕色。虹膜褐色，嘴及脚褐色。

生态习性：栖息于 2 600 m 以下的各种林地、矮树灌丛和竹丛，甚至出现在城市公园和庭院；主要以昆虫及其幼虫为食，也吃植物果实和种子；繁殖期为 3 ～ 7 月，每窝产卵 3 ～ 4 枚。

◎ 白颊噪鹛 – 廖小青　摄

地理分布：国内 3 个亚种，均为留鸟。四川亚种（*G. s. oblectans*）分布于陕西秦岭南北坡、甘肃陇南山地、甘南高原、云南东北部、四川，贵州中、北部；云南亚种（*G. s. comis*）分布于西藏东南部、云南、四川西南部；指名亚种（*G. s. sannio*）分布于四川以南的华中、东南和华南（包括海南）。

种群数量：常见。

保护措施：无危 / CSRL；未列入 / IRL，PWL，CITES，CRDB。

◎ 白颊噪鹛 – 田宁朝　摄

◎ 橙翅噪鹛 – 廖小青　摄

431. 橙翅噪鹛 Elliot's Laughing-thrush（*Garrulax elliotii*）

鉴别特征：中等体型（26 cm）的噪鹛。全身大致灰褐色，上背及胸羽具深色及偏白色羽缘而成鳞状斑纹。臀及下腹部黄褐。初级飞羽基部的羽缘偏黄、羽端蓝灰而形成拢翼上的斑纹。尾羽灰而端白，羽外侧偏黄。虹膜浅乳白色，嘴及脚褐色。

生态习性：主要栖息于海拔 1 200 ～ 4 800 m 所有森林类型的林下植被，包括林缘疏林灌丛、农田和溪边等开阔地的灌丛中；主要以昆虫和植物果实与种子为食；繁殖期 4 ～ 7 月，窝卵数 2 ～ 3 枚。

◎ 橙翅噪鹛 – 于晓平　摄

地理分布：中国特有种。国内 2 个亚种，均为留鸟。指名亚种（*G. e. elliotii*）分布于陕西秦岭南北坡（南坡为主）、甘肃陇南山地和甘南高原、河南伏牛山、宁夏、青海东部、四川西部、云南西北部；昌都亚种（*G. e. bonvalotii*）分布于西藏东部。

种群数量：常见。

保护措施：无危 / CSRL；未列入 / IRL，PWL，CITES，CRDB。

◎ 眼纹噪鹛 – 孔德茂　摄

432. 眼纹噪鹛 Spotted Laughing-thrush （*Garrulax ocellatus*）

鉴别特征： 体大（31 cm）的噪鹛。顶冠、颈背及喉黑色，上体及胸侧具粗重点斑。眼先、眼下及颏浅皮黄色而与黑色的头成对比。上体褐色，各羽的次端黑而端白形成月牙形点斑。翼羽羽端白色形成明显的翼斑，尾端白色。虹膜黄色，嘴角质色，脚粉红。

生态习性： 栖息于 1 100～3 100 m 的常绿阔叶林、针叶阔叶混交林以及林下灌丛；主要以昆虫为食，也食植物果实；繁殖期 4～6 月，窝卵数 2～4 枚。

地理分布： 中国特有种。国内 3 个亚种，均为留鸟。四川亚种（*G. o. artemesiae*）见于湖北的神农架、甘肃西南部（康县、文县）、陕西秦岭（太白、宁强）、四川中部至云南东北部；指名亚种（*G. o. ocellatus*）见于西藏南部雅鲁藏布江流域；云南亚种（*G. o. maculipectus*）见于云南西部及西北部。

种群数量： 地方性常见。

保护措施： 无危 / CSRL；未列入 / IRL，PWL，CITES，CRDB。

433. 大噪鹛 Giant Laughing-thrush （*Garrulax maximus*）

鉴别特征：体大（34 cm）而具明显点斑的噪鹛。尾长，顶冠、颈背及髭纹深灰褐色，头侧及额栗色。背羽次端黑而端白因而在栗色的背上形成点斑。两翼及尾部斑纹似眼纹噪鹛。虹膜黄色，嘴角质色，脚粉红。

生态习性：主要栖息于 2 100～4 100 m 的亚高山或高山针叶阔叶混交林的林下及林缘灌丛、竹丛；主要以昆虫为食，也吃蜗牛等其他无脊椎动物、植物果实与种子。繁殖资料缺乏。

地理分布：中国特有种，无亚种分化。留鸟见于甘肃西南部、四川西部、云南西北部及西藏东南部。秦岭地区见于甘肃天水、文县、卓尼、迭部、碌曲、舟曲；陕西周至、太白、宁强。

种群数量：地方性常见。

保护措施：无危 / CSRL；未列入 / IRL，PWL，CITES，CRDB。

◎ 大噪鹛 – 崔月　摄

◎ 黑顶噪鹛 – 高歌　摄

434. 黑顶噪鹛 Black-faced Laughing-thrush（*Garrulax affinis*）

鉴别特征：中等体型（26 cm）的深色噪鹛。具白色宽髭纹，颈部白色块与偏黑色的头成对比。诸亚种体羽略有差异，但一般为暗橄榄褐色，翼羽及尾羽羽缘带黄色。虹膜褐色，嘴黑色，脚褐色。

生态习性：主要栖息于 1 500 ～ 4 500 m 的山地阔叶林、针阔叶混交林、针叶林和林缘灌丛；主要以昆虫、草籽及野果为食；繁殖期 5 ～ 7 月，窝卵数 2 ～ 3 枚。

地理分布：中国特有种，国内 6 个亚种，均为留鸟。指名亚种（*G. a. affinis*）分布于西藏南部；亚东亚种（*G. a. bethelae*）分布于西藏南部；滇西亚种（*G. a. oustaleti*）分布于西藏东南部及云南西部；滇东亚种（*G. a. saturatus*）分布于云南南部；木里亚种（*G. a. muliensis*）分布于云南东北部；四川亚种（*G. a. blythii*）分布于四川中部、西南部至甘肃南部。秦岭地区仅分布四川亚种于甘肃文县。

种群数量：地方性常见。

保护措施：无危 / CSRL；未列入 / IRL，PWL，CITES，CRDB。

435. 红嘴相思鸟 Red-billed Leiothrix （*Leiothrix lutea*）

鉴别特征：色艳可人的小巧（15 cm）鹛类。上体橄榄绿，眼周有黄色块斑，下体橙黄。尾近黑而略分叉。翼略黑，红色和黄色的羽缘在歇息时成明显的翼纹。虹膜褐色，嘴红色，脚粉红。

生态习性：栖息于常绿阔叶林、常绿落叶混交林、竹林和林缘疏林灌丛地带；主要以昆虫、草籽等为食；繁殖期为 5 ～ 7 月，每窝产卵 3 ～ 4 枚。

地理分布：国内 4 个亚种，留鸟。指名亚种（*L. l. lutea*）分布于陕西南部、甘肃南部、四川、河南南部和福建等；喜马拉雅亚种（*L. l. kwantungensis*）分布于云南南部、广西；云南亚种（*L. l. yunnanensis*）分布于云南西部；尼泊尔亚种（*L. l. calipyga*）分布于西藏东南部。秦岭地区分布指名亚种于甘肃陇南山地、陕西秦岭南北坡、河南董寨保护区。

种群数量：常见但因非法捕捉严重，呈下降趋势。

保护措施：近危 / CSRL；无危 / IRL；Ⅱ / CITES；未列入 / PWL，CRDB。

◎ 红嘴相思鸟 – 廖小青　摄

◎ 红嘴相思鸟 – 廖小青　摄

◎ 红嘴相思鸟 – 齐晓光　摄

436. 淡绿鹀鹛 Green Shrike-Babbler（*Pteruthius xanthochlorus*）

鉴别特征：体小（12 cm）的橄榄绿色鹀鹛。看似柳莺但体型粗壮且动作不灵活，嘴粗厚。眼圈白，喉及胸偏灰，腹部、臀及翼线黄色。初级覆羽灰，具浅色翼斑。虹膜灰褐，嘴蓝灰，嘴端黑色，脚灰色。

◎ 淡绿鹀鹛 – 廖小青　摄

生态习性：栖息于 1 000 ～ 3 600 m 的阔叶林、混交林和亚高山针叶林，常与山雀、鹀及柳莺混群。生态学资料较为缺乏。

地理分布：国内 3 个亚种，均为留鸟。指名亚种（*P. x. xanthochlorus*）分布于西藏东南部；西南亚种（*P. x. pallidus*）分布于云南西部、四川、甘肃东南部及陕西南部；福建亚种（*P. x. obscurus*）分布于福建西北部、江西、浙江。秦岭地区分布西南亚种分布于甘肃文县；陕西眉县、周至、西乡、城固、佛坪、宁陕、太白、长安。

种群数量：不常见。

保护措施：无危 / CSRL；未列入 / IRL，PWL，CITES，CRDB。

◎ 淡绿鹀鹛 – 于晓平　摄

◎ 红翅鸥鹛（雄）– 李利伟　摄

437. 红翅鸥鹛 White-browed Shrike-Babbler （*Pteruthius flaviscapis*）

鉴别特征： 中等体型（17 cm）的鸥鹛。雄鸟头黑、眉纹白，上体灰色而尾黑，两翼黑，初级飞羽端白，三级飞羽金黄至橘黄，下体灰白；雌鸟色暗，下体皮黄，头近灰，翼上少鲜艳色彩。虹膜灰蓝，上嘴蓝黑，下嘴灰，脚粉白。

生态习性： 栖息于海拔 350 ~ 2 440 m 的山区森林。成对或成群在树冠部捕食昆虫。繁殖生物学等资料缺乏。

地理分布： 国内有 4 个亚种，均为留鸟。西藏亚种（*P. f. validirostris*）分布于西藏东南部、云南西北部；海南亚种（*P. f. lingshuiensis*）分布于海南岛；云南亚种（*P. f. yunnanensis*）分布于云南东北、四川、贵州等；华南亚种（*P. f. ricketti*）分布于华中、东南。秦岭地区仅记录于甘肃文县（可能夏候鸟，亚种不详）（张立勋等，2006）。

种群数量： 不常见。

保护措施： 无危 / CSRL；未列入 / IRL，PWL，CITES，CRDB。

438. 白领凤鹛 White-collared Yuhina （*Yuhina diademata*）

鉴别特征：体大（17 cm）的烟褐色凤鹛。具蓬松的羽冠，颈后白色大斑块与白色宽眼圈及后眉线相接，颏及眼先黑色，飞羽黑而羽缘近白，下腹部白色。虹膜偏红，嘴近黑，脚粉红。

◎ 白领凤鹛 – 廖小青　摄

生态习性：栖息于 1 100 ～ 3 600 m 的常绿林、混交林及其林缘疏林灌丛中；常在树冠层枝叶间、高的灌木与竹丛上或林下草丛中活动；主要以昆虫和植物果实与种子为食；繁殖期 5 ～ 9 月，窝卵数 3 ～ 4 枚。

地理分布：中国特有种。国内 2 个亚种，均为留鸟。指名亚种（*Y. d. diademata*）分布于甘肃南部（天水、武山、文县）、陕西南部（周至、洋县、佛坪、太白、凤县、石泉、宁陕、汉阴）、四川、湖北西部、贵州及云南；云南亚种（*Y. d. ampelina*）分布于云南。

种群数量：较常见。

保护措施：无危 / CSRL；未列入 / IRL，PWL，CITES，CRDB。

◎ 白领凤鹛 – 于晓平　摄

◎ 纹喉凤鹛 – 聂延秋　摄

439. 纹喉凤鹛 Stripe-throated Yuhina （*Yuhina gularis*）

鉴别特征：体型略大（15 cm）的暗褐色凤鹛。羽冠突显，偏粉的皮黄色喉上有黑色细纹，翼黑而带橙棕色细纹。下体余部暗棕黄色。虹膜褐色，上嘴色深、下嘴偏红，脚橘黄。

生态习性：栖息于 1 100 ～ 3 100 m 的常绿林、混交林及其林缘疏林灌丛；主要以花、花蜜、果实、种子等为食，也吃昆虫和昆虫幼虫。繁殖资料缺乏。

地理分布：国内 2 个亚种，均为留鸟。指名亚种（*Y. g. gularis*）分布于西藏南部及东南部、云南西部及南部；峨眉亚种（*Y. g. omeiensis*）分布于云南西北部、陕西南部、四川西南部。秦岭地区仅记录于陕西宁强青木川。

种群数量：不常见。

保护措施：无危 / CSRL；未列入 / IRL，PWL，CITES，CRDB。

440. 栗耳凤鹛 Striated Yuhina（*Yuhina castaniceps*）

鉴别特征： 中等体型（13 cm）的凤鹛。上体偏灰，下体近白，特征为栗色的脸颊延伸成后颈圈。具短羽冠，上体白色羽轴形成细小纵纹。尾深褐灰，羽缘白色。虹膜褐色；嘴红褐，嘴端色深；脚粉红。

生态习性： 栖息于 400～2 000 m 的阔叶林、灌丛的中上层，繁殖季节成对活动，非繁殖季节常集群活动，飞行能力较差；主要取食果实、花蕊、草籽，兼食昆虫。繁殖资料缺乏。

地理分布： 国内 2 个亚种，均为留鸟。华南亚种（*Y. c. torqueola*）分布于陕西南部、云南东南部、四川、浙江等地；滇西亚种（*Y. c. plumeiceps*）分布于云南西北部、西部及西藏的东南部。秦岭地区记录于陕西秦岭洋县（华阳），北坡西安（长安区）也曾发现 4 月活动的小群体。

种群数量： 常见。

保护措施： 无危 / CSRL；未列入 / IRL，PWL，CITES，CRDB。

◎ 栗耳凤鹛 – 于晓平　摄

◎ 栗耳凤鹛 – 廖小青　摄

◎ 黑颏凤鹛 – 廖小凤　摄

441. 黑颏凤鹛 Black-chinned Yuhina（*Yuhina nigrimenta*）

　　鉴别特征：体小（11 cm）的偏灰色凤鹛。羽冠形短，头灰，上体橄榄灰，下体偏白。特征为额、眼先及颏上部黑色。虹膜褐色，上嘴黑、下嘴红，脚橘黄。

　　生态习性：性活泼而喜结群，夏季多见于海拔 530 ～ 2 300 m 的山区森林、过伐林及次生灌丛的树冠层中，但冬季可下至海拔 300 m；有时与其他种类结成大群。繁殖资料缺乏。

　　地理分布：国内 2 个亚种，均为留鸟。西南亚种（*Y. n. intermedia*）分布于西藏东南部、四川、湖北、陕西南部、湖南；东南亚种（*Y. n. pallida*）分布于浙江、福建、广西。秦岭地区记录于洋县、西乡。

　　种群数量：不常见。

　　保护措施：无危 / CSRL；未列入 / IRL，PWL，CITES，CRDB。

442. 金胸雀鹛 Golden-breasted Fulvetta（*Alcippe chrysotis*）

鉴别特征： 体型略小（11 cm）且色彩鲜艳的雀鹛。具特征性图纹，下体黄色，喉色深；头偏黑，耳羽灰白，白色的顶纹延伸至上背。上体橄榄灰色。两翼及尾近黑，飞羽及尾羽有黄色羽缘，三级飞羽羽端白色。虹膜淡褐，嘴灰蓝，脚偏粉。

生态习性： 栖于 1 000 ～ 2 600 m 的混合林、杜鹃林及桧树丛，藏隐于林下，典型的群栖型雀鹛。繁殖资料缺乏。

地理分布： 国内 3 个亚种，均为留鸟。西南亚种（*A. c. swinhoii*）分布于甘肃南部（文县）、陕西南部（洋县、佛坪、宁陕、石泉、安康、西乡、周至、太白、白河、宁强）、四川、广西西北部、贵州及云南东北部；滇东亚种（*A. c. amoena*）分布于云南东南部；滇西亚种（*A. c. forresti*）分布于云南西部及西北部。

种群数量： 不甚常见。

保护措施： 无危 / CSRL；未列入 / IRL，PWL，CITES，CRDB。

◎ 金胸雀鹛 – 李夏　摄

◎ 金胸雀鹛 – 廖小凤　摄

◎棕头雀鹛 – 廖小凤　摄

443. 棕头雀鹛 Spectacled Fulvetta（*Alcippe ruficapilla*）

鉴别特征： 中等体型（11.5 cm）的褐色雀鹛。顶冠棕色，并有黑色的边纹延至颈背。眉纹色浅而模糊，眼先暗黑而与白色眼圈成对比，喉近白而微具纵纹。下体余部酒红色，腹中心偏白；上体灰褐而渐变为腰部的偏红色。覆羽羽缘赤褐，初级飞羽羽缘浅灰成浅色翼纹，尾褐色。虹膜褐色，上嘴角质色、下嘴色浅，脚偏粉。

生态习性： 主要栖息于常绿阔叶林、针阔叶混交林、针叶林和林缘灌丛中，有时也见于农田和村寨附近山坡灌丛中，在陕西秦岭地区，则栖息于海拔 1 000 ~ 1 300 m 的山坡灌丛；主要以昆虫、植物果实和种子等为食；繁殖资料缺乏。

◎ 棕头雀鹛 – 沈越　摄

地理分布： 国内 3 个亚种，均为留鸟。指名亚种（*A. r. ruficapilla*）分布于甘肃南部（天水、文县、舟曲）、陕西南部（周至、洋县、佛坪、太白、石泉）及四川；西南亚种（*A. r. sordidior*）分布于云南西部、中部及北部、四川西南部及贵州西部；云贵亚种（*A. r. danisi*）分布于云南东南部及贵州西南部。

种群数量： 不常见。

保护措施： 无危 / CSRL；未列入 / IRL，PWL，CITES，CRDB。

444. 褐头雀鹛 Streak-throated Fulvetta （*Alcippe cinereiceps*）

鉴别特征: 中等体型（12 cm）的褐色雀鹛。喉粉灰而具暗黑色纵纹，胸中央白色，两侧粉褐至栗色。初级飞羽羽缘白、黑而后棕色形成多彩翼纹。与棕头雀鹛的区别在头侧近灰，无眉纹及眼圈，喉及胸沾灰，具黑白色翼纹。各亚种顶冠的色彩不一。虹膜黄至粉红，嘴黑色（雄鸟）、褐色（雌鸟），脚灰褐。

生态习性: 栖息于 1 500 ～ 3 400 m 的混交林、针叶林和高山灌丛；主要以昆虫、植物果实和种子等为食。繁殖资料缺乏。

地理分布: 中国 8 个亚种，分布广泛的留鸟。指名亚种（*A. c. cinereiceps*）见于四川、贵州西部及云南东北部；滇西亚种（*A. c. manipurensis*）见于云南西部；甘肃亚种（*A. c. fessa*）见于甘肃（天水、兰州、舟曲、卓尼、玛曲）、陕西南部（周至、太白、西乡、白河、宁强）及宁夏（六盘山）；藏南亚种（*A. c. ludlowi*）见于西藏南部；华中亚种（*A. c. fucata*）见于贵州东北部及湖北西部；湖南亚种（*A. c. berliozi*）见于湖南南部；东南亚种（*A. c. guttaticollis*）见于广东北部及福建西北部（武夷山）；台湾亚种（*A. c. formosana*）见于台湾。

种群数量: 常见。

保护措施: 无危 / CSRL；未列入 / IRL，PWL，CITES，CRDB。

◎ 褐头雀鹛 – 田宁朝　摄

◎ 灰眶雀鹛 – 廖小青　摄

445. 灰眶雀鹛 Grey-cheeked Fulvetta（*Alcippe morrisonia*）

鉴别特征：体型略大（14 cm）的喧闹而好奇的群栖型雀鹛。上体褐色，头灰，下体灰皮黄色。具明显的白色眼圈，深色侧冠纹从显著至几乎缺乏。与褐头雀鹛的区别在下体偏白，脸颊多灰色且眼圈白色。虹膜红色，嘴灰色，脚偏粉。

生态习性：栖息于亚热带或热带的湿润低地林、疏灌丛和湿润山地林。繁殖资料缺乏。

地理分布：国内 7 个亚种，分布广泛的留鸟。滇西亚种（*A. m. yunnanensis*）分布于西藏东南部及云南西北部；云南亚种（*A .m. fraterculus*）分布于云南西南部；滇东亚种（*A. m. schaefferi*）分布

◎ 灰眶雀鹛 – 于晓平　摄

于云南东南部；海南亚种（*A. m. rufescentior*）分布于海南岛；指名亚种（*A. m. morrisonia*）分布于台湾；东南亚种（*A. m. hueti*）分布于广东至安徽；湖北亚种（*A. m. davidi*）分布于湖北西部至四川。秦岭地区分布湖北亚种于甘肃天水、文县、莲花山；陕西佛坪、洋县、周至、西乡、城固、宁强、白河。

种群数量：常见。

保护措施：无危 / CSRL；未列入 / IRL，PWL，CITES，CRDB。

446. 褐顶雀鹛 Dusky Fulvetta （*Alcippe brunnea*）

鉴别特征：体型略大（13 cm）的褐色雀鹛。顶冠棕褐，似棕喉雀鹛但无棕色项纹且前额黄褐色。下体皮黄，与栗头雀鹛的区别在两翼纯褐色。虹膜浅褐或黄红色，嘴深褐，脚粉红。

生态习性：栖于海拔 400～1 830 m 的常绿林及落叶林的灌丛层。繁殖资料缺乏。

地理分布：中国 5 个亚种，分布广泛的留鸟。指名亚种（*A. b. brunnea*）分布于台湾；四川亚种（*A. b.weigoldi*）分布于四川、甘肃文县；湖北亚种（*A. b. olivacea*）分布于陕西南部（佛坪、汉台、白河、西乡）、湖北西部、四川东部、贵州北部及云南东北部；华南亚种（*A. b. superciliaris*）分布于华南及东南；海南亚种（*A. b. arguta*）分布于海南岛。

种群数量：常见。

保护措施：无危 / CSRL；未列入 / IRL，PWL，CITES，CRDB。

◎ 褐顶雀鹛 – 于晓平　摄

◎ 褐顶雀鹛 – 陶春荣　摄

447. 中华雀鹛（高山雀鹛） Chinese Fulvetta （*Alcippe striaticollis*）

鉴别特征：中等体型（12 cm）的灰色雀鹛。眼白色，喉近白而具褐色纵纹。上体灰褐，头顶及上背略具深色纵纹，下体浅灰。眼先略黑，脸颊浅褐。两翼棕褐，初级飞羽羽缘白色成浅色翼纹。虹膜近白，嘴角质褐色，脚褐色。

生态习性：栖息在海拔 2 800～4 100 m 的树林、灌丛中，主要以植物种子和昆虫为食。繁殖资料缺乏。

地理分布：无亚种分化。留鸟见于甘肃南部、青海东南部、四川西部、云南西北部、西藏东南部。秦岭地区见于甘肃文县、舟曲；陕西周至、宁陕。

种群数量：不常见。

保护措施：无危 / CSRL；未列入 / IRL，PWL，CITES，CRDB。

◎ 中华雀鹛 – 肖克坚　摄

◎ 栗头雀鹛 – 李飏　摄

448. 栗头雀鹛 Rufous-winged Fulvetta（*Alcippe castaneceps*）

鉴别特征：中等体型（11.5 cm）的褐色雀鹛。头及翼上图纹特别——眉纹脸颊的细纹白色；眼后的眼纹及狭窄的髭纹黑色；顶冠棕色，浅色的羽轴成细纹；初级飞羽羽缘棕色，覆羽黑。下体白，两胁皮黄。虹膜褐色，嘴角质褐，脚橄榄褐。

生态习性：性喜吵闹，一般结群活动于海拔 1 800 ～ 3 000 m 的常绿林林下植被，多近山溪。繁殖资料缺乏。

地理分布：国内 2 个亚种。指名亚种（*A. c. castaneceps*）分布于西藏、云南等地；云南亚种（*A. c. exul*）分布于云南。前者在秦岭地区仅记录于甘肃文县。

种群数量：不甚常见。

保护措施：无危 / CSRL；未列入 / IRL，PWL，CITES，CRDB。

（五十七）鸦雀科 Paradoxornithidae

喙型短而特厚，嘴峰呈圆拱形。鼻小而全被细羽遮盖；翼短而圆，尾楔形，体羽丰满而软柔；跗跖及趾、爪等均强壮，雌雄同色，幼鸟与成鸟也很相似；性好群栖，常结群匿栖或穿梭在芦苇、灌木丛及矮林间，飞行仅短距离；食物以昆虫为主，兼吃植物种子。秦岭地区 8 种。

449. 红嘴鸦雀 Great Parrotbill （*Conostoma oemodium*）

鉴别特征：体型甚大（28 cm）的褐色鸦雀。特征为具强有力的圆锥形嘴，额灰白色，眼先深褐，下体浅灰褐。虹膜黄色，嘴黄色，脚绿黄色。

生态习性：栖于亚高山森林、竹林及杜鹃灌丛。夏季栖息于 2 700 ～ 3 660 m 茂密山林中的矮竹丛、杜鹃下层，冬季下降到海拔 1 220 m 左右；繁殖期 4 ～ 7 月，窝卵数多为 3 枚。

地理分布：无亚种分化。仅分布在甘肃南部（文县白水江）、陕西南部（洋县、佛坪、周至、西乡、太白）、四川、云南西北部及西藏南部。

种群数量：不常见。

保护措施：无危 / CSRL；未列入 / IRL，PWL，CITES，CRDB。

◎ 红嘴鸦雀 – 赵纳勋　摄

◎ 三趾鸦雀 – 赵纳勋　摄

450. 三趾鸦雀 Three-toed Parrotbill（*Paradoxornis paradoxus*）

鉴别特征：体型略大（23 cm）的橄榄灰色鸦雀。冠羽蓬松，白色眼圈明显，颏、眼先及宽眉纹深褐色。初级飞羽羽缘近白，拢翼时成浅色斑块。虹膜近白，嘴橙黄，脚褐色。

生态习性：结小群栖于 1 600 ～ 3 600 m 的阔叶林、混交林及针叶林；繁殖期 5 ～ 7 月，窝卵数 3 ～ 4 枚。

地理分布：中国特有种。国内 2 个亚种，均为留鸟。指名亚种（*P. p. paradoxus*）分布于甘肃天水、卓尼、舟曲、迭部；太白亚种（*P. p. taipaiensis*）分布于陕西周至、洋县、佛坪、太白、汉阴、安康。

种群数量：不常见，数量不详。

保护措施：近危 / CSRL；无危 / IRL；未列入 / PWL，CITES，CRDB。

◎ 白眶鸦雀 – 廖小青　摄

451. 白眶鸦雀 Spectacled Parrotbill（*Paradoxornis conspicillatus*）

鉴别特征：体小（14 cm）的鸦雀。顶冠及颈背栗褐色，白色眼圈明显。上体橄榄褐色，下体粉褐。喉具模糊的纵纹。虹膜褐色，嘴黄色，脚近黄。

生态习性：主要栖息于 1 300 ～ 2 900 m 的山地竹林及灌丛中；性活泼，结小群藏隐于竹林层；繁殖生物学资料缺乏。

地理分布：中国特有种。国内 2 个亚种，均为留鸟。指名亚种（*P. c. conspicillatus*）分布于陕西南部（周至、洋县、佛坪、太白、凤县、西乡、白河）、甘肃（天水、榆中、康县、卓尼、迭部）、宁夏、四川、青海东北部；湖北亚种（*P. c. rocki*）分布于湖北西部和西南部。

种群数量：不常见。

保护措施：无危 / CSRL；未列入 / IRL，PWL，CITES，CRDB。

452. 棕头鸦雀 Vinous-throated Parrotbill（*Paradoxornis webbianus*）

鉴别特征： 纤小（12 cm）玲珑的粉褐色鸦雀。头顶及两翼栗褐色，喉部微具细纹。虹膜褐色，嘴灰褐而端部色浅，脚粉灰。

生态习性： 主要栖息于林缘灌丛，疏林草坡、竹丛、矮树丛和高草丛中，冬季多下到山脚和平原的地边灌丛、苗圃和芦苇沼泽中活动，甚至出现于城镇公园；主要以昆虫为食，也吃植物果实与种子等；繁殖期 4～8 月，年繁殖 1～2 窝，窝卵数 4～5 枚。

地理分布： 中国 5 个亚种，均为留鸟。东北亚种（*P. w. mantschuricus*）分布于黑龙江、吉林、辽宁、河北；河北亚种（*P. w. fulvicauda*）分布于河北东北部、北京、天津、河南北部；指名亚种（*P. w. webbianus*）分布于江苏、上海、浙江；长江亚种（*P. w. suffusus*）分布于包括陕西在内的华中、华东、华南及东南的大部分地区；台湾亚种（*P. w. bulomachus*）分布于台湾。秦岭地区分布长江亚种于甘肃文县、康县、天水、迭部、舟曲；陕西秦岭南北坡各县；河南董寨、伏牛山、桐柏山（河北亚种？）、信阳。

种群数量： 极常见。

保护措施： 无危 / CSRL；未列入 / IRL，PWL，CITES，CRDB。

◎ 棕头鸦雀 – 于晓平　摄

◎ 棕头鸦雀（初生幼鸟）– 李飏　摄

◎ 棕头鸦雀 – 于晓平　摄

◎ 金色鸦雀 – 韦铭　摄

453. 金色鸦雀 Golden Parrotbill （*Paradoxornis verreauxi*）

鉴别特征：体小（11.5 cm）的赭黄色鸦雀。喉黑，头顶、翼斑及尾羽羽缘橘黄色。虹膜深褐，上嘴灰色、下嘴带粉色，脚带粉色。

生态习性：结小群栖于 1 000～3 000 m 山区常绿林、灌丛及竹林丛。繁殖生物学资料缺乏。

地理分布：国内 4 个亚种，均为留鸟。指名亚种（*P. v. verreauxi*）分布于陕西南部、湖北、四川及云南东北部；瑶山亚种（*P. v. craddocki*）分布于广西北部、云南南部；挂墩亚种（*P. v. pallidus*）分布于贵州、湖南南部、广东北部及福建西北部；台湾亚种（*P. v. morrisonianus*）分布于台湾。秦岭地区仅记录于陕西佛坪（旅鸟）。

种群数量：不常见。

保护措施：无危 / CSRL；未列入 / IRL，PWL，CITES，CRDB。

注：由黑喉鸦雀（*P. nipalensis*）的四川亚种（*P. n. verreauxi*）提升的种，并将原来黑喉鸦雀所述的其中 4 个亚种归入该种之下。

454. 黄额鸦雀 Fulvous Parrotbill （*Paradoxornis fulvifrons*）

鉴别特征： 体小（12 cm）的红褐色鸦雀。头侧具偏灰的深色侧冠纹和明显的翼上图纹，棕色翼斑与白色的初级飞羽羽缘成对比。尾长呈深黄褐色，羽缘棕色。颈侧的白色多少不一。虹膜红褐，嘴角质粉红，脚褐色至铅色。

生态习性： 栖于海拔 1 700 ～ 3 500 m 的混合林地及云杉、桦树林或竹林丛；繁殖期 5 ～ 7 月，窝卵数 2 ～ 4 枚。

地理分布： 国内 3 个亚种，均为留鸟。藏南亚种（*P. f. chayulensis*）分布于西藏南部及东南部；西南亚种（*P. f. albifacies*）分布于云南西部及西北部、四川西南部；秦岭亚种（*P. f. cyanophrys*）分布于陕西南部（佛坪、太白、周至、宁强）及四川。

种群数量： 不常见。

保护措施： 无危 / CSRL；未列入 / IRL，PWL，CITES，CRDB。

◎ 黄额鸦雀 – 向定乾　摄

455. 点胸鸦雀 Spot-breasted Parrotbill（*Paradoxornis guttaticollis*）

鉴别特征：体大（18 cm）而有特色的鸦雀。特征为胸上具深色的倒"V"字形细纹。头顶及颈背赤褐，耳羽后端有显眼的黑色块斑。上体余部暗红褐色，下体皮黄色。虹膜褐色，嘴橘黄，脚蓝灰。

生态习性：栖于中等海拔的灌丛、次生植被及高草丛。繁殖生物学资料缺乏。

地理分布：无亚种分化。留鸟见于陕西南部、云南西部和西北部、四川西部、福建、广东北部。秦岭地区记录于陕西周至、洋县、佛坪、西乡。

种群数量：常见。

保护措施：无危 / CSRL；未列入 / IRL，PWL，CITES，CRDB。

◎ 点胸鸦雀 – 于晓平　摄

◎ 灰冠鸦雀 – 李利伟　摄

456. 灰冠鸦雀 Grey-headed Parrotbill（*Paradoxornis przewalskii*）

　　鉴别特征：体大（18 cm）的褐色鸦雀。头灰色，嘴橘黄，头侧有黑色长条纹，喉中心黑色。下体余部白色。虹膜红褐，嘴橘黄，脚灰色。

　　生态习性：栖于 2 400 ～ 3 000 m 的落叶松林、灌草丛中，吵嚷成群；主要以昆虫为食。繁殖生物学目前仅有关于其巢及巢址生境的报道（李晟等，2014）。

　　地理分布：中国中、北部特有种，无亚种分化。繁殖于甘肃南部、四川西北部。秦岭地区记录于甘肃卓尼、舟曲。

　　种群数量：罕见，数量不详。

　　保护措施：易危 / CSRL，IRL；稀有 / CRDB；未列入 / PWL，CITES。

（五十八）扇尾莺科 Cisticolidae

　　小型鸣禽。喙细尖，有两个短的嘴须，无副须，头前光滑；尾羽通常宽而较短，末端可能色浅，冬季明显长于夏季，有较大变异；栖居于草原、多刺灌木丛以及沼泽地。秦岭地区 4 种。

457. 棕扇尾莺 Zitting Cisticola（*Cisticola juncidis*）

　　鉴别特征：体小（10 cm）而具褐色纵纹的莺。腰黄褐色，尾端白色清晰。与非繁殖期的金头扇尾莺的区别在于白色眉纹较颈侧及颈背明显为浅。虹膜褐色，嘴褐色，脚粉红至近红色。

　　生态习性：栖息于海拔 1 200 m 以下开阔草地、稻田及甘蔗地；繁殖期 5 ～ 7 月，窝卵数 4 ～ 5 枚。

　　地理分布：国内仅有普通亚种（*C. j. tinnabulans*）繁殖于华中及华东，越冬至华南及东南。秦岭地区见于甘肃文县（留鸟）；陕西洋县、佛坪、太白、宁强（夏候鸟或留鸟）；河南董寨（夏候鸟）。

　　种群数量：不常见。

　　保护措施：无危 / CSRL；未列入 / IRL，PWL，CITES，CRDB。

◎ 棕扇尾莺（当年幼鸟）– 廖小青　摄

◎ 棕扇尾莺 – 李飏　摄

◎ 山鹪莺 – 于晓平　摄

458. 山鹪莺 Striated Prinia（*Prinia crinigera*）

　　鉴别特征：体型略大（16.5 cm）而具深褐色纵纹的鹪莺。具形长的凸形尾。上体灰褐并具黑色及深褐色纵纹；下体偏白，两胁、胸及尾下覆羽沾茶黄，胸部黑色纵纹明显。非繁殖期褐色较重，胸部黑色较少，顶冠具皮黄色和黑色细纹。虹膜浅褐，嘴黑（冬季褐色），脚偏粉色。

　　生态习性：高可至海拔 3 100 m。多栖于高草丛及灌丛，常在耕地边活动；繁殖期 5 ～ 7 月，窝卵数 4 ～ 5 枚。

　　地理分布：中国有 5 个亚种，均为留鸟。指名亚种（*P. c. crinigera*）分布于西藏东南部；西南亚种（*P. c. catharia*）分布于西南；滇东亚种（*P. c. parvirostris*）分布于云南东南部；华南亚种（*P. c. parumstriata*）分布于华南及东南；台湾亚种（*P. c. striata*）分布于台湾。西南亚种分布于甘肃文县；陕西佛坪、宁陕、太白、西乡、石泉；河南董寨。

　　种群数量：常见。

　　保护措施：无危 / CSRL；未列入 / IRL，PWL，CITES，CRDB。

459. 纯色山鹪莺 Plain Prinia（*Prinia inornata*）

鉴别特征：体型略大（15 cm）而尾长的偏棕色鹪莺。眉纹色浅，上体暗灰褐、下体淡皮黄色至偏红，背色较浅且较褐山鹪莺色单纯。虹膜浅褐，嘴近黑，脚粉红。

生态习性：栖于 1 500 m 以下的高草丛、芦苇地、沼泽、玉米地及稻田；有几分傲气而活泼的鸟，结小群活动，常于树上、草茎间或在飞行时鸣叫；4～6 月繁殖，窝卵数 4～6 枚。

地理分布：中国 2 个亚种，均为留鸟。华南亚种（*P. i. extensicauda*）分布于华中、西南、华南、东南及海南岛；台湾亚种（*P. i. flavirostris*）分布于台湾。前者在秦岭地区记录于陕西商州（陕西鸟类新纪录，于晓平未发表）；河南桐柏山。

种群数量：不常见。

保护措施：无危 / CSRL；未列入 / IRL，PWL，CITES，CRDB。

◎ 纯色山鹪莺（繁殖羽）– 李飏　摄

◎ 纯色山鹪莺 – 于晓平　摄

◎ 纯色山鹪莺 – 廖小青　摄

◎ 山鹛 – 王中强　摄

460. 山鹛 White-browed Chinese Warb（*Rhopophilus pekinensis*）

鉴别特征：体大（17 cm）而尾长的具褐色纵纹的莺。眉纹偏灰，髭纹近黑。上体烟褐色而密布近黑色纵纹，外侧尾羽羽缘白色，颏、喉及胸白；下体余部白，两胁及腹部具醒目的栗色纵纹，有时沾黄褐。虹膜褐色，嘴角质色，脚黄褐色。

生态习性：栖息于低山疏林林缘、矮灌丛或多岩石山地灌丛中；主要以昆虫为食；繁殖期4～6月，窝卵数4～5枚。

地理分布：中国特有种。国内3个亚种，均为留鸟。指名亚种（*R. p. pekinensis*）分布于辽宁南部西至宁夏贺兰山的黄河河谷地；甘肃亚种（*R. p. leptorhynchus*）由陕西至甘肃；新疆亚种（*R. p. albosuperciliaris*）从青海及内蒙古西部至新疆西

◎ 山鹛（卵）– 王中强　摄

部的喀什地区。秦岭地区有甘肃亚种于甘肃兰州；陕西眉县、周至、西安、太白、洋县；指名亚种见于河南董寨。

种群数量：较为常见但有衰减趋势，数量不详。

保护措施：近危 / CSRL；无危 / IRL；未列入 / PWL，CITES，CRDB。

（五十九）莺科 Sylviidae

小型鸣禽。喙较细，边缘光滑；两翼短圆；跗跖细而短，前缘具靴状鳞；生活于耕田、沼泽、草地、灌丛及森林等各种环境，以昆虫为食；鸣声尖细而清晰；是秦岭地区雀形目第二大科，种类多达 47 种。

461. 远东树莺 Manchurian Bush Warbler（*Cettia canturians*）

鉴别特征： 大型（♂ 17 cm，♀ 15 cm）树莺。上体棕褐色，前额至头顶为较鲜亮的红褐色，眉纹淡皮黄色，贯眼纹深褐色，飞羽外翈与背同为棕褐色（*borealis* 亚种背部为橄榄褐色），尾羽较长与飞羽同色。下体污白。虹膜褐色，喙较短翅树莺为粗（雄鸟尤甚），上嘴褐色，下嘴灰褐色，基部肉色，脚肉色沾灰。

◎ 远东树莺 – 李夏　摄

生态习性： 4 月初起见于秦岭南北坡，栖息于海拔约 1 100 m 的阔叶林和灌丛，尤喜林缘；常单独或成对活动，叫声洪亮，性隐蔽，偶见停歇于灌木顶端；仅知其营巢于灌草丛的中下部，窝卵数及雏鸟情况不详。

地理分布： 国内有 2 个亚种。指名亚种（*C. c. canturians*）夏候鸟见于陕西（太白、周至、西安、洋县、汉中、留坝、佛坪、宁陕、汉阴）、甘肃（文县）、河南（桐柏）、山西、浙江、重庆、四川、湖北、湖南、安徽，迁徙或越冬于云南、四川、贵州、广东、海南、福建、台湾；东北亚种（*C. c. borealis*）见于我国华北、华东、华南。

种群数量： 较常见。

保护措施： 无危 / CSRL；未列入 / IRL，PWL，CITES，CRDB。

注： 该物种目前在秦岭北坡、关中平原夏季较为常见，而且有继续向北扩散的趋势。

◎ 远东树莺 – 于晓平　摄

◎ 强脚树莺 – 于晓平　摄

462. 强脚树莺 Brownish-flanked Bush-Warbler（*Cettia fortipes*）

鉴别特征：体型较小（12 cm）的树莺。上体橄榄褐色，自前向后逐渐转淡，淡黄色眉纹细长而不明晰，贯眼纹暗褐色；下体中央白色，两侧淡棕色。虹膜褐色，嘴褐色，下嘴基部沾黄，脚淡棕色。

生态习性：栖息于海拔 1 000 ~ 2 400 m 的阔叶林树丛和灌丛间，冬季可垂直迁移至平原的果园、茶园、城市绿篱；常不停穿梭于茂密的枝丫间，鸣唱声响亮但难见其影；繁殖期 5 ~ 8 月，窝卵数 4 枚。

地理分布：国内有 3 个亚种，均为留鸟或夏候鸟。华南亚种（*C. f. davidiana*）分布于陕西秦岭（宁陕、西乡、洋县、佛坪、

◎ 强脚树莺 – 田宁朝　摄

留坝、周至、西安）、甘肃南部（文县、天水）、河南（信阳、罗山）、贵州、四川、重庆、云南、河北、湖北、上海、浙江、江西、福建、广东；指名亚种（*C. f. fortipes*）分布于西藏；台湾亚种（*C. f. robustipes*）分布于台湾。

种群数量：常见。

保护措施：无危 / CSRL；未列入 / IRL，PWL，CITES，CRDB。

463. 短翅树莺（日本树莺）Japanese Bush-Warbler（*Cettia diphone*）

鉴别特征：中等体型（15 cm）的橄榄褐色树莺。上体灰褐色或橄榄褐色，头顶即便呈棕褐色也不似远东树莺那般鲜亮，具暗灰色胸带或缺如。喙较远东树莺为细长而色暗，肉色不明显，余部与远东树莺相似。

生态习性：习性与远东树莺相似，但叫声有别；繁殖期 5 ~ 7 月，窝卵数 4 ~ 6 枚。

地理分布：国内有 3 个亚种，旅鸟。巩会生等（2007）报道台湾亚种（*C. b. cantans*）迁徙时经过陕西（周至、洋县、留坝、佛坪、宁陕、太白），冬季见于台湾；琉球亚种（*C. b. riukiuensis*）迁徙期见于江苏；萨哈林亚种（*C. b. sakhalinensi*）迁徙经华北（河南信阳）、华东，越冬于华南。

种群数量：秦岭以往的记录可能与远东树莺相混淆，数量不易估计。

保护措施：无危 / CSRL；未列入 / IRL，PWL，CITES，CRDB。

◎ 短翅树莺 – 薄顺奇　摄

464. 异色树莺 Aberrant Bush-Warbler（*Cettia flavolivacea*）

鉴别特征：中等体型（13.5 cm）的树莺。上体橄榄绿褐色，腰羽绿色，绿黄色的眉纹细而不显著，贯眼纹黑褐色；下体中央污白或沾绿黄色，两侧缀以淡棕色，尾下覆羽淡棕色。虹膜褐色，嘴端部黑褐色而基部肉色，脚暗黄褐色。

生态习性：栖息于海拔 700 ~ 3 600 m 的稠密灌木丛、竹丛、常绿阔叶林和针叶林中，但有垂直迁徙习性，主要取食昆虫。繁殖生物学资料缺乏。

地理分布：国内有 3 个亚种，留鸟。秦岭亚种（*C. f. intricatus*）分布于陕西太白山、山西、四川、云南、山东；指名亚种（*C. f. flavolivacea*）分布于西藏；西南亚种（*C. f. dulcivox*）分布于四川、云南。

种群数量：少见。

保护措施：无危 / CSRL；未列入 / IRL，PWL，CITES，CRDB。

◎ 异色树莺 – 李利伟　摄

◎ 黄腹树莺 – 张玉柱　摄

465. 黄腹树莺 Yellowish-bellied Bush Warbler （*Cettia acanthizoides*）

鉴别特征： 小型（11 cm）的树莺。上体暗褐色，淡黄色眉纹细长，贯眼纹暗褐色，初级飞羽和尾羽外翈棕褐色较鲜亮。颏、喉沾棕，胸和两胁灰橄榄褐色，下体余部淡黄色。虹膜褐色，上嘴褐色、下嘴灰黄色，脚淡棕色。

生态习性： 留鸟，栖息于海拔 1 300～3 750 m 的阔叶林灌丛、竹丛，常单只或三五成群活动，冬季迁移至低海拔活动。繁殖生物学资料缺乏。

地理分布： 国内有 3 个亚种，留鸟。指名亚种（*C. a. acanthizoides*）分布于陕西（城固、洋县、佛坪、太白）、贵州、

◎ 黄腹树莺 – 于晓平　摄

重庆、四川、云南、浙江、杭州、安徽、福建；西藏亚种（*C. a. brunnescens*）分布于西藏；台湾亚种（*C. a. concolor*）分布于台湾。

种群数量： 较少见。

保护措施： 无危 / CSRL；未列入 / IRL，PWL，CITES，CRDB。

◎ 鳞头树莺 – 张海华　摄

466. 鳞头树莺 Asian Stubtail （*Cettia squameiceps*）

鉴别特征：尾极短的小型（10 cm）树莺。上体棕褐色，头顶颜色更深并缀以暗褐色的狭窄鳞纹，淡皮黄色眉纹粗而长，黑褐色贯眼纹在眼后加粗；下体污白，两胁和胸沾棕色。虹膜黑褐色，上嘴褐色、下嘴肉色，脚肉粉色。

生态习性：栖息于海拔 1 000 ～ 1 500 m 的混交林，常单个或成对活动于林下灌丛、草丛、地面、溪岸岩石和倒木旁。繁殖期几乎整天鸣唱不停。

地理分布：单型种。度夏或迁徙经河南伏牛山一带，还见于内蒙古、黑龙江、吉林、辽宁、北京、河北、山东、江苏、浙江、云南、广西、广东、福建、海南、台湾等地。

种群数量：少见。

保护措施：无危 / CSRL；未列入 / IRL，PWL，CITES，CRDB。

467. 斑胸短翅莺Spotted Bush-Warbler（*Locustella thoracicus*）

鉴别特征： 中型（12 cm）的短翅莺。上体暗褐色，眼先黑色，狭长的眉纹灰白色。下体白色，下喉至上胸具灰褐色点斑，腹部中央灰白色。虹膜褐色，嘴黑色，脚灰角质色。

生态习性： 栖息于海拔 360 ～ 4 300 m 的森林灌丛、芦苇丛、灌草丛，单独或成对活动，冬季结小群；活泼但善隐蔽，跳窜在灌丛中；繁殖期 5 ～ 7 月，窝卵数 3 ～ 4 枚。

地理分布： 国内有 3 个亚种。西北亚种（*L. t. przevalskii*）度夏于陕西（太白、西乡、眉县、汉中）、甘肃（舟曲、卓尼、天祝）、青海、四川；东北亚种（*L. t. davidi*）繁殖于河南（罗山），还见于内蒙古、黑龙江、吉林、辽宁、北京、河北、山东；指名亚种（*L. t. thoracicus*）见于四川、云南、西藏。

种群数量： 较常见。

保护措施： 无危 / CSRL；未列入 / IRL，PWL，CITES，CRDB。

◎ 斑胸短翅莺 – 田宁朝　摄

468. 中华短翅莺 Chinese Bush Warbler

（*Locustella tacsanowskius*）

鉴别特征：中等偏大（14 cm）的短翅莺。上体棕褐色，淡黄色眉纹不明显。颏、喉白色沾黄，腹部中央棕白沾柠檬黄，胸和两肋棕褐色，胸有很不明显的暗褐斑点。虹膜褐色，嘴浅色，脚偏粉色。

生态习性：夏季常栖息于海拔 2 800 ～ 3 000 m 的灌丛、草地，胆怯而安静，隐蔽难见，冬季下迁至田野、草地、苇塘；繁殖期 6 ～ 7 月，窝卵数一般 5 枚。

地理分布：单型种。度夏于陕西（西乡），还见于西藏、内蒙古、黑龙江、北京、河北、四川、云南、广西。

种群数量：少见。

保护措施：无危 / CSRL；未列入 / IRL，PWL，CITES，CRDB。

◎ 中华短翅莺 – 向定乾　摄

469. 棕褐短翅莺 Brown Bush-Warbler （*Locustella luteoventris*）

鉴别特征：中等偏大（14 cm）的短翅莺。上体暗棕褐色，淡棕色眉纹自眼后起始。颏、喉、腹灰白或沾棕色，尾下覆羽呈棕褐色。虹膜红褐色或褐色，上嘴黑褐色、下嘴黄白色，脚淡黄白色。

生态习性：栖息于 390 ～ 3 000 m 的常绿阔叶林的林缘灌丛、草丛，冬季下迁至海拔 360 ～ 1 200 m 处；性隐蔽；叫声低微。繁殖期 4 ～ 6 月，窝卵数 3 ～ 5 枚。

地理分布：国内有 2 个亚种。指名亚种（*L. l. luteoventris*）留鸟见于陕西（周至、佛坪、留坝）、甘肃（徽县）、河南（罗山）、贵州、西藏、福建、广东。云南亚种（*L. l. ticehursti*）国内仅见于云南。

种群数量：少见。

保护措施：无危 / CSRL；未列入 / IRL，PWL，CITES，CRDB。

◎ 棕褐短翅莺 – 李利伟　摄

◎ 高山短翅莺 – 田宁朝　摄

470. 高山短翅莺 Russet Bush-Warbler （*Locustella mandelli*）

鉴别特征： 中等偏大（13.5 cm）的短翅莺。上体暗褐色沾棕，皮黄色眉纹不明显，眼先及眼周皮黄色。颏、喉、腹部中央白色，胸缀以灰色或灰褐色，两胁和尾下覆羽橄榄色。有的个体喉部有少许暗色条状斑。尾略长而宽，呈凸形。虹膜褐色，上嘴黑色、下嘴粉色，脚粉色。

生态习性： 栖息于海拔 1 850 ～ 2 500 m 的山地森林林缘，单个或成对隐匿于稠密灌草丛；繁殖期 5 ～ 7 月，窝卵数 2 枚。

地理分布： 国内有 2 个亚种。指名亚种（*L. m. mandelli*）见于陕西南部（宁陕）、云南、四川、贵州；东南亚种（*L. m. melanorhynchus*）留鸟见于江西、浙江、福建、广东、台湾。

种群数量： 较少见。

保护措施： 无危 / CSRL；未列入 / IRL，PWL，CITES，CRDB。

注： 陕西、贵州某些高山短翅莺的记录可能实际上是 2015 年发表的新种"四川短翅莺"。

471. 四川短翅莺 Sichuan Bush Wabler （*Locustella chengi* sp. nov.）

鉴别特征： 与高山短翅莺极为相似，区别在于几无皮黄色眼圈，尾更短，而翅更长，繁殖期时上体和两胁更显灰色，鸣叫是主要区别。

生态习性： 可能为留鸟，与高山短翅莺相似，但四川短翅莺主要栖息在海拔 1 900 m 以下，性极隐秘，从不现身枝头；夏季喜在茶园活动，频繁发出似昆虫的叫声。繁殖资料尚无。

地理分布： 中国鸟类新种，暂未发现亚种分化。2011 年在陕西秦岭北坡眉县红河谷采集到 1 只雄鸟（Alström et al.，2015），还见于四川、湖北、湖南、广州、江西。

种群数量： 少见。

保护措施： 未评估。

注：该种是最新发现的唯一以中国人姓氏命名的鸟类新物种（Alström et al.，2015）。

◎ 四川短翅莺（引自 Alström 等，2015）

◎ 东方大苇莺 – 于晓平　摄

472. 东方大苇莺 Oriental Reed Warbler （*Acrocephalus orientalis*）

鉴别特征：体型偏大（19 cm）的苇莺。上体橄榄褐色，眼先深褐色，眉纹皮黄色；下体乳黄色，颏、喉部棕白色且具棕褐色纵纹，两胁皮黄沾棕。虹膜褐色，上嘴黑褐、下嘴肉红而尖端褐色，脚灰色。

生态习性：隐匿于芦苇地，清晨和午后才攀高站立苇梢，喜不断地大声鸣叫，声如 "ga-ga ji"；繁殖期 5 ～ 7 月，窝卵数 3 ～ 6 枚。

地理分布：单型种。度夏于陕西秦岭南北坡各县、甘肃（兰州、天水）、河南（董寨、桐柏山、伏牛山、信阳）及我国除西藏以外的大部分地区。

◎ 东方大苇莺 – 李飏　摄

种群数量：甚常见。

保护措施：无危 / CSRL；未列入 / IRL，PWL，CITES，CRDB。

注：曾作为大苇莺（*A. arundinaceus*）的普通亚种（*A. a. orientalis*）（郑作新，1987）。

473. 厚嘴苇莺 Thick-billed Warbler（*Acrocephalus aedon*）

鉴别特征：大型（20 cm）的苇莺。相比其他苇莺，嘴明显短而厚。上体橄榄褐色，眼先、眼周皮黄色，无显著眉纹，额羽松散似短羽冠。额、喉部和腹部中央均为白色，胸和两胁淡棕色。虹膜暗褐色，上嘴黑褐色、下嘴黄色，脚灰色。

生态习性：栖息于海拔 800 m 以下的森林、林地及次生灌丛的深暗荆棘丛，行为隐蔽，几乎不光顾芦苇地；繁殖期 5 ～ 8 月，窝卵数 5 ～ 6 枚。

地理分布：国内有 2 个亚种。东北亚种（*A. a. stegmanni*）迁徙经陕西留坝，还见于黑龙江、吉林、辽宁、河北、山东、四川、湖北、湖南、江西、福建、广东、香港、广西。指名亚种（*A. a. aedon*）见于内蒙古、云南、河北。

种群数量：少见。

保护措施：无危 / CSRL；未列入 / IRL，PWL，CITES，CRDB。

◎ 厚嘴苇莺 – 李飏　摄

474. 黑眉苇莺 Black-browed Reed Warbler （*Acrocephalus bistrigiceps*）

鉴别特征：中等偏小（13 cm）的苇莺。上体橄榄棕褐色，贯眼纹棕褐色，眉纹淡黄褐色而具黑褐色上缘，延伸至枕部两侧；下体白色，两胁暗棕色。虹膜暗褐色，嘴黑褐色，下嘴基淡褐色，脚暗褐色。

生态习性：栖息在低山和山脚平原地带的近水草丛和灌丛；繁殖期常站在开阔草地的灌木或蒿草梢上鸣叫，嘈杂的鸣声短促而急；繁殖期 5 ~ 7 月，窝卵数 4 ~ 5 枚。

地理分布：单型种。迁徙经陕西（周至、佛坪）、内蒙古、黑龙江、吉林、辽宁、湖北、北京、长江下游及华南地区。

种群数量：少见。

保护措施：无危 / CSRL；未列入 / IRL，PWL，CITES，CRDB。

◎ 黑眉苇莺 – 张岩　摄

475. 细纹苇莺 Streaked Reed Warbler （*Acrocephalus sorghophilus*）

鉴别特征：中等体型（13 cm）的苇莺。上体赭褐，顶冠及上背具模糊的纵纹；下体皮黄，喉偏白。脸颊近黄，眉纹皮黄而上具黑色的宽纹。比黑眉苇莺上体色淡且纵纹较多，嘴显粗而长。虹膜褐色，上嘴黑、下嘴偏黄，脚粉红。

生态习性：栖息于近水的灌丛、芦苇丛；繁殖期主要以昆虫为食，5 月开始繁殖，窝卵数 5 枚。

地理分布：中国东部特有种，无亚种分化。繁殖于中国东北，迁徙时经过河北、河南南部、陕西南部、甘肃南部、江苏、湖北、福建。

种群数量：稀少，数量不详。

保护措施：易危 / CSRL，IRL；未列入 / PWL，CITES，CRDB。

◎ 细纹苇莺 – 郑秋旸（手绘） 摄

◎ 钝翅苇莺 – 张岩　摄

476. 钝翅苇莺 Blunt-winged Warbler （*Acrocephalus concinens*）

鉴别特征：中等体型（14 cm）的单调棕褐色无纵纹苇莺。两翼短圆，白色的短眉纹几不及眼后。上体深橄榄褐色，腰及尾上覆羽棕色，具深褐色的过眼纹但眉纹上无深色条带；下体白，胸侧、两胁及尾下覆羽沾皮黄。与稻田苇莺及远东苇莺的区别在眉纹较短，且无第二道上眉纹。虹膜褐色，上嘴色深、下嘴色浅，脚偏粉色。

生态习性：栖息于芦苇荡和低山草地。繁殖资料缺乏。

地理分布：单型种。繁殖于河北、陕西，迁徙经过秦岭地区的陕西南部、河南南部（董寨）、甘肃南部以及中国东部地区至华中、华南、西南地区。

种群数量：不常见。

保护措施：无危 / CSRL，未列入 / IRL，PWL，CITES，CRDB。

477. 白喉林莺 Lesser Whitethroat（*Sylvia curruca*）

鉴别特征：体型较小（13.5 cm）的林莺。上体沙褐色，头顶及头侧与背同色或灰色，贯眼纹和耳羽黑褐色；下体白色，胸和两胁缀以淡粉色。虹膜褐色，嘴黑色，脚深褐色。

生态习性：栖息于山麓、林缘、灌丛草坡及荒漠、半荒漠的沙丘灌丛，性隐蔽；繁殖期5～7月，窝卵数4～6枚。

地理分布：国内有2个亚种。青海亚种（*S. c. chuancheica*）繁殖于秦岭西段甘肃（兰州）、新疆、宁夏、陕西北部（迁徙经过陕西秦巴山地）、青海、内蒙古、北京、东北北部；新疆亚种（*S. c. minula*）分布于新疆、甘肃西部、内蒙古。

种群数量：较常见。

保护措施：无危 / CSRL；未列入 / IRL，PWL，CITES，CRDB。

◎ 白喉林莺 – 张岩　摄

◎ 黄腹柳莺 – 于晓平　摄

478. 黄腹柳莺 Tickell's Leaf Warbler （*Phylloscopus affinis*）

鉴别特征：中等体型（10.5 cm）的柳莺。上体橄榄绿褐色，黄色的眉纹长而粗，贯眼纹暗褐色，无冠纹，翅上无翼斑；下体黄色，胸侧沾皮黄，两胁及臀沾橄榄色。外侧三枚尾羽羽端及内侧白色。虹膜褐色，上嘴褐色、下嘴几乎全为黄色，脚黄褐色至黑色。

生态习性：栖息于海拔 1 100 ～ 4 500 m 的林区和农作区灌丛，常单个或 3 ～ 5 只成群活动，跳跃于枝杈间；繁殖期 5 ～ 8 月，窝卵数 3 ～ 5 枚。

地理分布：无亚种分化。见于陕西（太白、宁陕、佛坪、洋县、留坝，夏候鸟）、

◎ 黄腹柳莺 – 廖小青　摄

甘肃（武山、兰州、康县、卓尼、碌曲、迭部、舟曲，夏候鸟）、新疆、内蒙古、西藏、贵州、青海、四川、云南。

种群数量：较常见。

保护措施：无危 / CSRL；未列入 / IRL，PWL，CITES，CRDB。

479. 棕腹柳莺 Buff-throated Warbler （*Phylloscopus subaffinis*）

鉴别特征：中等体型（10.5 cm）的柳莺。形态极似黄腹柳莺，但上体几无绿色调、下体棕黄色、下嘴尖端褐色。

生态习性：栖息于 500 ～ 3 600 m 的阔叶林、针叶林缘的灌丛，其余与黄腹柳莺相似。

地理分布：单型种。陕西（周至、宁陕、太白，夏候鸟）、甘肃（宕昌、卓尼、舟曲、迭部、碌曲，夏候鸟）、河南（董寨、信阳，夏候鸟）、新疆、青海、重庆、四川、贵州、云南、广西、湖北、安徽、福建、广东。

种群数量：较少见。

保护措施：无危 / CSRL；未列入 / IRL，PWL，CITES，CRDB。

◎ 棕腹柳莺 – 田宁朝　摄

◎ 棕腹柳莺（当年幼鸟）– 于晓平　摄

◎ 棕腹柳莺 – 李飏　摄

480. 褐柳莺 Dusky Warbler （*Phylloscopus fuscatus*）

鉴别特征： 中等体型（11 cm）的柳莺。上体橄榄褐色，眉纹前白后沾棕，贯眼纹暗褐色，无冠纹，无翼斑；下体近白，侧面沾棕。虹膜暗褐色，嘴黑褐色，下嘴基部橙黄色，脚淡褐色。

生态习性： 栖息于海拔 350 ～ 4 500 m 的森林、灌丛，尤喜河谷溪边的灌丛，冬季也见于城市绿篱，常在树枝间跳动，发出似 "da-da" 的叫声；繁殖期 5 ～ 7 月，窝卵数 4 ～ 6 枚。

地理分布： 国内有 2 个亚种。指名亚种（*P. f. fuscatus*）迁徙或越冬于陕西（周至、太白、西安、佛坪）、河南（桐柏山）；繁殖于甘肃（天水、兰州、文县、卓尼 ）及全国大部；西南亚种（*P. f. weigoldi*）繁殖于甘肃（卓尼、迭部、舟曲、碌曲）、青海、四川，迁徙经云南、西藏。

种群数量： 不甚常见。

保护措施： 无危 / CSRL；未列入 / IRL，PWL，CITES，CRDB。

◎ 褐柳莺 – 李旸　摄

◎ 棕眉柳莺 – 李飏　摄

481. 棕眉柳莺 Yellow-streaked Warbler （*Phylloscopus armandii*）

鉴别特征：中等偏大（12 cm）的柳莺。上体橄榄褐色，眉纹白色而先端沾棕，褐色贯眼纹延伸至耳羽，无冠纹和翼斑；下体近白，缀以浅淡的绿黄色细纹，尾下覆羽皮黄色，腋羽黄色。虹膜褐色，上嘴褐色、下嘴黄色而远端下缘褐色，脚黄褐色。

生态习性：栖息于 1 000 ～ 2 400 m 的林缘及河谷灌丛，尤喜光顾亚高山云杉林中的柳树及杨树群落；7 ～ 8 月进入育雏期，窝雏数 4 只，其余资料不详。

地理分布：国内有 2 个亚种。指名亚种（*P. a. armandii*）繁殖于陕西（眉县、周至、西安、西乡）、甘肃（武都、徽县、莲花山、卓尼、迭部）、内蒙古、辽宁、北京、西藏、四川、青海，越冬于云南。西南亚种（*P. a. perplexus*）分布于贵州、西藏、四川、云南、湖北。

种群数量：较少见。

保护措施：无危 / CSRL；未列入 / IRL，PWL，CITES，CRDB。

◎ 巨嘴柳莺 – 张岩　摄

482. 巨嘴柳莺 Radde's Warbler （*Phylloscopus schwarzi*）

鉴别特征：中等偏大（12.5 cm）的柳莺。上体橄榄褐色，宽阔的眉纹棕白色而上缘棕黑，冠眼纹深褐，脸侧及耳羽具散布的深色斑点；下体大部为黄色或棕黄色。虹膜褐色，嘴较厚短，嘴黑色而下嘴基部黄褐色，脚黄褐色。

生态习性：栖息于海拔 1 500 m 以下的阔叶林下灌丛、园林草地、低矮果树；常隐匿并取食于地面，看似笨拙沉重，尾及两翼常抽动；繁殖期 5 ～ 7 月，窝卵数 5 枚。

地理分布：单型种。迁徙时经过甘肃（武山）、陕西（佛坪、太白）、北京、河北、河南、山东、山西、江西、浙江、湖北、湖南、贵州、四川、广西、广东、福建、香港。繁殖于黑龙江、内蒙古、辽宁。

种群数量：较少见。

保护措施：无危 / CSRL；未列入 / IRL，PWL，CITES，CRDB。

483. 橙斑翅柳莺 Orange-barred Warbler（*Phylloscopus pulcher*）

鉴别特征： 中等体型（12 cm）的柳莺。上体为较暗的橄榄绿色，头顶暗绿而中央较淡形成不显著的冠纹，飞羽和尾羽外翈边缘黄绿色较艳，两道翼斑橙黄色，最内侧 3 枚飞羽黑褐色而末端有近白色沾黄的斑块，腰黄色。下体灰黄绿色。虹膜黑褐色，嘴黑色，下嘴基暗黄色，脚褐色。

生态习性： 栖息于海拔 2 000 ～ 4 000 m 的高海拔灌丛，尤喜针叶林、杜鹃灌丛，性活泼，常于树枝间飞上飞下；繁殖期 5 ～ 7 月，窝卵数 5 枚。

地理分布： 我国仅有指名亚种（*P. p. pulcher*）留鸟或繁殖鸟分布于陕西（太白、留坝）、甘肃（莲花山）、青海、西藏、四川、云南。

种群数量： 不常见。

保护措施： 无危 / CSRL；未列入 / IRL，PWL，CITES，CRDB。

◎ 橙斑翅柳莺 – 李飏　摄

◎ 橙斑翅柳莺 – 田宁朝　摄

484. 黄眉柳莺 Yellow-browed Warbler （*Phylloscopus inornatus*）

鉴别特征：中等体型（11 cm）的柳莺。上体橄榄绿色，头顶颜色较深，贯以一条模糊的黄绿色冠纹或无，眉纹淡黄白色，贯眼纹暗褐色，两道黄白色翼斑（第一道细短，第二道长而宽），最内 3 枚飞羽外翈黄白色，形成细长白条纹；下体白色稍沾黄绿。虹膜暗褐色，嘴黑色，下嘴基淡黄，脚棕褐色。

生态习性：高可至海拔 4 000 m，栖息于森林、灌丛、田野、果园、庭院、村落等广泛生境；常单独或三五成群活动，迁徙时可集大群；性活泼，常在树枝间翻飞跳窜，不甚惧人；繁殖期 5 ～ 8 月，窝卵数 3 ～ 4 枚。

地理分布：单型种。迁徙时见于除新疆以外各省。秦岭地区见于甘肃武山、玛曲、舟曲（旅鸟）；陕西秦岭南北坡各县（旅鸟）；河南桐柏山、信阳（旅鸟）。

种群数量：较常见。

保护措施：无危 / CSRL；未列入 / IRL，PWL，CITES，CRDB。

注：淡眉柳莺（*P. humei*）曾被置于此种之下，现多认为黄眉柳莺是单型种（马敬能，2000；郑光美，2011）。

◎ 黄眉柳莺 - 李飏　摄

◎ 黄腰柳莺 – 李飏　摄

485. 黄腰柳莺 Yellow-rumped Warbler （*Phylloscopus proregulus*）

鉴别特征：小型（9 cm）而显短圆的柳莺。上体橄榄绿色，头部暗绿色，前额黄绿，中央冠纹黄绿色尤为显著，眉纹柠黄，后端稍白，贯眼纹暗褐色，腰羽黄色。两道翼斑黄白色，最内侧 3 枚飞羽白缘甚宽；下体近白，沾黄绿色。虹膜黑褐色，嘴黑色，基部黄色；脚淡褐色。

生态习性：栖息于海拔 2 900 m 以下的针叶林、针叶阔叶混交林和稀疏的阔叶林，迁徙期间亦可见于庭院、园林；单独或成对活动于树冠层，在枝叶间跳窜觅食；繁殖期 5 ～ 7 月，窝卵数 4 ～ 5 枚。

地理分布：单型种。除西藏外见于各省。秦岭地区见于甘肃天水、兰州、舟曲（夏候鸟）；陕西秦岭南北坡各县（夏候鸟）；河南桐柏山、信阳（夏候鸟）。

种群数量：甚常见。

保护措施：无危 / CSRL；未列入 / IRL，PWL，CITES，CRDB。

◎ 淡黄腰柳莺 – 田宁朝　摄

486. 淡黄腰柳莺 Lemon-rumped Warbler （*Phylloscopus chloronotus*）

鉴别特征: 体型较小（10 cm）的柳莺。其似黄腰柳莺，区别在于本种眉纹、冠纹、腰带的黄色较淡；但图纹明暗界线清晰，嘴几乎全黑。

生态习性: 似黄腰柳莺，繁殖于高山针叶林和针叶阔叶混交林。

地理分布: 单型种。分布于陕西（周至、佛坪、太白，夏候鸟）、甘肃（康县、文县、天水、武山、玛曲、卓尼、碌曲，夏候鸟或旅鸟）、青海、四川、西藏、云南。

种群数量: 少见。

保护措施: 无危 / CSRL；未列入 / IRL，PWL，CITES，CRDB。

注: 曾作为黄腰柳莺（*P. proregulus*）的青藏亚种（*P. p. chloronotus*）。另外，四川柳莺（*P. forresti*）是由此种在中国西部的种群提升而来，故上述分布记录难免混有四川柳莺。

487. 极北柳莺 Arctic Warbler （*Phylloscopus borealis*）

鉴别特征：中等体型（12 cm）而显修长的柳莺。上体灰橄榄绿色，黄白色眉纹显著，无冠纹，至少具一道黄白色大翼斑（小翼斑常因磨蚀而消失），三级飞羽无白缘；下体白色沾黄，尾下覆羽黄色更甚，两胁沾灰。虹膜暗褐色，嘴较粗长、黑褐色，下嘴黄褐色。

生态习性：栖息于 400～1 200 m 的稀疏阔叶林、针叶阔叶混交林及林缘的灌丛，在树叶间觅食；繁殖期 6～8 月，窝卵数 3～6 枚。

地理分布：国内有 2 个亚种。指名亚种（*P. b. borealis*）分布于陕西（周至、西安、佛坪、洋县、留坝，旅鸟）、甘肃（兰州、武山、文县，旅鸟）、河南（董寨、信阳，旅鸟）以及除海南外的各省；勘察加亚种（*P. b. xanthodryas*）迁徙途经山东、江西、广西、福建、四川、台湾。

种群数量：常见。

保护措施：无危 / CSRL；未列入 / IRL，PWL，CITES，CRDB。

注：Alström（2011）将该种的勘察加亚种提升为种 *Phylloscopus xanthodryas*。

◎ 极北柳莺 – 田宁朝　摄

◎ 暗绿柳莺 – 于晓平　摄

488. 暗绿柳莺 Greenish Warbler （*Phylloscopus trochiloides*）

　　鉴别特征: 体型较小(10 cm)的柳莺。上体橄榄绿色，头顶较暗，眉纹黄白色，贯眼纹黑褐色，翅和尾各羽外翈羽缘黄绿色，两道翼斑黄白色，前一道翼斑常不明显；下体白色沾黄，两胁和尾下覆羽尤甚。虹膜褐色，上嘴黑褐色、下嘴淡黄，脚淡褐色或近黑色。

　　生态习性: 栖息于海拔 500 ～ 4 400 m 的针叶林、针叶阔叶混交林、阔叶林及林缘灌丛，繁殖于海拔 1 500 ～ 3 000 m 的高山和高原杉木林、杉木和桦树混交林；性活泼，多在树冠层跳窜；主要以昆虫为食。繁殖生物学资料不详。

◎ 暗绿柳莺（幼鸟）– 李飏　摄

　　地理分布: 国内有 3 个亚种。指名亚种（*P. t. trochiloides*）分布于陕西（太白、周至、佛坪、洋县、留坝、西乡, 夏候鸟）、甘肃（舟曲, 夏候鸟）、内蒙古、西藏、四川、云南、贵州；新疆亚种（*P. t. viridanus*）分布于西江、甘肃（平凉）；青藏亚种（*P. t. obscuratus*）分布于甘肃（榆中、兰州、莲花山、卓尼、碌曲, 夏候鸟或旅鸟）、青海、西藏、四川、云南。

　　种群数量: 较常见。

　　保护措施: 无危 / CSRL；未列入 / IRL，PWL，CITES，CRDB。

489. 白斑尾柳莺 White-tailed Leaf-Warbler（*Phylloscopus davisoni*）

鉴别特征： 中等体型（10.5 cm）的柳莺。上体为较鲜亮的橄榄绿色，暗绿色头顶具或明或隐的绿黄色中央冠纹，眉纹亮黄色，贯眼纹黑褐色，翅缘亮黄绿色，两道翼斑黄色，三级飞羽无白缘，最外侧 1 对尾羽内翈大部分白色或纯白；下体灰白缀以淡黄色细纹。虹膜暗褐色，上嘴黑褐、下嘴黄色（喙端或为褐色），脚浅褐色。

生态习性： 栖息于海拔 600 ～ 3 000 m 的阔叶林和针叶阔叶混交林区，在树冠的枝叶丛中活动；以昆虫及其幼鸟为食，兼食果实和种子；繁殖期 5 ～ 7 月，窝卵数 3 ～ 4 枚。

地理分布： 国内 3 个亚种。指名亚种（*P. d. davisoni*）分布于云南；挂墩亚种（*P. d. ogilviegranti*）分布于福建；西南亚种（*P. d. disturbans*）记录于四川、重庆、贵州、湖南。西南亚种在秦岭记录于陕西周至（夏候鸟）；眉县红河谷（亚种不详）。

种群数量： 少见。

保护措施： 无危 / CSRL；未列入 / IRL，PWL，CITES，CRDB。

注： 有学者（Vaurie，1959；杨岚，2004）认为 *disturbans* 是冠纹柳莺指名亚种（*P. c. clandiae*）的同物异名。

◎ 白斑尾柳莺 – 李飏　摄

490. 冕柳莺 Eastern Crowned Warbler （*Phylloscopus coronatus*）

鉴别特征： 中等偏大（12 cm）的柳莺。上体橄榄绿色，头顶色暗具褐色调，淡黄色中央冠纹先端不甚明晰，眉纹黄白色，贯眼纹暗褐色自鼻孔延至枕部，仅大覆羽先端形成一道细弱的淡黄色翅斑；下体银白色并稍沾黄色，尾下覆羽灰黄色或淡黄绿色。虹膜褐色，上嘴褐色、下嘴淡橙色，脚绿褐色。

生态习性： 栖息于海拔 400 ～ 1 300 m 的开阔林区，常在阔叶树的树冠层取食昆虫；繁殖期 6 ～ 7 月，窝卵数 4 ～ 7 枚。

地理分布： 单型种。秦岭地区分布于甘肃武山、文县、康县（夏候鸟）；陕西周至、留坝、汉中、西乡、佛坪、宁陕（夏候鸟）；还见于除宁夏、新疆、青海、西藏、海南外的各省。

种群数量： 较常见。

保护措施： 无危 / CSRL；未列入 / IRL，PWL，CITES，CRDB。

◎ 冕柳莺 – 于晓平　摄

◎ 乌嘴柳莺 – 李飏　摄

491. 乌嘴柳莺 Large-billed Warbler（*Phylloscopus magnirostris*）

鉴别特征：体型较大（12.5 cm）的柳莺。上体橄榄褐色，头顶较暗，黄白色眉纹长而宽，贯眼纹暗褐色，无冠纹。耳羽具杂斑，前一道翼斑常缺如，后一道翼斑黄白色；下体污黄，喉和胸较灰，尾下覆羽黄色。虹膜褐色，黑褐色的嘴粗而长，先端略膨大，脚褐色。

生态习性：夏候鸟，栖息于海拔 800 ～ 3 800 m 的针叶林、针叶阔叶混交林、阔叶林及河谷两岸，繁殖期雄鸟常站在巢区树上鸣唱，叫声似 "tee-ti-ti-tu-tu"，常只闻其声，难见其影；平时单独活动，迁徙时可结群；食性类似其他柳莺；繁殖期 6 ～ 8 月，窝卵数 3 ～ 5 枚。

地理分布：单型种。甘肃兰州、文县、莲花山、卓尼（夏候鸟）；陕西太白、西安、留坝、佛坪、宁陕（夏候鸟）。此外还分布于四川、重庆、湖北、青海、西藏、云南。

种群数量：较少见。

保护措施：无危 / CSRL；未列入 / IRL，PWL，CITES，CRDB。

492. 冠纹柳莺 Blyth's Leaf-Warbler（*Phylloscopus reguloides*）

鉴别特征：中等体型（10.5 cm）的柳莺。上体橄榄绿色，头顶较暗沾褐色或灰黑色，中央冠纹淡黄色，贯眼纹暗褐色。两道翅斑淡黄绿色，三级飞羽无白缘，最外侧 2 对尾羽内翈具狭窄白缘。下体白色沾灰，胸部缀以黄色细纹，尾下覆羽为沾黄的白色但不似冕柳莺与腹部形成黄白对比。虹膜暗褐色，上嘴褐色、下嘴淡橙色，脚偏绿至黄色。

◎ 冠纹柳莺 – 于晓平　摄

生态习性：栖息于海拔 4 000 m 以下的各种森林，除繁殖季单独或成对外，常三五成群活动；常在枝梢特征性地轮番鼓翼；西南亚种（*P. r. claudiae*）像鸸攀爬于树干。

地理分布：国内有 4 个亚种。西南亚种（*P. r. claudiae*）分布于陕西太白、周至、西安、留坝、宁陕、洋县、佛坪（夏候鸟），甘肃文县、徽县、天水、莲花山、临潭、卓尼、碌曲、迭部（夏候鸟），宁夏、湖北、湖南、贵州、重庆、四川、云南、福建；指名亚种（*P. r. reguloides*）分布于西藏、四川、云南；华南亚种（*P. r. fokiensis*）分布于贵州、湖北、安徽、浙江、上海、福建、澳门、广西、台湾；海南亚种（*P. r. goodsoni*）分布于海南。

种群数量：常见。

保护措施：无危 / CSRL；未列入 / IRL，PWL，ITES，CRDB。

注：Olsson et al.（2005）将冠纹柳莺分为 3 个种：*Phylloscopus claudiae*、*Phylloscopus reguloides* 和 *Phylloscopus goodsoni*。

◎ 冠纹柳莺 – 田宁朝　摄

◎ 淡眉柳莺 - 张国强　摄

493. 淡眉柳莺 Hume's Warbler（*Phylloscopus humei*）

鉴别特征：小型（10 cm）的柳莺。甚似黄眉柳莺但色较暗而多灰色，头顶冠纹甚淡或微具冠纹，眉纹近白或绿白色。翼覆羽色淡，前一道翼斑模糊，三级飞羽白缘甚狭或不显。虹膜褐色，嘴黑，下嘴基色浅，脚褐色。

生态习性：栖于海拔 300 ～ 4 000 m 落叶松及松林，性活泼，常加入混合群。繁殖等生物学资料缺乏。

地理分布：国内有 2 个亚种，夏候鸟。西北亚种（*P. h. mandellii*）分布于陕西（太白）、甘肃（天水、武山、天祝、兰州）、青海、山西、四川、云南；指名亚种（*P. h. humei*）分布于新疆、西藏。

◎ 淡眉柳莺 - 韦铭　摄

种群数量：较少见。

保护措施：无危 / CSRL；未列入 / IRL，PWL，CITES，CRDB。

◎ 峨眉柳莺 – 戴波　摄

494. 峨眉柳莺 Emei Leaf Warbler （*Phylloscopus emeiensis*）

鉴别特征： 体小（10 cm）的柳莺。其似冠纹柳莺，但侧冠纹较模糊，其后端暗淡绿灰色（冠纹柳莺灰黑色），贯眼纹亦浅，中央冠纹色淡，眉纹近黄色，腰近绿色，两道淡黄色翼斑清晰，下体偏白，沾黄，最外侧两对尾羽内翈具零星白色。虹膜褐色；嘴较冠纹柳莺略显粗长，上嘴浅黑色，尖端呈钩状，下嘴淡橙色；脚粉红沾灰。

生态习性： 仅见于亚热带落叶阔叶林中有稠密灌丛的地方，偶见于针叶林，高可至海拔 1 900 m；取食于树冠层及灌木丛，鼓翼快速，且从不在树枝底面取食。繁殖生物学资料缺乏。

地理分布： 单型种。秦岭地区记录于陕西佛坪，可能为夏候鸟，主要繁殖于四川峨眉山地区。

种群数量： 少见。

保护措施： 无危 / CSRL；未列入 / IRL，PWL，CITES，CRDB。

495. 四川柳莺 Sichuan Warbler（*Phylloscopus forresti*）

鉴别特征：小型（10 cm）的柳莺。其似淡黄腰柳莺，区别于头顶图纹较模糊，没有鲜亮的黄色。虹膜褐色，上嘴色深，下嘴基部色浅，脚褐色。

生态习性：繁殖于高山针叶林或针叶阔叶混交林，与其他柳莺习性类似。

地理分布：无亚种分化。分布于陕西南部、甘肃南部、西藏、青海、四川、云南。

种群数量：少见。

保护措施：无危 / CSRL；未列入 / IRL，PWL，CITES，CRDB。

注：原淡黄腰柳莺的亚种提升出来的单型种。

◎ 四川柳莺 – 赵纳勋　摄

496. 甘肃柳莺 Gansu Leaf Warbler （*Phylloscopus kansuensis*）

鉴别特征：小型（10 cm）的偏绿色柳莺。腰色浅，隐约可见第二道翼斑。眉纹粗而白，顶纹色浅，三级飞羽羽缘略白。野外与淡黄腰柳莺难辨，但声音有别。虹膜深褐，上嘴色深，下嘴色浅，脚粉褐。

生态习性：习性与同属种类类似，栖息于云杉及桧树林。繁殖资料缺乏。

地理分布：无亚种分化。繁殖于秦岭地区甘肃南部，还有青海东北部。

种群数量：少见。

保护措施：无危 / CSRL；未列入 / IRL，PWL，CITES，CRDB。

注：曾被作为黄腰柳莺的亚种之一（*Phylloscopus proregulus kansuensis*），原被列为黄腰柳莺青藏亚种（*P. p. chloronotus*）的同物异名。

◎ 甘肃柳莺 – 张勇　摄

◎ 云南柳莺 – 田宁朝　摄

497. 云南柳莺 Yunnan Warbler （*Phylloscopus yunnanensis*）

鉴别特征： 小型（10 cm）的柳莺。甚似淡黄腰柳莺，但侧冠纹较浅且顶纹较模糊，有时仅在头后呈一浅色点，次级飞羽基部没有黑色斑块，胸前常染灰色，下嘴黄色，脚褐色。

生态习性： 栖于低地落叶次生林，极少超过海拔 2 600 m；性活泼，常立于枝头鸣唱。繁殖生物学资料缺乏。

地理分布： 单型种。见于陕西周至、佛坪（留鸟）、甘肃南部、辽宁、河北、北京、天津、河南、山西、青海、云南、四川、重庆、湖北。

种群数量： 较少见。

保护措施： 无危 / CSRL；未列入 / IRL，PWL，CITES，CRDB。

◎ 双斑绿柳莺 – 田宁朝　摄

498. 双斑绿柳莺 Two-barred Leaf-Warbler（*Phylloscopus plumbeitarsus*）

鉴别特征：中等偏大的暗绿色柳莺。似极北柳莺，但身形较短圆，且下嘴肉色或黄色；似暗绿柳莺，但大翼斑较宽较明显并具黄白色的小翼斑，上体色较深且绿色较重，下体更白。虹膜褐色，上嘴色深，下嘴粉红，脚蓝灰。

生态习性：栖息于海拔 400～4 000 m 的针叶林、针叶阔叶混交林、白桦及白杨树丛，亦喜灌丛，性活跃，常在树枝间飞窜。其他生物学资料缺乏。

地理分布：无亚种分化。除新疆、西藏和台湾外见于各省。秦岭地区记录于陕西佛坪（旅鸟）。

种群数量：较常见。

保护措施：无危 / CSRL；未列入 / IRL，PWL，CITES，CRDB。

499. 淡脚柳莺 Pale-legged Leaf Warbler （*Phylloscopus tenellipes*）

鉴别特征：体型略小（12.5 cm）的橄榄绿色柳莺。淡脚柳莺上体橄榄绿色，腰无黄带；眉纹白色，无顶冠纹；翅上两道亮黄色翼斑，第 6 枚初级飞羽有缺刻；下体亮白色，两胁及尾下覆羽略呈皮黄色。虹膜褐色，嘴褐色，脚粉红。野外不易识别，相似种极北柳莺第 6 枚初级飞羽无缺刻；冠纹柳莺有明显的顶冠纹；黄腰柳莺的腰有黄带；双斑绿柳莺的脚暗褐色。

生态习性：惧生，多藏于森林及次生灌丛的林下植被，常于地面进食。繁殖资料缺乏。

地理分布：无亚种分化。繁殖于我国东北，迁徙时途经东部多数省份。秦岭地区仅记录于东部河南罗山县董寨自然保护区（旅鸟）（夏灿炜和林宣龙，2011）。

种群数量：不常见。

保护措施：无危 / CSRL；未列入 / IRL，PWL，CITES，CRDB。

◎ 淡脚柳莺 – 李飏　摄

◎ 棕脸鹟莺 – 田宁朝　摄

◎ 棕脸鹟莺 – 廖小凤　摄

◎ 棕脸鹟莺 – 廖小青　摄

500. 棕脸鹟莺 Rufous-faced Warbler （*Abroscopus albogularis*）

鉴别特征：体型娇小（10 cm）的拟鹟莺。脸部至颈侧艳丽的棕黄色，侧冠纹黑色，头顶黄绿色。背羽橄榄绿色，腰羽淡黄白色。颏、喉和胸腹部白色，喉部具黑色纵纹，胸部沾黄。虹膜暗褐，嘴黄褐色，脚肉褐色。

生态习性：栖息于热带和亚热带低山丘陵的常绿阔叶林、针叶林、竹林、灌丛，性隐秘，喜鸣唱，声似"ling-ling-ling"。繁殖生物学资料缺乏。

地理分布：国内有 2 个亚种。华南亚种（*A. a. fulvifacies*）留鸟见于甘肃（文县）、陕西（留坝、佛坪、太白、洋县、西安）、长江流域及以南各省；指名亚种（*A. a. albogularis*）见于云南。

种群数量：较常见。

保护措施：无危 / CSRL；未列入 / IRL，PWL，CITES，CRDB。

501. 栗头鹟莺 Chestnut-crowned Warbler （*Seicercus castaniceps*）

鉴别特征：体型甚小（9 cm）的鹟莺。前额、头顶至后枕棕栗色，侧冠纹黑色，眼圈白色，上背沾灰、下背橄榄绿，腹部中央黄或白色。虹膜暗褐，上嘴黑褐、下嘴黄褐，脚黄褐色。

生态习性：栖息于湿润的常绿阔叶林，三五成群在竹林或灌丛枝叶中活动。繁殖生物学资料缺乏。

地理分布：国内有 3 个亚种。华南亚种（*S. c. sinensis*）夏候鸟分布于甘肃（文县）、陕西（太白、周至、洋县）、重庆、四川、贵州、浙江、福建、广东、广西；指名亚种（*S. c. castaniceps*）分布于西藏、云南、尼泊尔；蒙自亚种（*S. c. laurentei*）分布于云南红河地区。

◎ 栗头鹟莺 – 于晓平　摄

种群数量：较少见。

保护措施：无危 / CSRL，未列入 / IRL，PWL，CITES，CRDB。

◎ 栗头鹟莺 – 廖小青　摄

502. 淡尾鹟莺 Plain-taild Warbler （*Seicercus soros*）

鉴别特征：中等体型（11.5 cm）的鹟莺。头顶灰蓝，黑色顶冠纹和侧冠纹明显，但前额处非常模糊。翅斑不显，最外侧 2 枚尾羽均有白色，但靠内一枚通常仅在末端有一小白斑。嘴较金眶鹟莺种组内其他成员为长。

生态习性：栖息于 900 ～ 1500 m 的湿润常绿阔叶林。生物学资料缺乏。

地理分布：无亚种分化。陕西南部（夏候鸟）、河南南部（夏候鸟）、云南、四川、贵州、江西、福建、香港。

种群数量：较少见。

保护措施：无危 / CSRL；未列入 / IRL，PWL，CITES，CRDB。

◎ 淡尾鹟莺 – 罗永川　摄

◎ 比氏鹟莺 – 田宁朝　摄

503. 比氏鹟莺 Bichanchi's Warbler （*Seicercus valentini*）

鉴别特征： 中等体型（11.5 cm）的鹟莺。前额黄绿色，黑色顶纹和侧冠纹明显，但到前额处渐模糊，头顶灰蓝色但不鲜艳（灰色稍越过侧冠纹外沿）。多具明显的翅斑，金色眼圈后缘完整，外侧两枚尾羽白色区域较大且第 1 枚的基部外翈白色。下体柠檬黄色。虹膜褐色，上嘴黑色、下嘴黄色，脚黄褐色。

生态习性： 繁殖于海拔 1 400 ～ 2 000 m 的常绿阔叶林和次生林，冬季可下至低海拔。生物学资料缺乏。

地理分布： 国内有 2 个亚种。指名亚种（*S. v. valentini*）分布于陕西南部（夏候鸟）、甘肃南部（夏候鸟）、云南、四川；南方亚种（*S. v. latouchei*）分布于贵州、湖北、湖南、江西、上海、浙江、福建、广东、香港、澳门、广西。

种群数量： 不常见。

保护措施： 无危 / CSRL； 未列入 / IRL，PWL，CITES，CRDB。

504. 灰冠鹟莺 Gray-crowned （*Seicercus tephrocephalus*）

鉴别特征： 中等体型（11.5 cm）的鹟莺。金眶鹟莺种组中头顶颜色最蓝，且越过黑色侧冠纹外沿最多，黑色侧冠纹几乎起始自喙基部，金色眼圈后缘多有一缺刻，外侧2枚尾羽大部白色、第3枚仅端部白色，翅斑不明显。余部似比氏鹟莺。

生态习性： 与比氏鹟莺同域分布时，栖息海拔更低，喜次生林和灌木丛。生物学资料缺乏。

地理分布： 单型种。夏候鸟见于陕西秦岭南北坡各县、湖北、四川、云南、广西、香港。

种群数量： 较常见。

保护措施： 无危 / CSRL；未列入 / IRL，PWL，CITES，RDB。

◎ 灰冠鹟莺 – 于晓平　摄

◎ 峨眉鹟莺 – 张永文　摄

505. 峨眉鹟莺 Martens's Warbler（*Seicercus omeiensis*）

鉴别特征：中等偏大（12 cm）的鹟莺。似比氏鹟莺，区别于翅斑不显，头部纹样更明晰，最外侧1 枚尾羽基部外翈无白色。

生态习性：夏候鸟，栖息于 1 800 ～ 2 300 m 的温带或亚热带原始林。同域分布时，海拔较比氏鹟莺低，与灰冠鹟莺相当。

地理分布：无亚种分化。留鸟或夏候鸟见于陕西南部、四川和云南中部。

种群数量：少见。

保护措施：无危 / CSRL；未列入 / IRL，PWL，CITES，CRDB。

506. 花彩雀莺 White-browed Tit-Warbler （*Leptopoecile sophiae*）

鉴别特征：体型娇小（10 cm）的雀莺。雄鸟头顶鲜栗色，背及两肩灰褐色，腰及尾上覆羽辉亮的蓝紫色，下体除腹部中央栗色外，余部紫色；雌鸟颜色较淡，蓝紫色浅淡且面积小。虹膜鲜红色，嘴黑色，脚黑褐色。

生态习性：栖息于海拔 2 500 m 以上的针叶林或林缘灌丛，一般不进入茂密的森林，冬季可下至海拔 1 500 m；单只或集小群活动，性活泼，跳跃于灌丛间；以昆虫为食。繁殖生物学资料缺乏。

地理分布：国内有 4 个亚种，多为留鸟。指名亚种（*L. s. sophiae*）分布于甘肃、新疆、青海、西藏；青藏亚种（*L. s. obscura*）分布于甘肃（兰州、舟曲、迭部、卓尼）、青海、西藏、四川；疆西亚种（*L. s. major*）分布于新疆、青海；疆南亚种（*L. s. stoliczkae*）分布于新疆、青海。

种群数量：少见。

保护措施：无危 / CSRL；未列入 / IRL，PWL，CITES，CRDB。

◎ 花彩雀莺 – 于晓平　摄

◎ 花彩雀莺 – 皇舰　摄

◎ 凤头雀莺 – 皇舰　摄

507. 凤头雀莺 Crested Tit Warbler （*Leptopoecile elegans*）

鉴别特征：体型娇小（10 cm）的雀莺。雄鸟具白而沾紫灰色羽冠，头侧和颈栗色，背部暗灰蓝色，翅、腰、尾蓝色；雌鸟喉及上胸白，至臀部渐变成淡紫色，耳羽灰，贯眼纹黑色，头顶灰色，凤头近白色。虹膜褐色，嘴黑，脚黑褐。

生态习性：栖息于海拔 1 800 ～ 4 100 m 的高山针叶林、灌丛，单只或结小群活动；主要以昆虫为食。繁殖生物学资料缺乏。

地理分布：单型种。留鸟于甘肃（兰州、天祝、山丹、肃北、张掖、舟曲、迭部）、内蒙古、青海、西藏、四川。

种群数量：少见。

保护措施：无危 / CSRL；未列入 / IRL，PWL，CITES，CRDB。

（六十）戴菊科 Regulidae

小型鸣禽。喙小而直，嘴小于头长的一半，嘴须存在；翼短而圆，尾短于翼，体羽松软且厚，跗跖部长。秦岭地区仅 1 种——戴菊。

◎ 戴菊 – 于晓平　摄

508. 戴菊 Goldcrest （*Regulus regulus*）

鉴别特征： 体型（9 cm）较小。翼上具黑白色图案，顶冠纹金黄色或橙红色、侧冠纹黑色，上体全橄榄绿至黄绿色、下体偏灰或淡黄白色，两胁黄绿。虹膜深褐，嘴黑色，脚偏褐。

生态习性： 主要栖息于北方海拔 800 m 以上的针叶林和针阔叶混交林中；主要以各种昆虫为食，冬季兼食少量植物种子；繁殖期 5 ～ 7 月，窝卵数 7 ～ 12 枚。

地理分布： 国内有 5 个亚种。新疆亚种（*R. r. tristis*）夏候鸟见于新疆西北部天山，青海为旅鸟；北方亚种（*R. r. coatsi*）越冬于南山或阿尔泰山；青藏亚种（*R. r. sikkimensis*）留鸟见于喜马拉雅山脉东部至中国西部及西藏南部；东北亚种（*R. r. japonensis*）夏候鸟见于中国东北，迁徙时途经华北、西北，越冬于华东和台湾；西南亚种（*R. r. yunnanensis*）留鸟见于陕西南部、甘肃南部、西藏东南部、云南西部、四川、贵州。秦岭地区分布亚种较多，青藏亚种见于甘肃兰州（冬候鸟）；东北亚种见于甘肃兰州、康县（旅鸟）；西南亚种见于甘肃天水、文县、迭部、卓尼、迭部、舟曲（留鸟），陕西太白、洋县、佛坪、周至（留鸟）。西安浐灞生态区人工松林中发现越冬个体（亚种不详）。

种群数量： 不常见。

保护措施： 无危 / IRL；未列入 / CSRL，PWL，CITES，CRDB。

（六十一）绣眼鸟科 Zosteropidae

小型鸣禽。体多绿色；眼周具一圈白色羽毛；喙细小稍下曲；鼻孔被膜；翅尖尾短平；雌雄同色；以昆虫、果实为食；常呈小群在树丛中跳跃；见于东洋界。秦岭地区 3 种。

509. 暗绿绣眼鸟 Japanese White-eye（*Zosterops japonicus*）

鉴别特征：体型（10 cm）较小。上体亮橄榄绿色，具醒目的白色眼圈，喉及臀部黄色。胸及两胁灰色，腹部近白色。虹膜浅褐，嘴及脚灰色。

◎ 暗绿绣眼鸟 – 田宁朝　摄

生态习性：栖息于 900 ～ 2 000 m 的混交林、阔叶林、竹林等各种类型森林中；以昆虫为食；繁殖期 4 ～ 7 月，每年繁殖 1 ～ 2 窝，窝卵数 3 ～ 4 枚。

地理分布：国内有 3 个亚种。普通亚种（*Z. j. simplex*）夏候鸟或留鸟见于华北、西南、华中、华南；海南亚种（*Z. j. hainana*）留鸟见于海南；台湾亚种（*Z. j. batanis*）留鸟见于台湾。秦岭地区有普通亚种见于甘肃碌曲（夏候鸟）、陕西秦岭南坡各县（夏候鸟）；河南董寨、伏牛山、信阳（夏候鸟）。

种群数量：常见。

保护措施：无危 / IRL；未列入 / CSRL，PWL，CITES，CRDB。

◎ 暗绿绣眼鸟 – 廖小青　摄

510. 红胁绣眼鸟 Chestnut-flanked White-eye （*Zosterops erythropleurus*）

鉴别特征：体型（12 cm）中等。上体灰色较多，两胁具隐约栗色，下颚色淡，黄色喉斑小，头顶无黄色。虹膜红褐，嘴橄榄色，脚灰色。

生态习性：栖息于 1 000 m 以上的柳树、槭树等阔叶、针叶树以及竹林间；喜欢吃小虫和甜食；繁殖期 4 ～ 7 月，窝卵数 3 ～ 5 枚。

地理分布：无亚种分化。除青海、新疆、海南、台湾外见于各省。秦岭地区见于甘肃天水、文县、康县、舟曲（夏候鸟）；陕西秦岭南坡各县（夏候鸟）；河南信阳（旅鸟）。

种群数量：常见。

保护措施：无危 / CSRL；未列入 / IRL，PWL，CITES，CRDB。

◎ 红胁绣眼鸟－黄河　摄

◎ 灰腹绣眼鸟 – 董磊　摄

511. 灰腹绣眼鸟 Oriental White-eye （*Zosterops palpebrosus*）

鉴别特征： 小型（11 cm）绣眼鸟。上体黄绿色，眼周具一白色眼圈，眼先和眼下方黑色。颏、喉和上胸鲜黄色。下胸和两胁灰色，腹灰白色，中央具不甚明显的黄色纵纹，尾下覆羽鲜黄色。虹膜黄褐，嘴黑色，脚橄榄灰。

生态习性： 主要栖息于 1 200 m 以下低山丘陵地带的常绿阔叶林和次生林中，尤喜河谷阔叶林和灌丛，有时亦出现于农田地边和果园；主要以昆虫和昆虫幼虫为食，也吃植物果实和种子；繁殖期 4～7 月，一年繁殖 2 窝，窝卵数 2～3 枚。

地理分布： 国内有 2 个亚种。指名亚种（*Z. p. palpebrosus*）冬候鸟分布于西藏东南部；蒙自亚种（*Z. p. joannae*）留鸟分布于云南、四川西南部、贵州西南部。秦岭地区见于甘肃文县、康县、两当（夏候鸟）。

种群数量： 罕见。

保护措施： 无危 / CSRL；低危 / IRL；未列入 / PWL，CITES，CRDB。

注： 有学者认为该物种存在西南亚种（*Z. p. siamensis*）（王香亭，1998；郑作新，2000；刘廼发等，2013），陇南地区分布的即为该亚种。郑光美（2011）承认指名亚种（*Z. p. palpebrosus*）和蒙自亚种（*Z. p. joannae*）。

（六十二）攀雀科 Remizidae

小型鸣禽。喙尖锥状；翅短而尖；尾短、呈方形或凹形；喜在树干上下攀爬觅食；营悬垂袋状巢；见于古北界。秦岭地区 2 种。

512. 火冠雀 Fire-capped Tit（*Cephalopyrus flammiceps*）

鉴别特征： 小型（10 cm）鸣禽。雄性前额及喉部中央棕色，喉侧及胸部黄色，上体橄榄色，翼斑黄色；雌鸟暗黄橄榄色，下体皮黄。虹膜褐色，嘴黑，脚灰。

生态习性： 栖息于高达 3 000 m 的高山针叶林或混交林间；主要以昆虫为食，兼食植物花、叶等；4 月上旬至 6 月中旬产卵，窝卵数 4 枚。

地理分布： 国内有 2 个亚种，均为留鸟。指名亚种（*C. f. flammiceps*）分布于西藏西南部；西南亚种（*C. f. olivaceus*）分布于陕西南部（周至、佛坪、太白、洋县、宁陕）、甘肃东南部（文县）、四川、云南、贵州、西藏东南部。

种群数量： 偶见。

保护措施： 无危 / IRL；未列入 / CSRL，PWL，CITES，CRDB。

◎ 火冠雀（雌）– 赵纳勋　摄

◎ 火冠雀（雄）– 赵纳勋　摄

◎ 中华攀雀（雄）- 张岩　摄

513. 中华攀雀 Chinese Penduline Tit （*Rmiz consobrinus*）

鉴别特征： 体型（11 cm）较小。顶冠灰，脸罩黑，背棕色，尾凹形。雌鸟及幼鸟似雄鸟但色暗，脸罩略呈深色。虹膜深褐，嘴灰黑，脚蓝灰。

生态习性： 栖息于高达 3 000 m 的高山针叶林或混交林间，也活动于低山开阔的村庄附近，冬季见于平原地区；主要以昆虫为食，兼食植物的叶、花等；4 月上旬至 6 月中旬产卵，窝卵数 4 枚。

地理分布： 无亚种分化。分布于河北、河南、云南西部等地区。秦岭地区在 2015 年 12 月末至 2016 年 1 月首次记录于西安浐灞国家湿地公园（旅鸟）。

◎ 中华攀雀（雌）- 张岩　摄

陕西省渭北垆塬蒲城县 2015 年 4 月记录到迁徙个体，陕西省鸟类新纪录（罗磊等，2015）。

种群数量： 罕见，西安浐灞湿地公园迁徙停留的群体数量约 30 只。

保护措施： 无危 / CSRL；未列入 / IRL，PWL，CITES，CRDB。

（六十三）长尾山雀科 Aegithalidae

小型鸣禽。喙短略呈锥状；翅短圆；尾形长至甚长；腿脚健壮，爪钝；长尾山雀性活泼，以昆虫、植物种子为食；通常结小群生活；营袋状巢悬于树上；见于古北界和北美。秦岭地区4种。

514. 银喉长尾山雀 Long-tailed Tit（*Aegithalos caudatus*）

鉴别特征： 中型（16 cm）山雀。羽毛蓬松修长，尾黑色且具白缘，甚长；各亚种羽色有别。虹膜深褐，嘴黑，脚深褐。

生态习性： 常成群活动于山地针叶林或针阔叶混交林；主要以昆虫为食，兼食少许植物；繁殖期3～5月，通常筑巢于柳树、松树、茶树或竹林间，窝卵数6～10枚。

地理分布： 国内有3个亚种，留鸟。指名亚种（*A. c. caudatus*）分布于东北三省、河北东北部、北京、内蒙古东北部和新疆北部；华北亚种（*A. c. vinaceus*）分布于华北各省、西北各省以及西南的四川和云南；长江亚种（*A. c. glaucogularis*）分布于河南、陕西、山西南部、湖北、湖南、安徽、江苏、上海、浙江。华北亚种在秦岭地区见于甘肃兰州、武山、卓尼；陕西周至、佛坪、洋县、太白、宁陕、长安、蓝田、西安（浐灞生态区）。长江亚种见于甘肃天水、兰州；陕西佛坪；河南董寨、伏牛山、桐柏山、信阳。

◎ 银喉长尾山雀（幼鸟）– 于晓平　摄

种群数量： 常见。

保护措施： 无危 / CSRL；未列入 / IRL，PWL，CITES，CRDB。

◎ 银喉长尾山雀 – 廖小青　摄

◎ 红头长尾山雀（幼鸟）– 于晓平　摄

◎ 红头长尾山雀（卵）– 田宁朝　摄

◎ 红头长尾山雀 – 廖小青　摄

515. 红头长尾山雀 Black-throated Tit （*Aegithalos concinnus*）

鉴别特征：体型（10 cm）较小。头顶及颈背棕色，过眼纹宽而黑，颏及喉白色且具黑色圆形胸兜。下体白而具不同程度栗色。各亚种体色稍有差别。虹膜黄色，嘴黑色，脚橘黄。

生态习性：栖息于 1 400 ～ 3 200 m 的山地森林和灌木林间；主要以鞘翅目和鳞翅目等昆虫为食；繁殖期 2 ～ 6 月，窝卵数 5 ～ 8 枚。

地理分布：国内有 3 个亚种，留鸟。西藏亚种（ *A. c. iredalei* ）分布于西藏南部和东南部；云南亚种（ *A. c. talifuensis* ）分布于云南、贵州南部和西部、四川西南部；指名亚种（ *A. c. concinnus* ）分布于陕西（秦岭南北坡各县）、甘肃（康县、文县），河南秦岭一线以南的华中、东南和华南（包括香港和台湾）。

种群数量：常见。

保护措施：无危 / CSRL；未列入 / IRL，PWL，CITES，CRDB。

516. 银脸长尾山雀 Sooty Tit （*Aegithalos fuliginosus*）

鉴别特征： 喉灰色，上胸白色。顶冠两侧及脸银灰，颈背皮黄褐色，头顶及上体褐色。尾褐色而侧缘白色，具灰褐色领环，两胁棕色，下体余部白色。虹膜黄色，嘴黑色，脚粉至黑色。

生态习性： 栖息于海拔 1 400 ～ 3 200 m 以上的阔叶林、混交林及针叶林；主要以昆虫为食；繁殖期 3 ～ 5 月，筑巢于树枝间，窝卵数 6 ～ 8 枚。

地理分布： 无亚种分化，中国中西部特有种。留鸟见于甘肃南部（天水、康县、卓尼、舟曲）、陕西南部（秦岭南北坡各县）、湖北并南至四川。

种群数量： 常见。

保护措施： 近危 / CSRL；无危 / IRL；未列入 / PWL，CITES，CRDB。

◎ 银脸长尾山雀 – 李金钢　摄

◎ 银脸长尾山雀 – 李金钢　摄

◎ 黑眉长尾山雀 – 李飏　摄

517. 黑眉长尾山雀 Black-browed Tit（*Aegithalos bonvaloti*）

　　鉴别特征：体型（11 cm）较小的鸣禽。额及胸兜边缘白色，下胸及腹部白色。虹膜黄色，嘴黑色，脚褐色。

　　生态习性：栖息于 900 ～ 3 000 m 的阔叶林、混交林和针叶林带；以昆虫为食，成群沿枝觅食；在树上以苔藓、树皮、毛羽及蛛丝等筑成球形巢，窝卵数 5 ～ 7 枚，雌鸟孵化，孵化期 21 天。

　　地理分布：国内有 2 个亚种，留鸟。指名亚种（*A. b. bonvaloti*）分布于西藏东南部、云南、贵州西北部、四川西部；川北亚种（*A. b. obscuratus*）见于四川中部。秦岭地区仅记录于太白山自然保护区（太白山北坡），亚种不详，可能为繁殖鸟，陕西省鸟类新纪录（高学斌等，2007）。

　　种群数量：不甚常见。

　　保护措施：无危 / CSRL；未列入 / IRL，PWL，CITES，CRDB。

（六十四）山雀科 Paridae

小型鸣禽。喙短略呈锥状；翅短圆；尾方或圆；腿脚健壮，爪钝；雌雄同色；性活跃，常于枝头鸣唱跳跃；非繁殖期成群；以昆虫为食；见于古北界和北美。秦岭地区 11 种。

518. 大山雀 Great Tit（*Parus major*）

鉴别特征：中小型（14 cm）鸟类。头黑色，头两侧各具一大型白斑。上体蓝灰色，背沾绿色；下体白色。胸、腹有一条宽阔的中央纵纹与颏、喉黑色相连。虹膜褐色，嘴黑褐，脚暗褐。

生态习性：栖息于低山和山麓地带的次生阔叶林、阔叶林和针阔叶混交林中；以昆虫为食，兼食草籽等植物性食物；繁殖期 4～8 月，年产 1～2 窝，窝卵数 6～9 枚。

地理分布：分化为 6 个亚种，留鸟。北方亚种（*P. m. kapustini*）分布于内蒙古东北部、新疆西北部；青藏亚种（*P. m. tibetanus*）分布于青海南部、西藏、四川北部和西部；西南亚种（*P. m. subtibetanus*）分布于西藏东南部、云南、贵州西部和西南部、四川；华北亚种（*P. m. minor*）分布于东北、华北、西北（包括陕西）、华中及华东部分省份；华南亚种（*P. m. commixtus*）分布于云南东北部、贵州、四川南部和东南部等地；海南亚种（*P. m. hainanus*）分布于海南。西南亚种在秦岭地区见于甘肃文县；华北亚种见于甘肃兰州、武山，天水以南的甘南高原、陇南山地各县；陕西秦岭南北坡各县；河南三门峡市、南阳市、信阳市各县。

种群数量：极常见。

保护措施：无危 / CSRL；未列入 / IRL，PWL，CITES，CRDB。

◎ 大山雀 – 于晓平　摄

◎ 大山雀（幼鸟）– 于晓平　摄

◎ 大山雀（稚后育雏）– 田宁朝　摄

519. 绿背山雀 Green-backed Tit（*Parus monticolus*）

鉴别特征：体型略大（13 cm）的山雀。似腹部黄色的大山雀亚种，但区别在于上背绿色且具两道白色翼纹。虹膜褐色，嘴黑色，脚石板灰色。

生态习性：栖息于海拔 1 000 ～ 4 000 m 的中高山区的森林或林缘；以昆虫为食，兼食草籽等植物；繁殖期 4 ～ 7 月，窝卵数 4 ～ 6 枚。

地理分布：分化为 3 个亚种，留鸟。指名亚种（*P. m. monticolus*）分布于西藏南部和东南部；西南亚种（*P. m. yunnanensis*）分布于陕西南部（秦岭南北坡各县）、甘肃南部（陇南山地、甘南高原）、云南、贵州、四川、湖北、湖南；台湾亚种（*P. m. insperatus*）分布于台湾。

种群数量：常见。

保护措施：无危 / CSRL；未列入 / IRL，PWL，CITES，CRDB。

◎ 绿背山雀 – 于晓平　摄

◎ 绿背山雀 – 田宁朝　摄

◎ 黄腹山雀（雄）- 于晓平　摄

520. 黄腹山雀 Yellow-bellied Tit （*Parus venustulus*）

鉴别特征： 体型（10 cm）较小。雄鸟头、喉部黑色，颊斑及颈后点斑白色，背灰蓝具点斑，下体黄色，腰银白，两道翼斑白色；雌鸟头灰色，喉白，背灰色。虹膜褐色，喙黑色，脚蓝灰。

生态习性： 栖息于海拔 2 000 m 以下的混交林、阔叶林；以昆虫为食，兼食植物性食物；繁殖期 4～6 月，窝卵数 5～7 枚。

地理分布： 中国特有种，无亚种分化，留鸟。分布于华北、西北、华中、华南等部分地区。秦岭地区见于甘肃天水、徽县、文县；陕西秦岭南北坡各县；河南信阳。

◎ 黄腹山雀（雌）- 于晓平　摄

种群数量： 常见。

保护措施： 无危 / CSRL；未列入 / IRL，PWL，CITES，CRDB。

521. 煤山雀 Coal Tit（*Parus ater*）

鉴别特征：体型（11 cm）较小。头顶、颈侧、喉及上胸黑色。翼上具两道白色翼斑、颈背部具大块白斑，背灰色或橄榄灰色。虹膜褐色，嘴黑而边缘灰色，脚青灰色。

生态习性：栖息于海拔 3 000 m 以下的阔叶林、混交林和针叶林带；以昆虫为食，兼食植物性食物；繁殖期 3 ～ 5 月，窝卵数 8 ～ 10 枚。

地理分布：分化为 7 个亚种，留鸟。指名亚种（*P. a. ater*）分布于东北、内蒙古东北部、新疆北部；新疆亚种（*P. a. rufipectus*）分布于新疆中部和西北部；西南亚种（*P. a. aemodius*）分布于陕西、甘肃秦岭以南的西

◎ 煤山雀 – 廖小青　摄

南各省；北京亚种（*P. a. pekinensis*）分布于辽宁南部、河北、北京、天津；秦皇亚种（*P. a. insularis*）迁徙时曾见于辽宁西部、河北东北部；挂墩亚种（*P. a. kuatunensis*）分布于安徽东南部、浙江、福建西北部；台湾亚种（*P. a. ptilosus*）分布于台湾。西南亚种在秦岭地区见于甘肃天水、文县、卓尼、碌曲、迭部、舟曲；陕西周至、太白、洋县、城固、宁陕、石泉、宁强。

种群数量：常见。

保护措施：无危 / CSRL；未列入 / IRL，PWL，CITES，CRDB。

◎ 煤山雀 – 于晓平　摄

522. 褐头山雀 Songer Tit（*Parus songarus*）

鉴别特征：体型（11.5 cm）较小。头顶及颏褐黑，上体褐灰、下体近白，两胁皮黄，无翼斑或项纹，具浅色翼纹，黑色顶冠较大而少光泽。虹膜褐色，嘴略黑，脚深蓝灰。

生态习性：栖息于海拔 800 ～ 4 000 m 的湿润的山地阔叶林、混交林和针叶林。以昆虫为食。繁殖期为 4 ～ 8 月，窝卵数 7 ～ 9 枚。

地理分布：分化为 3 个亚种，留鸟。西北亚种（*P. s. affinis*）见于宁夏北部、甘肃西北和西南部、青海东部；华北亚种（*P. s. stotzneri*）见于河北北部、北京、河南、山西南部、内蒙古东部；西南亚种（*P. s. weigoldicus*）见于青海南部、西藏东南部、云南西北部、四川。西北亚种在秦岭地区见于甘肃兰州、榆中、天水、卓尼、碌曲、迭部、舟曲。华北亚种见于陕西洋县、佛坪、西乡、周至、太白、宁强。

种群数量：常见。

保护措施：无危 / CSRL；未列入 / IRL，PWL，CITES，CRDB。

注：原来的褐头山雀（*P. montanus*）现分为两个种——北褐头山雀（*P. montanus*）和褐头山雀（*P. songarus*）（Dickinson，2003）；郑光美（2005，2011）采纳这一观点，刘廼发等（2013）仍沿用 *P. montanus*。

◎ 褐头山雀 – 于晓平　摄

◎ 黑冠山雀 - 于晓平　摄

◎ 黑冠山雀 - 廖小凤　摄

◎ 黑冠山雀（幼鸟）- 廖小青　摄

523. 黑冠山雀 Rufous-vented Tit （*Parus rubidiventris*）

　　鉴别特征： 体型（12 cm）较小。冠羽及胸兜黑色，脸颊白，上体灰色，无翼斑，腹部灰色至臀部为棕色。虹膜褐色，嘴黑色，脚蓝灰。

　　生态习性： 栖息于海拔 2 000 m 以上的中高山林区；杂食性，以昆虫及其幼虫、浆果和种子为食；年产 2 ～ 3 窝，窝卵数 4 ～ 7 枚。

　　地理分布： 仅有西南亚种（*P. r. beavani*）罕见留鸟于陕西（佛坪、太白、周至、西乡、城固）、甘肃（天水、武山、文县、莲花山、卓尼、碌曲、玛曲、迭部、舟曲）、青海、四川、云南、西藏等地。

　　种群数量： 不常见。

　　保护措施： 无危 / CSRL；未列入 / IRL，PWL，CITES，CRDB。

524. 褐冠山雀 Grey-crested Tit（*Parusater dichrous*）

鉴别特征：体型（12 cm）较小而色淡的山雀。冠羽显著，具皮黄白色的半颈环。上体暗灰；下体随亚种不同从皮黄色至黄褐色有变化。虹膜红褐，嘴黑，脚蓝灰。

生态习性：栖息于海拔 2 480～4 000 m 的针叶林；主要以昆虫为食，兼食小型无脊椎动物和植物性食物；繁殖期 5～7 月，窝卵数多为 5 枚。

地理分布：分化为 3 个亚种，留鸟。指名亚种（*P. d. dichrous*）分布于西藏东南部；西南亚种（*P. d. wellsi*）分布于云南西北部和四川；甘肃亚种（*P. d. dichroides*）分布于陕西南部（周至、佛坪、太白、宁陕、西乡）、甘肃（天水、卓尼、迭部、碌曲、舟曲）、青海东南部、西藏北部和四川北部。

种群数量：常见。

保护措施：无危 / CSRL；未列入 / IRL，PWL，CITES，CRDB。

◎ 褐冠山雀 – 廖小青　摄

◎ 褐冠山雀 – 李金钢　摄

◎ 沼泽山雀 – 于晓平　摄

525. 沼泽山雀 Marsh Tit（*Parus palustris*）

鉴别特征：体型（12 cm）较小。头顶及颏部黑色。上体褐色或橄榄色；下体近白。两胁皮黄，无翼斑或项纹。虹膜褐色，嘴偏黑，脚深灰。

生态习性：通常栖息于针叶林、阔叶林或针叶阔叶混交林；以各种昆虫为食，兼食少量植物种子；繁殖期3～5月，窝卵数4～6枚。

地理分布：分化为4个亚种，均为留鸟。东北亚种（*P. p. brevirostris*）分布于东北三省、内蒙古和新疆；华北亚种（*P. p. hellmayri*）分布于华北各省（河南董寨保护区）、安徽和江苏；西北亚种（*P. p. hypermelas*）分

◎ 沼泽山雀 – 廖小青　摄

布于陕西南部（秦岭南北坡各县）、甘肃南部（天水、兰州、徽县、卓尼）、湖北西部；西南亚种（*P. p. dejeani*）分布于西藏东部、云南西北部、贵州西部、四川西部和西南部。

种群数量：常见。

保护措施：无危 / CSRL；未列入 / IRL，PWL，CITES，CRDB。

◎ 红腹山雀 – 赵纳勋　摄

526. 红腹山雀 Rusty-breasted Tit （*Parus davidi*）

　　鉴别特征：体型（13 cm）较小。头及胸兜暗黑，眼先、脸颊至颈侧白色，在头部两侧形成颊斑，颈圈棕色；下体栗黄色，背、两翼及尾橄榄灰色。虹膜深褐，嘴黑色，脚深灰。

　　生态习性：结小群轻盈活泼地活动于海拔 2 400 ～ 3 400 m 的阔叶林、混合林及针叶林的树冠层；繁殖季节以昆虫为食，冬季植食。繁殖资料缺乏。

　　地理分布：中国特有种，无亚种分化。留鸟见于陕西南部（西乡、城固、周至、佛坪、宁陕、太白）、甘肃西南部（文县）、湖北西部、四川。

　　种群数量：少见。

　　保护措施：无危 / CSRL；未列入 / IRL，PWL，CITES，CRDB。

527. 白眉山雀 White-browed Tit（*Parus superciliosus*）

鉴别特征：体型（13 cm）较小。眉纹白色，头顶及胸兜黑色，前额的白色后延而成白色的长眉纹。头侧、两胁及腹部黄褐，臀皮黄色，上体深灰沾橄榄色。虹膜褐色，嘴黑色，脚略黑。

生态习性：栖息于海拔 3 000 ～ 4 000 m 的高山灌丛间；以昆虫为食；5 月繁殖，窝卵数 5 ～ 6 枚。

地理分布：中国特有种，无亚种分化。留鸟见于甘肃南部、青海东部、西藏南部、四川北部和西部。秦岭地区分布于甘肃碌曲、陕西佛坪（留鸟）。

种群数量：少见。

保护措施：无危 / CSRL；未列入 / IRL，PWL，CITES，CRDB。

◎ 白眉山雀 – 于晓平　摄

◎ 白眉山雀 – 廖小青　摄

◎ 地山雀 – 于晓平　摄

528. 地山雀 Ground Tit（*Pseudopodoces humilis*）

鉴别特征：体型（19 cm）较大。下体近白，眼先斑纹暗色。中央尾羽褐色，外侧尾羽黄白。幼鸟多皮黄色并具皮黄色颈环。虹膜深褐，嘴黑色，脚黑色。

生态习性：栖息于 4 000 ～ 5 500 m 林线以上有稀疏矮丛的草甸带；杂食性；繁殖期 4 ～ 7 月，产卵 5 ～ 7 枚。

地理分布：中国鸟类特有种，无亚种分化。留鸟见于宁夏、甘肃南部、新疆、西藏、青海、四川等地。秦岭地区边缘性分布于甘肃甘南高原临潭、卓尼、夏河、合作、碌曲、玛曲。

◎ 地山雀（幼鸟）– 廖小青　摄

种群数量：罕见。

保护措施：无危 / CSRL；未列入 / IRL，PWL，CITES，CRDB。

注：一直被作为鸦科的一种"褐背拟地鸦"（*Pseudopodoces humilis*），James et al.（2003）根据形态学、生态学和分子生物学证据建议将其从鸦科移至山雀科，学名沿用，英文名改为 Ground Tit（地山雀），后被多数国内学者采用。

（六十五）鸭科 Sittidae

小型鸣禽。喙强直而尖；翅短圆；脚趾强健，爪长而弯；体羽灰蓝，具黑色过眼纹；雌雄同色；常在树干觅食昆虫；分布于全北界和东洋界。秦岭地区 4 种。

529. 黑头鸭 Snowy-browed Nuthatch （*Sitta villosa*）

鉴别特征：体小（11 cm）的鸭。具白色眉纹和细细的黑色过眼纹。雄鸟顶冠黑色，雌鸟头顶褐灰色。上体余部蓝灰色，喉及脸侧偏白，下体余部灰黄或黄褐色。似滇鸭但眼纹较窄而后端不散开，下体色重。虹膜褐色，嘴近黑，下颚基部色较浅，脚灰色。

生态习性：栖息于寒温带低山山麓至亚高山针叶林或针阔叶混交林；主要以昆虫成虫、卵、幼虫为食；繁殖期 4 ～ 7 月，窝卵数 5 ～ 6 枚。

地理分布：中国特有种。国内 2 个亚种，均为留鸟。甘肃亚种（*S. v. bangsi*）分布于甘肃中部（兴隆山）、青海东部及四川西北部；指名亚种（*S. v. villosa*）分布于甘肃南部（兰州、卓尼、碌曲、迭部、舟曲）、陕西南部（洋县、周至、太白）、山西、吉林东部及河北北部等。

种群数量：稀有。

保护措施：近危 / CSRL；无危 / IRL；未列入 / PWL，CITES，CRDB。

◎ 黑头鸭 – 张岩　摄

530. 普通䴓 Eurasion Nuthatch （*Sitta europaea*）

鉴别特征： 中等体型（13 cm）而色彩优雅的䴓。上体蓝灰，过眼纹黑色，喉白，腹部淡皮黄，两胁浓栗。诸亚种有细微差异。虹膜深褐，嘴黑色，下颚基部带粉色，脚深灰。

生态习性： 在树干的缝隙及树洞中啄食橡子及坚果，飞行起伏呈波状，偶尔于地面取食；成对或结小群活动。

地理分布： 国内4个亚种，均为留鸟。新疆亚种（*S. e. seorsa*）分布于新疆东部和北部；东北亚种（*S. e. asiatica*）分布于黑龙江西北部、内蒙古东北部；黑龙江亚种（*S. e. amurensis*）分布于黑龙江、吉林东部、河北东北部、北京；华东亚种（*S. e. sinensis*）分布于河北、河南（董寨、信阳）、山西、陕西南部（秦岭南北坡各县）、甘肃（天水、文县、卓尼、碌曲、舟曲）、四川、贵州、福建等地。

种群数量： 常见。

保护措施： 无危 / CSRL；未列入 / IRL，PWL，CITES，CRDB。

◎ 普通䴓 – 廖小青　摄

◎ 白脸鸻 – 许明　摄

531. 白脸鸻 White-cheeked Nuthatch（*Sitta leucopsis*）

鉴别特征： 中等体型（13 cm）的鸻。上体紫灰而具黑色的顶冠及半颈环，明显的皮黄色颊斑覆盖眼部；下体浓黄褐。指名亚种偶见于中国喜马拉雅山脉西部，下体色较浅，颊斑几为白色。虹膜褐色，嘴黑色，下颚基部灰色，脚绿褐。

生态习性： 夏季在海拔 2 000 m 至林线之间，冬季低至海拔 1 000 m。成对或小群活动。繁殖资料缺乏。

地理分布： 国内仅西南亚种（*S. l. przewalskii*）留鸟见于西藏东部和东南部、青海东北部、甘肃南部、四川西北部、云南北部。秦岭地区见于甘肃卓尼、碌曲、迭部、舟曲；陕西宁强（青木川保护区）。

种群数量： 罕见。

保护措施： 无危 / CSRL；未列入 / IRL，PWL，CITES，CRDB。

◎ 白尾䴓 – 张岩　摄

532. 白尾䴓 White-tailed Nuthatch （*Sitta himalayensis*）

　　鉴别特征：体小（12 cm）的灰色及黄褐色䴓。中央尾羽基部白色，尾下覆羽全棕色。似普通䴓、栗臀䴓及栗腹䴓的某些亚种，后两者的外侧尾羽也具白色次端斑。若白色尾基不显，特征则为尾下覆羽全棕色而无扇贝形斑纹。虹膜褐色，嘴近黑，下颚基部色浅，脚绿褐色。

　　生态习性：栖息于海拔 1 900 ～ 2 600 m 的阔叶林或针叶阔叶混交林；生态学资料极为缺乏。

　　地理分布：无亚种分化。留鸟见于西藏南部、云南西部和南部。秦岭地区唯一的记录陕西宁强青木川自然保护区(巩会生等,2007)有待进一步考证。

　　种群数量：罕见。

　　保护措施：无危 / CSRL；未列入 / IRL，PWL，CITES，CRDB。

(六十六)旋壁雀科 Tichidromidae

中小体型鸣禽，体羽灰色。喙细长而较直，长于头。翼特大，圆而不尖，具醒目的绯红色斑纹，尾短。跗跖部光滑，后爪大于后趾。可在岩崖峭壁上攀爬。秦岭地区仅 1 种——红翅旋壁雀。

533. 红翅旋壁雀 Wallcreeper（*Tichodroma muraria*）

鉴别特征： 体型略小（16 cm）的优雅灰色鸟。尾短而嘴长，翼具醒目的绯红色斑纹。繁殖期雄鸟脸及喉黑色，雌鸟黑色较少；非繁殖期成鸟喉偏白，头顶及脸颊沾褐。虹膜深褐，嘴黑色，脚棕黑。

◎ 红翅旋壁雀 – 廖小凤　摄

生态习性： 非树栖高山型，最高海拔可达 5 000 m，秦岭地区冬季低至 1 000 m 可见。喜在悬崖峭壁上攀爬，两翼轻展显露红色翼斑。生态学资料较为缺乏。

地理分布： 仅有普通亚种（*T. m. nepalensis*）繁殖于甘肃肃南、祁连山、西藏昌都、云南大理等地。越冬见于华南及华东的大部地区。秦岭地区分布于天水、兰州、榆中、武都、文县（留鸟?）；陕西佛坪、太白、眉县、周至、城固、洛南、安康（冬候鸟）。

种群数量： 较罕见。

保护措施： 无危 / CSRL；未列入 / IRL，PWL，CITES，CRDB。

◎ 红翅旋壁雀 – 廖小青　摄

（六十七）旋木雀科 Certhiidae

小型鸣禽。喙细长而下弯；鼻孔裂缝状；翅短圆；尾楔形；常沿树干绕圈螺旋上行觅食昆虫；营巢于树皮裂缝中；全北界分布。秦岭地区 3 种。

◎ 欧亚旋木雀 – 廖小青　摄

534. 欧亚旋木雀 Eurasian Tree-Creeperr（*Certhia familiaris*）

鉴别特征：体型略小（13 cm）而褐色斑驳的旋木雀。胸及两胁偏白，下体白或皮黄，仅两胁略沾棕色且尾覆羽棕色。眉纹色浅有别于锈红腹旋木雀，平淡褐色的尾有别于高山旋木雀。诸亚种仅细微有别。虹膜褐色，上颚褐色、下颚色浅，脚偏褐。

生态习性：栖息于 400 ～ 2 100 m 的阔叶林和混交林；取食方式独特，能沿树干螺旋形环绕攀爬；主食昆虫，冬季也食种子；繁殖期 3 ～ 6 月，窝卵数 1 ～ 6 枚。

地理分布：国内 4 个亚种，均为留鸟。新疆亚种（*C. f. tianshanica*）分布于新疆；西南亚种（*C. f. khamensis*）分布于甘肃西部、西藏南部及东南部；甘肃亚种（*C. f. bianchii*）分布于青海、甘肃（兰州、卓尼）及陕西南部（太白、周至、佛坪）；北方亚种（*C. f. daurica*）分布于黑龙江、吉林、北京、河北北部等。

种群数量：不常见。

保护措施：无危 / CSRL；未列入 / IRL，PWL，CITES，CRDB。

注：本种的天全亚种（*C. f. tianquanensis*）已被提升为独立种——四川旋木雀（*C. tianquanensis*）（Martens et al., 2002）。

535. 高山旋木雀 Bar-tailed Tree-Creeper（*Certhiahimalayana*）

鉴别特征：中等体型（14 cm）而深灰色斑驳的旋木雀。以其腰或下体无棕色，尾多灰色、尾上具明显横斑而易与所有其他旋木雀相区别。喉白色，胸腹部烟黄色，嘴较其他旋木雀显长而下弯。虹膜褐色，嘴褐色，下颚色浅，脚近褐。

生态习性：栖于 2 000 ～ 3 700 m 较高海拔的混交林及针叶林。生物学资料缺乏。

地理分布：国内仅有西南亚种（*C. h. yunnanensis*）留鸟见于甘肃南部（兰州、武都、文县、碌曲、舟曲）、陕西南部（洋县、佛坪、周至、太白）、四川北部及西部、贵州西南部、云南北部及西部、西藏东南部。

种群数量：不常见。

保护措施：无危 / CSRL；未列入 / IRL，PWL，CITES，CRDB。

◎ 高山旋木雀 – 胡万新　摄

◎ 四川旋木雀 – 罗永川　摄

536. 四川旋木雀 Sichuan Treecreeper （*Certhia tianquanensis*）

　　鉴别特征：体型大小似其他旋木雀。上体浓栗褐色杂以纵纹；下体除颏、喉白色外，胸、腹部和两胁灰棕色。虹膜褐色，嘴褐色，脚偏褐。

　　生态习性：栖息于海拔 1 600 ～ 2 800 m 的针阔叶混交林，有季节性垂直迁移；主食昆虫及虫卵。繁殖生物学资料缺乏。

　　地理分布：单型种。留鸟见于陕西南部、四川中部和西北部。秦岭地区仅记录于陕西省太白山和洋县长青自然保护区（孙悦华和 Martens，2005）。

　　种群数量：不常见。

　　保护措施：易危 / CSRL，IRL；未列入 / PWL，CITES，CRDB。

　　注：该种是旋木雀天全亚种（*Certhia familiaris tianquanensis*）提升的鸟类新种——四川旋木雀（Martens et al., 2002）。

（六十八）啄花鸟科 Dicaeidae

旧大陆体型最小的鸟类。喙尖细，先端具锯齿；翅、尾短；雌雄异色，雄性羽色艳丽；成小群在树冠部穿梭飞行；鸣声尖细；食昆虫、花蜜和果实；营悬垂袋状巢；见于东洋界。秦岭地区 2 种。

537. 红胸啄花鸟 Fire-breasted Flowerpecker（*Dicaeum ignipectus*）

鉴别特征： 体型纤小（9 cm）的深色啄花鸟。雄鸟上体辉深绿蓝色，下体皮黄，胸具猩红色块斑，腹部具狭窄黑色纵纹。雌鸟下体赭皮黄色。亚成鸟似纯色啄花鸟的亚成鸟但分布在较高海拔处。虹膜褐色，嘴及脚黑色。

生态习性： 栖息于 800～2 000 m 的山地森林。生态学资料缺乏。

地理分布： 国内 2 个亚种，均为留鸟。指名亚种（*D. i. ignipectus*）分布于陕西南部（宁陕、安康、汉阴）、甘肃（文县）、西藏南部、江西、四川、云南、福建等地；台湾亚种（*D. i. formosum*）留鸟见于台湾。

种群数量： 稀有。

保护措施： 无危 / CSRL；未列入 / IRL，PWL，CITES，CRDB。

◎ 红胸啄花鸟（雄）– 聂延秋 摄

◎ 红胸啄花鸟（雌）– 白皓天 摄

◎ 红胸啄花鸟（雄）– 李飏 摄

538. 黄腹啄花鸟 Yellow-bellied Flowerpecker（*Dicaeum melanoxanthum*）

鉴别特征：体大（13 cm），下腹部为艳黄色的啄花鸟。喉部的白色纵斑与黑色的头、喉侧及上体成对比，外侧尾羽内翈具白色斑块。雌鸟似雄鸟但色暗。虹膜褐色，嘴及脚黑色。

生态习性：栖息于 1 400 ～ 4 000 m 阔叶林、混交林、亚高山针叶林及林缘；食寄生植物的果实。

地理分布：无亚种分化。留鸟于云南西部和南部，夏候鸟见于四川西部和西南部。秦岭地区仅记录于甘肃文县（夏候鸟）。

种群数量：罕见。

保护措施：无危 / CSRL；未列入 / IRL，PWL，CITES，CRDB。

◎ 黄腹啄花鸟（雄）– 韦铭　摄

（六十九）花蜜鸟科 Nectariniidae

　　小型鸣禽。体纤细；体态玲珑；喙细长而下弯；舌管状，先端分叉，富伸缩性；翅短圆；尾型多样；腿细长；雌雄异色，雄鸟羽色华丽且具金属光泽，雌鸟多橄榄绿色；性活跃，常成小群在开花的树冠部吵杂觅食花蜜和昆虫；雄性营袋状巢；见于非洲、亚洲南部和澳洲。秦岭地区 2 种。

◎ 蓝喉太阳鸟（雄）- 于晓平　摄

539. 蓝喉太阳鸟 Mrs Gould's Sunbird （*Aethopyga gouldiae*）

　　鉴别特征：雄鸟体型略大（14 cm）的猩红、蓝色及黄色的太阳鸟。嘴细长而向下弯曲。雄鸟前额至头顶、颏和喉辉紫蓝色，背、胸、头侧、颈侧朱红色，腰、腹黄色，中央尾羽延长；雌鸟上体橄榄绿色，腰黄色，喉至胸灰绿色，其余下体绿黄色。与黑胸太阳鸟的区别在色彩亮丽且胸猩红色，与火尾太阳鸟及黄腰太阳鸟的区别在尾蓝色。虹膜褐色，嘴黑色，脚褐色。

　　生态习性：主要生活于 1 000 ～ 3 000 m 的常绿阔叶林、混交林；主要以花蜜为食，也吃昆虫等动物性食物，秦岭地区春季至初夏以泡桐、槐花、石榴花和樱桃为食，夏、秋季

◎ 蓝喉太阳鸟（雌）- 廖小青　摄

至海拔较高处；繁殖期 4 ～ 6 月，窝卵数 2 ～ 3 枚。

　　地理分布：国内 2 个亚种，分布区南部为留鸟，北部为夏候鸟。指名亚种（*A. g. gouldiae*）分布于西藏东南部；西南亚种（*A. g. dabryii*）分布于陕西南部（秦岭南坡周至、佛坪、洋县、宁陕、西乡、安康，夏候鸟）、甘肃东南部（文县，夏候鸟）、云南、四川、湖北西部、湖南南部等。

　　种群数量：不常见。

　　保护措施：无危 / CSRL；未列入 / IRL，PWL，CITES，CRDB。

◎ 蓝喉太阳鸟（雄）- 廖小青　摄

◎ 蓝喉太阳鸟（雌）- 廖小凤　摄

◎ 蓝喉太阳鸟（雄）- 李夏　摄

◎ 叉尾太阳鸟（雄）- 孔德茂　摄

540. 叉尾太阳鸟 Fork-tailed Sunbird （*Aethopyga christinae*）

鉴别特征：体小（10 cm）而纤弱的太阳鸟。头侧黑色而具闪辉绿色的髭纹和绛紫色的喉斑。顶冠及颈背金属绿色，上体橄榄色或近黑，腰黄；下体余部污橄榄白色。尾上覆羽及中央尾羽闪辉金属绿色，中央两尾羽有尖细的延长。雌鸟甚小，上体橄榄色、下体浅绿黄。虹膜褐色，嘴及脚黑色。

生态习性：栖于森林及有林地区甚至城镇，常光顾开花的矮丛及树木；一般吃花蜜、嫩芽和小型昆虫；繁殖期 4 ～ 6 月，窝卵数 2 ～ 3 枚。

◎ 叉尾太阳鸟（雌）- 孔德茂　摄

地理分布：国内 2 个亚种，均为留鸟。华南亚种（*A. c. latouchii*）分布于河南、云南南部、四川、重庆、浙江、福建等；指名亚种（*A. c. christinae*）分布于海南岛。前者在秦岭地区仅记录于河南嵩县，居留型不详，河南鸟类新纪录（姚孝宗等，1997）。

种群数量：稀有。

保护措施：无危 / CSRL；未列入 / IRL，PWL，CITES，CRDB。

（七十）雀科 Passeridae

小型鸣禽。喙粗壮呈圆锥形；9 枚初级飞羽，12 枚尾羽；腿脚强健，适于树栖和地面行走；羽色多样；非繁殖期成群；见于世界各地。秦岭地区 7 种。

541. 麻雀 Eurasian Tree Sparrow （*Passer montanus*）

鉴别特征：体型略小（14 cm）矮圆而活跃的麻雀。雌雄同型。成鸟上体近褐、下体皮黄灰色，颈背具完整的灰白色领环。与家麻雀及山麻雀的区别在脸颊具明显黑色点斑且喉部黑色较少。虹膜深褐，嘴黑色，脚粉褐。

生态习性：栖息于稀疏林地、田野和城镇居民点，在中国东部替代家麻雀成为城市鸟类的代表；杂食性，主要以禾本科植物种子为食，育雏期则以昆虫为主；繁殖期 3 ～ 8 月，年产 2 ～ 3 窝，窝卵数 4 ～ 8 枚。

地理分布：中国 7 个亚种，广泛分布的留鸟。指名亚种(*P. m. montanus*)分布于东北；普通亚种(*P. m. saturatus*) 分布于陕西、山西、河南、甘肃中部、四川、台湾等地；新疆亚种（ *P. m. dilutus* ）分布于甘肃西北部、新疆；青藏亚种（ *P. m. tibetanus* ）分布于青藏高原；甘肃亚种 (*P. m. kansuensis*) 分布于甘肃西部及内蒙古中部；藏南亚种 (*P. m. hepaticus*) 分布于西藏东南部；云南亚种 (*P. m. molaccensis*) 分布于云南及海南。普通亚种在秦岭地区广布于甘肃陇南山地、甘南高原；陕西秦岭南北坡各县；河南三门峡市、南阳市、信阳市各县。

种群数量：极常见。

保护措施：近危 / CSRL；无危 / IRL；未列入 / PWL，CITES，CRDB。

注：列入近危（NT）级别的原因在于该物种在某些地区完全消失（汪松和解焱，2009）。但秦岭地区极为常见，而且城市化的趋势更加明显。

◎ 麻雀－于晓平　摄

◎ 山麻雀（雄）– 田宁朝　摄

542. 山麻雀 Russet Sparrow （*Passer rutilans*）

鉴别特征：中等体型（14 cm）的艳丽麻雀。
雄雌异色。雄鸟顶冠及上体为鲜艳的黄褐色或栗
色，上背具纯黑色纵纹，喉黑，脸颊污白；雌鸟
色较暗，具深色的宽眼纹及奶油色的长眉纹。虹
膜褐色，嘴灰色(雄鸟)、黄色而嘴端色深(雌鸟)，
脚粉褐。

◎ 山麻雀（雌）– 田宁朝　摄

生态习性：结群栖于开阔林地或耕地附近的
灌木丛，分布区与同域分布的树麻雀大部分不重
叠；杂食性，主食植物种子、昆虫、生活垃圾等；
繁殖期4～8月，年产2～3窝，窝卵数4～6枚。

地 理 分 布：国内4个亚种，均为留鸟。
指名亚种（*P. r. rutilans*）分布于陕西、山西、河南、甘肃、宁夏、浙江、台湾等；西藏亚种（*P. r. cinnamoneus*）分布于西藏东部及东南部至青海南部；西南亚种（*P. r. intensior*）分布于西南至西藏东南部及四川西北部；巴塘亚种（*P. r. batangensis*）分布于四川南部巴塘地区西部及云南西部。指名亚种在秦岭地区广布于甘肃陇南山地、甘南高原；陕西秦岭南北坡各县；河南三门峡市、南阳市、信阳市各县。

种群数量：常见。

保护措施：无危 / CSRL；未列入 / IRL，PWL，CITES，CRDB。

注：根据《台湾受胁鸟类图鉴》，该种在台湾被列为濒危（EN）物种。

◎ 山麻雀－廖小青　摄

◎ 山麻雀（幼鸟）－廖小青　摄

543. 家麻雀 House Sparrow （*Passer domesticus*）

鉴别特征：中等体型（15 cm）的麻雀。雄鸟与树麻雀的区别在顶冠及尾上覆羽灰色，耳无黑色斑块，且喉及上胸的黑色较多。雌鸟色淡，具浅色眉纹。上背两侧具皮黄色纵纹，胸侧具近黑色纵纹。虹膜褐色，嘴黑色（繁殖期雄鸟）或草黄色、嘴端深色，脚粉褐。

生态习性：通常与人类有共同的栖息生境，喜群栖；食物广泛包括人类食物残渣及一些树叶；温暖地区几乎全年繁殖，窝卵数 4～9 枚。

◎ 家麻雀（雌）-张岩　摄

地理分布：国内 3 个亚种，均为留鸟。指名亚种（*P. d. domesticus*）分布于内蒙古东北部、黑龙江、甘肃阿克塞；新疆亚种（*P. d. bactrianus*）分布于新疆；藏西亚种（*P. d. parkini*）分布于西藏西部。秦岭地区在陕西咸阳沣渭湿地的分布是唯一记录（孙承骞和冯宁，2009）。家麻雀的所有亚种均远离该次记录地点，之后再未见踪迹。家麻雀分布至此的原因尚需探讨。

种群数量：仅记录一次 18 只（孙承骞和冯宁，2009）。

保护措施：无危 / CSRL；未列入 / IRL，PWL，CITES，CRDB。

◎ 家麻雀（雄）-张岩　摄

◎ 石雀 – 张岩　摄

544. 石雀 Rock Sparrow （*Petronia petronia*）

鉴别特征：中等体型（15 cm）的矮扁形麻雀。雌雄同色，头具深色的侧冠纹，眉纹色浅，眼后有深色条纹。飞行时比家麻雀显得尾短而翼基部较宽。虹膜深褐，嘴灰色，下嘴基黄色，脚粉褐。

生态习性：栖于荒芜山丘及多岩的沟壑深谷，高可至海拔 3 000 m。结大群栖居且常与家麻雀混群；主要以草籽、谷物、浆果和昆虫等为食；5 月开始繁殖，年产 2 ～ 3 窝，窝卵数 4 ～ 7 枚。

地理分布：国内 2 个亚种，均为留鸟。新疆亚种（*P. p. intermedia*）分布于新疆西北部的天山及喀什地区；北方亚种（*P. p. brevirostris*）分布于青海东部、甘肃东南、四川西北部及内蒙古东部呼伦池。后者在秦岭地区边缘性分布于甘肃兰州、合作、碌曲、玛曲。

种群数量：不常见。

保护措施：无危 / CSRL；未列入 / IRL，PWL，CITES，CRDB。

545. 褐翅雪雀 Tibetan Snowfinch （*Montifringilla adamsi*）

鉴别特征： 体大（17 cm）的壮实而形长的雪雀。雌雄同色，甚似白斑翅雪雀但头及上体褐色较重，飞行及休息时两翼可见的白色较少。翼肩具近黑色的小点斑。虹膜褐色，嘴黑（繁殖期）或黄而端黑，脚黑色。

生态习性： 主要栖息于海拔 3 000 ～ 4 500 m 的高山草甸或荒漠，夏季可在 5 000 m 以上的高山。求偶时炫耀飞行似蝴蝶。于地面取食，常至村庄附近的耕地。冬季结成大群。繁殖资料缺乏。

◎ 褐翅雪雀 – 于晓平　摄

地理分布： 国内 2 个亚种，均为留鸟。指名亚种（*M. a. adamsi*）分布于西藏、青海东南部和四川西部；南山亚种（*M. a. xerophila*）分布于新疆东南部、青海北部及东部的阿尔金山、柴达木盆地及祁连山。指名亚种在秦岭地区边缘性分布于甘肃碌曲、玛曲。

种群数量： 不常见。

保护措施： 无危 / CSRL；未列入 / IRL，PWL，CITES，CRDB。

◎ 褐翅雪雀 – 于晓平　摄

546. 白腰雪雀 White-rumped Snowfinch （*Montifringilla taczanowskii*）

鉴别特征：体型略大（17 cm）的灰色雪雀。雌雄同色。上背具浓密的杂斑，眼先黑色。成鸟较其他雪雀色淡，腰具特征性的白色大块斑；幼鸟多沙褐色，腰无白色。虹膜褐色，嘴角质色或黄色、嘴端黑色，脚黑色。

生态习性：栖于 3 000 ～ 5 000 m 的高原草甸、裸岩地带，常与其他雪雀类混群；主要以昆虫、植物种子等为食；繁殖期 4 ～ 8 月，窝卵数 4 ～ 6 枚。

地理分布：中国特有种，无亚种分化。留鸟见于西藏、青海东部及甘肃西南部祁连山和四川的北部及西部岷山。秦岭地区边缘性分布于甘肃碌曲、玛曲。

种群数量：不常见。

保护措施：无危 / CSRL；未列入 / IRL，PWL，CITES，CRDB。

◎ 白腰雪雀 – 于晓平　摄

◎ 白腰雪雀（雏鸟）– 于晓平　摄

◎ 棕颈雪雀 – 于晓平　摄

547. 棕颈雪雀 Rufous-necked Snowfinch （*Montifringilla ruficollis*）

鉴别特征： 中等体型（15 cm）的褐色雪雀。雌雄同色。上体灰褐色，颈侧、枕部具明显的棕色，具黑色贯眼纹。成鸟头部图纹特别，髭纹黑，颏及喉白，颈背及颈侧较所有其他雪雀的栗色均重，覆羽羽端白色。虹膜褐色，嘴黑色（成鸟）或偏粉色，嘴端深色（幼鸟），脚黑色。

生态习性： 栖息于海拔 2 500 ～ 5 400 m 的高山草甸、荒漠和裸岩；主要以草籽和昆虫为食；繁殖期 4 ～ 8 月，窝卵数 4 ～ 5 枚。

◎ 棕颈雪雀（当年幼鸟）– 廖小青　摄

地理分布： 中国特有种。国内 2 个亚种，均为留鸟。青海亚种（*M. r. isabellina*）分布于昆仑山东部、阿尔金山至祁连山西部；指名亚种（*M. r. ruficollis*）分布于甘肃南部、西藏、青海南部和四川西部。后者在秦岭地区边缘性分布于甘肃碌曲、玛曲。

种群数量： 不常见。

保护措施： 无危 / CSRL；未列入 / IRL，PWL，CITES，CRDB。

（七十一）梅花雀科 Estrildidae

小型鸣禽。喙圆锥形，有鲜明色彩；体羽色彩华丽，有白斑；尾尖而长；栖息于林中，巢很大、出入口开于侧面；主要以植物种子为食。秦岭地区仅 1 种——白腰文鸟。

548. 白腰文鸟 White-rumped Munia （*Lonchura striata*）

鉴别特征： 中等体型（11 cm）的文鸟。雌雄同型，上体深褐，特征为具尖形的黑色尾，腰白，腹部皮黄白，背上有白色纵纹；下体具细小的皮黄色鳞状斑及细纹；亚成鸟色较淡，腰皮黄色。虹膜褐色，嘴及脚灰色。

生态习性： 栖息于低海拔的林缘、次生灌丛、农田及花园；主要以稻谷为食，也吃一些草籽和昆虫；繁殖期 3 ～ 9 月，窝卵数 4 ～ 7 枚。

地理分布： 国内 2 个亚种，均为留鸟。华南亚种（*L. s. swinhoei*）分布于陕西南部、河南、云南、四川、重庆、江西、浙江、台湾等；云南亚种（*L. s .subsquamicollis*）分布于云南西部和南部、西藏东南部、海南。前者在秦岭地区分布于陕西秦岭南坡城固、洋县、佛坪、石泉、汉阴、西乡、安康（2015 年 12 月首次发现该物种越过秦岭成小群活动于蓝田县秦岭北麓）；河南董寨、桐柏山、信阳（南湾水库）。

种群数量： 地方性常见。

保护措施： 无危 / CSRL；未列入 / IRL，PWL，CITES，CRDB。

◎ 白腰文鸟 - 于晓平　摄

◎ 白腰文鸟 - 廖小青　摄

（七十二）燕雀科 Fringillidae

体形中小型。喙强而尖长，嘴峰直；鼻孔卵圆形；翼及尾均黑色，翼长，有醒目的白色"肩"斑和棕色的翼斑，且初级飞羽基部具白色点斑；尾微呈叉状；跗跖部短而强健，粉褐色；于落叶混交林及林地、针叶林林间空地越冬。秦岭地区 27 种。

549. 燕雀 Brambling （*Fringilla montifringilla*）

鉴别特征： 中等体型（16 cm）而羽纹分明的雀。成年雄性胸部棕色，头及颈背黑色，背部近黑色，下体白色。虹膜褐色，嘴黄而端黑，脚粉褐。

生态习性： 冬季常见于秦岭地区的混交林、人工林、居民点附近的果园等处；除繁殖期间成对活动外，其他季节多成群，尤其是迁徙期间常集成大群，晚上多在树上过夜；主要以草籽、果实、种子等为食，尤爱杂草种子；繁殖期 5～7 月，窝卵数 5～7 枚。

地理分布： 无亚种分化。繁殖于东北北部，迁徙时途经除宁夏、青海、西藏、海南外其他省份。秦岭地区见于甘肃天水、榆中（冬候鸟）、文县（居留型不详）；陕西秦岭南北坡各县（冬候鸟）；河南董寨、桐柏山、伏牛山、信阳（旅鸟）。

种群数量： 季节性常见。秦岭北坡的关中平原数量较少，数十只至上百只不等；南坡的汉江河谷沿岸人工林地内可见数百只甚至上千只的越冬群体停歇于高大乔木的冠部。

保护措施： 无危 / CSRL；未列入 / IRL，PWL，CITES，CRDB。

◎ 燕雀（幼鸟）– Kees van Achterberg 摄

◎ 燕雀 – 田宁朝 摄　　◎ 燕雀（初生幼鸟）– 廖小青 摄

550. 金翅雀 Oriental Greenfinch （*Carduelis sinica*）

鉴别特征：小型（13 cm）黄、灰及褐色雀鸟。成体雄鸟冠部、颈背灰色，背部纯褐，翼斑、外侧尾羽基部及臀部黄色；雌鸟色暗。虹膜深褐，嘴偏粉，脚粉褐。

生态习性：常单独或成对，但冬季成群活动；飞翔迅速，两翅扇动甚快并伴有悦耳的"啾啾"鸣叫声；主要以植物果实、种子、草籽等为食；繁殖期 3～8 月，年产 2～3 窝，窝卵数 4～5 枚。

地理分布：国内有 3 个亚种，多为留鸟。东北南部亚种（*C. s. ussuriensis*）留鸟见于黑龙江、吉林、辽宁、河北北部、内蒙古东北部；指名亚种（*C. s. sinica*）留鸟见于华北、西北、华中至华南地区；台湾亚种（*C. s. kawarahiba*）越冬或迁徙途经台湾。指名亚种在秦岭地区广布于甘肃陇南山地、甘南高原；陕西秦岭南北坡各县；河南三门峡市、南阳市、信阳市各县。

种群数量：较为常见。

保护措施：无危 / CSRL；未列入 / IRL，PWL，CITES，CRDB。

注：本种的东北北部亚种（*C. s. chaborovi*）（郑作新，2000）被并入东北南部亚种（郑光美，2005）。

◎ 金翅雀（幼鸟）– 田宁朝　摄

◎ 金翅雀（卵）– 廖小凤　摄

◎ 金翅雀 – 廖小青　摄

◎ 黄嘴朱顶雀 – 于晓平　摄

551. 黄嘴朱顶雀 Twite（*Carduelis flavirostris*）

鉴别特征： 体小（13 m）褐色具纵纹的雀鸟。腰粉红或近白。与其他朱顶雀的区别在头顶无红色点斑，体羽色深而多褐色，尾较长，叫声也不同。虹膜深褐，嘴黄色，脚近黑。

生态习性： 通常栖息于 2 500 ～ 5 000 m 的沟谷灌丛、山边坡地、高寒草甸和农田及村落环境；性喜群居；飞行快速而有起伏但不颠簸，取食多在地面；繁殖期成对活动，主要营巢于矮小灌木，窝卵数 4 ～ 7 枚。

◎ 黄嘴朱顶雀（当年幼鸟）– 于晓平　摄

地理分布： 国内有 4 个亚种，均为留鸟。北疆亚种（*C. f. korejevi*）留鸟见于新疆北部；南疆亚种（*C. f. montanella*）留鸟见于新疆南部；藏南亚种（*C. f. rufostrigata*）留鸟见于西藏；青海亚种（*C. f. miniakensis*）留鸟见于宁夏、甘肃西北部、内蒙古西部、青海等地区，新疆及四川西部。青海亚种在秦岭地区边缘性分布于甘肃文县、莲花山、临潭、卓尼、迭部、碌曲、玛曲。

种群数量： 地区性常见。

保护措施： 无危 / CSRL；未列入 / IRL，PWL，CITES，CRDB。

◎ 黄雀（雄）– 田宁朝　摄

552. 黄雀 Eurasian Siskin （*Carduelis spinus*）

鉴别特征：体型甚小（11 cm）的雀鸟。偏粉色的嘴峰较短。成体雄性冠部及颏部黑色，头侧、腰及尾基亮黄色，翼上具显著的黑、黄色条纹；雌鸟色暗多纵纹，顶冠无黑色。虹膜深褐，嘴粉色，脚黑色。

生态习性：栖息环境比较广泛，无论山区或平原都可见到；食物随季节和地区不同而有变化；繁殖期 5 ～ 6 月，窝卵数 4 ～ 5 枚。

地理分布：无亚种分化。繁殖于中国东北，迁徙时途经除宁夏、青海、西藏、云南、海南外的其他省份，于华南地区越冬。秦岭地区仅记录于陕西太白、佛坪（旅鸟）；河南伏牛山、信阳（旅鸟）。

◎ 黄雀（雌）– 田宁朝　摄

种群数量：较为常见。

保护措施：无危 / CSRL；未列入 / IRL，PWL，CITES，CRDB。

553. 藏黄雀 Tibetan Serin （*Carduelis thibetana*）

鉴别特征： 体小（12 cm）的绿黄色似金丝雀的雀鸟。繁殖期雄鸟纯橄榄绿色，眉纹、腰及腹部黄色；雌鸟暗绿，上体及两胁多纵纹，臀近白；幼鸟似成年雌鸟但色暗淡且多纵纹。虹膜褐色，嘴角质褐至灰色，脚肉褐色。

生态习性： 栖息于海拔 2 800 ～ 4 000 m 的高山针叶林、灌丛地带；成群在地面觅食。繁殖资料缺乏。

地理分布： 无亚种分化。留鸟见于西藏南部及东南部、云南西北部、四川西南部。秦岭地区仅记录于甘肃宕昌、文县（南河，留鸟）。

种群数量： 偶见。

保护措施： 无危 / CSRL；未列入 / IRL，PWL，CITES，CRDB。

◎ 藏黄雀（雄）– 李旸　摄

554. 林岭雀 Plain Mountain Finch （*Leucosticte nemoricola*）

鉴别特征：中等体型（15 cm）似麻雀的褐色岭雀。雌雄同色。具浅色眉纹和乳白色翼斑，凹形尾无白色。与高山岭雀的区别在头色较浅，腰部羽的羽端无粉红色。虹膜深褐，嘴角质色，脚灰色。

生态习性：栖于 3 000 ～ 5 200 m 的高山草甸、裸岩带，冬季下至海拔 1 800 m 处；陕西秦岭地区见于海拔 3 000 m 以上的高山草甸裸岩带，冬季向较低海拔地区移动。繁殖生物学资料缺乏。

地理分布：国内分化为 2 个亚种，均为留鸟。新疆亚种（*L. n. altaica*）留鸟见于新疆北部和西部、西藏西部；指名亚

◎ 林岭雀（幼鸟）– 聂延秋　摄

种（*L. n. nemoricola*）留鸟见于陕西南部、甘肃、内蒙古、青海、西藏南部、云南西北部、四川、重庆。后者在秦岭地区见于甘肃卓尼、碌曲、舟曲；陕西城固、佛坪、太白。

种群数量：常见。

保护措施：无危 / CSRL；未列入 / IRL，PWL，CITES，CRDB。

◎ 林岭雀（雄）– 聂延秋　摄

◎ 高山岭雀 – 张岩　摄

555. 高山岭雀 Brandt's Mountain Finch （*Leucosticte brandti*）

鉴别特征： 体型略大（18 cm）的高海拔岭雀。头部色深，腰偏粉色。与林岭雀外形及羽色均相似，但头顶色甚深，颈背及上背灰色，覆羽明显为浅色，腰偏粉色；较任何雪雀的色彩都深。虹膜深褐，嘴灰色，脚深褐。

生态习性： 喜高海拔的多岩、碎石地带及多沼泽地区，分布较林岭雀为高，夏季栖息于海拔 4 000 ～ 6 000 m、冬季下至海拔 3 000 m 处，结大群，有时与雪雀混群。

地理分布： 国内有 7 个亚种。指名亚种（*L .b. brandti*）留鸟见于新疆西北部；疆西亚种（*L. b. pamirensis*）留鸟见于新疆西部；南疆亚种（*L. b. pallidior*）留鸟见于甘肃西北部、新疆南部、青海北部；青海亚种（*L. b. intermedia*）留鸟见于甘肃西北部、青海南部；西藏亚种（*L. b. haematopygia*）留鸟见于西藏西部、青海南部；藏南亚种（*L. b. audreyana*）留鸟见于西藏南部、青海南部；四川亚种（*L. b. walteri*）留鸟或夏候鸟见于西藏东部、云南北部和四川。青海亚种在秦岭地区边缘性分布于甘肃碌曲、玛曲。

种群数量： 不常见。

保护措施： 无危 / CSRL；未列入 / IRL，PWL，CITES，CRDB。

注： Clement et al.（1993）仅认可其中的 5 个亚种。

◎ 拟大朱雀（雄）– 于晓平　摄

556. 拟大朱雀 Streaked Rosefinch （*Carpodacus rubicilloides*）

鉴别特征： 体型甚大（19 cm）而壮实的朱雀。嘴大，两翼及尾长。繁殖期雄鸟的脸、额及下体深红，顶冠及下体具白色纵纹，颈背及上背灰褐而具深色纵纹，仅略沾粉色，腰粉红；雌鸟灰褐而密布纵纹。虹膜深褐，嘴角质粉色，脚近灰。

生态习性： 栖于 3 700 ～ 5 100 m 的裸岩地带及有稀疏矮树丛的草甸，冬季见于村庄附近的棘丛，惧生且隐秘，飞行迅速且多跳跃，常与其他朱雀混群。繁殖生物学资料缺乏。

地理分布： 国内有 2 个亚种。藏南亚种（*C. r. lucifer*）留鸟见于西藏南部；指名亚种（*C. r. rubicilloides*）留鸟见于内蒙古西部、甘肃南部、新疆西北部、西藏、青海、云南西北部、四川西部和北部，越冬于云南西北部。后者在秦岭地区边缘性分布于甘肃卓尼、舟曲、迭部、碌曲。

◎ 拟大朱雀（雌）– 于晓平　摄

种群数量： 不常见。

保护措施： 无危 / CSRL；未列入 / IRL，PWL，CITES，CRDB。

557. 暗色（胸）朱雀 Dark-breasted Rosefinch （*Carpodacus nipalensis*）

鉴别特征：体型略小（15.5 cm）的深色朱雀。颈背及上体深褐而染绯红。雄鸟额、眉纹、脸颊及耳羽鲜亮粉色，与棕朱雀及酒红朱雀的区别为额粉红，嘴较细，眉纹不伸至眼前，胸暗色；雌鸟为甚单一的灰褐色，具两道浅色的翼斑，与棕朱雀的区别在无浅色眉纹。虹膜褐色，嘴灰角质色，脚粉褐。

生态习性：惧生而活跃，栖于林线附近的针叶林及杜鹃灌丛，有时成单性别群或与红眉松雀混群。繁殖生物学资料缺乏。

地理分布：国内仅指名亚种（*C. n. nipalensis*）留鸟见于西藏南部、东部、

◎ 暗色（胸）朱雀（雌）– 周文波　摄

甘肃东南部、云南西北部和东南部、四川、重庆。秦岭地区边缘性分布于甘肃舟曲。

种群数量：常见。

保护措施：无危 / CSRL；未列入 / IRL，PWL，CITES，CRDB。

◎ 暗色（胸）朱雀（雄）– 周文波　摄

558. 棕朱雀 Dark-rumped Rosefinch （*Carpodacus edwardsii*）

鉴别特征：中等体型（16 cm）的深色朱雀。眉纹显著。雄鸟深紫褐色，眉纹、喉、颏浅粉色，腰色深，且翼上无白色而有别于其他的深色朱雀；雌鸟上体深褐，下体皮黄，眉纹浅皮黄，具浓密的深色纵纹，尾略凹。虹膜褐色，嘴角质色，脚褐色。

生态习性：栖息于 3 000 ~ 4 200 m 的高山针叶林及灌丛；秋冬季节喜集群；主要以草籽和植物种子为食，也吃少量昆虫；繁殖期 6 ~ 8 月，窝卵数 4 枚。

地理分布：国内有 2 个亚种，均为留鸟。藏南亚种（*C.e.rubicunda*）留鸟见于西藏南部；指名亚种（*C.e.edwardsii*）留鸟见于甘肃南部、云南西部和西北部、四川、重庆。后者在秦岭地区边缘性分布于甘肃文县、舟曲。

种群数量：罕见或仅为地区性常见。

保护措施：无危 / CSRL；未列入 / IRL，PWL，CITES，CRDB。

◎ 棕朱雀（雄）- 赵一丁　摄

◎ 沙色朱雀（雄）– 白皓天　摄

559. 沙色朱雀 Pale Rosefinch （*Carpodacus synoicus*）

鉴别特征：中等体型（15 cm）的浅色无纵纹朱雀。雄鸟上体浅褐，下体较淡，脸部的粉色渐至胸部而变淡，腰浅粉色。虹膜褐色，嘴及脚皮黄。

生态习性：主要栖息于 2 000 ～ 4 000 m 的荒漠、草原地带；植食性为主，育雏期食少量昆虫；繁殖期 5 ～ 8 月。

地理分布：国内 2 个亚种，均为留鸟。新疆亚种（*C. s. stoliczkae*）分布于青海东南部、新疆西部；青海亚种（*C.s.beicki*）分布于甘肃西南部、青海东部。后者在秦岭地区边缘性分布于甘肃兰州。

◎ 沙色朱雀（雌）– 李飏　摄

种群数量：罕见。

保护措施：无危 / CSRL；未列入 / IRL，CITES，CRDB，PWL。

◎ 酒红朱雀（雄）– 廖小青　摄

560. 酒红朱雀 Vinaceous Rosefinch（*Carpodacus vinaceus*）

鉴别特征： 中等偏小体型（15 cm）。较其他朱雀色深。雄鸟通体葡萄酒红色，眉纹及三级飞羽羽端浅粉色；雌鸟橄榄褐色而具深色纵纹，眉纹浅皮黄色，三级飞羽羽端浅皮黄色而有别于暗胸朱雀。虹膜褐色，喙角质色，脚褐色。

生态习性： 栖息于 1 000 m 以上的混交林、针叶林和草甸地带。取食种子、果实等，也吃少量昆虫；繁殖期 5 ～ 7 月，窝卵数 4 ～ 5 枚。

地理分布： 中国特有种，国内有 2 个亚种，均为留鸟。指名亚种（*C. v. vinaceus*）

◎ 酒红朱雀（雌）– 廖小青　摄

分布于陕西南部、宁夏、甘肃南部等地；台湾亚种（*C. v. formosanus*）分布于台湾。前者在秦岭地区见于甘肃卓尼、碌曲、舟曲；陕西周至、华阴、太白、洋县、佛坪。

种群数量： 较常见。

保护措施： 无危 / CSRL；未列入 / IRL，PWL，CITES，CRDB。

561. 红眉朱雀 Beautiful Rosefinch （*Carpodacus pulcherrimus*）

鉴别特征：中等体型（15 cm）的朱雀。
上体褐色斑驳，眉纹、脸颊、胸及腰淡紫粉，
臀近白。雌鸟无粉色，但具明显的皮黄色眉
纹。两性均甚似体型较小的曙红朱雀，但嘴
较粗厚且尾的比例较大。虹膜深褐，嘴浅角
质色，脚橙褐。

生态习性：栖息于 3 600 ～ 4 600 m 的
高山针叶林及高山灌丛，冬季下至较低处；
常单独或成对活动于树枝间或灌丛中，秋冬
季节常成群；主要以草籽为食。繁殖生物学
资料缺乏。

◎ 红眉朱雀（雌）– 于晓平　摄

地理分布：国内有 4 个亚种，均为留鸟。
指名亚种（*C. p. pulcherrimus*）分布于西藏东南部；藏南亚种（*C. p. waltoni*）分布于西藏南部和东部；青
藏亚种（*C. p. argyrophrys*）分布于甘肃中部、南部（武山、兰州、文县、临潭、卓尼、夏河、碌曲、迭部、舟曲）
及西北部、宁夏、四川等地；华北亚种（*C. p. davidianus*）留鸟见于陕西（太白）、山西等地。

种群数量：不常见。

保护措施：无危 / CSRL；未列入 / IRL，PWL，CITES，CRDB。

◎ 红眉朱雀（雄）– 于晓平　摄

562. 白眉朱雀 White-browed Rosefinch（*Carpodacus thura*）

鉴别特征：体型略大（17 cm）而壮硕的朱雀。雄性腰及冠部粉色，浅粉色眉纹后端呈特有白色；雌性腰色深而偏黄，下体均具浓密纵纹。虹膜深褐，嘴角质色，脚褐色。

生态习性：栖息于 2 000 ～ 4 500 m 的高山灌丛、草甸，夏季见于高山及林线灌丛、冬季见于丘陵山坡灌丛，成对或结小群活动，有时与其他朱雀混群；主要以草籽、果实、种子等为食；繁殖期 7 ～ 8 月，窝卵数 3 ～ 5 枚。

地理分布：国内分化为 4 个亚种，均为留鸟。指名亚种（*C. t. thura*）分布于西藏南部和东南部；西南亚种（*C. t. femininus*）分布于青海东南部、西藏东部和南部、云南西北部、四川北部；青海亚种（*C. t. deserticolor*）分布于青海东部和南部；甘肃亚种（*C. t. dubius*）分布于宁夏、甘肃西北部等地区。甘肃亚种在秦岭地区见于甘肃武山、兰州、文县、莲花山、临潭、卓尼、碌曲、玛曲、迭部、舟曲；陕西太白。

种群数量：不常见。

保护措施：无危 / CSRL；未列入 / IRL，PWL，CITES，CRDB。

◎ 白眉朱雀（雄）– 聂延秋　摄

◎（普通）朱雀（雄）– 廖小凤　摄

563.（普通）朱雀 Common Rosefinch（*Carpodacus erythrinus*）

鉴别特征：体型略小（15 cm）似麻雀而头红的朱雀。繁殖期雄鸟头、胸、腰及翼斑多具鲜亮红色；雌鸟无粉红，上体清灰褐色、下体近白。雄鸟与其他朱雀的区别在红色鲜亮。无眉纹，腹白，脸颊及耳羽色深而有别于多数相似种类。虹膜深褐，嘴灰色，脚近黑。

生态习性：栖于 1 000 m 以上的亚高山混交林、针叶林和草甸带，常单独、成对或结小群活动；春季以白桦嫩叶、杨树叶芽等为食，夏季以鞘翅目昆虫为主食，秋季则以浆果和各种种子及昆虫为食；繁殖期 5 ～ 7 月，窝卵数 4 ～ 5 枚。

◎（普通）朱雀（幼鸟）– 田宁朝　摄

地理分布：国内有 2 个亚种，常见的留鸟及候鸟。东北亚种（*C. e. grebnitskii*）繁殖于中国东北呼伦池及大兴安岭，经中国东部至沿海省份及南方低地越冬；普通亚种（*C. e. roseatus*）广泛分布于新疆西北部及西部，整个青藏高原及其东部外缘至宁夏、湖北及云南北部，且越冬在中国西南的热带山地。后者在秦岭地区见于甘肃武山、兰州、天水、武都、莲花山、夏河、临潭、卓尼、碌曲、玛曲、迭部、舟曲；河南信阳（亚种不详，旅鸟）。

种群数量：常见。

保护措施：无危 / CSRL；未列入 / IRL，PWL，CITES，CRDB。

564. 北朱雀 Pallas's Rosefinch（*Carpodacus roseus*）

鉴别特征：中等大小（16 cm）而体型矮胖的朱雀。大体粉红色，额和喉具银白色的鳞状羽。两翼和尾均为深褐色并镶以粉红色边，翼上有两道淡粉红色的横斑。雌鸟的头顶及下体为棕黄色，并具黑色的干纹。虹膜褐色，嘴近灰，脚褐色。

生态习性：繁殖季节栖息于较高海拔的针叶林及高山灌丛，冬季下降至 2 500 m 针叶林下缘；喜集群，多以家族群迁徙；主要以各种野生植物的果实、种子和幼芽等为食，也吃谷物种子等。

地理分布：国内仅指名亚种（*C. r. roseus*）越冬于中国北部及东部，南抵江苏，西至甘肃，秦岭地区分布于甘肃兰州、天水、武山、武都、文县、卓尼、玛曲、舟曲（旅鸟）；陕西佛坪、周至、洋县（冬候鸟）；河南信阳（冬候鸟）。

种群数量：不常见。

保护措施：无危 / CSRL；未列入 / IRL，PWL，CITES，CRDB。

◎ 北朱雀 – 张岩　摄

565. 斑翅朱雀 Three-banded Rosefinch （*Carpodacus trifasciatus*）

鉴别特征：中等偏大体型（18 cm）。具两道显著的浅色翼斑，肩羽边缘及三级飞羽外侧的白色形成特征性第三道"条带"。雄鸟脸偏黑，头顶、颈背、胸、腰及下背深绯红；雌鸟及幼鸟上体深灰，满布黑色纵纹，虹膜褐色，嘴角质色，脚深褐。

生态习性：活动于海拔 1 800～3 000 m 以上的高山针叶阔叶混交林和针叶林。单独或成对活动，善于在地上奔跑，较少鸣叫；主要以高山草本植物的种子为食，也吃昆虫。繁殖生物学资料缺乏。

地理分布：中国特有种，无亚种分化。留鸟见于陕西南部（太白、留坝、宁强）、甘肃（文县、卓尼）、西藏东部、云南西北部。

种群数量：极罕见。

保护措施：无危 / CSRL；未列入 / IRL，PWL，CITES，CRDB。

◎ 斑翅朱雀（雌）– 田宁朝　摄

◎ 斑翅朱雀（雄）– 朱雷　摄

◎ 红胸朱雀（雄）– 董磊（西南山地）　摄

566. 红胸朱雀 Red-fronted Rosefinch （*Carpodacus puniceus*）

鉴别特征： 体型甚大（20 cm）而健壮的朱雀。嘴甚长，繁殖期雄鸟眉纹红色，眉线短而绯红，颏至胸绯红，腰粉红，眼纹色深；雌鸟无粉色，腰黄色，上、下体均具浓密纵纹。虹膜深褐，嘴偏褐，脚褐色。

生态习性： 栖息于 3 000 ～ 5 700 m 的高山灌丛、草甸、裸岩甚至雪线以上，是古北界繁殖海拔最高的鸟类；主要以植物种子、果实等为食。繁殖生物学资料缺乏。

◎ 红胸朱雀（雌）– 董磊（西南山地）　摄

地理分布： 国内分化为 5 个亚种，均为留鸟。指名亚种（*C. p. puniceus*）分布于西藏南部和东部、四川西北部；疆西亚种（*C. p. kilianensis*）分布于新疆西南部；西南亚种（*C. p. sikiangensis*）分布于四川西南部及云南西北部；四川亚种（*C. p. szetchuanus*）分布于甘肃东南部及四川北部；青海亚种（*C. p. longirostris*）分布于青海东北部、甘肃西北部、四川北部和西部。四川亚种在秦岭地区边缘性分布于甘肃陇南山地。

种群数量： 罕见。

保护措施： 无危 / CSRL；未列入 / IRL，PWL，CITES，CRDB。

567. 赤朱雀 Blanford's Rosefinch （*Carpodacus rubescens*）

鉴别特征：中等体型（15 cm）而色深的朱雀。雄鸟多绯红色，无眉纹，具两道红色的翼斑，背及顶冠紫栗色，头顶、上背或胸上无纵纹；雌鸟单一暖灰褐色，下体无纵纹。与所有其他朱雀的区别在下体无纵纹。虹膜褐色，嘴灰色，脚烟褐。

生态习性：在高山灌丛、草甸带繁殖，冬季下至针叶林或混交林；以杂草种子为食；常营巢于高山多岩山谷中。

地理分布：无亚种分化。不常见留鸟于甘肃南部（文县）、西藏南部和东部及四川西部等地区。

种群数量：稀少。

保护措施：无危 / CSRL；未列入 / IRL，PWL，CITES，CRDB。

◎ 赤朱雀（雄）– 唐军（西南山地）　摄

568. 红交嘴雀 Red Crossbill（*Loxia curvirostra*）

鉴别特征：中等体型（16 cm）的雀。近黑色的嘴峰上下侧交。雄性体色从橘黄、玫瑰红到猩红色而带黄色调；雌鸟体色呈橄榄绿。虹膜深褐，嘴及脚近黑色。

生态习性：栖息于寒温针叶林带的各种林型中，冬季游荡且部分鸟结群迁徙；秦岭地区在较高海拔（2 500 m 左右）的针叶林中（尤喜松林）活动。飞行迅速而呈波浪状，倒悬觅食落叶松种子；7 月中旬开始繁殖，窝卵数 3 ～ 5 枚。

地理分布：国内分化为 4 个亚种。指名亚种（*L. c. curvirostra*）越冬于青海；新疆亚种（*L. c. tianschanica*）留鸟见于新疆西部；东北亚种（*L. c. japonica*）留鸟见于东北、华北、西北（包括陕西）；青藏亚种（*L. c. himalayensis*）留鸟见于青海、西藏南部、四川，越冬于云南西北部和东南部。青藏亚种秦岭地区偶见于甘肃兰州（旅鸟）；陕西洋县、宁陕、周至（旅鸟）。

种群数量：偶见。

保护措施：无危 / CSRL；未列入 / IRL，PWL，CITES，CRDB。

◎ 红交嘴雀（雌）－廖小青　摄

◎ 红交嘴雀（幼鸟）－廖小凤　摄

◎ 红交嘴雀（雄）－廖小青　摄

◎ 长尾雀（雄）– 张岩　摄

569. 长尾雀 Long-tailed Rosefinch （*Uragus sibiricus*）

鉴别特征：中等体型（17 cm）而尾长的雀鸟。嘴甚粗厚。繁殖期雄鸟脸、腰及胸粉红，额及颈背苍白，两翼多具白色，上背褐色而具近黑色且边缘粉红的纵纹；雌鸟具灰色纵纹，腰及胸棕色。虹膜褐色，嘴浅黄，脚灰褐。

生态习性：多见于低矮灌丛、柳丛、蒿草丛和公园、苗圃；成鸟常单独或成对活动，幼鸟结群，取食似金翅雀。

地理分布：国内分化为 4 个亚种。指名亚种（*U. s. sibiricus*）见于中国西北及东北、西至山西（庞泉沟），越冬在天山；

◎ 长尾雀（雌）– 张岩　摄

东北亚种（*U. s. ussuriensis*）于中国东北部以南为候鸟或旅鸟；秦岭亚种（*U. s. lepidus*）分布于陕西秦岭周至、太白（留鸟），甘肃武山、天水、兰州及以南地区（冬候鸟）、卓尼、迭部、舟曲（旅鸟）至西藏东部；西南亚种（*U. s. henrici*）留鸟见于四川、云南西部及西藏东南部。

种群数量：地方性常见。

保护措施：无危 / CSRL；未列入 / IRL，PWL，CITES，CRDB。

◎ 灰头灰雀（雄）– 廖小青　摄　　　　　　　　　　　　　◎ 灰头灰雀（雌）– 于晓平　摄

◎ 灰头灰雀 – 于晓平　摄

570. 灰头灰雀 Gray-headed Bullfinch （*Pyrrhula erythaca*）

鉴别特征： 体大（17 cm）而显壮实的灰雀。近黑色的嘴厚实略带钩，成体头灰色，雄性胸及腹部深橘红色、雌性下体及背部暖褐色，飞行时白色腰部及灰白色翼斑清晰可见。虹膜深褐，嘴黑色，脚粉褐。

生态习性： 栖息于 1 500 ～ 4 000 m 的混交林、针叶林及高山灌丛、草甸带；冬季成小群活动，可至海拔 1 100 m 的阔叶林活动，不甚惧人。繁殖生物学资料缺乏。

地理分布： 国内分化为 2 个亚种，均为留鸟。指名亚种（*P. e. erythaca*）地区性常见留鸟于喜马拉雅山脉至中国中部；台湾亚种（*P. e. owstoni*）留鸟见于台湾。前者在秦岭地区分布于甘肃、兰州、天水、舟曲、迭部、卓尼；陕西佛坪、周至、太白、宁陕、石泉、长安。

种群数量： 较为常见。

保护措施： 无危 / CSRL；未列入 / IRL，PWL，CITES，CRDB。

571. 黑头蜡嘴雀 Japenese Grosbeak（*Eophona personata*）

鉴别特征：体型大（20 cm）而肥胖的雀。雌雄同色而具硕大的黄色嘴峰，具与黑尾蜡嘴雀近似的黑色头罩。虹膜深褐，嘴黄色，脚粉褐。

生态习性：主要栖息于平原和丘陵的溪边灌丛、草丛和次生林；迁徙季节偶见于秦岭地区；除繁殖期外多集群活动；主要以植物性食物为食，繁殖期也吃昆虫；繁殖期 5～7 月，窝卵数 4～5 枚。

地理分布：国内分化为 2 个亚种。指名亚种（*E. p. personata*）于中国东南部（福建、台湾）越冬或为旅鸟；东北亚种（*E. p. magnirostris*）繁殖于东北北部，迁徙时途经东北、华北（河南信阳、伏牛山），西北的陕西汉阴、安康（旅鸟），甘肃西河（旅鸟），西南的贵州、四川、重庆、华东，至东南和华南越冬。

种群数量：不甚常见。

保护措施：无危 / CSRL；未列入 / IRL，PWL，CITES，CRDB。

◎ 黑头蜡嘴雀 – 黄河　摄

572. 黑尾蜡嘴雀 Yellow-billed Grosbeak （*Eophona migratoria*）

鉴别特征：体大（17 cm）而显敦实的雀，巨嘴黄色端黑。雄鸟繁殖期具黑色头罩，体灰，两翼近黑；雌性头部黑色少。虹膜褐色，嘴深黄而端黑，脚粉褐。

生态习性：树栖性，性活泼而大胆，不甚怕人；活动于林缘疏林、河谷、果园、城市公园以及农田地边和庭院中的树上，主要以种子、果实、草籽等为食，也吃部分昆虫；繁殖期5～7月，窝卵数3～7枚。

地理分布：国内分化为2个亚种。指名亚种（*E. m. migratoria*）繁殖于中国东北，迁徙时途经除宁夏、

◎ 黑尾蜡嘴雀（雌）– 于晓平　摄

青海、新疆、西藏、海南之外的其他省份；长江亚种（*E. m. sowerbyi*）夏候鸟分布于华中和西南山地，越冬于华南和东南。前者在秦岭地区见于陕西洋县、佛坪、长安、西安浐灞生态区（冬候鸟或旅鸟）；河南董寨、伏牛山、桐柏山、信阳（旅鸟）。

种群数量：常见。

保护措施：无危 / CSRL；未列入 / IRL，PWL，CITES，CRDB。

◎ 黑尾蜡嘴雀（雄）– 于晓平　摄

◎ 锡嘴雀 – 黄河　摄

573. 锡嘴雀 Hawfinch（*Coccothraustes coccothraustes*）

鉴别特征：体大（17 cm）而略显肥胖的偏褐色雀。具有特粗大的角质近黑色的嘴，白色肩斑醒目，成体具狭窄的黑色眼罩。两翼尖而末端极度弯曲，闪灰蓝黑色光泽。尾端白色部分狭窄。虹膜褐色，脚粉褐。

生态习性：主要栖息于低山、丘陵和平原等地；喜安静而警戒心强，多单独或成对活动，非繁殖期则喜结群；主要以植物果实、种子为食，也吃昆虫；繁殖期 5 ～ 7 月，窝卵数 3 ～ 7 枚。

地理分布：国内分化为 2 个亚种。指名亚种（*C. c. coccothraustes*）繁殖于中国东北，迁徙时途经除西藏、云南、海南之外的其他省份；日本亚种（*C. c. japonicus*）越冬于福建。前者在秦岭地区分布于甘肃兰州、天水（冬候鸟或旅鸟）；陕西西安、华阴、太白（冬候鸟或旅鸟）。

种群数量：少见。

保护措施：无危 / CSRL；未列入 / IRL，PWL，CITES，CRDB。

574. 白斑翅拟蜡嘴雀 White-winged Grosbeak （*Mycerobas carnipes*）

鉴别特征：体大（23 cm）且头大的黑色和暗黄色雀鸟。嘴厚重。繁殖期雄鸟腰黄、胸黑、三级飞羽及大覆羽羽端点斑黄色，初级飞羽基部白色块斑在飞行时明显易见。虹膜深褐，嘴灰色，脚粉褐。

生态习性：地方性常见于海拔 2 800 ～ 4 600 m 沿林线的冷杉、松树及矮小桧树之上；冬季结群活动，常与朱雀混群；嗑食种子时极吵嚷，甚不惧人。繁殖生物学资料缺乏。

◎ 白斑翅拟蜡嘴雀（雄）– 皇舰　摄

◎ 白斑翅拟蜡嘴雀（雌）– 皇舰　摄

地理分布：仅指名亚种（*M. c. carnipes*）留鸟见于新疆西部（天山、喀什），西藏南部、东南部及东部，甘肃（天水、兰州、莲花山、卓尼、碌曲、舟曲、迭部）、陕西南部（洋县、周至、佛坪、太白）等地区。

种群数量：不甚常见。

保护措施：无危 / CSRL；未列入 / IRL，PWL，CITES，CRDB。

◎ 黄颈拟蜡嘴雀（雄）– 赵一丁　摄

575. 黄颈拟蜡嘴雀 Collared Grosbeak（*Mycerobas affinis*）

鉴别特征：体大（22 cm）、头大、嘴特大的黑黄色雀鸟。成年雄鸟头、喉、两翼、尾黑色，其余部位黄色；雌鸟头、喉灰，覆羽、肩及上背暗灰黄。与所有其他中国的蜡嘴雀的区别为颈背、领环黄色。虹膜深褐，嘴绿黄，脚橘黄。

生态习性：栖息于 2 700 ～ 4 000 m 林线附近的混交林和针叶林，冬季移往较低处；常单独或成对活动，秋冬季节成群；主要以树木和灌木种子、果实、浆果等为食，也吃昆虫和昆虫幼虫等。繁殖生物学资料缺乏。

地理分布：无亚种分化。留鸟见于西藏东南部、云南东北部、四川西部及甘肃西南部。秦岭地区边缘性分布于甘肃莲花山、卓尼、临潭（夏候鸟）。

种群数量：不常见。

保护措施：无危 / CSRL；未列入 / IRL，PWL，CITES，CRDB。

（七十三）鹀科 Emberizidae

　　小型鸣禽。喙短粗呈圆锥形；食性、行为、羽色变化较大；雌雄同色或异色，体色多似麻雀；尾长而外侧尾羽内侧白色；飞行时闪烁可见；常在灌丛、草地觅食植物种子；非繁殖期成群活动；见于世界各地。曾作为雀科的亚科——鹀亚科（Emberizinae），现独立成科，种类较多。秦岭地区16种。

576. 白头鹀 Pine Bunting （*Emberiza leucocephalos*）

　　鉴别特征：小型（17 cm）鸣禽。头顶黄褐杂以栗褐色羽干纹，头正中具明显的白色块斑，眉纹土黄，耳羽土褐，胸部具显著纵纹。虹膜深褐，嘴灰蓝，喙为圆锥形，脚粉褐。

　　生态习性：栖息于林缘、林间空地和火烧过或砍伐过的针叶林或混交林下灌丛；植食性为主；年产2窝，窝卵数4枚。

　　地理分布：国内有2个亚种。指名亚种（*E. l. leucocephalos*）分布于黑龙江、河北、陕西、甘肃南部和新疆等大部分地区；青海亚种（*E. l. fronto*）见于甘肃、青海。秦岭地区记录于甘肃文县（留鸟）；陕西周至、太白、佛坪、华阴（冬候鸟）。

　　种群数量：不常见。

　　保护措施：无危 / CSRL；未列入 / IRL，PWL，CITES，CRDB。

◎ 白头鹀 – 顾磊　摄

◎ 栗鹀 – 周敏军　摄

577. 栗鹀 Chestnut Bunting （*Emberiza rutila*）

鉴别特征： 体型（15 cm）中等。繁殖期雄鸟头、上体及胸栗色而腹部黄色，非繁殖期体色较暗；雌鸟顶冠、上背、胸及两胁具深色纵纹。虹膜深栗褐，嘴偏褐色或角质蓝色，脚淡褐。

生态习性： 栖息于山麓或田间树上以及湖畔或沼泽地的柳林、灌丛或草甸；植食性为主；5 月下旬开始繁殖，窝卵数多为 4 枚。

地理分布： 无亚种分化。除新疆、西藏、青海、海南外见于各省。秦岭地区见于甘肃文县（留鸟）；陕西安康（旅鸟）；河南董寨（旅鸟）。

种群数量： 不常见。

保护措施： 无危 / CSRL；未列入 / IRL，PWL，CITES，CRDB。

◎ 黄胸鹀 – 张海华　摄

578. 黄胸鹀 Yellow-breasted Bunting（*Emberiza aureola*）

鉴别特征：小型（15 cm）鹀类。繁殖期雄鸟顶冠及颈背栗色，脸及喉黑，翼角具白色横纹；雌鸟顶纹浅沙色，两侧有深色的侧冠纹。虹膜深栗褐，上嘴灰色、下嘴粉褐，脚淡褐。

生态习性：栖息于低山丘陵和开阔平原地带的灌丛、草甸；主要以昆虫为食，兼食植物性食物；繁殖期 5 ～ 7 月，窝卵数 3 ～ 6 枚。

地理分布：国内有 2 个亚种。指名亚种（*E. a. aureola*）除西藏、海南外见于各省；东北亚种（*E. a. aureola*）除新疆、西藏、青海、云南外见于各省。秦岭地区记录于陕西秦岭南北坡（旅鸟）；河南伏牛山、信阳（旅鸟）。

种群数量：稀少，数量不详。

保护措施：近危 / CSRL；濒危 / IRL；未列入 / PWL，CITES，CRDB。

579. 黄喉鹀 Yellow-throated Bunting （*Emberiza elegans*）

鉴别特征： 中等体型（15 cm）的鹀类。腹白，头部图纹黑色及黄色，具短羽冠。雌鸟色暗，褐色取代黑色，皮黄色取代黄色。虹膜深栗褐，嘴近黑，脚浅灰褐。

生态习性： 栖息于低山丘陵地带的次生林、阔叶林、针阔叶混交林的林缘灌丛；以昆虫及其幼虫为食；繁殖期 5 ～ 7 月，年产 2 窝，窝卵数 5 ～ 6 枚。

地理分布： 国内有 3 个亚种。东北亚种（*E. e. ticehursti*）繁殖于东北、内蒙古，迁徙时途经华北、西北、华中至华南；指名亚种（*E. e.*

◎ 黄喉鹀（雄性幼鸟）- 李飏　摄

elegans）迁徙途经四川中部、福建，于台湾越冬；西南亚种（*E. e. elegantula*）分布于河南南部信阳、伏牛山（留鸟），陕西秦岭南北坡（留鸟），甘肃南部文县、武山、卓尼（留鸟），云南、贵州、四川、湖北和湖南。

种群数量： 常见。

保护措施： 无危 / CSRL；未列入 / IRL，PWL，CITES，CRDB。

◎ 黄喉鹀（雄）- 廖小凤　摄

580. 灰头鹀 Black-faced Bunting（*Emberiza spodocephala*）

鉴别特征： 小型（14 cm）鸣禽。头、颈背和喉灰色。上体浓栗色而带显著黑色纵纹，下体浅黄。虹膜深栗色，上嘴近黑而具浅色边缘，下嘴偏粉而端部色深，脚粉褐。

生态习性： 栖息于山区河谷溪流两岸，平原沼泽地的疏林和灌丛；杂食性；5 月开始繁殖，窝卵数 4 ～ 6 枚。

地理分布： 国内有 3 个亚种。指名亚种（*E. s. spodocephala*）繁殖于中国东北和内蒙古东北部，迁徙途经新疆、西藏外的其他省份；日本亚种（*E. s. personata*）迷鸟见于江苏、浙江、广东和广西；西北亚种（*E. s. sordida*）夏候鸟见于陕西南部、宁夏、甘肃、青海东部，越冬于西南、东南至华南。西北亚种在秦岭地区见于甘肃兰州、武山、天水、文县、康县、卓尼、碌曲、舟曲、迭部（夏候鸟）；陕西秦岭南北坡各县（夏候鸟）；河南信阳（旅鸟？）。

种群数量： 不甚常见。

保护措施： 无危 / CSRL；未列入 / IRL，PWL，CITES，CRDB。

◎ 灰头鹀 – 田宁朝　摄

© 灰眉岩鹀 – 于晓平　摄

581. 灰眉岩鹀 Rock Bunting （*Emberiza godlewskii*）

鉴别特征： 体型（17 cm）较大。头部、喉至胸部浅灰色，侧冠纹、过眼纹红棕色，髭纹黑色。背部栗色而有黑色短纵纹，腹部浅栗色，臀偏白。虹膜深褐色，嘴灰蓝，脚粉褐色。

生态习性： 栖息于裸露的低山丘陵、高山和高原开阔地带的岩石荒坡、草地和灌丛；植食性为主；繁殖期 4～7 月，年产 2 窝，窝卵数 3～5 枚。

地理分布： 国内有 5 个亚种。指名亚种（*E. g. godlewskii*）分布于宁夏北部、甘肃西北部、内蒙古西部、青海、西藏、四川西北部；新疆亚种（*E. g. decolorata*）夏候鸟分布于新疆；青藏亚种（*E. g. khamensis*）留鸟分布于青海南部和东南部、西藏南部和东部、云南西北部、四川西部；西南亚种（*E. g. yunanensis*）留鸟分布于西藏东南部和东北部、云南、贵州西南部、四川、广西；华北亚种（*E. g. omissa*）留鸟分布于辽宁西部、河北、北京、陕西、陕西南部、宁夏、甘肃南部、内蒙古东南部、贵州、四川、重庆。指名亚种在秦岭地区见于兰州（留鸟）；华北亚种见于甘肃文县白水江（留鸟）；陕西秦岭南北坡（留鸟）；河南董寨、伏牛山（留鸟）。

种群数量： 常见。

保护措施： 无危 / CSRL；未列入 / IRL，PWL，CITES，CRDB。

◎ 栗耳鹀 – 张岩　摄

582. 栗耳鹀 Chestnut-eared Bunting （*Emberiza fucata*）

鉴别特征：中等 (16 cm) 体型。繁殖期雄鸟耳羽栗色，顶冠及颈侧灰色；雌鸟色淡，耳羽及腰多棕色，尾侧多白。虹膜深褐，上嘴黑色具灰色边缘、下嘴蓝灰且基部粉红，脚粉红。

生态习性：栖息于山区河谷沿岸草甸、灌丛；植食性为主。

地理分布: 国内有 3 个亚种。指名亚种(*E. f. fucata* ）除青海、新疆、西藏外见于各省；西南亚种（ *E. f. arcuata* ）见于陕西南部、宁夏南部、西藏东南部、云南、四川、重庆、贵州；挂墩亚种（ *E. f. kuatunensis* ）见于福建西北部、广东、台湾。西南亚种在秦岭地

◎ 栗耳鹀 – 廖小青　摄

区分布于甘肃天水、武山、兰州（留鸟）；陕西周至、佛坪、太白、安康（夏候鸟）；河南信阳（旅鸟？）。

种群数量：少见。

保护措施：无危 / CSRL；未列入 / IRL，PWL，CITES，CRDB。

583. 三道眉草鹀 Meadow Bunting （*Emberiza cioides*）

鉴别特征： 体型略大（16 cm）的棕色鹀类。具显著的黑白色头部图纹和栗色胸带，繁殖期雄性脸部具别致的褐色及黑白色羽纹。虹膜深褐，上嘴色深、下嘴蓝灰，脚粉褐。

生态习性： 栖息于高山、丘陵、山谷及平原等地；杂食性，夏季以昆虫为主、冬季以植物性食物为主；5 月开始繁殖，巢呈碗状，窝卵数 4 ~ 5 枚。

地理分布： 国内有 4 个亚种。天山亚种（*E. c. tarbagataica*）留鸟见于新疆北部；指名亚种（*E. c. cioides*）留鸟见于黑龙江北部、甘肃西北部、青海东部、内蒙古东北部和新疆北部；东北亚种（*E. c. weigoldi*）留鸟见于东北、河北东北部、山西西北部、内蒙古东南部；普通亚种（*E. c. castaneiceps*）常见于华北、西北（包括陕西）经西南至华中、华东、东南（包括台湾）和华南。秦岭地区常见于甘肃陇南山地（留鸟）；陕西秦岭南北坡（留鸟）；河南三门峡库区、董寨、桐柏山、伏牛山、信阳（留鸟）。

种群数量： 常见。

保护措施： 无危 / CSRL；未列入 / IRL，PWL，CITES，CRDB。

◎ 三道眉草鹀 – 于晓平 摄

◎ 田鹀（雄）- 张岩　摄

584. 田鹀 Rustic Bunting（*Emberiza rustica*）

鉴别特征：体型略小（14.5 cm）。腹部白色。雄鸟头具黑白色条纹，颈背、胸带、两胁纵纹及腰棕色，略具羽冠；雌鸟颊皮黄色具白斑。虹膜深栗褐，嘴深灰、基部粉灰，脚偏粉色。

生态习性：栖息于平原杂木林、人工林、灌木丛和沼泽草甸；植食性为主；繁殖期5～7月，巢杯状，窝卵数4～6枚。

地理分布：国内仅指名亚种（*E. r. rustica*）分布于黑龙江、陕西、宁夏、甘肃南部等国内大部分地区。秦岭地区分布于甘肃天水以南的

◎ 田鹀（雌）- 张岩　摄

陇南山地（留鸟？）；陕西眉县、西安、华阴、佛坪、太白（冬候鸟）；河南伏牛山、信阳（冬候鸟）。

种群数量：常见。

保护措施：无危 / CSRL；未列入 / IRL，PWL，CITES，CRDB。

585. 白眉鹀 Tristram's Bunting（*Emberiza tristrami*）

鉴别特征：中等体型（15 cm）。头具显著条纹，喉黑，腰棕色而无纵纹。雌鸟色暗，图纹似繁殖期的雄鸟，颜色浅。虹膜深栗褐，上嘴蓝灰、下嘴偏粉色，脚浅褐。

生态习性：栖息于海拔 700～1 100 m 的林下灌丛；食物以昆虫为主，兼食草籽和浆果；繁殖期 5～7 月，窝卵数 4～6 枚。

地理分布：无亚种分化。除宁夏、新疆、西藏、青海、海南外见于各省。秦岭地区见于甘肃兰州（冬候鸟）；陕西宁强（旅鸟）；河南董寨、信阳（冬候鸟或旅鸟）。

种群数量：不常见。

保护措施：无危 / CSRL；未列入 / IRL，PWL，CITES，CRDB。

◎ 白眉鹀（雌）- 张岩　摄

◎ 白眉鹀（雄）- 张海华　摄

◎ 小鹀 – 于晓平　摄

586. 小鹀 Little Bunting （*Emberiza pusilla*）

鉴别特征：小型（13 cm）鸣禽。雌雄同色。头具条纹，冬季雌雄两性耳羽及顶冠纹暗栗色。上体褐色而带深色纵纹，下体偏白。胸及两胁有黑色纵纹。虹膜深红褐，嘴灰色，脚红褐。

生态习性：栖息于泰加林北部开阔的苔原和苔原森林地带；植食性为主，兼食动物性食物；繁殖期 6 ～ 7 月，窝卵数 4 ～ 6 枚。

地理分布：无亚种分化。除西藏外，常见于中国东北、华北、华中和华南地区。秦岭地区常见于甘肃兰州、文县、卓尼、碌曲、舟曲（冬候鸟）；陕西秦岭南北坡各县（冬候鸟）；河南董寨、信阳（冬候鸟）。

种群数量：常见。

保护措施：无危 / CSRL；未列入 / IRL，PWL，CITES，CRDB。

◎ 小鹀（幼鸟）– 于晓平　摄

587. 苇鹀 Pallas's Bunting （*Emberiza pallasi*）

鉴别特征： 体型（14 cm）较小。头黑。雄鸟颈圈白而下体灰，上体具灰及黑色的横斑；雌鸟浅沙皮黄色，头顶、上背、胸及两胁具深色纵纹。上嘴形直，尾较长。虹膜深栗，嘴灰黑，脚粉褐。

生态习性： 栖息于平原沼泽及溪流旁的柳丛、芦苇丛及灌丛；植食性为主，兼食昆虫；繁殖期 5～7 月，在沼泽地近地面的灌木枝上营巢。

地理分布： 国内有 2 个亚种。指名亚种（*E. p. pallasi*）见于宁夏、甘肃西北部、内蒙古西部、新疆；东北亚种（*E. p. polaris*）见于东北、华北、华南等国内大部分地区。秦岭地区见于甘肃兰州（冬候鸟）；陕西周至、白河（旅鸟）。

种群数量： 不常见。

保护措施： 无危 / CSRL；未列入 / IRL，PWL，CITES，CRDB。

◎ 苇鹀 – 张岩　摄

◎ 芦鹀－张岩　摄

588. 芦鹀 Reed Bunting（*Emberiza schoeniclus*）

鉴别特征： 体型（15 cm）略小。具白色下髭纹。繁殖期雄鸟上体多棕色；雌鸟及非繁殖期雄鸟头部的黑色浅淡。头顶及耳羽具杂斑，眉线皮黄。虹膜栗褐，嘴黑色，脚深褐至粉褐。

生态习性： 栖息于平原沼泽地和湖沼沿岸低地的灌、草丛；杂食性；繁殖期在 5 ～ 7 月，窝卵数 4 ～ 5 枚。

地理分布： 国内有 7 个亚种。极北亚种（*E. s. passerina*）分布于新疆东部和中部；北方亚种（*E. s. parvirostris*）分布于新疆东部、青海北部；疆西亚种（*E. s. pallidior*）分布于陕西、甘肃南部等地；新疆亚种（*E. s. pyrrhulina*）分布于宁夏、甘肃西北部、新疆、青海；青海亚种（*E. s. zaidamensis*）分布于新疆南部、青海北部；西方亚种（*E. s. incognita*）分布于新疆；东北亚种（*E. s. minor*）分布于黑龙江西南部、江苏等地。秦岭地区仅记录于陕西太白（旅鸟）。

种群数量： 不常见。

保护措施： 无危 / CSRL；未列入 / IRL，PWL，CITES，CRDB。

589. 黄眉鹀 Yellow-browed Bunting （*Emberiza chrysophrys*）

鉴别特征：体型（15 cm）略小。头具条纹，似白眉鹀但眉纹前半部黄色，下体更白而多纵纹。黑色下颊纹比白眉鹀明显。与冬季灰头鹀的区别在腰棕色。虹膜深褐，嘴粉色、嘴峰及下嘴端灰色，脚粉红。

生态习性：栖息于林缘次生灌丛，常与其他鹀类混群；杂食性；繁殖期 6 ～ 7 月，窝卵数 4 枚。

地理分布：无亚种分化。分布于东北、华北、华南等国内大部分地区。秦岭地区记录于陕西佛坪、宁强（冬候鸟）；河南信阳（冬候鸟）。

种群数量：不常见。

保护措施：无危 / CSRL；未列入 / IRL，PWL，CITES，CRDB。

◎ 黄眉鹀 – 李飏　摄

◎ 凤头鹀（雄）– 李旸　摄

590. 凤头鹀 Crested Bunting（*Melophus lathami*）

鉴别特征： 体型（17 cm）较大。雌雄异色。雄鸟辉黑，具长窄的冠羽，两翼及尾栗色，尾端黑；雌鸟深橄榄褐色，上背及胸满布纵纹，羽冠较雄鸟短，羽缘栗色。虹膜深褐，嘴灰褐，下嘴基粉红，脚紫褐。

生态习性： 栖息于山麓的耕地和岩石斜坡上，也见于市区和乡村；植食性为主，兼食昆虫；繁殖期 5 ～ 8 月，筑巢于沿岸高坪的草丛等地，窝卵数 4 ～ 5 枚。

地理分布： 无亚种分化。分布于陕西南部、西藏东部和东南部、湖南南部等地。秦岭地区记录于周至、宁强（迷鸟）；河南董寨、信阳（冬候鸟）。

◎ 凤头鹀（雌）– 李旸　摄

种群数量： 少见。

保护措施： 无危 / CSRL；未列入 / IRL，PWL，CITES，CRDB。

591. 蓝鹀 Slaty Bunting（*Latoucheornis siemsseni*）

鉴别特征：体型（13 cm）较小。雄鸟体羽大都石蓝灰色，仅腹部、臀及尾外缘色白；雌鸟暗褐色而无纵纹，具两道锈色翼斑，腰灰，头及胸棕色。虹膜深褐，嘴黑色，脚偏粉色。

生态习性：一般见于次生林和山地灌丛，鸣叫时发出高调的金属音；主要以草籽、种子等植物性食物为食；营巢地面或灌丛，窝卵数 5 枚。

地理分布：中国特有种，无亚种分化。秦岭地区分布于甘肃天水（留鸟）；陕西周至、佛坪、太白、宁陕、安康、留坝、洋县（夏候鸟或留鸟）。

种群数量：不常见。

保护措施：无危 / CSRL；未列入 / IRL，PWL，CITES，CRDB。

◎ 蓝鹀（雌）– 于晓平　摄

◎ 蓝鹀（雄性幼鸟）– 于晓平　摄

◎ 蓝鹀（雄）–廖小凤　摄

附录 I 秦岭地区鸟类名录

序号	中文名	学名	居留型[1]	区系成分[2]	分布状况[3]			地理型[4]	栖息地类型	保护等级[5]
					西秦岭	中秦岭	东秦岭			
一、鸊鷉目 PODICIPEDIFORMES										
（一）鸊鷉科 Podicipedidae										
1	小鸊鷉	*Tachybaptus ruficollis*	R	Gb	+	+	+	W	河流、湖泊、水库	
2	凤头鸊鷉	*Podiceps cristatus*	P	—	+	+	+	U	河流、湖泊、水库	
3	黑颈鸊鷉	*P. nigricollis*	P	—	+	+	+	C	河流、湖泊、水库	
二、鹈形目 PELECANIFORMES										
（二）鹈鹕科 Pelecanidae										
4	卷羽鹈鹕	*Pelecanus crispus*	P	—		+	+	O	开阔的湖泊、河流	II
5	白鹈鹕	*P. onocrotalus*	V	—			+	O	开阔的湖泊、河流	II
三、鹳形目 CICONIIFORMES										
（三）鸬鹚科 Phalacrocoracidae										
6	普通鸬鹚	*Phalacrocorax carbo*	W	—	+	+	+	O	河流、湖泊、水库	
（四）鹭科 Ardeidae										
7	苍鹭	*Ardea cinerea*	S	Gb	+	+	+	U	水域及邻近次生林	
8	草鹭	*A. purpurea*	S	Gb	+	+	+	U	水域及邻近次生林	
9	大白鹭	*A. alba*	S	Gb	+	+	+	O	水域及邻近次生林	
10	绿鹭	*Butorides striata*	S	Gb	+	+	+	O	水域及邻近次生林	
11	池鹭	*Ardeola bacchus*	S	Or	+	+	+	W	水域及邻近次生林	
12	牛背鹭	*Bubulcus ibis*	S	Or		+	+	W	水域及邻近次生林	
13	白鹭	*Egretta garzetta*	S	Or	+	+	+	W	水域及邻近次生林	
14	中白鹭	*E. intermedia*	S	Or	+	+	+	W	水域及邻近次生林	
15	黄嘴白鹭	*E. eulophotes*	S	Or			+	M	河岸、稻田、潮间带	II

续表

序号	中文名	学名	居留型[1]	区系成分[2]	分布状况[3]			地理型[4]	栖息地类型	保护等级[5]
					西秦岭	中秦岭	东秦岭			
16	夜鹭	*Nycticorax nycticorax*	S	Gb	+	+	+	O	水域及邻近次生林	
17	黄斑苇鳽	*Ixobrychus sinensis*	S	Or	+	+	+	W	芦苇、香蒲沼泽	
18	紫背苇鳽	*I. eurhythmus*	S	Gb	+		+	E	芦苇地、稻田沼泽	
19	栗苇鳽	*I. cinnamomeus*	S	Gb	+	+	+	W	芦苇、香蒲沼泽	
20	黑苇鳽	*Dupetor flavicollis*	S	Gb	+	+		W	水域及邻近次生林	
21	大麻鳽	*Botaurus stellaris*	W	—	+	+	+	U	芦苇、香蒲沼泽	
(五) 鹳科 Ciconiidae										
22	东方白鹳	*Ciconia boyciana*	P	—		+	+	U	开阔湖泊、水库、鱼塘	I
23	黑鹳	*C. nigra*	W	—	+	+	+	U	稍林区及河流、沼泽	I
(六) 鹮科 Threskiornithidae										
24	朱鹮	*Nipponia nippon*	R	Pr		+	+*	E	落叶阔叶林及附近水域	I
25	黑头白鹮	*Threskiornis melanocephalus*	P	—			+	O	芦苇沼泽、浸水草地	II
26	彩鹮	*Plegadis falcinellus*	P	—			+	C	河流、湖泊、沼泽	II
27	白琵鹭	*Platalea leucorodia*	W	—	+	+	+	O	河流、湖泊及沼泽	II
四、红鹳目 PHOENICOPTERIFORMES										
(七) 红鹳科 Phoenicopterus										
28	大红鹳	*Phoenicopterus roseus*	V	—		+		D	开阔的河流、湖泊	
五、雁形目 ANSERIFORMES										
(八) 鸭科 Anatidae										
29	豆雁	*Anser fabalis*	P	—	+	+	+	U	河流、湖泊、水库	
30	灰雁	*A. anser*	P	—	+	+	+	U	河流、湖泊、水库	
31	鸿雁	*A. cygnoides*	P	—		+	+	U	河流、湖泊	
32	斑头雁	*A.indicus*	P	—	+	+	+	P	河流、湖泊、水库	

续表

序号	中文名	学名	居留型¹	区系成分²	分布状况³ 西秦岭	中秦岭	东秦岭	地理型⁴	栖息地类型	保护等级⁵
33	白额雁	*A. albifrons*	P	—			+	C	河流、湖泊、水库	
34	小白额雁	*A. erythropus*	P	—			+	U	河流、湖泊、水库	
35	大天鹅	*Cygnus cygnus*	W	—	+	+	+	C	河流、湖泊、水库	II
36	小天鹅	*C. columbianus*	W	—		+	+	C	河流、湖泊、水库	II
37	疣鼻天鹅	*C. olor*	V	—		+	+	U	河流、湖泊等开阔水域	II
38	赤麻鸭	*Tadorna ferruginea*	W	—	+	+	+	U	水域及附近农田	
39	翘鼻麻鸭	*T. tadorna*	W	—	+	+	+	U	河流、湖泊、水库	
40	棉凫	*Nettapus coromandelianus*	V	—	+	+	+	W	河流、湖泊、水库	
41	针尾鸭	*Anas acuta*	W	—	+	+	+	C	河流、湖泊、水库	
42	绿翅鸭	*A. crecca*	W	—	+	+	+	C	河流、湖泊、水库	
43	花脸鸭	*A. formosa*	P	—		+	+	M	河流、湖泊、水库	
44	罗纹鸭	*A. falcata*	W	—		+	+	M	河流、湖泊、水库	
45	绿头鸭	*A. platyrhynchos*	W	—	+	+	+	C	河流、湖泊、水库	
46	斑嘴鸭	*A. poecilorhyncha*	W	—	+	+	+	W	河流、湖泊、水库	
47	赤膀鸭	*A. strepera*	W	—	+	+	+	U	河流、湖泊、水库	
48	赤颈鸭	*A. penelope*	W	—	+	+	+	C	河流、湖泊、水库	
49	白眉鸭	*A. querquedula*	W	—	+	+	+	U	河流、湖泊、水库	
50	琵嘴鸭	*A. clypeata*	W	—	+	+	+	C	河流、湖泊、水库	
51	长尾鸭	*Clangula hyemalis*	P	—		+		C	河流、湖泊、水库	
52	赤嘴潜鸭	*Netta rufina*	W	—		+		O	河流、湖泊、水库	
53	白眼潜鸭	*Aythya nyroca*	W	—	+	+	+	O	河流、湖泊、水库	
54	凤头潜鸭	*A. fuligula*	W	—	+	+	+	U	河流、湖泊、水库	
55	红头潜鸭	*A. ferina*	W	—	+	+	+	C	河流、湖泊、水库	

续表

序号	中文名	学名	居留型[1]	区系成分[2]	分布状况[3] 西秦岭	中秦岭	东秦岭	地理型[4]	栖息地类型	保护等级[5]
56	青头潜鸭	*A. baeri*	P	—	+	+	+	M	河流、湖泊、水库	
57	斑背潜鸭	*A. marila*	P	—		+	+	C	河流、湖泊、水库	
58	鸳鸯	*Aix galericulata*	W	—		+	+	E	林区湍急的小河流	II
59	丑鸭	*Histrionicus histrionicus*	P	—			+	C	河流、湖泊、水库	
60	鹊鸭	*Bucephala clangula*	W	—	+	+	+	C	河流、湖泊、水库	
61	斑头秋沙鸭	*Mergellus albellus*	W	—	+	+	+	U	河流、湖泊、水库	
62	普通秋沙鸭	*Mergus merganser*	W	—	+	+	+	C	河流、湖泊、水库	
63	中华秋沙鸭	*M. squamatus*	W	—		+		M	林区溪流	I
64	红胸秋沙鸭	*M. serrator*	W	—			+	U	河流、湖泊、水库	

六、隼形目 FALCONIFORMES

(九) 鹗科 Pandionidae

| 65 | 鹗 | *Pandion haliaetus* | S | Gb | + | + | + | C | 各类水域 | II |

(十) 鹰科 Accipitridae

66	黑鸢	*Milvus migrans*	R	Gb	+	+	+	U	平原、丘陵、草地	II
67	黑翅鸢	*Elanus caeruleus*	V	—		+	+	W	原野、疏林地、河漫滩	II
68	凤头蜂鹰	*Pernis ptilorhyncus*	P	—		+	+	W	针叶林、混交林	II
69	黑冠鹃隼	*Aviceda leuphotes*	S	Or		+	+	W	针叶阔叶混交林	II
70	凤头鹰	*Accipiter trivirgatus*	R	Or		+	+ (S)	W	针叶阔叶混交林	II
71	赤腹鹰	*A. soloensis*	R	Gb		+	+	W	低山林缘	II
72	雀鹰	*A. nisus*	R	Pr	+ (W/P)	+	+ (W/P)	U	针叶林、混交林、阔叶林	II
73	苍鹰	*A. gentilis*	W	—	+	+	+	C	针叶林、混交林、阔叶林	II
74	松雀鹰	*A. virgatus*	R	Gb	+	+	+	W	针叶林、混交林、阔叶林	II
75	日本松雀鹰	*A. gularis*	S	Gb		+	+	W	针叶林、混交林、阔叶林	II

续表

序号	中文名	学名	居留型[1]	区系成分[2]	分布状况[3]			地理型[4]	栖息地类型	保护等级[5]
					西秦岭	中秦岭	东秦岭			
76	大鵟	*Buteo hemilasius*	W	—	+	+	+	D	山地、平原、荒漠	II
77	普通鵟	*B. buteo*	W	—	+	+	+	U	开阔平原、荒漠	II
78	毛脚鵟	*B. lagopus*	W	—	+(P)	+		C	原野、农耕区	II
79	棕尾鵟	*B. rufinus*	S	Pr	+			O	荒漠、草原	II
80	灰脸鵟鹰	*Butastur indicus*	W	—		+		M	针叶林、混交林、阔叶林	II
81	金雕	*Aquila chrysaetos*	R	Gb	+	+	+	C	高山针叶林、草原、荒漠	I
82	白肩雕	*A. heliaca*	W	—	+	+		O	混交林、丘陵、河谷	I
83	草原雕	*A. rapax*	W	—	+		+	D	开阔的荒漠、草原	II
84	乌雕	*A. clanga*	P	—			+	U	湖泊沼泽	II
85	蛇雕	*Spilornis cheela*	R	Or		+	+	W	山地森林及林缘	II
86	鹰雕	*Spizaetus nipalensis*	P	—		+		W	不同海拔的山地森林	II
87	短趾雕	*Circaetus gallicus*	S	Pr	+	+		O	荒漠、平原	II
88	秃鹫	*Aegypius monachus*	R	Gb	+	+	+(W)	O	高山、草原、山麓	II
89	高山兀鹫	*Gyps himalayensis*	R	Pr	+			O	高山草甸、牧场	II
90	玉带海雕	*Haliaeetus leucoryphus*	P	—	+	+	+	D	沼泽、草原、湖泊	I
91	白尾海雕	*H. albicilla*	P	—	+	+	+	U	沼泽、草原、湖泊	I
92	白尾鹞	*Circus cyaneus*	P	—	+	+	+	C	平原、湖泊、沼泽	II
93	白腹鹞	*C. spilonotus*	P	—		+	+	M	低地沼泽	II
94	白头鹞	*C. aeruginosus*	P	—			+	O	开阔的多草沼泽	II
95	鹊鹞	*C. melanoleucos*	P	—		+	+	M	丘陵、平原、河谷	II
（十一）隼科 Falconidae										
96	猎隼	*Falco cherrug*	W	—	+(S)	+	+	C	丘陵、平原	II
97	燕隼	*F. subbuteo*	S	Gb	+	+	+	U	开阔地、林缘	II

续表

序号	中文名	学名	居留型[1]	区系成分[2]	分布状况[3]			地理型[4]	栖息地类型	保护等级[5]
					西秦岭	中秦岭	东秦岭			
98	游隼	*F. peregrinus*	P	—	+	+	+	C	山地、草原、湖泊	II
99	灰背隼	*F. columbarius*	P	—	+	+	+	C	沼泽、草地	II
100	红隼	*F. tinnunculus*	R	Gb	+	+	+	O	山区混合林、开阔原野	II
101	红脚隼	*F. amurensis*	W	—	+	+	+	C	稀树草原	II
102	黄爪隼	*F. naumanni*	S	Pr			+	U	开阔荒漠、草地、河谷	II
	七、鸡形目 GALLIFORMES									
	（十二）松鸡科 Tetraonidae									
103	斑尾榛鸡	*Bonasa sewerzowi*	R	Pr	+			H	高海拔针叶林、灌丛	I
	（十三）雉科 Phasianidae									
104	雪鹑	*Lerwa lerwa*	R	Pr	+			H	高山草甸、裸岩带	
105	红喉雉鹑	*Tetraophasis obscurus*	R	Pr	+			H	高海拔针叶林、灌丛	I
106	高原山鹑	*Perdix hodgsoniae*	R	Pr	+			H	高原稀疏灌丛	
107	绿尾虹雉	*Lophophorus lhuysii*	R	Pr	+			H	高山针叶林和灌丛	I
108	蓝马鸡	*Crossoptilon auritum*	R	Pr	+			P	高山针叶林和灌丛	II
109	石鸡	*Alectoris chukar*	R	Pr	+	+	+	D	低山丘陵多岩地带	
110	大石鸡	*A. magna*	S	Pr	+			D	低山丘陵多岩地带	
111	日本鹌鹑	*Coturnix japonica*	S	Gb		+	+ (W)	O	农田、草地	
112	灰胸竹鸡	*Bambusicola thoracicus*	R	Or	+	+	+	S	灌丛、草地、丛林	
113	血雉	*Ithaginis cruentus*	R	Gb	+	+		H	高山针叶林、苔原森林	II
114	红腹角雉	*Tragopan temminckii*	R	Or	+	+		H	常绿阔叶林、针阔叶混交林	II
115	勺鸡	*Pucrasia macrolopha*	R	Or	+	+	+	S	高山针阔叶混交林	II
116	环颈雉	*Phasianus colchicus*	R	Gb	+	+	+	O	林地、灌木丛、农耕地	II
117	白冠长尾雉	*Syrmaticus reevesii*	R	Pr	+	+	+	S	阔叶栎树林、混交林	II

续表

序号	中文名	学 名	居留型[1]	区系成分[2]	分布状况[3]			地理型[4]	栖息地类型	保护等级[5]
					西秦岭	中秦岭	东秦岭			
118	红腹锦鸡	*Chrysolophus pictus*	R	Or	+	+	+	W	阔叶林、针阔叶混交林	II
八、鹤形目 GRUIFORMES										
（十四）三趾鹑科 Turnicidae										
119	黄脚三趾鹑	*Turnix tanki*	S	Gb	+	+	+	W	灌木丛、草地、耕作地	
（十五）鹤科 Gruidae										
120	灰鹤	*Grus grus*	W	—	+	+	+	U	湿地、沼泽地、浅湖	II
121	丹顶鹤	*G. japonensis*	P	—		+ (V)	+	M	宽阔河谷、林区、沼泽	I
122	白枕鹤	*G. vipio*	P	—			+	M	近水沼泽和农耕地	I
123	白头鹤	*G. monacha*	P	—			+	M	近水沼泽地	I
124	黑颈鹤	*G. nigricollis*	S	Pr	+			P	高原湖泊、草甸沼泽	I
125	蓑羽鹤	*Anthropoides virgo*	P	—		+	+	D	高原、草原、沼泽	II
（十六）秧鸡科 Rallidae										
126	普通秧鸡	*Rallus aquaticus*	S	Pr	+	+	+	U	沼泽、红树林	
127	白喉斑秧鸡	*Rallina eurizonoides*	S	Or		+	+	W	茂密灌丛、稻田	
128	灰胸秧鸡	*Gallirallus striatus*	S	Or		+	+	W	沼泽、稻田、草地	
129	小田鸡	*Porzana pusilla*	S	Or	+ (P)	+		O	湖泊、沼泽	
130	红胸田鸡	*P. fusca*	S	Or		+	+	W	沼泽、湖滨、林缘	
131	斑胁田鸡	*P. paykullii*	S	Pr			+	X	湿润草甸和稻田	
132	白胸苦恶鸟	*Amaurornis phoenicurus*	S	Or	+	+	+	W	灌丛、湖泊、红树林	
133	红脚苦恶鸟	*A. akool*	R	Or			+	W	芦苇沼泽	
134	董鸡	*Gallicrex cinerea*	S	Or		+	+	W	沼泽、稻田	
135	黑水鸡	*Gallinula chloropus*	R	Or	+ (P)	+	+ (S)	O	湖泊、池塘	
136	骨顶鸡	*Fulica atra*	W	—	+ (S/P)	+	+	O	湿地、草地、森林	

续表

序号	中文名	学名	居留型[1]	区系成分[2]	分布状况[3]			地理型[4]	栖息地类型	保护等级[5]
					西秦岭	中秦岭	东秦岭			
(十七) 鸨科 Otididae										
137	大鸨	*Otis tarda*	W	—	+ (R?)	+	+	O	草原、半荒漠、农耕地	I
九、鸻形目 CHARADRIIFORMES										
(十八) 水雉科 Jacanidae										
138	水雉	*Hydrophasianus chirurgus*	S	Or			+	W	沼泽、湿地	
(十九) 彩鹬科 Rostratulidae										
139	彩鹬	*Rostratula benghalensis*	P	—		+	+	W	草地、稻田	
(二十) 鹮嘴鹬科 Ibidorhynchidae										
140	鹮嘴鹬	*Ibidorhyncha struthersii*	P/W	—	+ (S)	+		P	多石头、水流快的河流	
(二十一) 反嘴鹬科 Recurvirostridae										
141	黑翅长脚鹬	*Himantopus himantopus*	P	—	+ (S)	+	+	O	沿海浅水、沼泽	
142	反嘴鹬	*Recurvirostra avosetta*	P	—		+		O	沼泽、湿地	
(二十二) 燕鸻科 Glareolidae										
143	普通燕鸻	*Glareola maldivarum*	P/S	—	+	+ (S)		W	沼泽、稻田	
(二十三) 鸻科 Charadriidae										
144	凤头麦鸡	*Vanellus vanellus*	W	—	+	+	+	U	耕地、稻田、矮草地	
145	灰头麦鸡	*V. cinereus*	S	Pr	+	+	+	M	河滩、稻田、沼泽	
146	金（斑）鸻	*Pluvialis fulva*	P	—	+	+	+	C	沙滩、开阔草地	
147	灰（斑）鸻	*P. squatarola*	P	—	+	+		C	沿海滩涂、沙滩	
148	长嘴剑鸻	*Charadrius placidus*	P	—		+	+	C	水田、河岸、沿海滩涂	
149	金眶鸻	*C. dubius*	P	—	+	+	+	O	沙洲、沼泽、沿海滩涂	
150	铁嘴沙鸻	*C. leschenaultii*	P	—	+	+		D	沿海泥滩、沙滩	
151	环颈鸻	*C. alexandrinus*	S	Pr	+	+	+ (R)	O	海滩、河流、沼泽	

续表

序号	中文名	学 名	居留型[1]	区系成分[2]	分布状况[3]			地理型[4]	栖息地类型	保护等级[5]
					西秦岭	中秦岭	东秦岭			
152	东方鸻	*C. veredus*	P	—		+		M	草地、河流两岸、沼泽	
153	蒙古沙鸻	*C. mongolus*	S/P	—	+ (S)		+ (P)	U	河流、湖泊滩涂	
(二十四) 鹬科 Scolopacidae										
154	中杓鹬	*Numenius phaeopus*	P	—		+		U	泥滩、草地、沼泽	
155	白腰杓鹬	*N. arquata*	P	—	+	+	+	U	河口、沿海滩涂	
156	大杓鹬	*N. madagascariensis*	P	—	+	+	+	M	河岸、沼泽、草地	
157	翘嘴鹬	*Xenus cinereus*	P	—		+	+	U	沿海泥滩、河口	
158	白腰草鹬	*Tringa ochropus*	P/W	—	+	+	+	U	池塘、沼泽、沟壑	
159	青脚鹬	*T. nebularia*	P	—	+	+	+	M	沼泽、泥滩	
160	林鹬	*T. glareola*	P	—	+	+	+ (R?)	U	泥滩	
161	泽鹬	*T. stagnatilis*	P	—	+	+	+	U	湖泊、盐田、沼泽	
162	鹤鹬	*T. erythropus*	P	—	+	+	+	U	池塘、沿海滩涂、沼泽	
163	矶鹬	*T. hypoleucos*	W/P	—	+	+	+	C	沿海滩涂、山地稻田、河流	
164	红脚鹬	*T. totanus*	P	—	+ (S/P)	+	+	U	盐田、沼泽、稻田	
165	灰尾漂鹬	*Heteroscelus brevipes*	P	—		+	+	U	沙滩、卵石海滩	
166	翻石鹬	*Arenaria interpres*	P	—		+	+	U	沿海滩涂、沼泽	
167	孤沙锥	*Gallinago solitaria*	P	—	+	+	+	U	泥滩、沼泽、稻田	
168	大沙锥	*G. megala*	P	—		+	+	U	沼泽、草地	
169	针尾沙锥	*G. stenura*	P	—	+	+	+	U	稻田、沼泽、潮湿洼地	
170	扇尾沙锥	*G. gallinago*	P	—	+	+	+	U	沼泽、稻田	
171	长趾滨鹬	*Calidris subminuta*	P	—	+	+	+	M	沿海滩涂、池塘、稻田	
172	红颈滨鹬	*C. ruficollis*	P	—		+	+	U	沿海滩涂、湿地	
173	青脚滨鹬	*C. temminckii*	P	—	+	+	+	U	沿海滩涂、沼泽	

续表

序号	中文名	学名	居留型[1]	区系成分[2]	分布状况[3]			地理型[4]	栖息地类型	保护等级[5]
					西秦岭	中秦岭	东秦岭			
174	红腹滨鹬	*C. canutus*	P	—		+		M	沼泽、河口	
175	三趾滨鹬	*C. alba*	P	—		+		U	沿海滩涂、沼泽	
176	弯嘴滨鹬	*C. ferruginea*	P	—			+	U	沿海滩涂、沼泽	
177	尖尾滨鹬	*C. acuminata*	P	—			+	M	滩涂、沼泽	
178	丘鹬	*Scolopax rusticola*	P	—	+	+	+	U	混交林、阔叶林	
179	黑尾塍鹬	*Limosa limosa*	P	—	+	+	+	U	沼泽、湿地	
180	流苏鹬	*Philomachus pugnax*	P	—		+		U	河流滩涂	
181	灰瓣蹼鹬	*Phalaropus fulicaria*	P	—			+	U	池塘、滩涂	
(二十五) 鸥科 Laridae										
182	黑尾鸥	*Larus crassirostris*	P	—	+			M	海岛、湖泊、沼泽	
183	西伯利亚银鸥	*Larus vegae*	W	—		+	+	C	沿海内陆水域、垃圾堆	
184	渔鸥	*L. ichthyaetus*	P	—	+	+	+	D	沙滩、湖泊	
185	红嘴鸥	*L. ridibundus*	W/P	—	+	+	+	U	湖泊、河流	
186	棕头鸥	*L. brunnicephalus*	S	Pr	+	+ (P)	+	P	湖泊、沼泽、草原湿地	
187	普通海鸥	*L. canus*	P	—			+	C	各类淡水水域	
(二十六) 燕鸥科 Sternidae										
188	白翅浮鸥	*Chlidonias leucopterus*	P	—		+	+	U	稻田、港湾、河口	
189	灰翅浮鸥	*C. hybrida*	P	—		+	+	U	湿地、稻田	
190	普通燕鸥	*Sterna hirundo*	S	Pr	+	+	+	C	沿海水域、内陆淡水区	
191	白额燕鸥	*S. albifrons*	S	Pr	+	+	+	O	海边沙滩、湖泊、沼泽	
十、沙鸡目 PTEROCLIFORMES										
(二十七) 沙鸡科 Pteroclidae										
192	毛腿沙鸡	*Syrrhaptes paradoxus*	R	Pr	+			P	荒芜高原、碎石滩	

续表

序号	中文名	学名	居留型[1]	区系成分[2]	分布状况[3]			地理型[4]	栖息地类型	保护等级[5]
					西秦岭	中秦岭	东秦岭			

十一、鸽形目 COLUMBIFORMES

（二十八）鸠鸽科 Columbidae

序号	中文名	学名	居留型[1]	区系成分[2]	西秦岭	中秦岭	东秦岭	地理型[4]	栖息地类型	保护等级[5]
193	红翅绿鸠	*Treron sieboldii*	R	Or	+	+		W	常绿林、次生林	II
194	雪鸽	*Columba leuconota*	R	Pr	+			H	高海拔河谷、裸岩带	
195	原鸽	*C. livia*	R	Pr	+	+		O	城镇、寺庙、悬崖	
196	岩鸽	*C. rupestris*	R	Pr	+	+	+	O	有岩洞的山崖	
197	斑林鸽	*C. hodgsonii*	R	Gb	+	+		H	多悬崖的亚高山森林	
198	山斑鸠	*Streptopelia orientalis*	R	Gb	+	+	+	E	农田、村庄	
199	灰斑鸠	*S. decaocto*	R	Pr	+ (S)	+	+	W	农田、村庄	
200	珠颈斑鸠	*S. chinensis*	R	Or	+	+	+	W	农田、村庄	
201	火斑鸠	*S. tranquebarica*	R	Or	+	+	+ (S?)	W	农田、村庄	
202	斑尾鹃鸠	*Macropygia unchall*	R	Or			+	W	阔叶林、混交林、针叶林	II

十二、鹃形目 CUCULIFORMES

（二十九）杜鹃科 Cuculidae

序号	中文名	学名	居留型[1]	区系成分[2]	西秦岭	中秦岭	东秦岭	地理型[4]	栖息地类型	保护等级[5]
203	红翅凤头鹃	*Clamator coromandus*	S	Or	+	+	+	W	山坡、山脚、平原	
204	大鹰鹃	*Cuculus sparverioides*	S	Or	+	+	+	W	山林、平原	
205	棕腹杜鹃	*C. nisicolor*	S	Or		+		W	落叶林、常绿林	
206	四声杜鹃	*C. micropterus*	S	Gb	+	+	+	W	森林上层	
207	大杜鹃	*C. canorus*	S	Gb	+	+	+	O	开阔林地	
208	东方中杜鹃	*C. optatus*	S	Gb		+	+	M	林地树冠	
209	小杜鹃	*C. poliocephalus*	S	Gb	+	+	+	W	开阔林地	
210	噪鹃	*Eudynamys scolopacea*	S	Or	+	+	+	W	山林、红树林	
211	褐翅鸦鹃	*Centropus sinensis*	R	Or		+ (?)	+	S	落叶阔叶林	

续表

序号	中文名	学名	居留型¹	区系成分²	分布状况³ 西秦岭	中秦岭	东秦岭	地理型⁴	栖息地类型	保护等级⁵
212	小鸦鹃	*C. bengalensis*	S/R	Or			+	W	开阔的沼泽草地、灌木丛	II

十三、鸮形目 STRIGIFORMES

（三十）鸱鸮科 Strigidae

序号	中文名	学名	居留型	区系成分	西秦岭	中秦岭	东秦岭	地理型	栖息地类型	保护等级
213	红角鸮	*Otus sunia*	R	Pr	+	+	+	O	山林	II
214	领角鸮	*O. lettia*	R	Or	+	+	+	W	阔叶林、混交林	II
215	雕鸮	*Bubo bubo*	R	Pr	+	+	+	U	草原、山林、山谷	II
216	雪鸮	*B. scandiacus*	V	—		+		C	苔原、开阔草原	II
217	黄腿渔鸮	*Ketupa flavipes*	R	Or	+	+		W	近溪流森林	II
218	领鸺鹠	*Glaucidium brodiei*	R	Or	+	+	+	W	山林、林缘	II
219	斑头鸺鹠	*G. cuculoides*	R	Or	+	+	+	W	河谷、溪流、森林	II
220	鹰鸮	*Ninox scutulata*	R	Or	+	+	+	W	林缘、灌丛	II
221	纵纹腹小鸮	*Athene noctua*	R	Pr	+	+	+	U	林缘、农田、村庄	II
222	灰林鸮	*Strix aluco*	R	Pr	+	+	+	O	阔叶林、针叶林、混交林	II
223	四川林鸮	*S. davidi*	R	Pr	+	+		H	混交林、针叶林	II
224	长耳鸮	*Asio otus*	R	Pr	+	+	+	C	森林、林缘、农田	II
225	短耳鸮	*A. flammeus*	W	—	+	+	+	C	山林、灌丛	II
226	鬼鸮	*Aegolius funereus*	R	Pr	+	+ (P?)		C	近沼泽的针叶林、混交林	II

十四、夜鹰目 CAPRIMULGIFORMES

（三十一）夜鹰科 Caprimulgidae

序号	中文名	学名	居留型	区系成分	西秦岭	中秦岭	东秦岭	地理型	栖息地类型	保护等级
227	普通夜鹰	*Caprimulgus indicus*	S	Or	+	+	+	W	山林、灌丛	

十五、雨燕目 APODIFORMES

（三十二）雨燕科 Apodidae

序号	中文名	学名	居留型	区系成分	西秦岭	中秦岭	东秦岭	地理型	栖息地类型	保护等级
228	白喉针尾雨燕	*Hirundapus caudacutus*	S	Gb	+	+	+	W	森林、林缘、开阔地	

续表

序号	中文名	学名	居留型[1]	区系成分[2]	分布状况[3]			地理型[4]	栖息地类型	保护等级[5]
					西秦岭	中秦岭	东秦岭			
229	小白腰雨燕	*Apus nipalensis*	S	Pr	+	+	+	O	近河流的山坡、悬崖	
230	白腰雨燕	*A. pacificus*	S	Gb	+	+	+	M	近河流的山坡、悬崖	
231	普通雨燕	*A. apus*	S	Pr	+	+	+	O	城镇古建筑、开阔地	
232	短嘴金丝燕	*Aerodramus brevirostris*	S	Or		+	+	W	山林石灰岩溶洞	
十六、佛法僧目 CORACIIFORMES										
（三十三）翠鸟科 Alcedinidae										
233	冠鱼狗	*Megaceryle lugubris*	R	Gb	+	+	+	O	山麓或平原的河溪间	
234	斑鱼狗	*Ceryle rudis*	R	Or		+	+	O	库塘、河流边缘	
235	普通翠鸟	*Alcedo atthis*	R	Gb	+	+	+	O	湖泊、河流、红树林	
236	蓝翡翠	*Halcyon pileata*	S	Or	+	+	+	W	河流、河口、红树林	
237	赤翡翠	*H. coromanda*	P	—			+	W	森林沼泽、溪流、池塘	
238	白胸翡翠	*H. smyrnensis*	S/R	Or			+	O	河流、稻田、鱼塘	
（三十四）佛法僧科 Coraciidae										
239	三宝鸟	*Eurystomus orientalis*	S	Or	+	+	+	W	山林、平原森林	
（三十五）蜂虎科 Meropidae										
240	蓝喉蜂虎	*Merops viridis*	S	Or			+	W	灌丛、草坡、农田	
十七、戴胜目 UPUPIFORMES										
（三十六）戴胜科 Upupidae										
241	戴胜	*Upupa epops*	R	Gb	+	+	+	O	山林、平原、农田	
十八、䴕形目 PICIFORMES										
（三十七）啄木鸟科 Picidae										
242	蚁䴕	*Jynx torquilla*	P	—	+ (S)	+	+	U	混交林、阔叶林	
243	斑姬啄木鸟	*Picumnus innominatus*	R	Or	+	+	+	W	混交林、竹林	

续表

序号	中文名	学名	居留型[1]	区系成分[2]	分布状况[3]			地理型[4]	栖息地类型	保护等级[5]
					西秦岭	中秦岭	东秦岭			
244	灰头绿啄木鸟	*Picus canus*	R	Or	+	+	+	U	混交林、阔叶林	
245	黑啄木鸟	*Dryocopus martius*	R	Pr	+		+	U	混交林、针叶林	
246	黄颈啄木鸟	*Dendrocopos darjellensis*	R	Or		+		H	混交林、阔叶林	
247	大斑啄木鸟	*D. major*	R	Pr	+	+	+	U	整个温带林区	
248	白背啄木鸟	*D. leucotos*	R	Pr	+	+		U	混交林、阔叶林	
249	赤胸啄木鸟	*D. cathpharius*	R	Or	+	+		H	阔叶栎树林、杜鹃林	
250	棕腹啄木鸟	*D. hyperythrus*	P	—	+	+	+	H	混交林、针叶林	
251	星头啄木鸟	*D. canicapillus*	R	Or	+	+	+	W	混交林、阔叶林	
252	小斑啄木鸟	*D. minor*	R	Pr	+	+ (P)		U	混交林、阔叶林	
253	三趾啄木鸟	*Picoides tridactylus*	R	Pr	+			C	针阔叶混交林	

十九、雀形目 PASSERIFORMES

（三十八）八色鸫科 Pittidae

| 254 | 仙八色鸫 | *Pitta nympha* | S | Or | + (V) | | + | W | 平原至低山阔叶林 | II |

（三十九）百灵科 Alaudidae

255	长嘴百灵	*Melanocorypha maxima*	R	Pr	+	+		P	湖泊、草原、沼泽	
256	蒙古百灵	*M. mongolica*	S	Pr	+	+		D	丘陵、草原	
257	短趾百灵	*Calandrella cheleensis*	R/S	Pr	+	+		U	草原、河滩	
258	大短趾百灵	*C. brachydactyla*	S	Pr	+	+	+	U	干旱平原、草原	
259	角百灵	*Eremophila alpestris*	R/S	Pr	+	+	+	C	干旱平原、草原、河流	
260	凤头百灵	*Galerida cristata*	R	Pr	+	+	+	O	干旱平原、农田	
261	云雀	*Alauda arvensis*	P	—	+	+	+	U	干旱平原、草原、沼泽	
262	小云雀	*A. gulgula*	R	Or	+	+	+	W	干旱平原、草原、沼泽	

（四十）燕科 Hirundinidae

续表

序号	中文名	学名	居留型[1]	区系成分[2]	西秦岭	中秦岭	东秦岭	地理型[4]	栖息地类型	保护等级[5]
					分布状况[3]					
263	岩燕	*Ptyonoprogne rupestris*	S	Pr	+	+		O	岩崖、干旱河谷	
264	家燕	*Hirundo rustica*	S	Pr	+	+	+	C	低地、平原居民点	
265	金腰燕	*Cecropis daurica*	S	Or	+	+	+	O	低地、平原居民点	
266	淡色崖沙燕	*Riparia diluta*	S/R	Pr	+	+	+	C	沼泽、河流	
267	烟腹毛脚燕	*Delichon dasypus*	S	Pr	+	+		O	善空中翱翔	
268	毛脚燕	*D. urbicum*	S	Pr	+		+	U	近河谷的悬崖	
(四十一) 鹡鸰科 Motacillidae										
269	山鹡鸰	*Dendronanthus indicus*	S	Pr	+	+	+	M	开阔林地	
270	白鹡鸰	*Motacilla alba*	R	Gb	+	+	+	O	稻田、溪流、道路旁	
271	灰鹡鸰	*M. cinerea*	S	Gb	+	+	+	O	多岩溪流、草甸	
272	黄头鹡鸰	*M. citreola*	P	—	+ (S)	+	+	U	沼泽、苔原、柳树丛	
273	黄鹡鸰	*M. flava*	P	—	+	+	+	U	稻田、沼泽、草地	
274	树鹨	*Anthus hodgsoni*	P	—	+ (R/S/P)	+	+	M	山林、灌丛、山脚平原	
275	水鹨	*A. spinoletta*	P	—	+	+	+	C	草甸、溪流	
276	山鹨	*A. sylvanus*	R	Pr	+	+	+	S	山林、灌丛	
277	红喉鹨	*A. cervinus*	P	—	+	+	+	U	灌丛、草甸	
278	粉红胸鹨	*A. roseatus*	S	Gb	+	+	+	P	山林、溪流、稻田	
279	黄腹鹨	*A. rubescens*	P	—		+	+	C	山林、溪流	
280	田鹨	*A. richardi*	S	Pr		+	+	M	山林、草甸、农田、沼泽	
281	布氏鹨	*A. godlewskii*	P	—	+	+	+	U	开阔地、湖泊、干旱平原	
282	林鹨	*A. trivialis*	P	—	+	+	+	M	山林、草地、河谷	
(四十二) 山椒鸟科 Campephagidae										
283	暗灰鹃鵙	*Coracina melaschistos*	S	Or	+	+	+	W	开阔的山林、竹林	

续表

序号	中文名	学名	居留型[1]	区系成分[2]	分布状况[3] 西秦岭	中秦岭	东秦岭	地理型[4]	栖息地类型	保护等级[5]
284	粉红山椒鸟	*Pericrocotus roseus*	S	Or	+		+	W	山林、农田、灌丛	
285	长尾山椒鸟	*P. ethologus*	S	Or	+	+	+	H	山林、林缘	
286	小灰山椒鸟	*P. cantonensis*	S	Or		+	+	M	落叶林、常绿林	
287	灰山椒鸟	*P. divaricatus*	S	Pr	+		+	M	阔叶林和混交林	
(四十三) 鹎科 Pycnonotidae										
288	黄臀鹎	*Pycnonotus xanthorrhous*	R	Or	+	+	+	W	混交林、阔叶林、灌丛	
289	白头鹎	*P. sinensis*	R	Or	+	+	+	S	林缘、灌丛、果园	
290	白喉红臀鹎	*P. aurigaster*	R	Or		+	+	W	开阔林地、灌丛	
291	领雀嘴鹎	*Spizixos semitorques*	R	Or	+		+	S	开阔林地、灌丛	
292	黑短脚鹎	*Hypsipetes leucocephalus*	R	Or		+	+	W	阔叶林、混交林	
293	绿翅短脚鹎	*H. mcclellandii*	R	Or	+	+	+ (S?)	W	山林、灌丛	
(四十四) 太平鸟科 Bombycillidae										
294	太平鸟	*Bombycilla garrulus*	P	—	+	+	+	C	果树、灌丛	
295	小太平鸟	*B. japonica*	P	—	+	+	+	M	山麓果园、校园乔木林	
(四十五) 伯劳科 Laniidae										
296	红尾伯劳	*Lanius cristatus*	P/S	—	+	+ (P/S)	+ (S)	X	农田、次生林、灌丛	
297	虎纹伯劳	*L. tigrinus*	S	Pr	+	+	+	X	林地、灌丛	
298	牛头伯劳	*L. bucephalus*	S	Pr	+	+	+	X	阔叶林、混交林、农田	
299	楔尾伯劳	*L. sphenocercus*	S	Pr	+	+	+	M	林地、灌丛	
300	棕背伯劳	*L. schach*	S	Or	+	+	+	W	灌丛、农田、林地	
301	灰背伯劳	*L. tephronotus*	S	Pr	+	+	+	H	灌丛、农田、林地	
302	栗背伯劳	*L. collurioides*	S (?)	Or	+			W	次生疏林地、灌丛	
(四十六) 黄鹂科 Oriolidae										

续表

序号	中文名	学 名	居留型[1]	区系成分[2]	分布状况[3]			地理型[4]	栖息地类型	保护等级[5]
					西秦岭	中秦岭	东秦岭			
303	黑枕黄鹂	*Oriolus chinensis*	S	Or	+	+	+	W	村庄、次生林、红树林	
(四十七) 卷尾科 Dicruridae										
304	黑卷尾	*Dicrurus macrocercus*	S	Or	+	+	+	W	开阔林地、村庄	
305	灰卷尾	*D. leucophaeus*	S	Or	+	+	+	W	丘陵、开阔林地	
306	发冠卷尾	*D. hottentottus*	S	Or	+	+	+	W	丘陵、开阔林地	
(四十八) 椋鸟科 Sturnidae										
307	北椋鸟	*Sturnia sturnina*	S	Pr	+	+	+ (W)	X	阔叶林、田野	
308	丝光椋鸟	*S. sericeus*	S	Or	+	+	+ (R)	S	稀疏林、农田	
309	灰椋鸟	*S. cineraceus*	R	Gb	+	+	+	X	稀疏林、农田	
310	紫翅椋鸟	*S. vulgaris*	W	—	+	+		O	开阔原野、疏林	
311	八哥	*Acridotheres cristatellus*	R	Or	+	+	+	W	村庄、田园、林缘	
(四十九) 鸦科 Corvidae										
312	黑头噪鸦	*Perisoreus internigrans*	R	Pr	+			P	亚高山针叶林	
313	松鸦	*Garrulus glandarius*	R	Pr	+	+	+	U	针叶林、混交林、阔叶林	
314	红嘴蓝鹊	*Urocissa erythrorhyncha*	R	Or	+	+	+	W	林缘、灌丛、村庄	
315	灰喜鹊	*Cyanopica cyanus*	R	Pr	+	+	+	U	针叶林、阔叶林	
316	喜鹊	*Pica pica*	R	Gb	+	+	+	C	除草原荒漠以外均有分布	
317	星鸦	*Nucifraga caryocatactes*	R	Pr	+	+	+	U	亚高山针叶林	
318	红嘴山鸦	*Pyrrhocorax pyrrhocorax*	R	Pr	+	+	+	O	山地	
319	黄嘴山鸦	*P. graculus*	R	Pr	+			O	高原草场、悬崖	
320	秃鼻乌鸦	*Corvus frugilegus*	R	Pr	+	+	+	U	丘陵、农田	
321	达乌里寒鸦	*C. dauuricus*	R	Pr	+	+	+	U	林地、沼泽、城镇	
322	大嘴乌鸦	*C. macrorhynchos*	R	Pr	+	+	+	E	村庄周围	

续表

序号	中文名	学名	居留型[1]	区系成分[2]	分布状况[3]			地理型[4]	栖息地类型	保护等级[5]
					西秦岭	中秦岭	东秦岭			
323	小嘴乌鸦	*C. corone*	R	Pr	+	+	+	C	村庄周围	
324	白颈鸦	*C. pectoralis*	R	Or	+	+	+	S	河滩、农田、城镇	
325	渡鸦	*C. corax*	R	Pr	+			C	高原牧场、寺庙	
（五十）河乌科 Cinclidae										
326	褐河乌	*Cinclus pallasii*	R	Pr	+	+	+	W	山间溪流两岸	
327	河乌	*C. cinclus*	R	Pr	+			O	高海拔的河谷、溪流	
（五十一）鹪鹩科 Troglodytidae										
328	鹪鹩	*Troglodytes troglodytes*	R	Pr	+	+	+	C	针叶林、沼泽	
（五十二）岩鹨科 Prunellidae										
329	领岩鹨	*Prunella collaris*	R	Pr	+	+		U	针叶林、多岩地带、灌丛	
330	黑喉岩鹨	*P. atrogularis*	V	—	+	+		U	多岩地带、灌丛	
331	棕胸岩鹨	*P. strophiata*	R	Pr	+	+		H	森林、灌丛	
332	棕眉山岩鹨	*P. montanella*	W	—	+	+		M	森林、灌丛	
333	褐岩鹨	*P. fulvescens*	R	Pr	+	+		I	高山山坡、灌丛	
334	鸲岩鹨	*P. rubeculoides*	R	Pr	+			I	高山灌丛、草甸、裸岩	
335	栗背岩鹨	*P. immaculata*	R	Pr	+	+		H	针叶林、灌丛	
（五十三）鸫科 Turdidae										
336	蓝短翅鸫	*Brachypteryx montana*	R	Or		+	+	W	开阔林间、灌丛	
337	蓝歌鸲	*Luscinia cyane*	P	—	+	+		M	山林底层	
338	栗腹歌鸲	*L. brunnea*	S	Pr	+	+		H	栎树林、竹林、灌丛	
339	红喉歌鸲	*L. calliope*	P	—	+	+		U	森林密丛、溪流	
340	蓝喉歌鸲	*L. svecica*	P	—	+	+		U	苔原、森林、灌丛	
341	金胸歌鸲	*L. pectardens*	S	Pr	+	+		H	山林、灌丛	

续表

序号	中文名	学名	居留型[1]	区系成分[2]	分布状况[3]			地理型[4]	栖息地类型	保护等级[5]
					西秦岭	中秦岭	东秦岭			
342	棕头歌鸲	L. ruficeps	R	Pr		+		S	亚高山林的矮树丛	
343	黑喉歌鸲	L. obscura	S	Pr	+	+		S	近地面的竹林续丛	
344	红尾歌鸲	L. sibilans	P	—			+	M	林下灌丛	
345	金色林鸲	Tarsiger chrysaeus	S	Pr	+	+		H	针叶林, 灌丛	
346	白眉林鸲	T. indicus	R	Pr	+			H	高海拔混交林, 针叶林	
347	红胁蓝尾鸲	T. cyanurus	R/W	Pr	+	+	+	M	山地森林, 次生林	
348	贺兰山红尾鸲	Phoenicurus alaschanicus	W	—	+ (S)	+		D	灌丛, 多岩山坡	
349	赭红尾鸲	P. ochruros	R	Pr	+	+	+ (S)	O	林缘, 农田, 村庄	
350	黑喉红尾鸲	P. hodgsoni	R	Pr	+	+	+ (P?)	H	草地, 灌丛, 溪流	
351	蓝额红尾鸲	P. frontalis	R	Pr	+	+		H	干旱平原, 灌丛, 村庄	
352	白喉红尾鸲	P. schisticeps	R	Pr	+	+		H	亚高山针叶林, 村庄	
353	红腹红尾鸲	P. erythrogastrus	R/S	Pr	+	+		I	开阔多岩的高山旷野	
354	北红尾鸲	P. auroreus	R	Pr	+	+	+	M	山林, 灌丛, 农田	
355	白顶溪鸲	Chaimarrornis leucocephalus	R	Pr	+	+	+	H	溪流, 河流	
356	红尾水鸲	Rhyacornis fuliginosa	R	Pr	+	+	+	W	溪流, 河流	
357	白腹短翅鸲	Hodgsonius phaenicuroides	R	Pr	+	+		H	浓密灌丛	
358	白尾地鸲	Cinclidium leucurum	R/S	Pr	+	+		H	山林, 灌丛	
359	蓝大翅鸲	Grandala coelicolor	S	Pr	+			H	高山草甸, 裸岩带	
360	鹊鸲	Copsychus saularis	R	Or	+	+	+	W	开阔森林, 红树林, 村庄	
361	小燕尾	Enicurus scouleri	R	Or	+	+	+	S	山涧溪流, 河谷沿岸	
362	白额燕尾	E. leschenaulti	R	Or	+	+	+	W	山涧溪流, 河谷沿岸	
363	黑喉石䳭	Saxicola torquata	R	Pr	+	+	+	O	农田, 灌丛, 花园	
364	白喉石䳭	S. insignis	P	—		+		D	矮树丛, 亚高山草甸	

续表

序号	中文名	学名	居留型[1]	区系成分[2]	分布状况[3]			地理型[4]	栖息地类型	保护等级[5]
					西秦岭	中秦岭	东秦岭			
365	灰林鹏	*S. ferreus*	R/S	Or	+	+	+	W	灌丛、农田	
366	白顶鹏	*Oenanthe pleschanka*	S	Pr	+	+ (P)		D	荒地、村庄、城镇	
367	穗鹏	*O. oenanthe*	S	Pr	+	+		C	荒漠、高原、多岩草地	
368	沙鹏	*O. isabellina*	S	Pr	+			D	荒漠、草原	
369	蓝矶鸫	*Monticola solitarius*	R	Gb	+		+	O	多岩山地、海岸	
370	白背矶鸫	*M. saxatilis*	P	—	+ (S)	+		D	多岩山地、海岸	
371	白喉矶鸫	*M. gularis*	P	—		+		M	针叶林、多岩草地	
372	栗腹矶鸫	*M. rufiventris*	P	—		+		S	山林、多岩林地	
373	紫啸鸫	*Myophonus caeruleus*	S	Or	+	+	+	W	河流、溪流	
374	白眉地鸫	*Zoothera sibirica*	P	—	+	+		M	森林底层	
375	长尾地鸫	*Z. dixoni*	P	—		+		H	常绿林	
376	橙头地鸫	*Z. citrina*	S	Or	+		+	W	森林底层	
377	虎斑地鸫	*Z. dauma*	P	—	+	+	+	U	茂密森林	
378	乌鸫	*Turdus merula*	R	Gb	+	+	+	O	林地、城镇、草地	
379	灰背鸫	*T. hortulorum*	P	—	+	+	+	M	低山丘陵、茂密森林	
380	灰翅鸫	*T. boulboul*	P	—	+	+		H	灌丛、常绿林	
381	白眉鸫	*T. obscurus*	P	—	+	+		U	开阔林地、次生林	
382	灰头鸫	*T. rubrocanus*	R	Gb	+	+		H	落叶林、针叶林	
383	白颈鸫	*T. albocinctus*	V?	—	+			I	高山灌丛、草甸	
384	白腹鸫	*T. pallidus*	P	—	+	+	+	M	低地森林、次生林、花园	
385	赤颈鸫	*T. ruficollis*	W/P	—	+	+		O	丘陵、草地、灌丛	
386	斑鸫	*T. eunomus*	P	—	+	+	+	M	混交林、草地、农田	
387	宝兴歌鸫	*T. mupinensis*	R	Or	+	+	+ (W?)	H	混交林、灌丛	

续表

序号	中文名	学名	居留型[1]	区系成分[2]	分布状况[3]			地理型[4]	栖息地类型	保护等级[5]
					西秦岭	中秦岭	东秦岭			
388	乌灰鸫	Turdus cardis	S	Or			+	O	低海拔林地、灌丛	
389	棕背黑头鸫	T. kessleri	R	Pr	+			H	高山灌丛	
390	红尾鸫	T. naumanni	P	—	+	+	+	M	混交林、草地、农田	
391	黑喉鸫	T. atrogularis	W	—	+	+		O	丘陵、草地、灌丛	
(五十四) 鹟科 Muscicapidae										
392	白眉姬鹟	Ficedula zanthopygia	S	Or	+	+	+	M	灌丛、近水林地	
393	红喉姬鹟	F. albicilla	P	—	+	+	+	U	混交林、灌丛	
394	绿背姬鹟	F. elisae	S	Or		+		B	林地上层	
395	橙胸姬鹟	F. strophiata	S	Or	+	+		W	林地底层、灌丛	
396	灰蓝姬鹟	F. tricolor	P	—	+ (S)	+		H	针叶林、灌丛	
397	玉头姬鹟	F. sapphira	S	Or		+		H	森林中上层	
398	锈胸蓝姬鹟	F. hodgsonii	S	Or	+			W	林地	
399	棕胸蓝姬鹟	F. hypeythra	S	Or		+		W	亚热带低地森林	
400	白腹蓝姬鹟	F. cyanomelana	P	—	+ (S)	+	+	K	混交林、林缘、灌丛	
401	白眉蓝姬鹟	F. superciliaris	S?	Or	+			W	高山针叶林、混交林	
402	棕腹仙鹟	Niltava sundara	S	Or	+	+	+	H	开阔林地、丘陵	
403	棕腹大仙鹟	N. davidi	S	Or	+	+		W	山林、灌丛	
404	蓝喉仙鹟	N. rubeculoides	S	Or	+	+		W	开阔林地	
405	山蓝仙鹟	Cyornis banyumas	S	Or	+ (S)	+ (P?)		W	落叶林、开阔林地	
406	乌鹟	Muscicapa sibirica	P	—	+ (S)	+	+	M	林下植被层	
407	北灰鹟	M. dauurica	P	—	+	+	+	M	林地、园林	
408	褐胸鹟	M. muttui	S	Or	+	+		H	丘陵、低地树林	
409	棕尾褐鹟	M. ferruginea	S	Or	+	+		H	林地溪流	

续表

序号	中文名	学名	居留型[1]	区系成分[2]	分布状况[3]			地理型[4]	栖息地类型	保护等级[5]
					西秦岭	中秦岭	东秦岭			
410	灰纹鹟	*M. griseisticta*	S	Pr	+			M	稀疏林地、城市公园	
411	铜蓝鹟	*Eumyias thalassinus*	S	Or		+		W	开阔林地、林缘	
412	方尾鹟	*Culicicapa ceylonensis*	S	Or	+	+	+	W	山脚森林底层或中层	
（五十五）王鹟科 Monarchinae										
413	寿带	*Terpsiphone paradisi*	S	Or	+	+	+	W	丘陵、山林	
（五十六）画眉科 Timaliidae										
414	棕颈钩嘴鹛	*Pomatorhinus ruficollis*	R	Or	+	+	+	W	混交林、常绿林、竹林	
415	斑胸钩嘴鹛	*P. erythrocnemis*	R	Or	+	+	+	S	灌丛、林缘	
416	斑翅鹩鹛	*Spelaeornis troglodytoides*	R	Or	+	+		H	山区森林下层	
417	小鳞胸鹪鹛	*Pnoepyga pusilla*	R	Or	+	+		W	山区森林	
418	大鳞胸鹪鹛	*P. albiventer*	R	Or	+			W	高海拔林地、溪流	
419	红头穗鹛	*Stachyris ruficeps*	R	Or		+		S	森林、灌丛、竹林	
420	宝兴鹛雀	*Moupinia poecilotis*	R	Pr	+			H	高山溪流灌草丛	
421	矛纹草鹛	*Babax lanceolatus*	R	Or	+	+		S	山林、灌丛	
422	黑脸噪鹛	*Garrulax perspicillatus*	R	Or			+	S	灌丛、农田、公园	
423	白喉噪鹛	*G. albogularis*	R	Or		+	+	H	森林树冠、灌丛	
424	黑领噪鹛	*G. pectoralis*	R	Or	+	+		W	多林山岭	
425	山噪鹛	*G. davidi*	R	Or	+	+		B	山林、灌丛	
426	黑额山噪鹛	*G. sukatschewi*	R	Pr	+			P	高山灌丛、竹丛	
427	灰翅噪鹛	*G. cineraceus*	R	Or	+	+		S	山林、灌丛、村庄	
428	斑背噪鹛	*G. lunulatus*	R	Or	+	+		H	阔叶林、针叶林	
429	画眉	*G. canorus*	R	Or	+	+	+	S	灌丛、次生林	
430	白颊噪鹛	*G. sannio*	R	Or	+	+		S	灌丛、竹林、林缘	

续表

序号	中文名	学名	居留型[1]	区系成分[2]	分布状况[3]			地理型[4]	栖息地类型	保护等级[5]
					西秦岭	中秦岭	东秦岭			
431	橙翅噪鹛	*G. elliotii*	R	Or	+	+	+	H	灌丛、次生林	
432	眼纹噪鹛	*G. ocellatus*	R	Or	+	+		H	灌丛、山林	
433	大噪鹛	*G. maximus*	R	Or	+	+		H	灌丛、林缘	
434	黑顶噪鹛	*G. affinis*	R	Pr	+			H	阔叶林、混交林、针叶林	
435	红嘴相思鸟	*Leiothrix lutea*	R	Or	+	+	+	W	阔叶林、混交林、林缘灌丛	
436	淡绿鹀鹛	*Pteruthius xanthochlorus*	R	Or	+	+		H	混交林、针叶林	
437	红翅鹀鹛	*P. flaviscapis*	S?	Or	+			W	山地阔叶林、灌丛	
438	白领凤鹛	*Yuhina diademata*	R	Or	+	+		H	山林、灌丛	
439	纹喉凤鹛	*Y. gularis*	R	Or		+		H	阔叶林	
440	栗耳凤鹛	*Y. castaniceps*	R	Or		+		W	山林树冠	
441	黑颏凤鹛	*Y. nigrimenta*	R	Or		+		W	山林、灌丛	
442	金胸雀鹛	*Alcippe chrysotis*	R	Or	+	+		H	灌丛、常绿林	
443	棕头雀鹛	*A. ruficapilla*	R	Or	+	+		H	阔叶林、混交林、针叶林	
444	褐头雀鹛	*A. cinereiceps*	R	Or	+	+		S	常绿林、混交林、针叶林	
445	灰眶雀鹛	*A. morrisonia*	R	Or	+	+		W	低地林、灌丛、山林	
446	褐顶雀鹛	*A. brunnea*	R	Or	+	+		W	常绿林、灌丛	
447	中华雀鹛	*A. striaticollis*	R	Or	+	+		H	森林、栎树林	
448	栗头雀鹛	*A. castaneceps*	R	Or	+		+	W	亚热带常绿林	
(五十七) 鸦雀科 Paradoxornithidae										
449	红嘴鸦雀	*Conostoma oemodium*	R	Or	+	+		H	森林、灌丛、竹林	
450	三趾鸦雀	*Paradoxornis paradoxus*	R	Or	+	+		H	阔叶林、针叶林	
451	白眶鸦雀	*P. conspicillatus*	R	Or	+	+		S	山地竹林、灌丛	
452	棕头鸦雀	*P. webbianus*	R	Or	+	+	+	S	林下植被、低矮树丛	

续表

序号	中文名	学名	居留型[1]	区系成分[2]	分布状况[3] 西秦岭	中秦岭	东秦岭	地理型[4]	栖息地类型	保护等级[5]
453	金色鸦雀	*P. verreauxi*	R	Or		+		S	灌丛、竹林	
454	黄额鸦雀	*P. fulvifrons*	R	Or		+		H	混交林、竹林	
455	点胸鸦雀	*P. fulvifrons*	R	Or		+		S	灌丛、次生植被、草地	
456	灰冠鸦雀	*P. przemalskii*	R	Or	+			S	高山落叶松林、灌丛	
(五十八) 扇尾莺科 Cisticolidae										
457	棕扇尾莺	*Cisticola juncidis*	S	Or	+ (R)	+	+	O	草地、稻田、甘蔗地	
458	山鹪莺	*Prinia crinigera*	R	Or	+	+	+	W	高草地、灌丛	
459	纯色山鹪莺	*P. inornata*	R	Or		+	+	W	芦苇沼泽、稻田	
460	山鹛	*Rhopophilus pekinensis*	R	Pr	+		+	D	灌丛、芦苇丛	
(五十九) 莺科 Sylviidae										
461	远东树莺	*Cettia canturians*	S	Or	+	+	+	O	灌丛	
462	强脚树莺	*C. fortipes*	R	Or	+	+ (S)	+	W	灌丛	
463	短翅树莺	*C. diphone*	P	—		+	+	M	灌丛、草地	
464	异色树莺	*C. flavolivacea*	R	Or		+		H	灌丛、高草地竹林	
465	黄腹树莺	*C. acanthizoides*	R	Or	+	+		S	灌丛、竹林	
466	鳞头树莺	*C. squameiceps*	S	Pr			+	K	低地阔叶林、混交林	
467	斑胸短翅莺	*Locustella thoracicus*	S	Gb	+	+	+	O	桧树、灌丛	
468	中华短翅莺	*L. tacsanowskius*	S	Gb		+		O	灌丛、草地、芦苇地	
469	棕褐短翅莺	*L. luteoventris*	R	Or	+	+	+	S	针叶林、灌丛、草地	
470	高山短翅莺	*L. mandelli*	R	Or		+		W	山地林缘灌丛	
471	四川短翅莺	*L. chengi sp. nov.*	S?	Or		+	+	W	中等海拔阔叶林、茶园	
472	东方大苇莺	*Acrocephalus orientalis*	S	Pr	+	+	+	O	芦苇地、稻田、沼泽	
473	厚嘴苇莺	*A. aedon*	P	—		+		U	林地、灌丛	

续表

序号	中文名	学名	居留型[1]	区系成分[2]	分布状况[3]			地理型[4]	栖息地类型	保护等级[5]
					西秦岭	中秦岭	东秦岭			
474	黑眉苇莺	*A. bistrigiceps*	P	—		+	+	M	芦苇地、高草地	
475	细纹苇莺	*A. sorghophilus*	P	—	+	+	+	U	近水灌丛、芦苇丛	
476	钝翅苇莺	*A. concinens*	S	Pr	+ (P)	+	+ (P)	U	芦苇荡、草地	
477	白喉林莺	*Sylvia curruca*	P	—	+	+		O	山麓、林缘、灌丛	
478	黄腹柳莺	*Phylloscopus affinis*	S	Pr	+	+		H	灌丛、竹林、林地	
479	棕腹柳莺	*P. subaffinis*	S	Pr	+	+	+	S	山林、灌丛	
480	褐柳莺	*P. fuscatus*	P	—	+ (S)	+	+	M	溪流、森林、灌丛	
481	棕眉柳莺	*P. armandii*	S	Pr	+	+		H	阔叶林、混交林	
482	巨嘴柳莺	*P. schwarzi*	P	—	+	+	+	M	竹林、高草地	
483	橙斑翅柳莺	*P. pulcher*	R	Pr	+	+		H	针叶林、杜鹃林	
484	黄眉柳莺	*P. inornatus*	P	—	+	+	+	U	森林中上层	
485	黄腰柳莺	*P. proregulus*	S	Pr	+	+	+	U	亚高山林、灌丛	
486	淡黄腰柳莺	*P. chloronotus*	S	Or	+	+		P	云杉林、桧树林、冷杉林	
487	极北柳莺	*P. borealis*	P	—	+	+	+	U	开阔林地、林缘	
488	暗绿柳莺	*P. trochiloides*	S	Pr	+	+		U	灌丛、林地、农田	
489	白斑尾柳莺	*P. davisoni*	S	Pr	+	+		S	阔叶林、混交林、针叶林	
490	冕柳莺	*P. coronatus*	S	Pr	+	+		M	红树林、林地、林缘	
491	乌嘴柳莺	*P. magnirostris*	S	Pr	+	+		H	开阔多草的林地	
492	冠纹柳莺	*P. reguloides*	S	Or	+	+		W	阔叶林、灌丛	
493	淡眉柳莺	*P. humei*	S	Pr	+	+		D	针叶林	
494	峨眉柳莺	*P. emeiensis*	S	Or	+	+		W	峨眉山及邻近山区森林	
495	四川柳莺	*P. forresti*	S	Or	+	+		P	落叶次生林	
496	甘肃柳莺	*P. kansuensis*	S	Pr	+			U	高山针叶林、混交林	

续表

序号	中文名	学名	居留型[1]	区系成分[2]	分布状况[3]			地理型[4]	栖息地类型	保护等级[5]
					西秦岭	中秦岭	东秦岭			
497	云南柳莺	*P. yunnanensis*	R	Pr	+	+	+	O	中低山阔叶林、混交林	
498	双斑绿柳莺	*P. plumbeitarsus*	P	—		+		M	混交林、灌丛、竹林	
499	淡脚柳莺	*P. tenellipes*	P	—			+	M	林下灌丛	
500	棕脸鹟莺	*Abroscopus albogularis*	R	Or	+	+		S	常绿林、竹林	
501	栗头鹟莺	*Seicercus castaniceps*	S	Or	+	+		W	山区森林	
502	淡尾鹟莺	*S. soros*	S	Or		+	+	S	山区森林	
503	比氏鹟莺	*S. valentini*	S	Or	+	+		H	山区森林	
504	灰冠鹟莺	*S. tephrocephalus*	S	Or		+		S	山区森林	
505	峨眉鹟莺	*S. omeiensis*	S	Or		+		P	山区森林	
506	花彩雀莺	*Leptopoecile sophiae*	S	Pr	+			P	高山针叶林、林缘灌丛	
507	凤头雀莺	*Lophobasileus elegans*	R	Pr	+			H	高山针叶林、灌丛	
(六十)戴菊科 Regulidae										
508	戴菊	*Regulus regulus*	R	Pr	+	+		C	温带亚高山针叶林	
(六十一)绣眼鸟科 Zosteropidae										
509	暗绿绣眼鸟	*Zosterops japonicus*	S	Or	+	+	+	S	针叶阔叶混交林	
510	红胁绣眼鸟	*Z. erythropleurus*	S	Or	+	+	+	M	针叶阔叶混交林	
511	灰腹绣眼鸟	*Z. palpebrosa*	R	Or	+	+		W	低山常绿阔叶林	
(六十二)攀雀科 Remizidae										
512	火冠雀	*Cephalopyrus flammiceps*	S	Or	+	+	+	H	高山针叶林、混交林	
513	中华攀雀	*Rmiz consobrinus*	S	Pr		+	+	U	高山针叶林、混交林	
(六十三)长尾山雀科 Aegithalidae										
514	银喉长尾山雀	*Aegithalos caudatus*	R	Pr	+	+		U	开阔林、林缘	
515	红头长尾山雀	*A. concinnus*	R	Or	+	+		W	阔叶林、针叶林	

续表

序号	中文名	学名	居留型[1]	区系成分[2]	分布状况[3]			地理型[4]	栖息地类型	保护等级[5]
					西秦岭	中秦岭	东秦岭			
516	银脸长尾山雀	*A. fuliginosus*	R	Or	+	+		P	阔叶林、栎树林	
517	黑眉长尾山雀	*A. bonvaloti*	R	Or		+		H	阔叶林、针叶林	
(六十四) 山雀科 Paridae										
518	大山雀	*Parus major*	R	Gb	+	+		U	红树林、林缘、开阔林地	
519	绿背山雀	*P. monticolus*	R	Or	+	+		W	山地森林、林缘	
520	黄腹山雀	*P. venustulus*	R	Or	+	+	+	S	针叶林、阔叶林、灌丛	
521	煤山雀	*P. ater*	R	Pr	+	+		U	针叶林	
522	褐头山雀	*P. songarus*	R	Pr	+	+		C	栎树林、混交林、灌丛	
523	黑冠山雀	*P. rubidiventris*	R	Or	+	+		H	针叶林、竹林、灌丛	
524	褐冠山雀	*P. dichrous*	R	Or	+	+		H	针叶林	
525	沼泽山雀	*P. palustris*	R	Pr	+	+	+	U	栎树林、混交林、灌丛	
526	红腹山雀	*P. davidi*	R	Pr	+	+		P	阔叶林、桦树林、针叶林	
527	白眉山雀	*P. superciliosus*	R	Pr	+	+		P	山坡灌丛	
528	地山雀	*Pseudopodoces humilis*	R	Pr	+			P	高山灌丛、草甸带	
(六十五) 䴓科 Sittidae										
529	黑头䴓	*Sitta villosa*	R	Pr	+	+		C	混交林、针叶林	
530	普通䴓	*S.europaea*	R	Pr	+	+	+	U	混交林、阔叶林	
531	白脸䴓	*S. leucopsis*	R	Pr	+	+		H	高山针叶林至林线	
532	白尾䴓	*S. himalayensis*	R	Or		+		H	阔叶林和针叶阔叶混交林	
(六十六) 旋壁雀科 Tichidromidae										
533	红翅旋壁雀	*Tichodroma muraria*	R	Pr	+	+		O	混交林带峭壁	
(六十七) 旋木雀科 Certhiidae										
534	欧亚旋木雀	*Certhia familiaris*	R	Pr	+	+		C	高山针叶林、混交林	

续表

序号	中文名	学名	居留型[1]	区系成分[2]	分布状况[3]			地理型[4]	栖息地类型	保护等级[5]
					西秦岭	中秦岭	东秦岭			
535	高山旋木雀	*C. himalayana*	R	Pr	+	+		H	高山针叶林、混交林	
536	四川旋木雀	*C. tianquanensis*	R	Pr	+	+		S	高山针叶林、混交林	
(六十八) 啄花鸟科 Dicaeidae										
537	红胸啄花鸟	*Dicaeum ignipectus*	R	Or		+		W	中海拔山地森林	
538	黄腹啄花鸟	*D. melanozanthum*	R	Or	+			H	阔叶、混交、针叶林	
(六十九) 花蜜鸟科 Nectariniidae										
539	蓝喉太阳鸟	*Aethopyga gouldiae*	S	Or	+			S	阔叶林至高山灌丛	
540	叉尾太阳鸟	*A. christinae*	S?	Or			+	S	花期林地、矮灌丛	
(七十) 雀科 Passeridae										
541	麻雀	*Passer montanus*	R	Gb	+	+	+	U	低海拔的农田、城镇	
542	山麻雀	*P. rutilans*	R	Pr	+	+	+	S	山区城镇、林地	
543	家麻雀	*P. domesticus*	R (?)	Pr		+		O	农田	
544	石雀	*Petronia petronia*	R	Pr	+			O	高海拔山丘、沟壑	
545	褐翅雪雀	*Montifringilla adamsi*	R	Pr	+			I	高山草甸、荒漠	
546	白腰雪雀	*M. taczanowskii*	R	Pr	+			I	高原草甸、裸岩带	
547	棕颈雪雀	*M. ruficollis*	R	Pr	+		+	I	高山草甸、荒漠、裸岩	
(七十一) 梅花雀科 Estrildidae										
548	白腰文鸟	*Lonchura striata*	R	Or			+	W	林缘、灌丛、农田	
(七十二) 燕雀科 Fringillidae										
549	燕雀	*Fringilla montifringilla*	W	—	+	+	+	U	河岸、农耕区林地	
550	金翅雀	*Carduelis sinica*	R	Gb	+	+	+	M	灌丛、农田、人工林	
551	黄嘴朱顶雀	*C. flavirostris*	R	Pr	+			U	高海拔沟谷灌丛、草甸	
552	黄雀	*C. spinus*	P	—		+		U	平原至混交林	

续表

序号	中文名	学名	居留型[1]	区系成分[2]	分布状况[3]			地理型[4]	栖息地类型	保护等级[5]
					西秦岭	中秦岭	东秦岭			
553	藏黄雀	*C. thibetana*	R	Pr	+			H	高山针叶林、灌丛	
554	林岭雀	*Leucosticte nemoricola*	S	Pr	+	+		I	高山草甸、多岩山坡	
555	高山岭雀	*L. brandti*	R	Pr	+			I	高海拔多岩地带	
556	拟大朱雀	*Carpodacus rubicilloides*	R	Pr	+			I	高山灌丛、草甸带	
557	暗色朱雀	*C. nipalensis*	R	Pr	+			H	高海拔针叶林、灌丛	
558	棕朱雀	*C. edwardsii*	R	Pr	+			H	高山针叶林及灌丛	
559	沙色朱雀	*C. synoicus*	R	Pr	+			D	高山荒漠、草原带	
560	酒红朱雀	*C. vinaceus*	R	Pr	+	+		H	高山竹林、针叶林、灌丛	
562	红眉朱雀	*C. pulcherrimus*	R	Pr	+	+		H	杜鹃灌丛	
562	白眉朱雀	*C. thura*	R	Pr	+	+		H	高山林线灌丛	
563	普通朱雀	*C. erythrinus*	R	Pr	+	+	+	U	高山针叶林及灌丛	
564	北朱雀	*C. roseus*	W	—	+ (P)	+	+	M	针叶林及高山灌丛	
565	斑翅朱雀	*C. trifasciatus*	R	Pr	+	+		H	亚高山针叶林	
566	红胸朱雀	*C. puniceus*	R	Pr	+			U	亚高山针叶林	
567	赤朱雀	*C. rubescens*	R	Pr	+	+		U	亚高山针叶林、灌丛	
568	红交嘴雀	*Loxia curvirostra*	P	—	+	+		C	亚高山针叶林	
569	长尾雀	*Uragus sibiricus*	R	Pr	+ (W/P)	+		M	高海拔灌丛	
570	灰头灰雀	*Pyrrhula erythaca*	R	Pr	+	+		H	亚高山针叶林、混交林	
571	黑头蜡嘴雀	*Eophona personata*	P	—	+		+	K	人工林、农田	
572	黑尾蜡嘴雀	*E. migratoria*	W/P	—	+	+	+	K	稀疏林地、果园	
573	锡嘴雀	*Coccothraustes coccothraustes*	W	—	+	+	+	U	林地、花园、果园	
574	白斑翅拟蜡嘴雀	*Mycerobas carnipes*	R	Pr	+	+		I	高山林线针叶林	
575	黄颈拟蜡嘴雀	*M. affinis*	S	Pr	+	+		H	高山混交林、针叶林	

续表

序号	中文名	学名	居留型[1]	区系成分[2]	分布状况[3]			地理型[4]	栖息地类型	保护等级[5]
					西秦岭	中秦岭	东秦岭			
（七十三）鹀科 Emberizidae										
576	白头鹀	*Emberiza leucocephalos*	W	—	+ (R)	+	+	U	林间空地、农田、果园	
577	栗鹀	*E. rutila*	P	—	+ (R)	+	+	M	林下灌丛、林缘农田	
578	黄胸鹀	*E. aureola*	P	—		+	+	U	灌草丛、农田	
579	黄喉鹀	*E. elegans*	R	Pr	+	+	+	M	林缘灌丛、草地、农田	
580	灰头鹀	*E. spodocephala*	S	Pr	+	+	+ (P?)	M	林地、灌丛	
581	灰眉岩鹀	*E. godlewskii*	R	Pr	+	+	+	O	多岩石丘陵、灌草丛	
582	栗耳鹀	*E. fucata*	S	Pr	+	+	+ (P?)	O	开阔草地、矮树丛	
583	三道眉草鹀	*E. cioides*	R	Pr	+	+	+	M	林缘灌草丛、农田	
584	田鹀	*E. rustica*	W	—	+ (R?)	+	+	U	开阔农田、林地	
585	白眉鹀	*E. tristrami*	P	—	+	+	+	M	林下灌丛	
586	小鹀	*E. pusilla*	W	—	+	+	+	U	灌丛、草地、农田	
587	苇鹀	*E. pallasi*	P/W	—	+	+		M	芦苇荡、林地、农田	
588	芦鹀	*E. schoeniclus*	P	—		+		U	芦苇荡、林地、农田	
589	黄眉鹀	*E. chrysophrys*	W	—		+	+	M	林缘灌丛	
590	凤头鹀	*Melophus lathami*	W	—		+ (V)	+	W	农田、草地	
591	蓝鹀	*Latoucheornis siemsseni*	S	Pr	+	+		H	次生林、林缘灌丛	

注：1居留型：R—留鸟，S—夏候鸟，W—冬候鸟，P—旅鸟，V—迷鸟。2区系成分：Pr—古北型，Or—东洋型，Gb—广布型。3分布状况：西秦岭指嘉陵江以西、岷山以北的陇南、甘南山地；中秦岭指东部的伏牛山、豫、鄂交界处的桐柏山以及豫、鄂，皖交界处的大别山。4地理型：C—全北型，U—古北型，W—东洋型，M或K—东北型，D—中亚型，P或I高地型，H—喜马拉雅–横断山型，S—南中国型，X—东北–华北型，B—华北型，E—季风型，O—不易归类型。5保护级别：I—国家一级重点保护，II—国家二级重点保护。

附录Ⅱ 鸟类生僻字

生僻字	鸟种举例	生僻字	鸟种举例
鸸鹋（ér miáo）	鸸鹋	鹤鸵（hè tuó）	双垂鹤鸵
鸸（gōng）	智利斑鸸	䴙䴘（pì tì）	小䴙䴘
鹱（hù）	短尾鹱	鲣（jiān）	红脚鲣鸟
鹲（méng）	红嘴鹲	鹈鹕（tí hú）	卷羽鹈鹕
鸬鹚（lú cí）	普通鸬鹚	鳽（yán）	大麻鳽
鹳（guàn）	黑鹳	鹮（huán）	朱鹮
凫（fú）	棉凫	鹗（è）	鹗
鵟（kuáng）	普通鵟	鹫（jiù）	高山兀鹫
鹞（yào）	白尾鹞	隼（sǔn）	红隼
鹧鸪（zhé gū）	海南山鹧鸪	塚雉（zhǒng zhì）	肉垂塚雉
鹇（xián）	白鹇	鸨（bǎo）	大鸨
鹬（yù）	鹬嘴鹬	鸻（héng）	金眶鸻
鸱（chī）	油鸱	鸮（xiāo）	短耳鸮
鸺鹠（xiù liú）	斑头鸺鹠	䴕（liè）	蚁䴕
鸫（lì）	蓝喉翠鸫	鹡鸰（jǐ líng）	白鹡鸰
鹨（liù）	粉红胸鹨	鹃䴗（juān qú）	暗灰鹃䴗
鹎（bēi）	领雀嘴鹎	鹪鹩（jiāo liáo）	鹪鹩
鸫（dōng）	乌鸫	鸲（qú）	北红尾鸲
鹟（jì）	灰林鹟	鹟（wēng）	白眉姬鹟
鹩眉（liáo méi）	斑翅鹩眉	薮鹛（sǒu méi）	灰胸薮鹛
鸸（shì）	普通鸸	鹀（wū）	三道眉草鹀

参 考 文 献

［1］曹永汉，于晓平，等. 蛇类对繁殖期朱鹮的危害 [J]. 西北大学学报（自然科学版），1995a，25（专辑）：722–724

［2］曹永汉，于晓平，等. 蛇类对繁殖期朱鹮的危害 [J]. 西北大学学报（自然科学版），1995b，25（专辑）：725–729.

［3］丁长青. 朱鹮研究 [M]. 上海：上海科技教育出版社，2004.

［4］方成良，等. 信阳地区鸟类资源调查与区系研究 [J]. 河南教育学院学报，1997，6（3）：58–62.

［5］封托，等. 陕西省鸟类新纪录——大红鹳 [M]. 四川动物，2010，29（6）：891.

［6］高学斌，赵洪峰，等. 西安地区鸟类区系30年的变化 [J]. 动物学杂志，2008（6）：32–42.

［7］高学斌，赵洪峰，等. 太白山北坡夏秋季鸟类物种多样性 [J]. 生态学报，2007（11）：4516–4526.

［8］高学斌，等. 陕西省鸟类新纪录——黑眉长尾山雀 [J]. 四川动物，2007，26（1）：169.

［9］高学斌，等. 陕西省鸟类新纪录——白斑尾柳莺 [J]. 动物学杂志，2012，47（2）：7.

［10］巩会生，马亦生，等. 陕西秦岭及大巴山地区的鸟类资源调查 [J]. 四川动物，2007（4）：746–759.

［11］胡伟，陆健健. 渭河平原地区夏季鸟类群落结构 [J]. 动物学研究，2002（4）：351–355.

［12］滑冰，等. 董寨国家级自然保护区夏候鸟资源调查 [J]. 河南农业大学学报，2003，37（4）：370–374.

［13］雷富民，等. 中国鸟类特有种及其分布格局 [J]. 动物学报，2002（5）：599–610.

［14］雷富民，卢汰春. 中国特有鸟种 [M]. 北京：科学出版社，2006.

［15］雷明德，等. 陕西植被 [M]. 北京：科学出版社，1999.

［16］李福来，黄世强. 关于朱鹮习性的调查 [J]. 生物学通报，1986（12）：6–8.

［17］李桂垣. 四川旋木雀一新亚种——天全亚种（雀形目：旋木雀科）[J]. 动物分类学报，1995，20（3）：373–377.

［18］李家骏，等. 太白山自然保护区综合考察论文集 [M]. 西安：陕西师范大学出版社，1989.

［19］李金钢，杜央威，等. 陕西师范大学校园鸟类调查 [J]. 陕西师范大学学报（自然科学版），2004（1）：82–85.

［20］李晟，谌利民，等. 灰冠鸦雀巢及巢址生境的首次报道 [J]. 动物学杂志，2014，49（3）：435–437.

［21］李欣海，李典谟，等. 朱鹮（Nipponia nippon）种群生存力分析 [J]. 生物多样性，1996（2）：69–77.

［22］李延娟，金明霞. 河南桐柏山鸟类调查报告 [J]. 河南师范大学学报，1986，50（2）：73–83.

［23］李延娟，等. 河南信阳南湾水库牌坊鸟岛鸟类调查报告 [J]. 信阳师范学院学报，1990，3（2）：

163–167.

［24］李忠秋，蒋志刚，等．陕西老县城自然保护区的鸟类多样性及 G–F 指数分析 [J]. 动物学杂志，
　　　2006（1）：32–42.

［25］梁子安，等．南阳师范学院校园鸟类调查 [J]. 南阳师范学院学报，2008，7（12）：59–62.

［26］梁子安，等．河南省鸟类新纪录——灰瓣蹼鹬 [J]. 四川动物，2014，33（2）：260.

［27］林文宏．猛禽观察图鉴 [M]. 台北：远流出版事业股份有限公司，2009.

［28］林英华，等．河南鸡公山自然保护区鸟类多样性与分布特征 [J]. 林业资源管理，2012，2:74–80.

［29］林英华，等．河南信阳南湾湖鸟类调查与多样性分析 [J]. 湿地科学与管理，2012，8（3）:48–52.

［30］刘世修，席咏梅，等．国产苯丙硫咪唑对朱鹮幼鸟寄生虫的驱虫试验 [J]. 四川动物，1997（3）：
　　　136–139.

［31］刘小如，丁宗苏，等．台湾鸟类志（中）[M]. 台北：行政院农业委员会林务局，2010.

［32］刘秀生，等．莲花山自然保护区的鸟类资源现状及保护对策 [J]. 甘肃林业科技，2003，28（4）：
　　　27–29.

［33］刘荫增．朱鹮在秦岭的重新发现 [J]. 动物学报，1982，27（3）：273.

［34］龙大学，等．陕西省鸟类新纪录——褐灰雀 [J]. 野生动物，2010（6）：351.

［35］路宝忠．朱鹮的生态及保护 [J]. 长白山自然保护，1986（3）1–3.

［36］路宝忠，翟天庆，等．野生朱鹮群生态学观察 [J]. 野生动物，1997（6）：14–16.

［37］罗磊，等．陕西省鸟类新纪录——紫翅椋鸟 [J]. 四川动物，2013，32（2）：282.

［38］罗时有，等．陕西省鸟类新纪录 [J]. 动物学杂志，1966（3）：119–121.

［39］马敬能，等．中国鸟类野外手册 [J]. 长沙：湖南教育出版社，2000.

［40］闽芝兰，等．陕西省重点保护野生动物 [M]. 北京：中国林业出版社，1991.

［41］牛安敏，等．伏牛山北坡鸟类资源初步调查 [J]. 河南农业大学学报，1986，20（3）：308–320.

［42］牛俊英．河南黄河湿地国家级自然保护区鸟类多样性及动态变化的研究 [J]. 河北师范大学硕士论
　　　文，2007：1–77.

［43］荣海，王卫东．陕西省鸟类新纪录——灰头鸦雀 [J]. 四川动物，2011（5）：727.

［44］陕西省动物研究所．陕西经济鸟兽资源及评价．陕西省农业区划办公室印刷，1981.

［45］陕西省动物研究所．陕西珍贵动物资源调查和区划．陕西省农业自然资源调查和农业区划委员会
　　　办公室印刷，1980.

［46］陕西省林业厅．陕西省陆生脊椎动物调查报告（内部资料），1998.

［47］史东仇，于晓平，等．朱鹮的繁殖习性 [J]. 动物学研究，1989，10（4）：327–332.

［48］史东仇，曹永汉，等．中国朱鹮 [M]. 北京：中国林业出版社，2001.

［49］孙承骞，等．中国陕西鸟类图志 [M]. 西安：陕西科学技术出版社，2007.

［50］孙承骞，冯宁．陕西省鸟类新纪录——家麻雀 [J]. 野生动物杂志，2009，30（4）：227–228.

［51］孙悦华，等．四川林鸮在甘肃的新分布 [J]. 动物学报，2001，47（4）：473–475.

［52］孙悦华，Jochen Martens. 陕西秦岭发现四川旋木雀 [J]. 动物学杂志，2005（4）：33.

［53］王菁兰，等．从秦岭蕨类植物区系地理成分论秦岭山地生态分界线的划分 [J]. 地理研究，2010，
　　　29（9）:1629–1638.

［54］王开锋，等．秦岭发现黑喉岩鹨 [J]. 动物学杂志，2011，46（4）：147–149.

［55］王文林，等．三门峡黄河库区自然保护区鸟类区系调查 [J].动物学杂志，1999，4（5）：22–26.

［56］王香亭．甘肃脊椎动物志 [M].兰州：甘肃科学技术出版社，1991.

［57］武宝华．城市化对西安市鸟类群落结构的影响 [D].陕西师范大学硕士论文，2010.

［58］溪波，等．董寨国家级自然保护区繁殖鸟类现状调查 [J].四川动物，2013，32（6）：932–937.

［59］溪波，等．河南罗山发现彩鹬 [J].动物学杂志，2015，50（1）：111.

［60］席咏梅，路宝忠，等．朱鹮救护 [J].野生动物，1997（4）：28–30.

［61］夏灿玮，林宣龙．河南省鸟类新纪录——淡脚柳莺 [J].四川动物，2011，30（5）：799.

［62］许涛清，曹永汉．陕西省脊椎动物名录 [M].西安：陕西科学技术出版社，1996.

［63］杨亚桥．再引入朱鹮种群栖息地鸟类群落研究 [D].陕西师范大学硕士学位论文，2012.

［64］姚建初，等．陕西省的水鸟资源 [J].四川动物，1984，3（4）：13–16.

［65］姚建初，等．太白山鸟类的垂直分布研究 [J].动物学研究，1986（2）：115–138.

［66］姚孝宗，等．河南省鸟类新纪录——叉尾太阳鸟 [J].四川动物，1997，16（1）：47.

［67］禹翰．渭河平原鸟类之初步研究 [J].陕西省科学与技术，1957（1）：11–20.

［68］余玉群，等．秦岭北坡雉类种群密度和群落结构的初步研究 [J].生物多样性，2000，8(1)：60–64.

［69］于晓平，史东仇，等．朱鹮育雏活动规律研究 [M].见：陕西省动物研究所，动物与保护．西安：陕西科学技术出版社，1997：66–67.

［70］于晓平，等．陕西省雁鸭类的越冬分布和数量特征 [J].西北大学学报（自然科学版），2001，31（sup.）：27–30.

［71］于晓平，等．年龄对朱鹮繁殖成功率的影响 [J].动物学报，2007，53（5）：812–818.

［72］张立勋，等．甘肃省10种鸟类新纪录 [J].兰州大学学报，2006，42（3）：57–59.

［73］张秦伟．秦岭种子植物区系科的组成、特点及其地理成分研究 [J].植物研究，2001，21（4）：536–545.

［74］张涛，张迎梅，等．甘肃白水江国家级自然保护区鸟类新纪录 [J].甘肃科学学报，1998，10（4）：56–58.

［75］张晓峰，等．董寨国家鸟类自然保护区冬季鸟类调查 [J].河南农业大学学报，2002，36（4）：334–340.

［76］张征恺，等．陕西省鸟类新纪录——流苏鹬 [J].四川动物，2011，30（4）：623.

［77］赵金生．鄱阳湖发现鸿雁特大越冬群体 [J].中国鹤类通讯，2002，6（1）：36.

［78］赵振武，赵洪峰，等．西安市灞河湿地鸟类多样性调查与保护价值研究 [M].陕西师范大学学报（自然科学版），2007（1）：112–115.

［79］郑光美．岭南麓鸟类的生态分布（陕西省）[J].动物学报，1962，14（4）：465–473.

［80］郑光美，王歧山．中国濒危动物红皮书（鸟类）[M].北京：科学出版社，1998.

［81］郑光美．鸟类学 [M].北京：北京师范大学出版社，1995.

［82］郑光美．中国鸟类分类与分布名录（第一版）[M].北京：科学出版社，2006.

［83］郑光美．中国鸟类分类与分布名录（第二版）[M].北京：科学出版社，2011.

［84］郑生武．中国西北地区珍稀濒危动物志 [M].北京：中国林业出版社，1994.

［85］郑生武．中国西北地区脊椎动物系统检索与分布 [M].西安：西北大学出版社，1999.

［86］郑生武，宋世英．秦岭兽类志 [M].北京：中国林业出版社，2010.

［87］郑永烈，姚建初，等 . 陕西省保护动物的种类及数量分布 [J]. 野生动物，1982（3）：26–28, 21.

［88］郑永烈，等 . 陕西省经济鸟兽的蕴藏量 [J]. 野生动物，1984(6)：5–7.

［89］郑作新，等 . 秦岭、大巴山地区（陕西省）的鸟类区系调查研究 [J]. 动物学报，1962，14(3)：361–380.

［90］郑作新 . 秦岭鸟类志 [M]. 北京：科学出版社，1973.

［91］郑作新 . 中国鸟类分布目录 [M]. 北京：科学出版社，1976.

［92］郑作新 . 中国鸟类区系纲要 [M]. 北京：科学出版社，1987.

［93］郑作新 . 中国鸟类种和亚种分类名录大全 [M]. 北京：科学出版社，1994.

［94］郑作新 . 中国鸟类种和亚种分类名录大全（修订版）[J]. 北京：科学出版社，2000.

［95］朱磊，等 . 陕西省新纪录大红鹳实为美洲大红鹳 [J]. 四川动物，2011，30（3）：434.

［96］朱磊，孙悦华，胡锦矗 . 中国鸻形目鸟类分类现状 [J]. 四川动物，2012，30（1）：170–175.

［97］Alström P., Olsson U. The Golden–spectacled Warbler: a complex of sibling species, including a previously undescribed species[J]. Ibis, 1999, 141:545–568.

［98］Alström P., Olsson U. The Golden–spectacled Warbler systematics[J]. Ibis, 2000, 142:495–500.

［99］Alstrom P., Rasmussen P. C., Olsson U., et al. Species delimitation based on multiple criteria: the Spotted Bush Warbler Bradypterus thoracicus (Aves: Megaluridae)[J]. Biol. J. Linn. Soc., 2008, 154: 291–307.

［100］Alström P., Saitoh T., Williams D. The Arctic Warbler Phylloscopus borealis–three anciently separated cryptic species revealed[J]. Ibis, 2011, 153(2):395–410.

［101］Alström, et al. Integrative taxonomy of the Russet Bush Warbler Locustella mandelli complex reveals a new species from central China[J]. Avian Research, 2015 : 6:9.

［102］Collar N. J. A partial revision of the Asian babblers (Timaliidae)[J]. Forktail, 2006, 22:85–112.

［103］del hoyo J, Elliott A, Christie DA. Handbook of the Birds of the World. Vol.14. Bush–shrikes to Old World Sparrows[M]. Baecelona: Lynx Editions, 2009.

［104］Dickinson E. The howard and Moore Complete Checklist of the Birds of the World(3rd edition)[M]. London: Christopher Helm, 2003.

［105］Hale W. G. A revision of the taxonomy of the Redshrank Tringa tetanus[M]. Zool. J. Linnean Soc, 1971, 53:177–236.

［106］Irwin D. E., Alstrom P., Olsson U. ,et al. Cryptic species in the genus Phylloscopus(Old World leaf warblers)[M]. Ibis, 2001, 143:233–247.

［107］James H.F., Ericson P. G. P. , Slika B., et al. Pseudopodoces humilis, a misclassified terrestrial tit（Aves: Paridae) of the Tibetan Plateau: evolutionary consequences of shifting adaptive zones[J]. Ibis, 2003, 145: 185–202.

［108］König C., Weick F. Owls of the world (2nd edition)[M]. Christopher Helm, London, 2008.

［109］Martens J., Eck S., Packert M.,et al Y. H. The Golden–spectacled Warbler Seicercus burkii–a species swarm（Aves: Passeriformes: Sylviidae）[J]. Part 1. Zool. Abh. Mus. Tierkd. in Dresden, 1999, 18: 281–327.

［110］Martens J., Eck S., Sun Y H. Certhia tianquanensis Li , a treecreeper with relict distribution in Sichuan , China[J]. J Ornithol , 2002, 143 :440–456.

［111］Martens J., Tietze DT, Eck S., et al. Radiation and species limits in the Asian Pallas's warbler complex （Phylloscopus proregulus s.l.)[J]. J Ornithol, 2004, 145(3):206–222.

［112］Martens J., Sun YH., Packert. Intraspecific differentiation of Sino–Himalayan bush–dwelling Phylloscopus leaf warblers, with description of two new taxa(P. fuscatus, P. fuligiventer, P. affinis. P. armandii, P. subaffinis)[J]. Vertebr Zool, 2008, 58:233–265.

［113］Olsson U., Alström P., Ericson P.G. ,et al. Non–monophyletic taxa and cryptic species–evidence from a molecular phylogeny of leaf–warblers(Phylloscopus, Aves)[J]. Mol. Phylogenet. Evol., 2005, 36:261–276.

［114］Panye R. B. The Cuckoos[M]. The Oxford University Press, Oxford, 2005.

［115］Sangster G., Knox A. G., Helbig J. A., et al. Taxonomic Recommendations for European Birds[J]. Ibis, 2002, 144:153–159.

［116］Stepanyan L. S. Conspectus of the Ornithological Fauna of the USSR[M]. Moskow: Moskow Nauka, 1990.

［117］Viney, C., Philipps, K. and Lan Chin Ying. Birds of Hong Kong and South China (Sixth edition)[M]. Government Oublications, Hong Kong, 1994.

［118］YU Xiaoping , et al. Reproductive success of the Crested Ibis Nipponia nippon[J]. Bird Conservation International, 2006, 16:325–343.

［119］YU Xiaoping , et al. Return of the Crested Ibis Nipponia nippon:a reintroduction programme in Shaanxiprovince, China[J]. BirdingASIA, 2009, 11 (2009): 80–82.

［120］YU Xiaoping , et al. Postfledging and natal dispersal of the Crested Ibis in the Qinling Moutains, China[J]. The Wilson Journal of Ornithology, 2010, 122(2):228–235.

［121］Zhang Y. Y., Wang N., Zhang J. ,et al. Acoustic distinct of Narcissus Flycatcher complex[J]. Acta Zool Sin, 2006, 52(4):648–654.

中文名索引

英文名索引

拉丁名索引